全国优秀教材二等奖

“十二五”普通高等教育本科国家级规划教材

住房城乡建设部土建类学科专业“十三五”规划教材
高校建筑电气与智能化学科专业指导委员会
规划推荐教材

MOOC 全媒体

建筑电气（第二版）

方潜生　主　编
牟志平　陈　杰　副主编

中国建筑工业出版社

图书在版编目(CIP)数据

建筑电气/方潜生主编. —2版. —北京：中国建筑工业出版社，2017.12（2021.12重印）
“十二五”普通高等教育本科国家级规划教材. 住房城乡建设部土建类学科专业“十三五”规划教材. 高校建筑电气与智能化学科专业指导委员会规划推荐教材
ISBN 978-7-112-21597-3

Ⅰ.①建…　Ⅱ.①方…　Ⅲ.①建筑工程-电气设备-高等学校-教材　Ⅳ.①TU85

中国版本图书馆CIP数据核字(2017)第297183号

本书以实际工程项目为案例，以民用建筑10kV线路及一般照明为主线，系统介绍了建筑电气的基本原理与重点内容。全书共10章，主要包括：建筑电气综述；电气安全技术与措施；建筑电气设计基础；建筑照明设计；建筑低压配电设计；建筑高压供电设计；继电保护与测量；自备应急电源；建筑防雷设计；绿色建筑与节能设计。

本书可作为高等学校建筑电气与智能化专业、电气工程及自动化专业和工科类其他相近专业本科生的教材，也可作为从事建筑电气设计和施工的工程技术人员的参考用书。

责任编辑联系邮箱为524633479@qq.com。

为了更好地支持相应课程的教学，我们向采用本书作为教材的教师提供课件，有需要者可与出版社联系。

建工书院：http://edu.cabplink.com
邮箱：jckj@cabp.com.cn　电话：(010)58337285

责任编辑：张　健　王　跃　齐庆梅
责任校对：刘梦然　李美娜

“十二五”普通高等教育本科国家级规划教材
住房城乡建设部土建类学科专业“十三五”规划教材
高校建筑电气与智能化学科专业指导委员会规划推荐教材
建筑电气（第二版）
方潜生　主　编
牟志平　陈　杰　副主编
*
中国建筑工业出版社出版、发行(北京海淀三里河路9号)
各地新华书店、建筑书店经销
北京科地亚盟排版公司制版
北京建筑工业印刷厂印刷
*
开本：787×1092毫米　1/16　印张：18　字数：449千字
2018年3月第二版　2021年12月第十一次印刷
定价：**35.00**元（赠教师课件）
ISBN 978-7-112-21597-3
(31177)

序　一

自20世纪80年代智能建筑出现以来，智能建筑技术迅猛发展，其内涵不断创新丰富，外延不断扩展渗透，已引起世界范围内教育界和工业界的高度关注，并成为研究热点。进入21世纪，随着我国国民经济的快速发展，现代化、信息化、城镇化的迅速普及，智能建筑产业不但完成了“量”的积累，更是实现了“质”的飞跃，已成为现代建筑业的“龙头”，为绿色、节能、可持续发展做出了重大的贡献。智能建筑技术已延伸到建筑结构、建筑材料、建筑能源以及建筑全生命周期的运营服务等方面，促进了“绿色建筑”、“智慧城市”日新月异的发展。

坚持“节能降耗、生态环保”的可持续发展之路，是国家推进生态文明建设的重要举措。建筑电气与智能化专业承载着智能建筑人才培养的重任，肩负着现代建筑业的未来，且直接关系到国家“节能环保”目标的实现，其重要性愈加凸显。

全国高等学校建筑电气与智能化学科专业指导委员会十分重视教材在人才培养中的基础性作用，多年来下大力气加强教材建设，已取得了可喜的成绩。为进一步促进建筑电气与智能化专业建设和发展，根据住房和城乡建设部《关于申报高等教育、职业教育土建类学科专业“十三五”规划教材的通知》（建人专函［2016］3号）精神，建筑电气与智能化学科专业指导委员会依据专业标准和规范，组织编写建筑电气与智能化专业“十三五”规划教材，以适应和满足建筑电气与智能化专业教学和人才培养需求。

该系列教材的出版目的是为培养专业基础扎实、实践能力强、具有创新精神的高素质人才。真诚希望使用本规划教材的广大读者多提宝贵意见，以便不断完善与优化教材内容。

全国高等学校建筑电气与智能化学科专业指导委员会

主任委员

方潜生

序　　二

进入21世纪，随着我国经济社会快速发展，智能建筑产业不但完成了“量”的积累，更是实现了“质”的飞跃，成为现代建筑业的“龙头”，赋予了节能、绿色、可持续的属性，延伸到建筑结构、建筑材料、建筑能源以及建筑全生命周期的运营服务等方面，更是促进了“绿色建筑”、“智慧城市”中建筑电气与智能化技术日新月异的发展。

坚持“节能降耗、生态环保”的可持续发展之路，是国家推进生态文明建设重要举措，建筑电气与智能化专业承载着智能建筑人才培养重任，肩负现代建筑业的未来，且直接关乎建筑“节能环保”目标的实现，其重要性与日俱增。

为充分利用互联网+的优势，全国高等学校建筑电气与智能化学科专业指导委员会、中国建筑工业出版社、深圳市松大科技有限公司于2015年11月签署MOOC教学系统联合开发协议，结合互联网在高等学校教学中的应用进行大胆尝试和创新，三方携手打造松大MOOC高等学校建筑电气与智能化学科专业MOOC全媒体教材，并组建了由全国知名建筑院校、出版社和企业专家组成的高等学校建筑电气与智能化学科专业MOOC开发委员会。

高等学校建筑电气与智能化学科专业MOOC开发委员会在高等学校建筑电气与智能化学科专业指导委员会的指导下，开展本专业课程的MOOC开发工作，先后召开了三次MOOC评审工作会议，对全媒体教学系统中的MOOC资源的质量进行严格细致的评审。

本套MOOC全媒体教材，通过图形识别技术，完成多平台多终端的资源展示和应用。学生可随时随地查看教材中知识点对应的多媒体资源，将原本枯燥的课堂教学带入一个栩栩如生的多媒体世界。MOOC全媒体教材资源主要包括三维、平面动画、视频、教学PPT、MOOC教学视频、案例库、云题库等，用户可通过登录平台网站或在手机、平板等移动端扫码均可获取资源，真正打造一个全媒体全方位的教学环境。

本套MOOC全媒体教材系高等学校建筑电气与智能化专业“十三五”规划教材，该教材的出版目的是为培养专业基础扎实、实践能力强、具有创新精神的高素质人才。真诚希望使用本规划教材的广大读者多提宝贵意见，以便不断完善与优化教材内容。

高等学校建筑电气与智能化学科专业MOOC开发委员会

主任委员

方潜生

前　言

为促进“绿色建筑”、“智慧城市”中建筑电气与智能化的技术变革，充分利用“互联网+”的优势，在全国高等学校建筑电气与智能化学科专业指导委员会、中国建筑工业出版社、深圳市松大科技有限公司大力支持下，我们在原“十二五”普通高等教育本科国家级规划教材《建筑电气》的基础上，开发了本版教材。

在本版教材开发过程中，对原教材的章节内容作了大篇幅的修订，主要有：(1) 更新相关现行标准、规范；(2) 删减了已淘汰的电器、线缆产品介绍；(3) 对教材原有基本内容的内涵及其表述层次予以调整；(4) 对于部分图形符号、名词定义等参照国家新标准作了相应修正；(5) 增补了建筑照明相关内容；(6) 新增应急电源设计内容；(7) 增补了绿色设计相关内容。

本版教材以实际工程项目为案例，以民用建筑 10kV 线路及一般照明为主线，系统介绍了建筑电气的基本原理与重点，培养学生独自完成建筑电气设计的基本能力，培养学生应用相关标准、规范的能力，使学生熟悉设计三阶段的主要任务、工作内容，具备建筑电气设计的基本能力。

本书共 10 章，分别介绍：建筑电气综述；电气安全技术与措施；建筑电气设计基础；建筑照明设计；建筑低压配电设计；建筑高压供电设计；继电保护与测量；自备应急电源及建筑防雷设计；绿色建筑与节能设计。

参加本次修订工作的有方潜生（第 1 章）、牟志平（第 2、3、4、5 章）、陈杰（第 6、7、8、10 章）、张鸿恺（第 9 章及全书的思考与练习题）。全书由方潜生、牟志平统稿。本书部分章节内容由安徽建筑大学刘红宇老师提供；项目案例由安徽建筑大学建筑设计研究院陈劲松先生提供并给予指导，在此谨表谢意。同时对本书修编过程中所列的各参考文献的作者致以衷心感谢。

针对《建筑电气》课程的特点，为便于学生理解课程内容和教师课堂教学，教材将知识点通过 Flash 动画、三维仿真、微课视频等形式进行展示，并在书中相应位置设置了资源的二维码；各章均附有思考题和习题。读者可以通过扫描本书封底的二维码下载松大慕课（MOOC）APP，在 APP 内打开扫码功能，扫描书中资源的二维码，即可查看并获取资源。“二维码使用说明及资源目录”详见附录。欢迎广大读者使用。

限于编者水平，书中难免有错漏之处。敬请广大师生和读者批评指正。意见建议请发至邮箱：chenjie@ahjzu. edu. cn。

MOOC 全媒体教材使用说明

MOOC 全媒体教材，以全媒体资源库为载体，平台应用服务为依托，通过移动 APP 端扫描二维码和 AR 图形的方式，连接云端的全媒体资源，方便有效地辅助师生课前、课中和课后的教学过程，真正实现助教、助学、助练、助考的理念。

教材使用帮助

在应用平台上，教师可以根据教学实际需求，通过云课堂灵活检索、查看、调用全媒体资源，对系统提供的 PPT 课件进行个性化修改，或重新自由编排课堂内容，轻松高效地备课，并可以在离线方式下在课堂播放。还可以在课前或课后将 PPT 课件推送到学生的手机上，方便学生预习或复习。学生也可通过全媒体教材扫码方式在手机、平板等多终端获取各类多媒体资源、MOOC 教学视频、云题与案例，实现随时随地直观学习。

教材内页的二维码中，有多媒体资源的属性标识。其中

为 MOOC 教学视频

为平面动画

为知识点视频

为三维

为云题

为案例

扫教材封面上的“课程简介”二维码，可视频了解课程整体内容。通过“多媒体知识点目录”可以快速检索本教材内多媒体知识点所在位置。扫描内页二维码可以观看相关知识点多媒体资源。

本教材配套的作业系统、教学 PPT（不含资源）等为全免费应用内容。在教材中单线黑框的二维码为免费资源，双线黑框二维码为收费资源，请读者知悉。

本教材的 MOOC 全媒体资源库及应用平台，由深圳市松大科技有限公司开发，并由松大 MOOC 学院出品，相关应用帮助视频请扫描本页中的“教材使用帮助”二维码。

在教材使用前，请扫描封底的“松大 MOOC APP”下载码，安装松大 MOOC APP。

目　录

第 1 章　建筑电气综述

建筑电气是“建筑电气工程”的简称，是指电气工程技术在建筑中的应用。它是以电能、电气设备和电气技术为手段，创造、维持或改善建筑环境功能，提高建筑环境等级和效益的一门科学。从广义上讲，建筑电气根据建筑的使用性质分为民用建筑电气和非民用建筑电气。本章着重介绍建筑电气的内涵、工作重点、建筑电气特征、设计原则等，最后简要介绍一些与电能质量相关的基本概念。

1.1　概　　述

据史料记载，在 16 世纪末之前的时间里，无论中国，还是古埃及、古希腊、古罗马以及阿拉伯人，对电并没有太多的具体认知，仅限于是对一种自然现象的了解。

直到 17 和 18 世纪，人类对于电的研究才出现了一些在科学方面重要的发展和突破。即使如此，那时的科学家也并没有找到什么电的实际用途。

到 19 世纪末期，由于电机工程学的进步，把电带进了工业和家庭。20 世纪是电气研发的黄金时代，日新月异、连绵不断的快速发展带给了工业和社会巨大的改变。作为能源的一种供给方式，电所具有的多重优点，被广泛应用在动力、照明、冶金、化学、纺织、通信、广播等各个领域，成为科学技术发展、国民经济飞跃的主要动力。电的用途几乎无可限量，如同阳光、水、空气一样，与人类各种活动息息相关，密不可分。

电力系统是人类工程科学史上最重要的成就之一，是由发电、输电、变电、配电和用电等环节组成的大规模电力生产与消费系统。它将自然界的一次能源，如煤、油、水、太阳能、风力、核能、氢能等，通过发电动力装置转化成电能，再经输电、变电和配电将电能提供给千家万户，如图 1-1 所示。

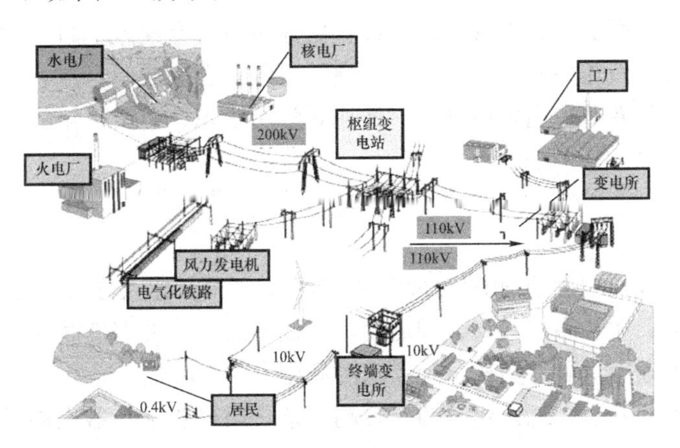

图 1-1　电力系统示意图

电的发现和应用，极大地节省了人类的体力劳动和脑力劳动，使人类的力量长上了翅膀，使人类的信息触角不断延伸。

进入到21世纪，无论是传统、现代，还是创新，电依旧是社会发展的骨干能源，依旧是科技进步的主角之一。

1.2 建筑电气内涵

通常意义上，建筑电气是指电气工程技术在民用建筑中的应用。它是以电能、电气设备和电气技术为手段，创造、维持或改善建筑环境功能，提高建筑环境等级和效益的一门科学。

建筑电气工作重点主要集中在两个方面：一个是以传输、分配、转换电能为标志，承担着实现电能的供应、输配、转换和利用；另一个是以传播信号，进行信息交换为标志，承担着实现各类信息的获取、传输、处理、存储、显示及应用。习惯上，前者称为“强电”，后者称为“弱电”。

与非建筑电气专业相比，建筑电气有着自身鲜明的特征：

（1）建筑电气是由供、输、变、配（含操作、控制、计量、保护等）、用多个环节共同组成的统一体。而每一环节始终贯穿于从一条简单支路到规模复杂电网的勘察、设计、施工、验收、运行、维保、使用的每一过程中。因此，“建筑电气”涵盖了上述各环节全过程的方方面面。

建筑电气特征

（2）建筑电气因电源性质不同，有直流电路和交流电路之分。直流电路中，既有独立变送配的专用直流电路，如地铁、城际高铁、动车等；也有寄生在交流电路中的直流电路，如变频器、各种电子类、安全类系统、充电桩等。交流电路中，因负载连接的不同，电路有单相，还有三相；有对称，也有不对称。大多数情况下，民用建筑中的三相系统多为不对称系统。

（3）负载属性因电源性质而具有多重性。直流中为阻性，交流中既可以是纯阻性、纯感性、纯容性，也可以是电阻—电感、电阻—电容、电阻—电感—电容的任意组合。

（4）建筑电气中，多种电路并举共存，功能各异。技术涵盖电力、电能、自动化、电子、通信、计算机、网络、智能化等领域，种类多、范围广、覆盖面大，对专业人员的技能要求越来越高。

（5）一个完整全面的建筑电气项目设计，由建筑电气专业人员自主设计的仅占其中的一部分，其余部分是由相关专业人员设计，建筑电气配合完成。

（6）建筑电气除专业应用领域外，对使用者学历学识、经历、年龄等没有过高要求。

1.3 建筑电气设计原则

作为电气设计人员，只有随时发现和总结经验，汲取他人之长，不断丰富自己的知识，积极开拓思路，才能做出最为合理的设计。设计时，一般应遵循的原则如下：

（1）坚持最大限度地满足用户合理需求的原则

由于科学技术的发展，现代建筑功能日趋复杂，用户要求日益提高。因此，设计时首先要对设计对象的性质、使用功能与用途有充分的了解。其次是对设计委托书和用户的使用要求，进行认真分析与综合，并在此基础上，在不违反国家相关政策法令、现行标准与规范的前提下，最大限度地满足用户合理需求，并适当留有发展余地。

（2）建筑电气设计应贯彻安全的原则

电气安全主要包括人身安全、设备、设施及供用电安全和建筑物安全等几个方面。严格地讲，安全是建筑电气设计的第一要务。现代建筑由于设备设施的增多，使得建筑内敷设有大量用途各异的管线，为安全起见，这些管线应具有足够的安全间距、绝缘强度、负荷能力、动热稳定裕量，以保证设备、设施及供用电线路的运行安全，确保从事电气设备操作、使用、维护人员的人身安全。因此，通常根据建筑物的重要性和潜在危险程度，设有接地、防雷与防电击、火灾报警与联动、安全监控等必要的技术措施，特殊场合或有特殊要求时，还应设有防静电或抗震技术措施等。

（3）在满足用户需求条件下，应贯彻经济、适用的原则

所谓经济是指在设计中采用符合现行规程、规范的先进技术和节能设备，选择合理运行方式，达到既满足使用功能，又最大限度减少电能，降低各种资源消耗、节约运行费用的目的。有条件时，尽可能合理利用自然环境因素，提高能源利用率，为建筑物的经济运行创造条件。

适用是指能为建筑设备、建筑及其环境正常运行提供所必需的动力，能满足用电设备对负荷容量、电能质量与供电可靠性的要求，真正做到安全、稳定、便捷、高效、易操作、无障碍。

（4）建筑电气设计应贯彻节能、环保的原则

节能是我国的一项基本国策。对于以电能作为唯一动力源的建筑设备设施而言，在建设方案确定之后，电气设计就是贯彻、执行节能国策的重要技术环节，也是每个电气工作者应尽的职责和义务。

电气设计不应以节能为目的而降低设计标准，甚至忽视安全保障。正确的做法是从系统的观念出发，在电气设备、设施运行的全寿命周期内，从设计到运行全过程中的每一个环节，自觉关注并应用安全、合理、可行的节能技术措施。

电能是清洁的能源，但其供配电设备在运行过程中会对环境造成化学污染、电磁噪声和电磁污染。因此，在电气设计中应采取必要的措施，以减少这些污染，保护人身安全及供配电设备周边的自然环境。

（5）建筑电气设计应贯彻统筹兼顾的原则，为新技术应用留有适度发展空间

建筑电气设计还应考虑当地经济水平，正确处理近期与远期的关系；应考虑设备材料的供应情况以及安装维护管理水平；考虑设备设施的形体、色调、安装位置与建筑物的性质、风格协调一致。在不增加或仅增加少量投资的情况下，尽可能创造美好的氛围，并为新技术应用留有适度发展空间，使之达到满意适用、安全可靠、技术先进、经济合理、管理方便、易维护、可扩展的基本要求。

1.4 标准电压与电能质量

1. 标准电压

标准电压是用于标志或识别系统和设备电压给定值的一个电压等级系列。在三相交流

系统中，通常把1000V及以下称为低压，1000V以上至35kV为中压，35kV以上至220kV为高压，330kV以上为超高压，1000kV及以上称为特高压。

我国规定的三相交流系统和设备的标准电压，见表1-1。电力系统中发电、输电及配电、用电设备在正常情况下的工作电压（即：额定电压），必须要与其相符合。

三相交流系统及相关设备的标准电压　表1-1

序号＼分类	系统标称电压（kV）	设备最高电压（kV）	交流发电机电压（kV）
1	—	—	0.115
2	0.22/0.38	—	0.23
3	0.38/0.66	—	0.4，0.69
4	1（1.14）	—	—
5	3（3.3）	3.6	3.15
6	6	7.2	6.3
7	10	12	10.5，13.8，15.75，18
8	20	24	20，22，24，26
9	35	40.5	—
10	66	72.5	—
11	110	126（123）	—
12	220	252（245）	—
13	330	363	—
14	500	550	—
15	750	800	—
16	1000	1100	—

注：1. 系统标称电压定义为：用以标志或识别系统电压的给定值。
2. 规定设备最高电压用以表示设备绝缘，以及在相关设备性能中可以依据这个最高电压的其他特性。
3. 对用于标称电压不超过1000V的设备，运行和绝缘仅依据系统标称电压而定。
4. 1.14kV仅限于某些行业内部使用，其余括号内的数值为用户有要求时使用。

2. 电能质量

电能质量即电力系统中电的质量。电能和其他产品不同，供、输、变、配、用电设备是连接在一个系统内。因此，电能质量不但取决于供、输、变、配各环节，而且也取决于用电这个环节。理想的电能应该是完美对称的正弦波。但一些因素会使波形偏离对称正弦，由此便产生了电能质量问题。影响电能质量的因素有：

（1）电网频率

电能传输大多以交流三相为主。我国电力系统的标称频率为50Hz。《电能质量　电力系统频率偏差》GB/T 15945规定：电力系统正常运行条件下频率偏差限值为±0.2Hz，当系统容量较小时，偏差限值可放宽到±0.5Hz。

在《全国供用电规则》中规定供电局供电频率的允许偏差：电网容量在300万kW及以上者为±0.2Hz；电网容量在300万kW以下者，为±0.5Hz。从全国各主要电力系统的实际运行来看，都保持在不大于±0.1Hz范围内。

（2）电压偏差

指实际运行电压U_0与系统标称电压U_N偏差相对值的百分数。即：

$$\Delta U(\%)=\frac{U_0-U_N}{U_N}\times 100\% \tag{1-1}$$

式中　ΔU（%）——电压偏差相对百分数；

U_0——实际运行电压，V或kV；

U_N——系统标称电压，V或kV。

电压长时间在偏离标称值下运行，对系统运行或设备寿命影响很大。例如：若实际运行电压低于标称值（欠电压），会使作为动力的感应电动机转矩下降、电流增大、温度升高，从而降低生产效率、影响产品质量、缩短电机寿命；会使气体放电灯不易或反复点燃，降低照度等。若实际运行电压高于标称值（过电压），会使感应电动机电流增加、温度升高、绝缘受损，从而缩短电机寿命；会使电光源亮度增加但寿命缩短；会使电子产品的绝缘永久损坏等。

《电能质量　供电电压偏差》GB/T 12325中规定：35kV及以上供电电压正、负偏差的绝对值之和不超过标称电压的10%；20kV及以下三相供电电压偏差为标称电压的±7%；220V单相供电电压偏差为标称电压的+7%，−10%。

（3）三相电压不平衡

又称三相电不对称。指三相电压的幅值不等，或相位差不是120°，或兼而有之，均称为三相电压不平衡。引起三相电不平衡的因素有非正常和正常两方面。系统中发生各种不对称的短路故障时，会造成非正常的三相不平衡，需由保护装置切除以恢复正常。建筑电气中正常运行时的三相不平衡，主要是由三相负载不对称引起的。

三相电不平衡会造成旋转电机振动、发热过度，引起保护误动作，发电机的容量利用率下降，变压器的磁路不平衡产生附加损耗、负荷较大相的绕组过热，加大对通信系统的干扰等。

通常用三相不平衡度，作为衡量三相电电能质量的指标之一。用电压（流）负序基波分量或零序基波分量与正序基波分量方均根值（有效值）的百分比来表示。

如：负序电压的不平衡度ε_{u2}，用电压负序分量方均根值U_2与电压正序分量方均根值U_1的百分比表示，即：

$$\varepsilon_{u2}=\frac{U_2}{U_1}\times 100\% \tag{1-2}$$

相应的，电流负序和零序不平衡度分别用ε_{i2}及ε_{i0}表示，其电流负序分量方均根值与电流正序分量方均根值分别用I_2及I_1表示。

《电能质量 三相电压不平衡》GB/T 15543中规定：系统正常运行时，公共连接点（PCC）的负序电压不平衡度$\varepsilon_{u2}\leqslant 2\%$，短时间内$\varepsilon_{u2}\leqslant 4\%$；接于公共连接点的每个用户的允许值，一般为$\varepsilon_{u2}\leqslant 1.3\%$，短时间内$\varepsilon_{u2}\leqslant 2.6\%$。

低压系统零序电压限值暂不作规定，但各相电压必须满足《电能质量　供电电压偏差》GB/T 12325的要求。

（4）公用电网谐波

理想的公用电网所提供的电量，应该具有单一而固定的频率以及规定的幅值。而实际中，公用电网提供的工频交流电除含有周期性的正弦电量外，还含有周期性的非正弦电量。对这类周期性的非正弦电量按傅里叶级数分解，频率与工频相同的分量是基波，大于基波频率整数倍的分量，被称为交流电的高次谐波，简称谐波。

谐波的出现，对公用电网是一种污染，它使用电设备所处的环境恶化，也对周围的其他设备产生干扰。

谐波产生的主要原因是：当正弦电压施加在非线性负载上时，因其基波电流发生畸变而产生。主要非线性负载有 UPS、开关电源、整流器、变频器、逆变器等。

谐波的危害：降低系统（如变压器、断路器、电缆等）容量；加速设备老化，缩短设备使用寿命，甚至损坏设备；危害生产安全与稳定；浪费电能等。

《电能质量　公用电网谐波》GB/T 14549 规定了公用电网谐波（相）电压的限值，见表 1-2。

公用电网谐波（相）电压限值　　**表 1-2**

电网标称电压（kV）	电压总谐波畸变率（%）	各次谐波电压含有率（%）	
		奇次	偶次
0.38	5.0	4.0	2.0
6	4.0	3.2	1.6
10			
35	3.0	2.4	1.2
66			
110	2.0	1.6	0.8

（5）公用电网间谐波

间谐波是指非基波频率整数倍的谐波，也称分数次谐波或分数谐波。

间谐波往往由较大的电压波动或冲击性非线性负载引起，所谓非线性的波动负载，如电弧焊、电焊机、各种变频调速装置、同步串级调速装置及感应电动机等均为间谐波波源，电力载波信号也是一种间谐波。

在各种电压等级供电网中都可能出现间谐波。间谐波源主要有静止频率变换器，循环换流器，感应电机和电弧设备等。

间谐波源的特点是放大电压闪变和音频干扰，影响电视机画面及增大收音机噪声，造成感应电动机振动及异常。对于由电容、电感和电阻构成的无源滤波器电路，间谐波可能会被放大，严重时会使滤波器因谐波过载而不能正常运行，甚至造成损坏。间谐波的影响和危害等同谐波电压的影响和危害。

《电能质量　公用电网间谐波》GB/T 24337 中，对我国电力系统中的间谐波限值作了规定：220kV 及以下电力系统公共连接点（PCC）各次间谐波含有率应不大于表 1-3 限值；接于公共连接点（PCC）的单一用户引起的各次间谐波电压含有率一般不超过表 1-4 限值。根据连接点的负荷状况，该限值可以做适当变动，但须满足表 1-3 的规定。

间谐波电压含有率限值（%）　　**表 1-3**

电压等级	频率（Hz）	
	<100	100～800
1000V 及以下	0.2	0.5
1000V 以上	0.16	0.4

注：800Hz 以上间谐波电压限值尚在研究中。

单一用户间谐波电压含有率限值（%）　　**表 1-4**

电压等级	频率（Hz）	
	<100	100～800
1000V 及以下	0.16	0.4
1000V 以上	0.13	0.32

（6）波动和闪变

电压波动是指电网电压的方均根值（有效值）一连串的变动或连续的改变。

供配电系统中负荷的骤然增减、非正常短路、电压瞬变、雷击等都会引起电压较大波动。正常运行时不稳定的负荷如轧钢机、电弧炉、电焊机，大厦中的电梯等，也会引起供配电系统电压波动。电压波动可使电动机转速不均匀，影响产品质量；能造成自动化控制装置误动作，计算机电子信息系统工作异常、硬件损坏；产生照明闪烁，引起人眼视觉的不适与疲劳，影响工作与学习；影响对电压波动敏感的精密仪器实验结果等。

《电能质量　电压波动和闪变》GB/T 12326 规定了用户在电力系统公共连接点（PCC）产生的电压变动的限值，见表 1-5。

电压变动限值　　**表 1-5**

r（次/h）	d%	
	35kV 及以下	35kV 以上
$r \leqslant 1$	4	3
$1 < r \leqslant 10$	3*	2.5*
$10 < r \leqslant 100$	2	1.5
$100 < r \leqslant 1000$	1.25	1

注：1. 电压变动频度 r：为单位时间内电压变动的次数。电压由小到大或大到小各算一次变动，同方向的多次变动，如果间隔时间小于 30ms，也只算一次变动。
2. 电压变动 d：电压方均根值曲线上两个相邻极值电压之差，以系统标称电压的百分数表示。
3. 对于随机性不规则的电压波动，表中标有“*”的值为其限值。

闪变是指电光源照度变化对人眼形成刺激的主观感受，是波动电压作用于光源在一段时间内引起的积累效应。

电力系统公共连接点处的闪变限值，见表 1-6。要求在一周（168h）的测量时间内，所有长时间闪变值 P_{lt} 都应满足要求。

闪变限值　　**表 1-6**

P_{lt}	
≤110kV	>110kV
1	0.8

注：长时间闪变值 P_{lt}：反映长时间（若干小时）闪变强弱的量值，其基本记录周期为 2h。

（7）电压暂降与短时中断

电压暂降（又称电压骤降、电压凹陷、电压跌落）是指电压有效值突然下降后又回升恢复的现象。短时中断指系统的一相或多相电压有效值快速降低接近到零后又回升恢复的现象。一般由电网、变电设施的故障或负荷突然出现大的变化（如大功率设备启动等）所引起的。在某些情况下会出现两次或更多次连续的跌落或中断。

《电能质量 电压暂降与短时中断》GB/T 30137 定义：电压暂降是指电力系统中某点工频电压方均根值突然降低至0.1～0.9倍额定电压，并在短暂持续10ms～1min后恢复正常的现象；短时中断是指电力系统中某点工频电压方均根值突然降低至0.1倍额定电压以下，并在短暂持续10ms～1min后恢复正常的现象。

思考与练习题

01.00.002 Ⓣ

云题

1. 单项选择题

(1) 电能生产输送、分配及应用过程在（ ）进行。

A. 不同时间 B. 同一时间 C. 同一瞬间 D. 以上都不对

(2) 一般传统意义上的“强电系统”不包括（ ）。

A. 供配电系统 B. 照明系统 C. 防雷系统 D. 综合布线系统

(3) 一般传统意义上的“弱电系统”不包括（ ）。

A. 接地系统 B. 有线电视系统 C. 通信系统 D. 安全防范系统

(4) 进行建筑电气设计时，遵循的原则一般不包括（ ）。

A. 应贯彻安全的原则

B. 坚持最大限度地满足施工单位费用最低的原则

C. 应贯彻节能、环保的原则

D. 应贯彻统筹兼顾的原则，为新技术应用留有适度发展空间

2. 多项选择题

(1) 电力系统构成是（ ）。

A. 发电厂 B. 变压器 C. 输电网 D. 配电网

E. 用电设备

(2) 一般传统意义上的“强电系统”包括（ ）。

A. 供配电系统 B. 消防系统 C. 防雷系统 D. 照明系统

(3) 一般传统意义上的“弱电系统”包括（ ）。

A. 接地系统 B. 综合布线系统 C. 通信系统 D. 安全防范系统

(4) 三相电不平衡可能会造成的严重后果包括（ ）。

A. 旋转电机振动、发热过度，引起保护误动作

B. 变压器的磁路不平衡产生附加损耗、负荷较大相的绕组过热

C. 发电机的容量利用率下降

D. 加大对通信系统的干扰

3. 判断题

(1) 变电所与配电所的区别是变电所有变换电压的功能。（ ）

(2) 发电、供电、用电要时刻保持平衡，发电量随着供电量的瞬时增减而增减。（ ）

(3) 在输电距离和功率一定的情况下，电力网的电压等级越高，电能损耗越小。（ ）

(4) 电力系统是指发电厂、变电所、电力线路和电能用户组成的一个整体。（ ）

(5) 电力设备在额定电压下运行，其技术与经济性能最佳。（ ）

第 2 章　电气安全技术与措施

人们的生活、工作、学习、休闲都离不开电。电在带给我们极大便利的同时，也存在危险、不安全因素。随着社会进步与发展，电气设备设施的增加与普及，电气安全已成为电气设备设施安全可靠运行的头等大事。本章着重介绍触电产生的因素、危害以及预防触电事故、保障人身及设备安全的主要技术措施。

2.1　概　　述

我们知道，电力系统是由供、输、变、配、用多个环节，涵盖勘察、设计、施工、验收、运行、维保、使用过程组成的一个生产消费统一体，因此，电气安全也自始至终地贯穿于这个统一体的方方面面。

电气工程与其他专业技术相比较，最大特征是：其一，电路或电气系统正常运行时，始终处于动平衡状态；其二，电路或电气系统必须是闭合回路，与信号大小、强弱无关。

在人类生产、生活、学习的各种活动中，会有哪些电气事故？它们是如何发生的？有什么样的规律？人为什么会触电？为什么有些人触电一触即亡，有些人却可以侥幸得生？类似这些问题，都是电气安全的基本问题，只有真正认识电、了解电、采取正确合理的应对措施，才能科学回答上述问题，使我们每一个人都能安全用电。

2.2　基 本 术 语

1. 接地电流

无论何种原因，发生接地短路故障时，故障电流经落地点向大地呈半球形扩散，这一电流称为接地电流 I_d（也称流散电流），如图 2-1 所示。

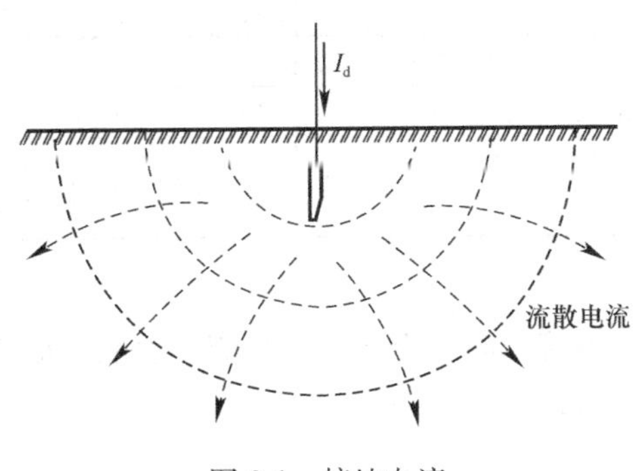

图 2-1　接地电流

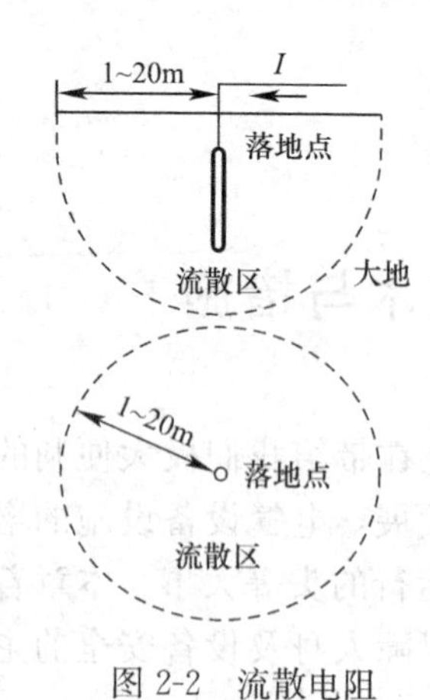

图 2-2 流散电阻

2. 流散电阻

电流流经的路径一定有电阻存在。因此，接地电流经落地点向大地呈半球形流散过程中所遇到的电阻的总和，称为流散电阻，如图 2-2 所示。

3. 接地电压

由电路元件的伏安特性可知：电流流经电阻时，就会在电阻上产生电压。同理，接地电流经流散电阻时，也会产生电压，这个电压称为接地电压（也称对地电位）。工程上，通常认为带电体落地点处的电位最高，距接地点 20m 外，电位近似为 0。当电网或电气设备发生接地故障时，所产生的对地电位以接地点为中心向四周扩散，形成电位梯度，如图 2-3（*a*）所示；地表面也形成以接地点为圆心的径向电位差分布，如图 2-3（*b*）所示。

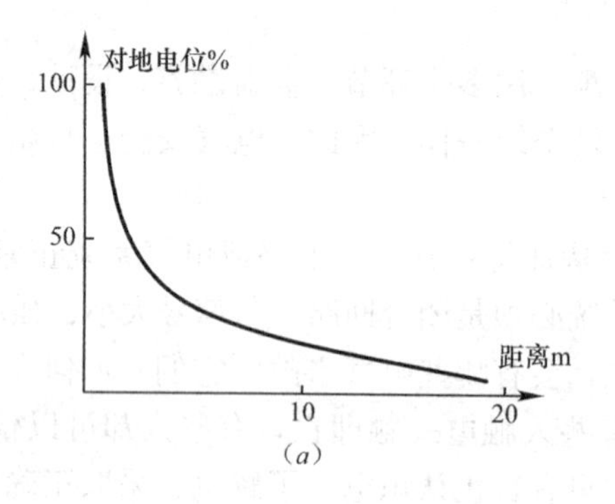

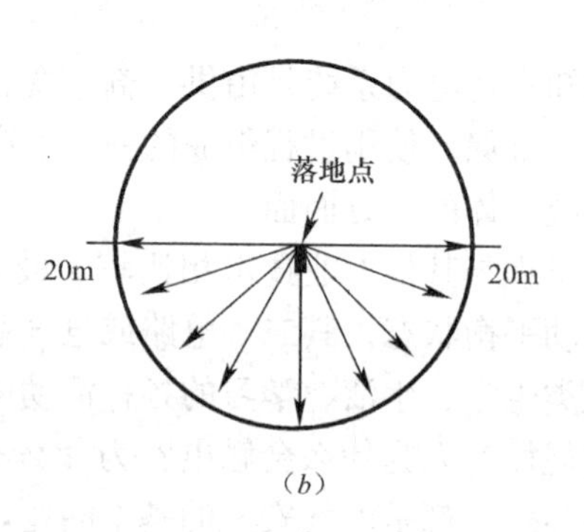

图 2-3 对地电压示意图

（*a*）电位梯度；（*b*）径向电位差分布

4. 人体允许电流

人体允许电流是指人体触电后可自主摆脱带电体，解除触电危险的电流。对于工频交流电来说，按照通过人体电流大小与人体呈现的状态不同，划分为三级，见表 2-1。

人体电流大小与人体呈现的状态 **表 2-1**

电击电流等级	含意	交流（工频）mA		直流 mA		交流（10kHz）mA	
		女性	男性	女性	男性	女性	男性
感知电流（最小值）	人体感觉的最小电流	0.7	1.1	3.5	5.2	8	12
摆脱电流（平均值）	人体能自主摆脱的电流	10.5	16	51	76	50	75
致命电流（心室纤维性颤动电流）	较短时间内危及生命的最小电流	>50		1300mA（0.03s） 500mA（3s）		1100mA（0.03s） 500mA（3s）	

（1）感知电流

指引起人体感觉的最小电流，因人而异。实验资料表明：成年男性平均感知电流约为 1.1mA，成年女性约为 0.7mA。

（2）摆脱电流

指人体触电后可自主摆脱的最大电流。成年男性平均摆脱电流约为 16mA，成年女性约为 10.5mA。

(3) 致命电流

指人体触电瞬间危及生命的最小电流，一般认为引起心室颤动的电流即为致命电流。

我国规定的安全电流值为：30mA（AC 50Hz），触电时间不超过 1s，即：30mA·s。

5. 人体电阻

就电特性而言，人体不是纯电阻。人体电阻由人体内阻、皮肤电阻和皮肤电容三部分组成。

皮肤电阻与皮肤潮湿程度、皮肤表面是否有导电粉尘、多汗、破损、皮质层厚度、接触面积、接触压力、电流路径、接触电压、电流持续时间、温度、频率等有关。还与身体素质、心理状态、天气环境有关。一般认为人体电阻为 1k～2kΩ（不计皮肤角质层电阻），人体电阻与电压、电流的关系，见表 2-2；不同条件下的人体电阻值，见表 2-3。

人体电阻与电压、电流的关系　　表 2-2

接触电压（V）	12.5	31.3	62.5	125	220	250	380	500	1000
人体电阻（Ω）	16500	11000	6240	3530	2222	2000	1417	1130	640
流过电流（mA）	0.8	2.84	10	35.2	99	125	268	443	1563

不同条件下人体电阻　　表 2-3

接触电压（V）	人体电阻（Ω）			
	皮肤干燥	皮肤潮湿	皮肤湿润	皮肤浸入水中
10	7000	3500	1200	600
25	5000	2500	1000	500
50	4000	2000	875	440
100	3000	1500	770	375
250	1500	1000	650	325

6. 安全电压

安全电压指不致使人直接致死致残的电压，我国规定的安全电压见《特低电压（ELV）限值》GB/T 3805。从人体安全角度考虑，人体安全电压由电阻及流过人体电流决定。若人体电阻取 1700Ω，安全电流取 30mA，则人体允许持续接触的安全电压：

$$U = I \times R = 0.03 \times 1700 \approx 50\text{V}$$

可见，50V（AC 50Hz）可以认为是正常环境条件下，人体允许持续接触的安全特低电压上限值。

2.3 电气触电种类及对人体危害因素

1. 人体触电方式

触电，因接触方式不同分为三类：

(1) 单相触电

1) 中性点不直接接地系统的单相触电

如图 2-4（*a*）所示，电流经过人体与其他两相的对地阻抗 Z 而形成回路，通过人体的电流 I_r 取决于电压、人体电阻和导线对地绝缘阻抗。

此时，流过人体电流大小

$$I_r = \frac{2U_l}{2R_r + Z} \tag{2-1}$$

式中 I_r——流过人体的故障电流，A；

U_l——人体承受的线电压，V；

R_r——人体电阻，Ω；

Z——导线对地绝缘阻抗，Ω。

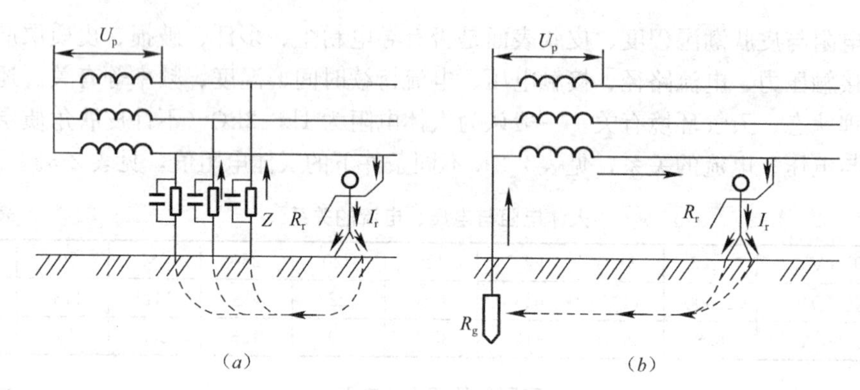

图 2-4　单相触电示意图

（a）中性点不直接接地系统；（b）中性点直接接地系统

2）中性点直接接地系统的单相触电

如图 2-4（b）所示。此时人体承受的是相电压 U_p，电流从人体所触及的相线经人体，再经大地回到中性点。与人体电阻 R_r 相比，接地体电阻 R_g 很小，相电压 U_p 几乎全部加在人体上，即：

$$U_r = \frac{U_p}{R_g + R_r + R_E} \tag{2-2}$$

式中 U_r——人体承受的电压，V；

U_p——相电压，V；

R_g——接地电阻，Ω；

R_r——人体电阻，Ω；

R_E——人体与地面接触电阻，Ω。

（2）两相触电

如图 2-5 所示，人体同时触及两相带电体而发生的触电事故。此时人体承受的是线电压，所以又称为线电压触电。通过人体电流的大小为：

$$I_r = \frac{U_l}{R_r} \tag{2-3}$$

式中 I_r——流过人体的故障电流，A；

U_l——人体承受的线电压，V；

R_r——人体电阻，Ω。

图 2-5　两相触电示意图

若线电压 380V，则流过人体的

电流高达 268mA，只要经过 0.186s 的时间，就可能致人于死地（100mA·s）。

（3）接触电压和跨步电压触电

当电网或电气设备发生接地故障，人体误入或触及故障体时，则在人体内就有电流流过，人体成为故障电流回路的一部分。当人体触及带电体形成的触电，称为接触电压触电，如图 2-6 中 a 点所示；当行人误入其中，则因前后两脚间（一般按 0.8m 计算）的电位差达到危险电压而造成触电，称为跨步电压触电，如图 2-6 中 b 点、c 点所示。图 2-6 中，b 点人体承受对地电压最高，c 点较低。

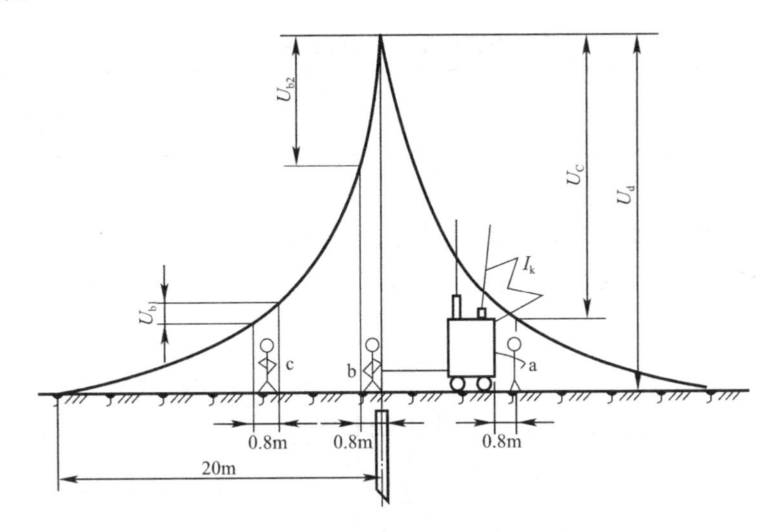

图 2-6　接触电压和跨步电压触电示意图

2. 对人体危害因素

触电是指电流通过人体，对人体造成伤害的现象。当电流通过人体组织时，一方面引起人体生理学功能改变，致使非自主肌肉收缩、心室纤维震颤、中枢神经系统损伤等，严重的可造成呼吸停止、心脏停跳；另一方面会造成如溶血、蛋白凝固、血管血栓等人体热的电化学效应，伴随脱水、肌肉和关节撕脱等其他损伤。

人在触电时表现出的损伤往往是综合性的。如：高压触电时，皮肤可呈现深及内部组织的电灼伤；可引起触电点与接地点之间的肌肉或人体内部其他组织的凝固坏死；静脉凝固导致的水肿，可引起腔隙综合征等。

（1）触电事故种类

触电事故可归纳为电击与电伤两种。

1）电击

电流流过人体时，对人体内部器官造成的伤害，称为电击。电击对人体外表的作用痕迹不明显。死亡事故一般情况下由电击造成。

2）电伤

由于电流的机械效应、热效应、化学效应以及电弧熔化或蒸发的金属微粒等的侵入，对人体表皮组织的烤伤、灼伤和皮肤金属化等的损害，称为电伤。电伤严重的也可致人死亡。

（2）影响触电严重程度因素

1）电流大小和安全电压

电流的大小取决于人体电阻及触电电压。一般不大于 36V 的电压或小于 10mA 的电流，对人体不会造成生命危险。

2）电流路径

电流通过人体造成的伤害，与心脏受损状况关系密切。试验表明，人体内不同路径的电流对心脏有不同的损伤程度，见表 2-4，一般从左手经右脚到地，电流途经心脏最危险。

不同路径电流通过心脏的百分比　　表 2-4

人体触电接触部位	两脚	两手	右手至左脚	左手至右脚
电流通过心脏的百分比	0.4%	3.3%	3.7%	6.7%

3）触电时间

触电对人体伤害的轻重程度还与电流作用时间的长短有关。图 2-7 为国际电工委员会（IEC）通过测试得出的导致心室纤颤的 15～100Hz 交流电流大小和通电时间的关系曲线。

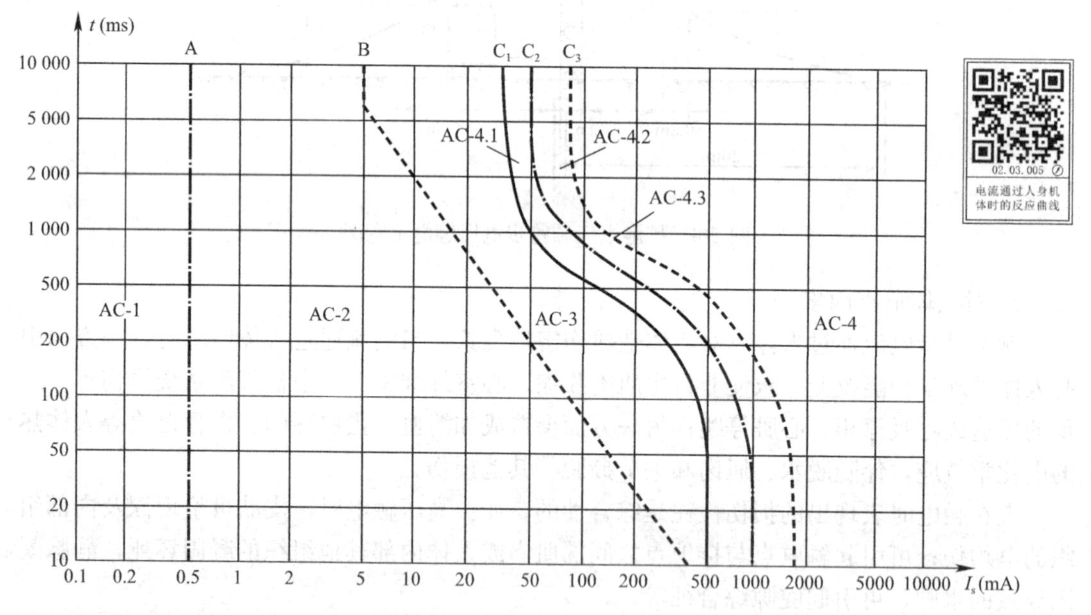

图 2-7　IEC 人体触电时间与通过人体电流（15～100Hz）对人身机体反应的曲线

图中纵轴为通电时间，横轴为人体电流。A、B、C 三条曲线将平面分为四个区域：

AC-1 区，通电无感觉，又称安全区，感知阈值交流 0.5mA。

AC-2 区，通电有感觉，又称感知区，但没有损伤，人可以自由摆脱，摆脱阈值交流 5mA。

AC-3 区，通电有可能会引起一定损伤，又称不易摆脱区，阈值交流 30mA；但不会引起心室纤颤，没有生命危险。

AC-4 区，通电有可能会引起心室纤颤。其中，AC-4 区又被 C_1、C_2、C_3 三条曲线分为三个区：

AC-4.1 区有 5%的可能引起心室纤颤；AC-4.2 区有 50%的可能引起纤颤；AC-4.3 区和再往右的区域，引起纤颤的概率就超过 50%了。

显见：触电时间以 0.2s 为界。触电时间超过 0.2s 时，致命心室纤维性颤动颤电流值将急剧降低。所以国际上将 C1 曲线最上边的电流值，大约是 30mA，作为一个评判是否安全的界限。

4）电流性质

国际电工委员会（IEC）指出：人体触电后的危害与触电电流的种类、大小、频率和流经人体的时间有关。在交流供电系统，以 50～60Hz 低频电流对人体的危害最为严重。

5）健康状况及精神状态

健康的人与体弱多病的人，对电击的抵抗能力是不同的。体质越弱，电流通过时对其造成的危害也越重。人在精神饱满的状态下承受电击的能力比情绪低落时强。

2.4　电气安全技术措施

电气安全技术措施，因面向的行业、专业、对象的不同，或多或少存在差异。基本的预防触电事故、保障人身及设备安全的主要技术措施有：接地、接零、保证电气设备的绝缘性能、隔离、采取屏护障碍、保证安全距离、合理选用电气装置、采用安全的特低电压、装设漏电保护装置和设置不导电环境等。

1. 接地

接地技术是任何电气电子设备、系统都必须采用的重要技术。它不仅是保护设备设施和人身安全的必要手段，也是抑制电磁噪声、控制电磁干扰、保证设备设施安全可靠运行的第一措施。

需要说明的是，在电气工程中，“地”的概念与我们生活中的“地”含义不同。为了区别，我们称前者为“电气地”，指拥有吸收无限电荷的能力，而且在吸收大量电荷后仍能保持电位不变，适合作为电气系统中的参考电位体，换句话说，指的是电位等于零的“地”，即“作为电路或系统基准的等电位点或平面”。后者，则是俗称的大地，即“地理地”，是一个电阻非常低、电容量非常大的实体，拥有吸收无限电荷的能力，而且在吸收大量电荷后仍能保持电位不变。

在建筑电气中，大多数情况下“电气地”与“地理地”是连为一体的。作用有二：一是指将电气设备设施的金属外壳与大地（地理地）直接连接，为电气设备、设施提供漏电保护的放电通路；二是指将电气设备设施在正常情况下不带电的金属部分与代替大地的某个零电位参考点（电气地）相连接。

（1）接地

接地是指物体的金属部分与大地之间作良好的电气连接。

（2）接地分类

1）工作接地

工作接地是为了使电力系统及与之相连的设备达到正常运行、可靠使用而设置的接地。例如变压器中性点接地、防雷装置的接地等。

2）保护接地

保护接地是为保障人身及设备安全，防止间接触电，而将设备在正常情况下不带电的外露可导电部分与接地装置之间作良好的金属连接。

3）重复接地

在 TN 系统中，为确保公共 PE 线或 PEN 线安全可靠，除在电源中性点进行工作接地外，还应在 PE 线或 PEN 线的下列地点进行重复接地：低压架空线的干线和分支线的终端；沿干线和分支线每 1km 处；电缆和架空线引入建筑物处；配电柜（箱）的金属外壳等。

2. 接零

是变压器中性点直接接地的三相四线制系统所采取的保护措施，也称保护接零。在中性点直接接地系统中，如果用电设备上不采取任何安全措施，则一旦设备漏电，触及设备的人体将承受近 220V 的电压（见图 2-4），是很危险的，采取保护接零就可以消除这一危险。

接零系统中的接地装置广泛地选用自然接地极。例如：已与大地有可靠连接的建筑物的金属结构，敷设于地下的无危险金属管线等均可以用作自然接地极。但严禁将易燃易爆气体管道（如氧气管道、乙炔管道等）作为自然接地极。自然接地电阻值不得超过 4Ω，电阻值超过 4Ω 时，应采用人工接地极。

3. 保证设备电气绝缘性能

电气绝缘就是用绝缘物将带电导体封闭起来，使人不能触及，从而保证安全。通常使用的绝缘物有塑料、橡胶、陶瓷、云母、胶木、绝缘布、绝缘纸、矿物油等。

设备的电气绝缘是防止直接触电的防护措施。所谓直接触电是指直接触及或过分靠近正常运行就带电的导体。还有间接触电，是指触及正常时不带电而发生故障时可能带电的金属导体。

绝缘在运行过程中可能会遭到破坏，这会使电气设备外壳带电的机会大大增加，虽然对电气设备金属外壳采取了不正常带电的防护措施，但还是增加了触电机会。

因此，必须定期检测电气设备的绝缘水平，让其保持在规定的范围之内。还可以采用双重绝缘或加强绝缘的电气设备，防止工作绝缘损坏后在易接近部分出现对人危险的电压。

4. 采取电气隔离措施

采用隔离变压器或电气上隔离的发电机供电，以防止外露导体异常带电时造成触电事故。要求被隔离的回路电压不超过 500V，且已采用电气隔离措施的带电部分，不得与大地、其他未采取电气隔离的电路再次连接。

5. 采用屏护、障碍

所谓屏护，就是用箱盒、围栏、护罩、护盖等把带电体同外界隔绝开来，以防止人员无意触及带电体造成直接触电。所谓障碍，就是在带电体与行走路线之间设置障碍物，防止无关人员行走中无意触及或过分接近带电体而触电。

6. 保证电气安全距离

为避免发生触电以及各种短路事故、防止发生火灾、过电压放电等，在带电体与人体之间、带电体与其他设备设施之间、带电体与带电体之间、带电体与地面之间必须留有一定的间隔距离，这个距离就是电气安全距离。安全距离由电压的高低、设备的类型及安装方式等因素决定。电气作业人员在工作中正常活动范围与带电设备的安全距离见表 2-5。

作业人员在工作中正常活动范围与带电设备的安全距离（m）　表 2-5

电压等级（kV）	10 及以下	20～35	60～110	220	330	500
安全距离	0.35	0.60	1.50	3.00	4.00	5.00

进行地电位带电作业时，与带电体间的安全距离不得小于表 2-6 的规定。

作业人员在地电位带电作业中与带电设备的安全距离（m）　表 2-6

电压等级（kV）	10	35	63（66）	110	220	330	500
安全距离	0.4	0.6	0.7	1.0	1.8（1.6）	2.6	3.6

注：对 220kV 电压等级下安全距离受限达不到 1.8m 时，经厂（局）主管生产领导（总工程师）批准，并采取必要的措施后，可采用括号内（1.6m）的数值。

设备不停电时的安全距离见表 2-7。

设备不停电时的安全距离（m）　表 2-7

电压等级（kV）	10 及以下	20～35	60～110	220	330	500
安全距离	0.70	1.00	1.50	3.00	4.00	5.00

设备不停电时的安全距离是指在移开高压设备遮栏的情况下，考虑了作业人员在工作中的正常活动范围，考虑了一定的意外情况和安全裕度以后规定的安全距离。

等电位作业人员对邻相导线的最小距离不得小于表 2-8 的规定。

等电位作业人员对邻相导线的最小距离（m）　表 2-8

电压等级（kV）	10	35	63（66）	110	220	330	500
安全距离	0.6	0.8	0.9	1.4	2.5	3.5	5.0

架空线接户线对地距离，按穿墙套管或穿墙管下沿计，应不低于下列数值：6～10kV 接户线，4.5m；1kV 以下接户线，2.5m。

架空线跨越道路时，按架空导线下坠弧线最低点，至路面中心的垂直距离，不得低于下列数值：机动车道，6m；非机动车道、人行道等，2.5m。

架空线与地面或水面的垂直距离，不应低于表 2-9 所列数值。

导线与地面或水面的最小距离（m）　表 2-9

线路经过地区	线路电压	
	1～10kV	1kV 以下
居民区	6.5	6
非居民区	5.5	5
不能通航也不能浮运的河、湖（至冬季冰面）	5	5
不能通航也不能浮运的河、湖（至 50 年一遇洪水位）	3	3
交通困难地区	4.5（3）	4（3）

注：括号内为绝缘导线数值。

架空线与山坡、峭壁、岩石等之间的净空距离，在最大计算风偏情况下，不应小于

表 2-10 所列数值。

架空线与山坡、峭壁、岩石之间的最小距离（m） 表 2-10

导线经过地区	线路电压等级	
	1～10kV	1kV 以下
步行可到达地区	4.5	3.0
步行不可能到达的山坡、峭壁、岩石等地区	1.5	1.0

架空线与建筑物之间的距离，不应小于表 2-11 所列数值。

架空线与建筑物之间的距离（m） 表 2-11

导线经过地区	线路电压等级	
	6～10kV	1kV 以下
线路穿越建筑物垂直距离	3	2.5
线路边线与建筑物水平距离	1.5	1

架空线与道路行道树之间的距离，不应小于表 2-12 所列数值。

架空线与街道行道树之间的最小距离（m） 表 2-12

最大弧垂情况的垂直距离		最大风偏情况的水平距离	
1～10kV	1kV 以下	1～10kV	1kV 以下
1.5（0.8）	1.0（0.2）	2.0（1.0）	1.0（0.5）

注：括号内为绝缘导线数值。

架空线与甲类火灾危险的工业厂房、甲类物品仓库及易燃易爆材料堆场，以及可燃或易燃易爆容器、贮罐的防火间距，不应小于所用电杆高度的 1.5 倍。

在离海岸 5km 以内的沿海地区或工业区，应根据腐蚀性气体、尘埃所产生的腐蚀严重程度，选用不同防腐性能的防腐型钢芯铝绞线。

10kV 及以下架空线因档距不大，弧垂大小并不是决定档距和杆高的因素，一般情况下，适当提高导线安全系数即可，见表 2-13、表 2-14。

导线最小安全系数 表 2-13

导线种类	一般地区	重要地区
钢芯铝绞线及合金线	2.5	3.0
铜线	2.0	2.5

架空裸导线最小允许截面（mm^2） 表 2-14

导线种类	高压 10kV		低压
	居民区	非居民区	
铝合金线	35	25	16
钢芯铝绞线	25	16	16
铜线	16	16	6

架空配电线路与铁路、道路、河流、管道、索道、人行天桥及各种架空线路交叉或接近的基本要求，见表 2-15。

架空配电线路与铁路、道路、河流、管道、索道及各种架空线路交叉或接近的基本要求　　　表 2-15

项目		铁路			公路		电车道	河流				弱电线路		电力线路 kV						特殊管道	一般管道、索道	人行天桥
		标准轨距	窄轨	电气化铁路	高速公路、一级公路	二、三、四级公路	有轨及无轨	通航		不通航		一、二级	三级	1 以下	1～10	35～110	154～220	330	500			
导线最小截面		铝线及铝合金线 50mm^2，铜线 16mm^2																				
导线在跨越档内的接头		不应接头	—	—	不应接头	—	不应接头	不应接头		—		不应接头	—	交叉不应接头	交叉不应接头	—	—	—	—	不应接头		—
导线支持方式		双固定		—	双固定	单固定	双固定	双固定		单固定		双固定	单固定	单固定	双固定	—	—	—	—	双固定		—
最小垂直距离（m）	项目／线路电压	至轨顶		接触线或承力索	至路面		承力索或接触线／至路面	至常年高水位	至最高航行水位的最高船顶	至最高洪水位	冬季至冰面	至被跨越线		至导线						电力线在下面	电力线在下面至电力线上的保护设施	—
	1kV～10kV	7.5	6.0	平原地区配电线路入地	7.0		3.0/9.0	6.0	1.5	3.0	5.0	2.0		2.0	2.0	3.0	4.0	5.0	8.5	3.0	2.0/2.0	5(4)
	1kV 以下	7.5	6.0		6.0		3.0/9.0	6.0	1.0	3.0	5.0	1.0		1.0	2.0	3.0	4.0	5.0	8.5	1.5/1.5		4(3)
最小水平距离（m）	项目／线路电压	电杆外缘至轨道中心			电杆中心至路面边缘		电杆中心至路面边缘／电杆外缘至轨道中心	与拉纤小路平等的线路，边导线至斜坡上缘				在路径受限制地区，两线路边导线间		在路径受限制地区，两线路边导线间						在路径受限制地区，至管道、索道任何部分		导线边线至人行天桥边缘
	1kV～10kV	交叉：5.0　平行：杆高＋3.0		平行：杆高＋3.0	0.5		0.5/3.0	最高电杆高度				2.0		2.5	2.5	5.0	7.0	9.0	13.0	2.0		4.0
	1kV 以下						0.5/3.0					1.0								1.5		2.0
备注				山区入地困难时，应协商并签订协议	公路分级见《10kV 以下架空配电线路设计技术规程》DL/T 5220—2005 附录 D，城市道路分级，参照公路规定			最高洪水位时，有抗洪抢险船只航行的河流，垂直距离应协商决定				①两平行线路在开阔地区的水平距离不应小于电杆高度；②弱电线路分级见《10kV 以下架空配电线路设计技术规程》DL/T 5220—2005 附录 C		两平行线路在开阔地区的水平距离不应小于电杆高度						①特殊管道指架设在地面上的易燃、易爆物的管道；②交叉点不应选在管道检查井（孔）处，与管道、索道平行、交叉时，管道、索道应接地		

注：1. 1kV 以下配电线路与二、三级弱电线路，与公路交叉时，导线支持方式不限制。
2. 架空配电线路与弱电线路交叉时，交叉档弱电线路的木质电杆应有防雷措施。
3. 1kV～10kV 电力接户线与工业企业内自用的同电压等级的架空线交叉时，接户线宜架设在上方。
4. 不能通航河流指不能通航也不能浮运的河流。
5. 对路径受限制地区的最小水平距离要求，应计及架空电力线路导线的最大风偏。
6. 公路等级应符合 JTJ001 的规定。
7.（）内的数值为绝缘导线线。

7. 正确使用安全标志

电气系统中的安全标志分为安全色、安全牌和设备标志。

(1) 安全色

安全色是保证人身安全和设备不受损坏，提醒人员对危险或不安全因素的注意，防止发生意外而设置的色标，分标识和警示两类，用不同的颜色表示不同的安全信息。

1) 标识性色标

我国三相交流电源的 A、B、C 三相对应色标为黄、绿、红。

《电线电缆识别标志方法》GB/T 6995.4 中对中性线色标规定为蓝色或淡蓝色，接地线色标规定为黄绿组合色。《电线电缆识别标志方法》GB/T 6995.5 中对多芯线缆的色标选择也做了明确规定。

2) 警示性色标

红色，用来标志禁止、停止、危险以及消防设备，如“禁止合闸”、“禁止启动”等。

黄色，用来提醒人们注意危险，如“当心触电”、“ 当心电缆”等。

蓝色，用来表示指令，要求人们必须遵守的规定，如“必须戴安全帽”、“必须系安全带”等。

绿色，用来给人们提供允许、安全的信息，如“在此工作”、“安全通道”等。

黑色，用于安全标志的文字、图形符号以及警告标志的几何边框等。

白色，用于安全标志中的红、蓝、绿的背景色，也可用于安全标志的文字和图形符号。

(2) 安全牌

由不同的几何图形和安全色构成，并加上相应的图形符号和文字，用以表达特定的安全信息。一般有以下几种：

1) 禁止类安全牌

用圆形，基本形式是带斜杠的圆边框。斜杠与圆边框用红色，背景用白色，含义是禁止人们不安全行为。例如：“禁止靠近”、“禁止入内”等，如图 2-8 (*a*) 所示。

(*a*)　(*b*)　(*c*)　(*d*)

图 2-8　安全牌

(*a*) 禁止类；(*b*) 警告类；(*c*) 指令类；(*d*) 提示类

2) 警告类安全牌

基本形式是正三角形边框，背景用黄色，边框和图像都用黑色，用于提醒人们对周围环境引起注意，以避免可能发生的危险。例如：“注意安全”、“小心有电”等，如图 2-8 (*b*) 所示。

3）指令类安全牌

用圆形，背景用蓝色，图像及文字用白色。含义是强制人们必须做出某种动作或采用防范措施。例如："必须戴安全帽"、"必须戴防护手套" 等，如图 2-8（*c*）所示。

4）提示类安全牌

用矩形，背景用绿色，图像及文字用白色。含义是向人们提供某种信息的图形标志。例如："避险处"、"安全通道" 等，如图 2-8（*d*）所示。

安全标识牌的悬挂位置与安全标识牌的类别有关。例如："禁止合闸，有人工作" 等禁止类标示牌悬挂在一经合闸即可送电到施工现场设备开关的操作把手上，防止误送电；"止步，高压危险" 等警告类标示牌悬挂在禁止通行的过道、配电装置、变压器周围的围栏、施工地点靠近带电设备的围栏等明显处，以警示周边行人；"在此工作" 等提示类标示牌悬挂在工作现场周围所装设的临时围栏入口处或指定工作的设备上，以提示他人注意作业人员安全，不得随意操作。

（3）设备标志

在供配电系统中，电气设备是十分复杂的，这些设备若没有统一明确的标志和编号，不仅不便于识别与管理，而且更重要的是在操作和检修维护过程中容易发生错误。因分辨设备出错而造成的血淋淋的事故在系统中比比皆是。因此，设备标志也是防止人身事故、保证安全生产的一项重要技术措施。

设备标志包括设备名称和编号。设备名称按照国家标准和部颁专业规程中规定的名称确定。

供配电系统中的主要设备（如供电线路、发动机、变压器、母线等）编号格式，一般采用 "通用字母＋阿拉伯数字" 形式，可以按设备的安装位置，从南到北，或从东向西，或从固定端指向扩建端，或从电源端向负荷端按递增序列编制，不得有断号、跳号。

与主要设备关联的如断路器、隔离开关、接地开关等电器设备编号，其编号方法与主要设备编号方法类似，书写时，以 "主要设备编号＋关联设备编号" 形式表示。

8. 采用安全特低电压

在需要防护电击的地方，采用不高于《特低电压（ELV）限值》GB/T 3805 中规定的不同环境下，正常和故障状态时的电压限值，见表 2-16，则不会对人体构成危险。

正常和故障状态下稳定电压的限值　　表 2-16

环境状况	电压限值（V）					
	正常（无故障）		单故障		双故障	
	交流	直流	交流	直流	交流	直流
皮肤阻抗和对地电阻均忽略不计（如人体浸没水中）	0	0	0	0	16	35
皮肤阻抗和对地电阻降低（如潮湿条件）	16	35	33	70	不适用	
皮肤阻抗和对地电阻均不降低（如干燥条件）	33①	70②	55	140②	不适用	
特殊状况（如电焊、电镀）	特殊应用					

注：① 对接触面积小于 1cm² 的不可握紧部件，电压限值分别为 66V、80V。
　　② 对电池充电，电压限值分别为 75V、150V。

表 2-16 交流电压限值为正弦波的方均根值。直流电压限值是无网纹直流电压（网纹量的方均根值不大于 10％的直流）。

由表可知，在地面正常环境下，相应的对人体器官不构成伤害的电压限值为：电池故障时交流 33V、直流 70V；单故障时交流 55V、直流 140V；在潮湿环境下人体电阻大为降低，约为 650Ω，无故障正常状态下的电压限值为交流 16V、直流 35V。

9. 装设漏电保护装置

漏电保护又称残余（剩余）电流保护，是一种在电气设备或线路漏电时，切除供电回路，保证人身与设备安全的装置。其主要作用是防止由于漏电而引起的触电事故，其动作电流不大于 30mA。其次是可以用漏电保护防止由于漏电，漏电地点局部过热而引起的火灾，其动作电流一般相对较大，可达几百 mA。残余电流保护装置还可以作为监视、用于电源单相接地或三相电机缺相运行故障的保护来使用。

10. 自动断开电源（接地故障保护）

根据供配电系统的运行方式以及安全要求，选择合适的保护元件和接地形式，在发生漏电、接地等故障时能在规定的时间内自动断开电源，防止人员触及危险的电压。不同接地形式的供配电系统，可根据各自的特点采用过电流保护、剩余电流保护、绝缘监视、故障电压保护等。自动断开电源属于防间接触电的技术措施。

11. 创造等电位环境

建筑中的等电位联结，是将建筑物中各电气装置和其他装置外露的金属及可导电部分与人工或自然接地体用导体连接起来，以减少电位差。等电位联结有总等电位联结、局部等电位联结和辅助等电位联结之分。

12. 设置不导电环境

让电气设备设施所在环境的地面、墙体等全部成为绝缘体，或将可能出现不同电位的两点之间的距离拉开到 2m 之外，这样可以避免因工作绝缘损坏或作业人员的误操作而使人同时触及不同电位的两点。

思考与练习题

1. 单项选择题

(1)（　　）是指当电气设备发生接地故障时通过接地体向大地作半球形散开的电流。

A. 摆脱电流　　B. 感知电流　　C. 逃脱电流　　D. 接地电流

(2) 电流经接地体流入大地向周边流散过程中所遇到的电阻的总和，称为该接地体的（　　）。

A. 接地电阻　　B. 流散电阻　　C. 跨步电阻　　D. 安全电阻

(3) 电气设备从接地外壳及接地体到（　　）以外的零电位之间的电位差称为接地时的对地电压。

A. 5m　　B. 10m　　C. 20m　　D. 30m

(4) 电流经接地体的流散电阻时会产生电压，这个电压称为（　　）。

A. 安全电压　　B. 接地电压　　C. 跨步电压　　D. 触电电压

2. 多项选择题

(1) 人体电阻由（　　）三部分组成。

A. 人体内阻　　B. 皮肤电阻　　C. 皮肤电容　　D. 皮肤电感

（2）绝大部分触电事故是电击造成的，人体触电方式因接触方式不同分为（　　）几种。

A. 单相触电　　B. 两相触电　　C. 三相触电　　D. 跨步电压触电

（3）影响安全电流的因素有（　　）。

A. 触电时间　　B. 电流性质　　C. 电流路径　　D. 健康状况及精神状态

（4）在 TN 系统中，为确保公共 PE 线或 PEN 线安全可靠，除在电源中性点进行工作接地外，还应在 PE 线或 PEN 线的（　　）地点进行重复接地。

A. 架空线路终端　　B. 架空线路沿线每隔 1km 处

C. 电缆和架空线引入建筑物处　　D. 金属燃气管

3. 判断题

（1）触电事故是由电流的能量造成的，触电是电流对人体的伤害。（　　）

（2）电击是电流通过人体内部，破坏人的心脏、神经系统、肺部的正常工作造成的伤害。（　　）

（3）通过人体引起任何感觉的最小电流称为感知电流。（　　）

（4）在较短时间内危及生命的电流称为致命电流。（　　）

第 3 章　建筑电气设计基础

根据我国《建筑工程设计文件编制深度的规定》：民用建筑工程一般分为方案设计、初步设计和施工图设计三个阶段；对于技术要求相对简单的民用建筑工程，经有关主管部门同意，且合同中没有做初步设计约定，可在方案设计审批后直接进入施工图设计。藉此，建筑电气作为民用建筑工程的重要组成部分也不例外。本章简要介绍建筑电气设计三阶段各自的工作重点、设计依据与主要任务，最后以某高校综合楼为例，介绍了方案设计阶段的工作重点及过程。

3.1　方 案 设 计

任何项目无论是在原址改扩建，还是选址新建，对建筑电气而言，首先面临的问题是规模多大？功能与用途是什么？需用电能容量是多少？电能从哪里来？等等。回答这些问题的环节，工程上称为方案设计阶段。

1. 方案设计的意义

方案设计是设计中重要的，也是一个极富创造性的设计阶段，涉及设计者的知识水平、经验、技术应用能力等。方案设计包括设计要求分析、系统功能分析、原理方案设计几个过程。该阶段主要是从分析工程项目需求出发，确定实现和满足其功能和需求的技术路线和系统，并对技术系统进行初步的评价和优化。设计人员根据设计任务书的要求，运用自己掌握的知识和经验，选择合理的技术系统，构思满足设计要求的原理解答方案。

方案设计必须贯彻国家及地方有关工程建设的政策和法令，应符合国家现行的建筑工程建设标准、设计规范和制图标准以及确定投资的有关指标、定额和费用标准规定。

2. 建筑电气专业的主要任务

根据规定，建筑电气专业在方案设计阶段的主要工作是编制建筑电气设计说明。主要内容有：

（1）工程概况。

（2）本工程拟设置的建筑电气系统。

（3）变、配、发电系统：负荷级别以及总负荷估算容量；电源，城市电网拟提供电源的电压等级、回路数、容量；拟设置的变、配、发电站数量和位置设置原则；确定备用电源和应急电源的形式、电压等级，容量。

（4）智能化设计：智能化各系统配置内容；智能化各系统对城市公用设施的需求。

（5）电气节能及环保措施。

（6）绿色建筑电气设计。

（7）建筑电气专项设计。

（8）当项目按装配式建筑要求建设时，电气设计说明应有装配式设计专门内容。

3. 建筑电气设计应遵循的主要标准、规范及图集

(1)《民用建筑电气设计规范》JGJ/T 16。

(2)《建筑照明设计标准》GB 50034。

(3)《建筑设计防火规范》GB 50016。

(4)《供配电系统设计规范》GB 50052。

(5)《低压配电设计规范》GB 50054。

(6)《建筑物防雷设计规范》GB 50057。

(7)《城市电力规划规范》GB 50293。

(8)《建筑电气工程设计常用图形和文字符号》09DX001。

(9)《民用建筑电气设计手册》。

(10)《全国民用建筑工程设计技术措施—电气》。

(11)《全国民用建筑工程设计技术措施节能专篇—电气》。

(12) 以及其他有关现行国家标准、行业标准及地方标准等。

3.2 初步设计

3.2.1 初步设计的意义

就工程设计三阶段来说，初步设计介于方案设计和施工图设计之间。施工图设计是设计成果的最终定稿，而方案设计仅仅是项目规划的开始。因此，一般而言，在没有最终定稿之前的设计，均可称为初步设计，其实质是对方案设计的进一步细化。就建筑电气来说，初步设计与施工图设计的先后顺序，没有明显分界。对于一个有经验的设计者，或小型工程可不必经过这个阶段而直接进入施工图设计阶段。

3.2.2 初步设计内容

由于社会进步、技术发展，人们生活需求提高，今天一个完整的建筑电气是由工程上习惯称谓的"强电"、"弱电"、"智能化"三部分组成，涉及电气系统达二三十种。而各种建筑又因功能、规模、用途等需求的不同，对建筑物内所需的设备设施系统的选取存在差异。由此而产生的分系统的选配，对于建筑电气设计人员来说是进行下一步工作的必要前提。如果把建筑所涉及的二三十个设备设施系统分类，在不考虑数量、规模差异的前提下，照明、供配电、给排水、空调、运输、安全、计算机、网络等系统可以认为是建筑物的基本配置，其他系统可以认为是属于选择性配置。分系统种类选择的依据是建筑功能以及业主意愿。

在初步设计阶段，建筑电气专业设计文件包括：设计说明书、设计图纸、主要电气设备表、计算书。

1. 设计说明书

(1) 设计依据

1) 工程概况

应说明建筑的建设地点、自然环境、建筑类别、性质、面积、层数、高度、结构类型等。

2) 建设单位提供的有关部门（如：供电部门、消防部门、通信部门、公安部门等）

认定的工程设计资料，建设单位设计任务书及设计要求。

3）相关专业提供给本专业的工程设计资料。

4）设计所执行的主要法规和所采用的主要标准（包括标准的名称、编号、年号和版本号）。

（2）设计范围

1）根据设计任务书和有关设计资料说明本专业的设计内容，二次装修电气设计、照明专项设计、智能化专项设计等相关专项设计，以及其他工艺设计的分工与分工界面。

2）拟设置的建筑电气系统。

（3）变、配、发电系统

1）确定负荷等级和各级别负荷容量。

2）确定供电电源及电压等级，要求电源容量及回路数、专用线或非专用线、线路路由及敷设方式、近远期发展情况。

3）备用电源和应急电源容量确定原则及性能要求。有自备发电机时，说明启动、停机方式及与城市电网关系。

4）高、低压配电系统接线形式及运行方式；正常工作电源与备用电源之间的关系；母线联络开关运行和切换方式；变压器之间低压侧联络方式；重要负荷的供电方式。

5）变、配、发电站的位置、数量及形式，设备技术条件和选型要求。

6）容量，包括设备安装容量、计算有功、无功、视在容量；变压器、发电机的台数、容量、负载率。

7）继电保护装置的设置及操作电源和信号；说明高、低压设备的操作电源，以及运行信号装置配置情况。

8）电能计量装置：采用高压或低压；专用柜或非专用柜（满足供电部门要求和建设单位内部核算要求）；监测仪表的配置情况。

9）功率因数补偿方式。说明功率因数是否达到供用电规则的要求，应补偿容量和采取的补偿方式和补偿后的结果。

10）谐波。说明谐波状况及治理措施。

（4）配电系统

1）供电方式。

2）供配电线路导体选择及敷设方式：高、低压进出线路的型号及敷设方式；选用导线、电缆、母干线的材质和类别。

3）开关、插座、配电箱、控制箱等配电设备选型及安装方式。

4）电动机启动及控制方式的选择。

（5）照明系统

1）照明种类及主要场所照度标准、照明功率密度值等指标。

2）光源、灯具及附件的选择、照明灯具的安装及控制方式。若设置应急照明，应说明应急照明的照度值、电源形式、灯具配置、控制方式、持续时间等。

3）室外照明的种类（如路灯、庭园灯、草坪灯、地灯、泛光照明、水下照明等）、电压等级、光源选择及其控制方法等。

4）对有二次装修照明和照明专项设计的场所，应说明照明配电箱设计原则、容量及供电要求。

（6）电气节能及环保措施

1）拟采用的电气节能和环保措施。

2）表述电气节能、环保产品的选用情况。

（7）绿色建筑电气设计

1）绿色建筑电气设计概况。

2）建筑电气节能与能源利用设计内容。

3）建筑电气室内环境质量设计内容。

4）建筑电气运营管理设计内容。

（8）装配式建筑电气设计

1）装配式建筑电气设计概况。

2）建筑电气设备、管线及附件等在预制构件中的敷设方式及处理原则。

3）电气专业在预制构件中预留孔洞、沟槽、预埋管线等布置的设计原则。

（9）防雷

1）确定建筑物防雷类别、建筑物电子信息系统雷电防护等级。

2）防直接雷击、防侧击、防雷击电磁脉冲等的措施。

3）当利用建筑物、构筑物混凝土内钢筋做接闪器、引下线、接地装置时，应说明采取的措施和要求。当采用装配式时应说明引下线的设置方式及确保有效接地所采用的措施。

（10）接地及安全措施

1）各系统要求接地的种类及接地电阻要求。

2）等电位设置要求。

3）接地装置要求，当接地装置需做特殊处理时应说明采取的措施、方法等。

4）安全接地及特殊接地的措施。

（11）电气消防

1）电气火灾监控系统：按建筑性质确定保护设置的方式、要求和系统组成；确定监控点设置，设备参数配置要求；传输、控制线缆选择及敷设要求。

2）消防设备电源监控系统：确定监控点设置，设备参数配置要求；传输、控制线缆选择及敷设要求。

3）防火门监控系统：确定监控点设置，设备参数配置要求；传输、控制线缆选择及敷设要求。

4）火灾自动报警系统：按建筑性质确定系统形式及系统组成；确定消防控制室的位置；火灾探测器、报警控制器、手动报警按钮、控制台（柜）等设备的设置原则；火灾报警与消防联动控制要求，控制逻辑关系及控制显示要求，火灾警报装置及消防通信设置要求；消防主电源、备用电源供给方式，接地及接地电阻要求；传输、控制线缆选择及敷设要求；当有智能化系统集成要求时，应说明火灾自动报警系统与其他子系统的接口方式及联动关系；应急照明的联动控制方式等。

5）消防应急广播：消防应急广播系统声学等级及指标要求；确定广播分区原则和扬声器设置原则；确定系统音源类型、系统结构及传输方式；确定消防应急广播联动方式；确定系统主电源、备用电源供给方式。

（12）智能化设计

1）智能化设计概况。

2）智能化各系统的系统形式及其系统组成。

3）智能化各系统的主机房、控制室位置。

4）智能化各系统的布线方案。

5）智能化各系统的点位配置标准。

6）智能化各系统的供电、防雷及接地等要求。

7）智能化各系统与其他专业设计的分工界面、接口条件。

（13）机房工程

1）确定智能化机房的位置、面积及通信接入要求。

2）当智能化机房有特殊荷载设备时，确定智能化机房的结构荷载要求。

3）确定智能化机房的空调形式及机房环境要求。

4）确定智能化机房的给水、排水及消防要求。

5）确定智能化机房用电容量要求。

6）确定智能化机房装修、电磁屏蔽、防雷接地等要求。

（14）需提请在设计审批时解决或确定的主要问题。

2. 设计图纸

（1）电气总平面图（仅有单体设计时，可无此项内容）

1）标示建筑物、构筑物名称、容量、高低压线路及其他系统线路走向、回路编号、导线及电缆型号规格及敷设方式、架空线杆位、路灯、庭园灯的杆位（路灯、庭园灯可不绘线路）。

2）变、配、发电站位置、编号、容量。

3）比例、指北针。

（2）变、配电系统

1）高、低压配电系统图。注明开关柜编号、型号及回路编号、一次回路设备型号、设备容量、计算电流、补偿容量、整定值、导体型号规格、用户名称。

2）平面布置图。应包括高、低压开关柜、变压器、母干线、发电机、控制屏、直流电源及信号屏等设备平面布置和主要尺寸，图纸应有比例。

3）标示房间层高、地沟位置、标高（相对标高）。

（3）配电系统

1）主要干线平面布置图。应绘制主要干线所在楼层的干线路由平面图。

2）配电干线系统图。以建筑物、构筑物为单位，自电源点开始至终端主配电箱止，按设备所处相应楼层绘制，应包括变、配电站变压器编号、容量，发电机编号、容量、终端主配电箱编号、容量。

（4）防雷系统、接地系统

一般不出图纸，特殊工程只出顶视平面图，接地平面图。

（5）电气消防

1）电气火灾监控系统图。

2）消防设备电源监控系统图。

3）防火门监控系统图。

4）火灾自动报警系统：火灾自动报警及消防联动控制系统图；消防控制室设备布置平面图。

5）消防应急广播。

（6）智能化系统

1）智能化各系统的系统图。

2）智能化各系统及其子系统主要干线所在楼层的干线路由平面图。

3）智能化各系统及其子系统主机房布置平面示意图。

3. 主要电气设备表

注明主要电气设备的名称、型号、规格、单位、数量。

4. 计算书

（1）用电设备负荷计算。

（2）变压器、柴油发电机选型计算。

（3）典型回路电压损失计算。

（4）系统短路电流计算。

（5）防雷类别的选取或计算。

（6）典型场所照度值和照明功率密度值计算。

（7）各系统计算结果应标示在设计说明或相应图纸中。

（8）因条件不具备不能进行计算的内容，应在初步设计中说明，并应在施工图设计时补算。

3.3 施工图设计

3.3.1 施工图设计的意义

施工图设计是在方案设计和初步设计阶段之后，将设计者的意图和全部设计结果借助图纸表达出来，并通过施工作业，直观地展现在人们眼前。它是设计者和施工者之间的桥梁与纽带，是施工作业与质检的重要依据。

3.3.2 施工图设计文件

在施工图设计阶段，建筑电气专业设计文件图纸部分应包括图纸目录、设计说明、设计图、主要设备表，电气计算部分出计算书。

1. 图纸目录

应分别以系统图、平面图等按图纸序号排列，先列新绘制图纸，后列选用的重复利用图和标准图。

2. 设计说明

（1）工程概况

初步（或方案）设计审批定案的主要指标。

（2）设计依据

内容见本章第3.2节。

（3）设计范围

（4）设计内容

包括建筑电气各系统的主要指标。

（5）各系统的施工要求和注意事项

包括线路选型、敷设方式及设备安装等。

（6）设备主要技术要求

亦可附在相应图纸上。

（7）防雷、接地及安全措施

亦可附在相应图纸上。

（8）电气节能及环保措施

（9）绿色建筑电气设计

1）绿色建筑设计目标。

2）建筑电气设计采用的绿色建筑技术措施。

3）建筑电气设计所达到的绿色建筑技术指标。

（10）与相关专业的技术接口要求

（11）智能化设计

1）智能化系统设计概况。

2）智能化各系统的供电、防雷及接地等要求。

3）智能化各系统与其他专业设计的分工界面、接口条件。

（12）其他专项设计、深化设计

1）其他专项设计、深化设计概况。

2）建筑电气与其他专项、深化设计的分工界面及接口要求。

3. 设计图

（1）图例符号

包括设备选型、规格及安装等信息。

（2）电气总平面图（仅有单体设计时，可无此项内容）

1）标注建筑物、构筑物名称或编号、层数，注明各处标高、道路、地形等高线和用户的安装容量。

2）标注变、配电站位置、编号；变压器台数、容量；发电机台数、容量；室外配电箱的编号、型号；室外照明灯具的规格、型号、容量。

3）架空线路应标注：线路规格及走向，回路编号，杆位编号，档数、档距、杆高、拉线、重复接地、避雷器等（附标准图集选择表）。

4）电缆线路应标注：线路走向、回路编号、敷设方式、人（手）孔型号、位置。

5）比例、指北针。

6）图中未表达清楚的内容可随图作补充说明。

（3）变、配电站设计图

1）高、低压配电系统图（一次线路图）

图中应标明变压器、发电机的型号、规格；母线的型号、规格；标明开关、断路器、互感器、继电器、电工仪表（包括计量仪表）等的型号、规格、整定值（此部分也可标注在图中表格中）。

图下方表格标注：开关柜编号、开关柜型号、回路编号、设备容量、计算电流、导体型号及规格、敷设方法、用户名称、二次原理图方案号（当选用分隔式开关柜时，可增加小室高度或模数等相应栏目）。

2）平、剖面图

按比例绘制变压器、发电机、开关柜、控制柜、直流及信号柜、补偿柜、支架、地沟、接地装置等平面布置、安装尺寸等，以及变、配电站的典型剖面，当选用标准图时，应标注标准图编号、页次；标注进出线回路编号、敷设安装方法，图纸应有设备明细表、主要轴线、尺寸、标高、比例。

3）继电保护及信号原理图

继电保护及信号二次原理方案号，宜选用标准图、通用图。当需要对所选用标准图或通用图进行修改时，仅需绘制修改部分并说明修改要求。

控制柜、直流电源及信号柜、操作电源均应选用标准产品，图中标示相关产品型号、规格和要求。

4）配电干线系统图

以建筑物、构筑物为单位，自电源点开始至终端配电箱止，按设备所处相应楼层绘制，应包括变、配电站变压器编号、容量，发电机编号、容量，各处终端配电箱编号、容量，自电源点引出回路编号。

5）相应图纸说明

图中表达不清楚的内容，可随图作相应说明。

（4）配电、照明设计图

1）配电箱（或控制箱）系统图

应标注配电箱编号、型号，进线回路编号；标注各元器件型号、规格、整定值；配出回路编号、导线型号规格、负荷名称等（对于单相负荷应标明相别），对有控制要求的回路应提供控制原理图或控制要求；当数量较少时，上述配电箱（或控制箱）系统内容在平面图上标注完整的，可不单独出配电箱（或控制箱）系统图。

2）配电平面图

应包括建筑门窗、墙体、轴线、主要尺寸、房间名称、工艺设备编号及容量；布置配电箱、控制箱，并注明编号；绘制线路始、终位置（包括控制线路），标注回路编号、敷设方式（需强调时）；凡需专项设计场所，其配电和控制设计图随专项设计，但配电平面图上应相应标注预留的配电箱，并标注预留容量；图纸应有比例。

3）照明平面图

应包括建筑门窗、墙体、轴线、主要尺寸、标注房间名称、绘制配电箱、灯具、开关、插座、线路等平面布置，标明配电箱编号，干线、分支线回路编号，凡需二次装修部位，其照明平面图及配电箱系统图由二次装修设计，但配电或照明平面图上应相应标注预留的照明配电箱，并标注预留容量；图纸应有比例。

4）图中表达不清楚的，可随图作相应说明。

（5）建筑设备控制原理图

1）建筑电气设备控制原理图：有标准图集的可直接标注图集方案号或者页次；控制原理图应注明设备明细表；选用标准图集时若有不同处应做说明。

2）建筑设备监控系统及系统集成设计图：监控系统方框图、绘至DDC站止；随图说明相关建筑设备监控（测）要求、点数，DDC站位置。

（6）防雷、接地及安全设计图

1）绘制建筑物顶层平面，应有主要轴线号、尺寸、标高、标注接闪杆、接闪器、引下线位置。注明材料型号规格、所涉及的标准图编号、页次，图纸应标注比例。

2）绘制接地平面图（可与防雷顶层平面重合），绘制接地线、接地极、测试点、断接卡等的平面位置，标明材料型号、规格、相对尺寸等和涉及的标准图编号、页次，图纸应标注比例。

3）当利用建筑物（或构筑物）钢筋混凝土内的钢筋作为防雷接闪器、引下线、接地装置时，应标注连接方式，接地电阻测试点，预埋件位置及敷设方式，注明所涉及的标准图编号、页次。

4）随图说明可包括：防雷类别和采取的防雷措施（包括防侧击雷、防雷击电磁脉冲、防高电位窜入）；接地装置形式、接地极材料要求、敷设要求、接地电阻值要求；当利用桩基、基础内钢筋作接地极时，应采取的措施。

5）除防雷接地外的其他电气系统的工作或安全接地的要求，如果采用共用接地装置，应在接地平面图中叙述清楚，交代不清楚的应绘制相应图纸。

（7）电气消防

1）电气火灾监控系统：应绘制系统图，以及各监测点名称、位置等；一次部分绘制并标注在配电箱系统图上；在平面图上应标注或说明监控线路型号、规格及敷设要求。

2）消防设备电源监控系统：应绘制系统图，以及各监测点名称、位置等；电气火灾探测器绘制并标注在配电箱系统图上；在平面图上应标注或说明监控线路型号、规格及敷设要求。

3）防火门监控系统：防火门监控系统图、施工说明；各层平面图，应包括设备及器件布点、连线，线路型号、规格及敷设要求。

4）火灾自动报警系统：火灾自动报警及消防联动控制系统图、施工说明、报警及联动控制要求；各层平面图，应包括设备及器件布点、连线，线路型号、规格及敷设要求。

5）消防应急广播：消防应急广播系统图、施工说明；各层平面图，应包括设备及器件布点、连线，线路型号、规格及敷设要求。

（8）智能化各系统设计

1）智能化各系统及其子系统的系统框图。

2）智能化各系统及其子系统的干线桥架走向平面图。

3）智能化各系统及其子系统竖井布置分布图。

4. 主要电气设备表

注明主要电气设备的名称、型号、规格、单位、数量。

5. 计算书

施工图设计阶段的计算书，计算内容与初步设计时相同。

6. 当采用装配式建筑技术设计时，应明确装配式建筑设计电气专项内容

（1）明确装配式建筑电气设备的设计原则及依据。

（2）对预埋在建筑预制墙及现浇墙内的电气预埋箱、盒、孔洞、沟槽及管线等要有作

法标注及详细定位。

（3）预埋管、线、盒及预留孔洞、沟槽及电气构件间的连接作法。

（4）墙内预留电气设备时的隔声及防火措施；设备管线穿过预制构件部位采取相应的防水、防火、隔声、保温等措施。

（5）采用预制结构柱内钢筋作为防雷引下线时，应绘制预制结构柱内防雷引下线间连接大样，标注所采用防雷引下线钢筋、连接件规格以及详细作法。

本课程将通过一个具体的实例，介绍在设计三阶段中，建筑电气工程技术人员是如何逐步完成设计任务，落实各种电气安全的技术保障与措施，并实现建造一个安全、舒适、方便、可靠、高效、节能、环保的建筑硬环境。

3.4　项目介绍暨方案设计

1. 项目介绍

本项目为某高校综合楼，地上21层，地下1层；建筑高度78.3m，系一级建筑，建筑总面积39482m²，在校内选址新建。地上建筑面积33454m²；地下建筑面积6028m²。1～5层主要为实验室，6～10层为教师工作室，11～20层为办公室，21层为会议室。其中：办公室面积10630m²，实验室面积11038m²，教师工作室面积5315m²，会议室面积1063m²，地下1层为设备间及停车库，其余为辅助设施用房约5408m²。

2. 方案设计

方案设计阶段，项目建设尚在规划中，还没有一个清晰的目标，唯一可确定的是项目地理位置、占地面积，规划建筑面积等信息。因而，电气设计人员就是根据已知信息，利用自己的专业知识与能力做好以下工作。

（1）设计依据

1）现场考察报告。

2）建设单位提供的设计任务书及相关设计要求。

3）经建设单位审查同意的初步设计文件及审核意见。

4）列举设计应遵循的主要标准、规范及图集以及其他有关现行国家标准、行业标准及地方标准等。

（2）设计范围

项目在工程实践中涉及强、弱电及智能化十多个分系统。本书中，我们将以几个主要的分系统为例做介绍，使大家对建筑电气有一个基本而系统的认识。

3. 设计过程与步骤

我们知道，从供电到用电，包含有发电、输电、变电、配电、用电等多个环节。其中发电与变电统称为供电点，用电又称用电点。供电点和用电点的概念因电力系统规模大小与繁杂程度不同而异。例如，在一条简单电路中，用电点可能就是一个具体的负载，而供电点可能就是附近的一个配电箱（盘、柜、屏）；在一个大规模系统里，用电点可能是一个城市、一个社区、一条电路，而供电点可能就是它的上级开闭所、变电站。用电规模通常用电力负荷（简称负荷）描述。既可指用电设备或用电单位（用户），也可指用电设备或用户所耗用的电功率、容量或电流，视具体情况而定。

（1）用电点负荷估算

方案设计阶段的电能负荷计算，根据《民用建筑电气设计规范》JGJ/T 16 的规定，可采用单位指标法，包括单位面积指标法、综合单位指标法、单位产品耗电量法。

1）单位面积指标法

单位面积指标法，又称负荷密度法，是民用负荷初步估算中常用的主要方法之一。只要知道建筑功能、场所面积 A_e 和对应的单位面积用电负荷密度 σ 时，就可以估算出建筑电气负荷范围。分类建筑综合用电指标及系数取值参考表见表 3-1；变压器容量密度参考值见表 3-2。

分类建筑综合用电指标及系数取值参考表 **表 3-1**

用地分类	建筑分类	用电指标（W/m²）			需用系数	备注
		低	中	高		
居住用地	一类：高级住宅、别墅	60	70	80	0.35～0.5	装设全空调、电热、电灶、家庭全电气化
	二类：中级住宅	50	60	70		客厅、卧室均装空调，家电较多，家庭基本电气化
	三类：普通住宅	30	40	50		部分房间有空调，有主要家电的一般家庭
公共设施用地	行政、办公	50	65	80	0.7～0.8	党政企事业机关办公楼、一般写字楼
	商业、金融、服务业	60～70	80～100	120～150	0.8～0.9	商业、金融业、服务业、旅馆业、高级市场、高级写字楼
	文化、娱乐	50	70	100	0.7～0.8	新闻、出版、文艺、影剧院、广播、电视楼、书展、娱乐设施
	体育	30	50	80	0.6～0.7	体育场馆、体育训练场地
	医疗卫生	50	65	80	0.5～0.65	医疗、卫生、康复中心、保健、急救中心、防疫站
	科教	45	65	80	0.8～0.9	高校、中专、技校、科研机构、科技园、勘测设计机构
	文物古迹	20	30	40	0.6～0.7	
	其他公共建筑	10	20	30	0.6～0.7	宗教活动场所、社会福利院等
工业用地 M	一类工业	30	40	50	0.3～0.4	无干扰、无污染高科技工业如电子、制衣、工艺制品等
	二类工业	40	50	60	0.3～0.45	有一定干扰、污染的工业如医药、食品、纺织、标准厂房等
	三类工业	50	60	70	0.35～0.5	机械、电器、冶金等中重型工业
仓储用地 W	普通仓储	5	8	10		
	危险品仓储	5	8	12		
	堆场	1.5	2	2.5		
对外交通用地 T	铁路、公路站房	25	35	50	0.7～0.8	
	港口 10～50 万 t（kW）	100	300			
	港口 50～100 万 t（kW）	500	1500			
	港口 100～500 万 t（kW）	2000	3500			
	机场、航站楼	40	60	80	0.8～0.9	
道路广场 S	道路 kW/km²	10	15	20		kW/km² 为开发区、新区按用地面积计算负荷密度
	广场 kW/km²	50	100	150		
	公共停车场 kW/km²	30	50	80		

续表

用地分类	建筑分类	用电指标（W/m²）			需用系数	备注
		低	中	高		
市政设施 U	水、电、燃气、供热、公交设施	（kW/km²）800	（kW/km²）1500	（kW/km²）2000		同上。但括号内的数字仍按建筑面积计
	电信、邮政、环卫、消防及其他设施	（kW/km²）30	（kW/km²）45	（kW/km²）60		

变压器容量密度参考值　　表 3-2

建筑类别	容量密度（VA/m²）	建筑类别	容量密度（VA/m²）
住宅建筑	30～40	剧场	80～120
公寓	50～70	医疗	60～100
旅馆	60～100	教学	大专院校：40～60
办公	80～120		中小学校：20～30
商业	一般：60～120	展览	100～120
	大中型：100～200	演播室	600～800W/m²
体育	60～100	汽车停车库	10W/m²

计算负荷 P_{av} 或计算容量 S_{av} 可按下式计算：

$$P_{av}=\frac{\sigma \cdot A_e}{1000} \tag{3-1}$$

$$S_{av}=\frac{\sigma \cdot A_e}{1000} \tag{3-2}$$

式中　P_{av}——计算有功功率，kW；

S_{av}——计算视在容量，kVA；

σ——单位面积用电负荷指标，W/m² 或 VA/m²；

A_e——场所面积，m²。

本项目建筑总面积 39482m²。其中：地上建筑面积 33454m²；地下室 6028m²。按表 3-1 计算：

$$P_{\Sigma av}=\frac{\sigma A_e}{1000}=\frac{(45\sim 80)\times 39482}{1000}=1776.69\sim 3158.56\text{kW}$$

若按变压器容量密度值，则由表 3-2 计算：

$$S_{\Sigma av}=\frac{\sigma A_e}{1000}=\frac{(40\sim 60)\times 39482}{1000}=1579.28\sim 2368.92\text{kVA}$$

可见，按负荷密度计算，综合楼的功率取值约在 $1780\text{kW}<P_{\Sigma av}<3160\text{kW}$；按变压器容量密度计算，$1580\text{kVA}<S_{\Sigma av}<2370\text{kVA}$。

2）综合单位指标法

指标数据取值范围较大，而且受众多因素的影响，应用时需要认真仔细地分析研究项目所在地的气候条件、地区发展水平、居民生活习惯、建筑规模大小、功能特点、建设标准高低、用电负荷特点等，并与同类工程进行横向、竖向多方面比较，多种指标互相印证，科学地确定合理指标值，尽量提高计算准确度。

$$P_{av}=\frac{\rho\cdot N}{1000} \tag{3-3}$$

$$S_{av}=\frac{\rho\cdot N}{1000} \tag{3-4}$$

式中　P_{av}——计算有功功率，kW；

S_{av}——计算视在容量，kVA；

ρ——单位负荷密度，W/人（户、床、套…）或VA/人（户、床、套…）；

N——总数，与ρ的取值有关，如总人数、总户数、总床位数…等。

例如，对于住宅建筑，用每住户额定用电量和住户数量可统计出住宅建筑的总负荷；对宾馆、酒店，可用床位（或房间）均用电量和床位数（或房间套数）统计出总负荷；对于城市或社区，用人均用电量和城市人口可统计出城市或社区总用电量、总负荷；对企业，用每个职工每年平均耗电量和企业职工总数可计算出企业每年总耗电量、总负荷等。住宅用电负荷标准及电度表规格参考，见表3-3。

住宅用电负荷标准及电度表规格参考表　　表3-3

户型	建筑面积（m^2）	负荷标准（kW/户）
A	$S\leqslant50$	2.5～3
B	$50<S\leqslant90$	4
C	$90<S\leqslant150$	6～8
D	$150<S\leqslant200$	8～10
E	$200<S\leqslant300$	$50/m^2$

3）单位产品耗电量法

这种方法只适用于生产企业。根据企业年生产量M、生产单位产品的电能消耗量ω，可由下式估算企业年耗电量。

$$P_m=\frac{\omega M}{T_m} \tag{3-5}$$

式中　M——年产量；

ω——单位产品耗电量，kWh/单位产品；

T_m——年最大有功负荷利用小时数，h；

P_m——年最大有功负荷，kW。

工程上，也采用一些建筑规模近似、功用相同并已建成投入应用的项目作参考，大致估算出预建项目的需用负荷，也称参照法或工程经验法。

（2）供电点选择

供电点选择与项目地理位置、项目到供电点距离、项目选择电压等级有关。

1）原址改扩建

在此条件下，只需注意原有供电点的供电能力是否满足新需求，可能采取的措施有：

① 专用线路供电，指原有供电点电力充足，仅是原有供电线路的电能传输能力不足。

② 增容，指原有供电能力不能满足新需求，需要供电点扩增容量解决。

③ 新建供电点，通常在原有供电点高压能力充足，低压能力不足时，可以考虑在项

目位置就近新建。

2）选址新建

在此条件下，项目需用负荷已知，供电点到项目距离就成为确定供电点的重点。

我们知道，电路是由电源、负载、连接导线等共同组成的闭合回路。民用建筑中，大多为不对称负载。

由电路基础及图 3-1 所示可知，电压即电场力做功。电源电压 U_S、用电点电压 U_L、线路阻抗压降 U_l 之间满足基尔霍夫电压定律：

$$U_S = 2U_l + U_L \tag{3-6}$$

作为做功载体的负荷电流大小可由下式求得：

$$I_L = \frac{P_L}{U_L \cos\varphi} \tag{3-7}$$

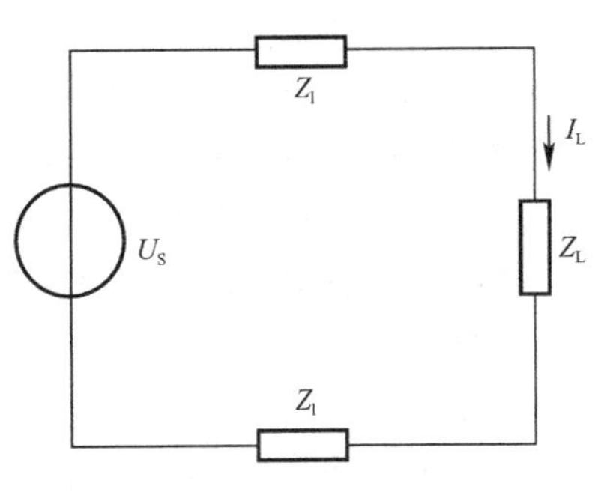

图 3-1　等效示意图

显然，在供电点提供的电能一定条件下，距离越远，导线阻抗增大，导线压降增大，意味着导线损耗增加，用电点取用的电能必然减少。因此，工程上常用负荷距来衡量评判供电点选择的合理性。

（3）负荷距

电力系统中，输电是传送电能的重要环节。送电能力用最大传输功率和输送距离的乘积来表示。即：

$$M = P_{max} \times X \tag{3-8}$$

式中　M——负荷距，kW・m（千瓦・米）或 MW・km（兆瓦・千米）；

P_{max}——最大功率，kW 或 MW（1MW=1000kW）；

X——距离，m 或 km。

各级电压电力线路合理输送功率与距离，见表 3-4。

各级电压电力线路合理输送功率与距离　　表 3-4

额定电压（kV）	输电方式	输送功率（kW）	输送距离（km）
0.22	架空线	50 以下	0.15 以下
	电缆	100 以下	0.2 以下
0.38	架空线	100 以下	0.25 以下
	电缆	175 以下	0.35 以下
6	架空线	1000 以下	10 以下
	架空线	2000 以下	5～10
	电缆	3000 以下	8 以下
10	架空线	2000 以下	8～20
	架空线	3000 以下	8～15
	电缆	5000 以下	10 以下
35	架空线	2000～10000	20～50
66	架空线	3500～30000	30～100
110	架空线	10000～50000	50～150
220	架空线	100000～150000	200～300

(4) 负荷距计算举例

【例 3-1】 求图 3-2 所示低压电路负荷距。

解：∵ $M'=P\times X$

∴ $M'=25\times30=750\text{kW}\cdot\text{m}$

供电点 30m 25kW

图 3-2 单负荷电路

【例 3-2】 求图 3-3 所示低压电路负荷距。

对于多负荷电路，负荷距的计算与供电方式有关。

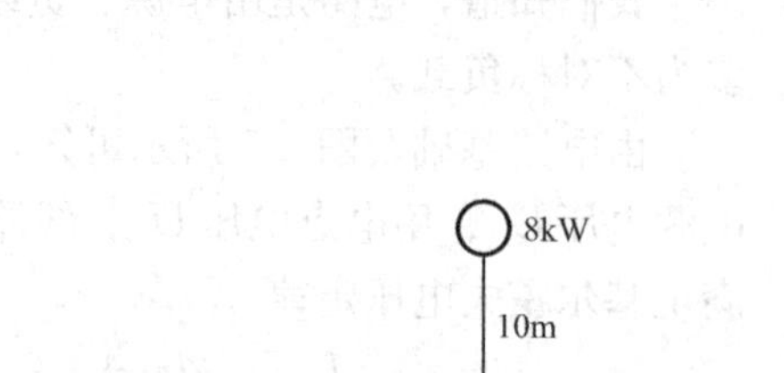

图 3-3 多负荷电路

解 1：分路单独供电：

对 15kW $M'=15\times(20+4)=360\text{kW}\cdot\text{m}$

对 8kW $M'=8\times(20+8+10)=304\text{kW}\cdot\text{m}$

对 5kW $M'=5\times(20+8+10)=190\text{kW}\cdot\text{m}$

解 2：一路集中供电，则负荷距应分段计算：

20m 段 $M'=20\times(15+8+5)=560\text{kW}\cdot\text{m}$

8m 段 $M'=8\times(8+5)=104\text{kW}\cdot\text{m}$

末端段 $M'=10\times8=80\text{kW}\cdot\text{m}$

$M'=10\times5=50\text{kW}\cdot\text{m}$

$M'=15\times4=60\text{kW}\cdot\text{m}$

【例 3-3】 某社区负荷 3500kW，距最近供电点 15km，拟 10kV 送电，是否可行？如不妥，可采取什么方法保证用电？

解：因高压送电，其负荷距 $M=P_{\max}\times X=3.5\times15=52.5\text{MW}\cdot\text{km}$

查表 3-4 可知，采用一路 10kV 架空送电不能满足要求。改进的办法是：两路 10kV 架空线路同时供电；改用一路 35kV 架空线路供电；或部分负荷由自备发电机供电。

【例 3-4】 综合楼在校区内选址新建，距校变电所直线距离 470m，若按校内已有电缆排管敷设，绕行距离约 600m，问宜采用何种电压等级供电？

解：若选择低压直接传输，由表 3-4 查得，0.38kV 电缆传输的最大负荷距为：

$$M=P_{\max}\times X=175\times350=61250\text{kW}\cdot\text{m}$$

而综合楼的估算负荷 $1780\text{kW}<P_{\Sigma\text{av}}<3160\text{kW}$ 之间，显然不宜采用低压直接传输方式。因此，综合楼供电点宜由 10kV 引入，楼内自建。

(5) 输电方式选择

由供电点到项目实施地，高压电能输送方式，因电源性质不同，有高压直流输电和高压交流输电方式两种。在无特殊要求场合，大多选用高压交流传输。高压交流传输也因选择的线缆形式不同，有架空线传输和电缆地埋传输两种可供选择。确定因素有：电能输送能力，见表 3-4；施工难易程度；工程造价；维护等。

思考与练习题

1. 单项选择题

(1) 建筑电气设计应遵循的原则不包括（　　）。

A. 国家有关标准、规范、图集

B. 与建筑、结构、暖通、给排水专业尽可能配合

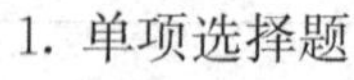

C. 尽量满足专业建设单位的需要

D. 尽量满足专业施工单位的需要

(2) 民用建筑电气设计一般分为三个阶段，以下不属于的是（　　）。

A. 方案设计　　B. 装饰设计　　C. 初步设计　　D. 施工图设计

(3) 在民用建筑电气方案设计阶段，进行电能负荷计算一般可采用（　　）。

A. 单位指标法　　B. 需要系数法　　C. 利用系数法　　D. 二项式系数法

(4) 在民用建筑电气设计过程中，在方案设计阶段一般需要解决的问题有（　　）。

A. 负荷级别及总负荷估算容量　　B. 设计图纸

C. 主要电气设备材料表　　D. 计算说明书

2. 多项选择题

(1) 民用建筑电气设计一般分为（　　）三个阶段。

A. 方案设计　　B. 装饰设计　　C. 初步设计　　D. 施工图设计

(2) 单位指标法包括下列选项中的（　　）。

A. 单位面积指标法　　B. 综合单位指标法

C. 单位产品耗电量法　　D. 单位产品功率法

(3) 建筑电气方案设计文件中，建筑概况应说明（　　）等。

A. 建筑类别　　B. 建筑性质　　C. 建筑面积　　D. 建筑高度

(4) 在建筑电气方案设计阶段，编制的电气设计说明内容包括（　　）。

A. 工程概况　　B. 本工程拟设置的建筑电气系统

C. 供配电系统　　D. 建筑电气节能措施

3. 判断题

(1) 对于技术要求相对简单的民用建筑工程，经有关主管部门同意，且合同中没有做初步设计约定，可在方案设计审批后直接进入施工图设计。（　　）

(2) 对于民用建筑电气设计来说，方案设计仅仅是项目规划的开始，施工图设计才是设计成果的最终定稿。（　　）

(3) 对于民用建筑电气设计来说，方案设计阶段一般不出设计图纸。（　　）

(4) 建筑电气方案设计文件中，火灾自动报警系统应有火灾自动报警平面图等。（　　）

(5) 建筑电气方案设计文件中，防雷系统、接地系统一般不出图纸，特殊工程只出顶视平面图、接地平面图。（　　）

4. 分析与计算

(1) 某市一综合办公楼建筑总面积 31654m^2，其中地上建筑面积 27589m^2，地下室 4065m^2，试用功率密度法估算其用电负荷及变压器容量。

(2) 某高层住宅楼共 32 层，每层有 76.76m^2 户型两户，124.65m^2 户型两户，试用综合单位指标法估算该住宅楼用电功率。

第 4 章　建筑照明设计

建筑照明设计按设计内容分为照明光学设计和照明电气设计两部分。建筑照明按对象又分为以工作面上的视看对象为主的明视照明和以周边环境照明为主的环境照明。对象不同，设计时需要考虑的主要因素也有不同。本章以某高校综合楼室内的明视照明为对象，简要介绍建筑照明设计中常用的设计计算方法。

MOOC教学视频

4.1　概　　述

照明是指利用各种光源照亮人们工作和生活场所或个别物体，创造良好的可见度和舒适愉悦环境的措施。

照明概述

照明依选用光源的不同，称谓不同。利用自然光源的称为“自然采光”；利用人工光源的称为“人工照明”。人工照明作为自然采光照明的补充与完善，经历了从火、油到电的发展历程。迄今几乎所有的人工照明均为电照明。今天，“照明”就是“人工电照明”的代名词。

今天的照明，已完全不同于传统意义上的概念与内涵，根据照明在建筑中的作用不同，分为功能型照明和氛围型照明两大类。

本课程以综合楼教师工作室的明视照明设计为例，就功能型照明的设计要素做一基本介绍，对于照明其他方面感兴趣的，请查阅相关资料。

4.2　照明设计要素与程序

4.2.1　照明设计要素

如上所述，照明设计按对象分为明视照明和环境照明两类。根据对象的不同，设计时需要考虑的主要因素也有不同：

1. 明视照明

无论明视对象是人还是物，设计考虑的主要因素有：照度标准、照度分布、眩光限制级别、光色、显色性等。

2. 环境照明

主要反映环境空间的合理光环境，设计考虑的主要因素有：照度标准、照度分布、光源方向性、光色、显色性、反射比、色彩、眩光、自然采光等。

4.2.2　照明设计程序

建筑照明设计按设计内容分为照明光学设计和照明电气设计两部分。主要包括：

1. 收集照明设计所必需的基础资料和技术条件

（1）功能用途

在充分了解照明对象、功能与用途的基础上，选择采取的照明方式与种类，从而确定合理的照度标准、光色、显色性、眩光指数等。

（2）建筑结构

主要用于确定室内空间反射比、灯具布置方案、布灯形式、安装方式、间距、开关及配电箱位置、布线走向以及防火要求等。

（3）现场环境条件

主要用于考虑是否有特殊要求，是否需要配置应急照明，环境是否对灯具防护性能有要求等。

2. 照明方案的提出与优化

照明方案一般在初步设计阶段提出，根据照度设计和电气设计内容不同，分别提出相应技术方案，进行各项计算，确定各项光学、电气参数，编写设计计算书等。

（1）照明光学设计

1）依据环境、作业精细程度、识别对象和背景亮度对比等因素，按相关标准确定照度标准。

2）根据照明功能及环境要求，确定照明方式和种类。

3）依据满足显色指数与色温要求、高效节能、限制眩光原则，合理选择光源。

4）按照安全、与光源配套、与环境相适应的防护等级、与环境协调、限制直接眩光和光幕眩光的要求，选择灯具类型。

5）按照匀称、间距适宜、与建筑结构协调、美观原则，确定灯具布置方式。

6）根据上述步骤进行相应照度计算，必要时还应进行最小照度和均匀度计算。计算后，与标准值进行对照，如不满足要求，应进行必要调整（光源功率、灯具数量、布置方式等），直至满足要求为止。

7）检查校验，主要包括：照度与均匀度要求、限制眩光要求、显色性要求、节能要求等。

（2）照明电气设计

1）确定照明供电电源，必要时还应和建筑物内其他用电设备，统一考虑应急电源或备用电源。

2）确定照明配电系统形式，包括配电分区，配电箱数量，配电箱供给区域、楼层，配电箱布置以及电源点到配电箱接线方式等。

3）确定照明配电系统接地形式。

4）计算各分支、支线计算负荷，自然功率因数，统计照明分支、支、干线的安装功率，确定功率因数补偿措施及其容量等。

5）根据安全载流量、机械强度要求，确定分支、支、干线导线型号、截面、敷设方式等，并按照电压损失校验，确定过载及短路保护。

6）确定控制方式，选择开关型号、数量并确定安装位置等。

7）确定线路级联保护电器的额定电流和整定电流，以及保护电器选择性动作顺序，应满足被保护导线相间短路、过载以及接地故障保护要求。

8）确定电能计量方式，满足用户不同计量要求，并确定电能表安装位置。

3. 绘制电路图，编制材料明细和工程概预算

（1）施工图主要内容

1）在建筑平面图上，绘制照明平面图，标注灯具形式、位置、功率、数量、安装方式及高度等。

2）标注照明分支、支、干线导线型号、根数、截面、敷设方式、安装部位、高度等，如有保护套管时，还应标明保护管材质及管径。

3）开关、插座形式、位置、安装方式、高度等。

4）配电箱型号、编号、出线回路数等。

（2）系统图主要内容

1）照明配电系统、支线及配电箱接线方式。

2）支线导线型号、根数、截面、计算负荷、需要系数、功率因数、计算电流等。

3）分支线导线型号、根数、截面、安装功率等。

4）配电箱或开关箱型号、出线回路数、安装功率、保护电器额定电流、整定电流值等。

5）支线末端或具有电表型的分支线末端的电压损失值等。

（3）必要时，还应提供剖、立面及施工大样图等

（4）编制材料明细表

主要包括材料的名称、型号规格、单位、数量等，对有具体要求的，还应细化或注明生产厂家。

（5）编制工程概预算

在初步设计阶段应编制工程概算；施工图设计阶段完成后，应根据建设单位委托，编制相应工程预算。

当前国际上对照明设计的普遍共识是：在保证足够的照明数量和质量的前提下，尽可能节约照明用电。

4.3 照明基础

1. 电磁波与可见光

（1）电磁场与电磁波

我们知道，变化的电场会产生磁场，变化的磁场则会产生电场。二者构成的不可分离的统一场，就是电磁场。变化的电磁场在空间的传播，就形成了电磁波，如图 4-1 所示。

对于电磁波：

$$c = \lambda f \tag{4-1}$$

式中 c——电磁波传播速度，m/s；

λ——电磁波波长，m；

f——电磁波频率，Hz 或 s^{-1}。

可见，波长与频率成反比，波长越长，频率越低；反之，频率越高，波长越短，其乘积是一个常数，即光速 c。若我们将电磁波波长或频率按顺序排列起来，就得到了电磁波波谱，如图 4-2 所示。

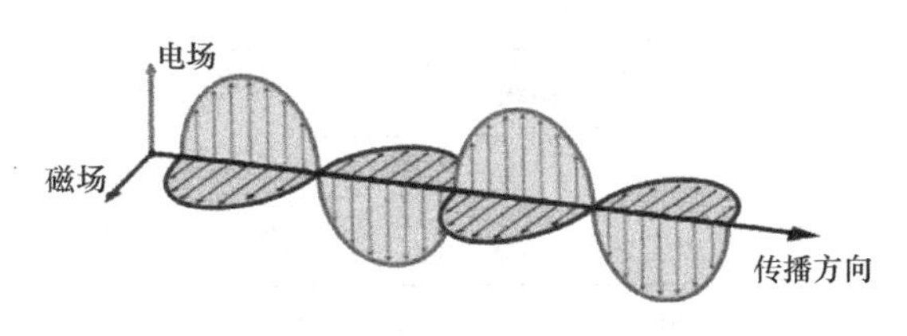

图 4-1 电磁波传播示意图

（2）可见光

光是一种电磁波。可见光是电磁波谱中人眼可以感知的部分，仅占电磁波谱中的很小一部分，如图 4-3 所示，其波长范围大约在 380nm～780nm。

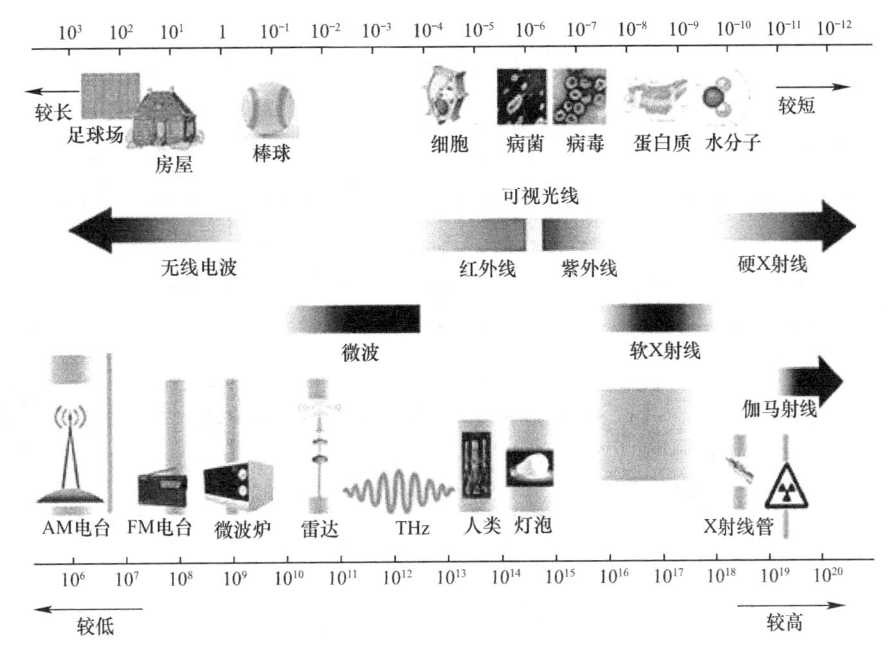

图 4-2 电磁波波谱

由图 4-3 可见，可见光波长不同，引起人眼的颜色感觉不同。正常视力的人眼对波长约为 555nm 的电磁波最敏感。不同可见光颜色对应波长，见表 4-1。能发射光的物体叫光源。太阳是人类最重要的光源。光源分自然光、人造光。

2. 照明术语

照明，从系统的观点来看，是由电光源、被照面（工作面）、观察者三者共同组成的一个有机整体。如图 4-4 所示。因此，为便于直观理解，相关术语分组介绍。

（1）与电光源相关术语

1）光通量

根据辐射对标准光度观察者的作用导出的光度量。单位：流明（lm），发光越多，流明数越大。

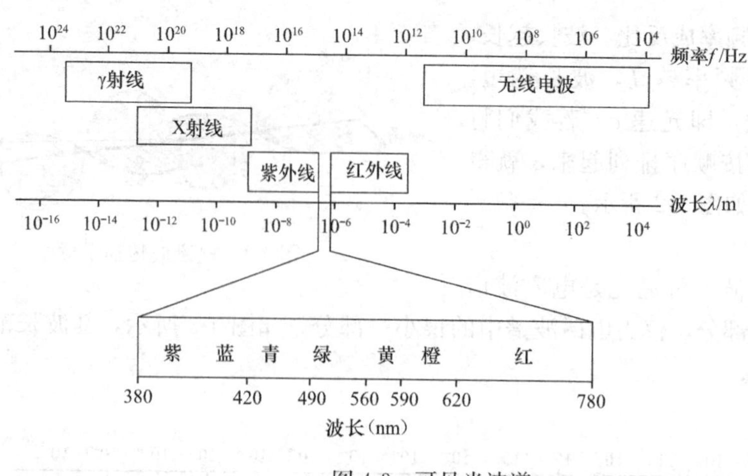

图 4-3 可见光波谱

可见光颜色与波长对应表 表 4-1

颜色	波长范围	颜色	波长范围
红	770～622nm	绿	577～492nm
橙	622～597nm	蓝、靛	492～455nm
黄	597～577nm	紫	455～350nm

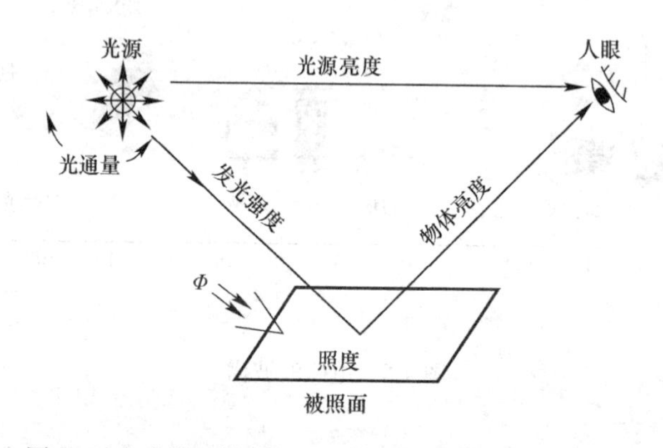

图 4-4 电光源、被照面（工作面）、观察者关系示意图

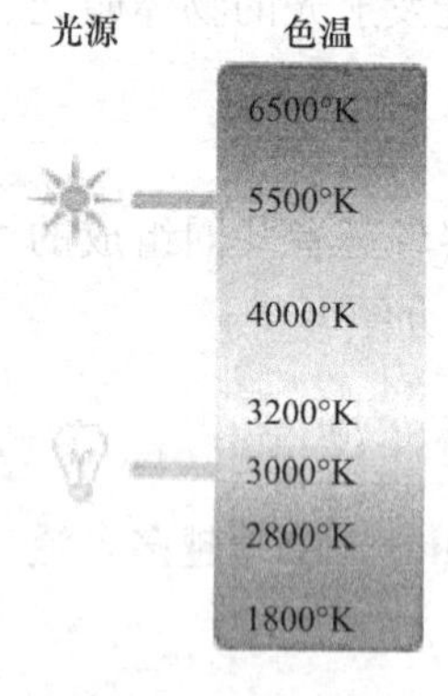

图 4-5 色温图

2）发光强度

表征电光源发光分布规律的物理量。指光源在特定方向单位立体角内所发射的光通量，单位：坎德拉（cd）。

3）光效

指电光源在额定工作状态下，单位电功率所能发出的光通量，单位：流明/瓦（lm/W）。

4）色温

用于表示电光源颜色的指标，单位：开尔文（K）。以绝对黑体来定义，将绝对黑体加热，随温度升高，黑体颜色开始由红-浅红-橙黄-白-蓝白-蓝，逐渐变化，如图 4-5 所示。利用黑体这种光色随温度变化的特性，若某光源的光色与黑体在某一温度下呈现的光色相同时，我们将黑体当时的绝对温度称为该光源的色温，也称“色度”。

5）显色性与显色指数（*Ra*）

显色性是指不同光谱的电光源照射在同一颜色的物体上时，所呈现不同颜色的特性。通常用显色指数 0～100 数值衡量电光源显现被照物体真实颜色的能力，如图 4-6 所示。数值越高，电光源对颜色的再现越接近自然原色。

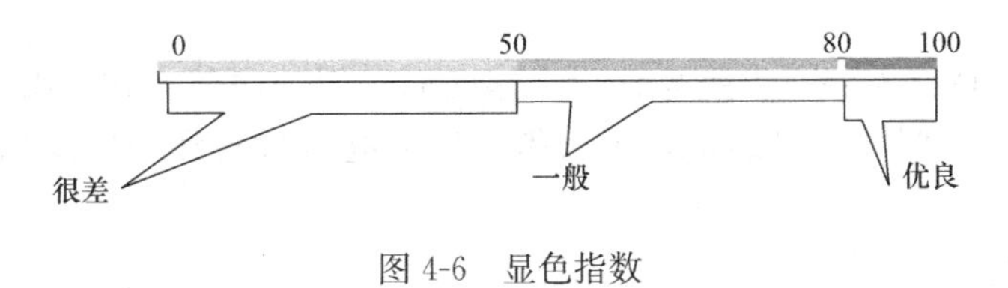

图 4-6　显色指数

6）额定功率

指电光源在额定工作状态下所消耗的有功功率，单位：瓦（W）。

7）平均寿命

指一批电光源点亮至百分之五十数量损坏不亮时的小时数，单位：小时（h）。

8）额定寿命

以长期制造的同一形式的电光源亮 2.5h、灭 0.5h 的连续反复实验条件下，直到“大多数电光源不能再亮为止的持续时间”或“全光束下降到初光束的 70%时的持续亮时间”中的短时平均值来表示，单位：小时（h）。

9）频闪效应

指在以一定频率变化的光照射下，使人们观察到的物体运动显现出不同于其实际运动的现象。

（2）与被照面（工作面）相关术语

1）照度

表征被照面（工作面）明亮程度的物理量，是唯一与眼睛感知有关的照明基础参数。通常用其单位面积内所接受的光通量来表示，单位：勒克斯（lx）或流明每平方米（lm/m^2）。

2）平均照度

指被照面上各点的照度平均值。

3）维持平均照度

指被照面上平均照度不得低于的数值。

（3）与观察者相关术语

1）亮度

亮度是用于表示物体表面发光强弱的物理量，被视物体发光面在视线方向上的发光强度与发光面在垂直于该方向上的投影面积的比值，称为发光面的表面亮度，单位：坎德拉每平方米（cd/m^2）或尼特（nit）。

观察者接受的亮度来自两个方面：一个是电光源发出的直射光，另一个是被照物表面的反射光。

2）眩光

指凡引起观察者不适的光亮感觉，统称眩光。主要由光源安装位置、高度不当或人眼位置等因素引起，以致引起视觉不舒适和降低物体可见度的视觉条件，可能引起厌恶、不舒服甚至是丧失明视度。根据成因，有直接眩光和间接眩光之分。

4.4 功能型照明方式与种类

1. 照明方式

（1）一般照明

不考虑局部的特殊需要，为照亮整个工作区而采用的照明方式。由对称排列在顶棚上的若干照明灯具组成，可获得较好的亮度分布和照度均匀度，如图 4-7（*a*）所示。

（2）分区一般照明

为提高特定工作区照度而采用的照明方式。根据工作区布置的情况，将照明灯具集中或分区集中设置在工作区的上方，以保证特定工作区的照度。分区一般照明不仅可以改善照明质量，获得较好的光环境，而且节约能源，如图 4-7（*b*）所示。

（3）局部照明

为满足特殊需要，在一定范围内设置照明灯具的照明方式，如图 4-7（*c*）所示。

（4）混合照明

混合照明是指在一定的工作区内由一般照明和局部照明相互配合形成的照明，以保证工作区应有的视觉工作条件。良好的混合照明方式不仅可以增加工作区的照度，而且还能减少工作面上的阴影和光斑，如图 4-7（*d*）所示。

（*a*）　（*b*）　（*c*）　（*d*）

图 4-7　各种照明方式

（*a*）一般照明；（*b*）分区一般照明；（*c*）局部照明；（*d*）混合照明

2. 照明种类

（1）正常照明

正常工作时使用的照明。

（2）应急照明

非正常情况下启用的照明，主要有：

1）备用照明，作为应急照明的一部分，用于非正常情况下确保正常活动继续进行的照明。

2）安全照明，作为应急照明的一部分，用于非正常情况下确保处于潜在危险环境中人员安全的照明。

3）疏散照明，作为应急照明的一部分，用于非正常情况下确保疏散通道被有效辨识和使用的照明。

（3）值班照明

为了保护建筑物及建筑物内人员的安全，利用正常照明中能单独控制的一部分或利用应急照明的一部分或全部，供值班人员使用的照明。

（4）警卫照明

用于警戒而设置的照明。

（5）障碍照明

在可能危及航空安全的建筑物或构筑物上安装的标志灯。

4.5　电光源及灯具

1. 常用电光源简介

照明电光源量多面广，品种很多，分类方法也很多。照明常用的电光源种类见图 4-8，性能比较见表 4-2。

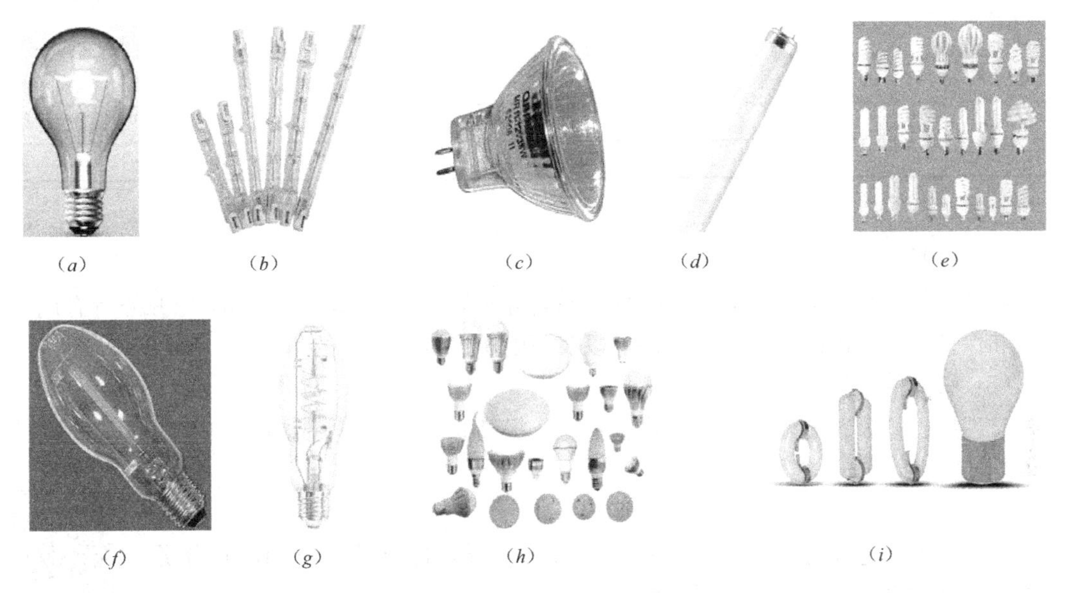

图 4-8　照明常用的电光源种类

（*a*）白炽灯；（*b*）高压双端卤钨灯；（*c*）低压卤钨灯；（*d*）直管荧光灯；（*e*）各式紧凑型荧光灯；（*f*）高压钠灯；（*g*）金卤灯；（*h*）各式 LED 灯；（*i*）各式无极灯

常用照明电光源性能比较　　表 4-2

	白炽灯	卤钨灯	低压卤钨灯	直管荧光灯	紧凑型荧光灯	高压钠灯	金卤灯	LED灯	无极灯
额定功率（W）	10～500	60～5000	20～1000	18～120	3～120	70～3500	50～1000	1～85	15～400
光效（lm/W）	6.5～20	14～30	15～30	60～80	50～60	80～100	65～120	80～2000	70～75
平均寿命（h）	1000	1500～2000	2000	10000	8000～10000	24000	＞10000	＞30000	＞60000

续表

	白炽灯	卤钨灯	低压卤钨灯	直管荧光灯	紧凑型荧光灯	高压钠灯	金卤灯	LED灯	无极灯
显色指数（Ra）	95～99	95～99	95～99	80	80	>80	>90	65～85	80
色温（K）	2400～2700	2800～3300	2800～3300	3000～6500	2700～5400	2300	3000～6000	2700～6500	2700～6500
启动稳定时间	瞬时	瞬时	瞬时	1～4s	10s	4～8min	4～10min	瞬时	瞬时
再启动时间	瞬时	瞬时	瞬时	1～4s	10s	10～15min	10～15min	瞬时	瞬时
频闪	不明显	不明显	不明显	不明显	不明显	明显	明显	不明显	不明显
电压变化对光输出影响	大	大	大	较大	较大	较小	较大	较小	较小
环境温度变化对光输出影响	小	小	小	大	大	较小	较小	大	小
耐雪性	较差	较差	较差	较好	较好	较好	好	好	好
有无附件	无	无	无	有	有	有	有	有	有

2. 灯具

(1) 灯具概念

灯具，是指具备透光、分配和改变光源光分布等功能的器具，包括除光源外所有用于固定和保护光源所需的全部零、部件，以及与电源连接所必需的附件。

(2) 灯具的作用

合理配光，重新分配光通量；防止眩光；提高光源利用率；保护照明和光源安全；装饰美化环境。

(3) 灯具分类

灯具品种与电光源一样，量多面广，外形各异，性能千差万别，其分类方法也是多种多样，主要有以下几种：

04.05.002
灯具

1) 按采用的电光源分类

分为白炽灯具、荧光灯具、高压气体放电灯具、LED灯具等，如图4-9所示。

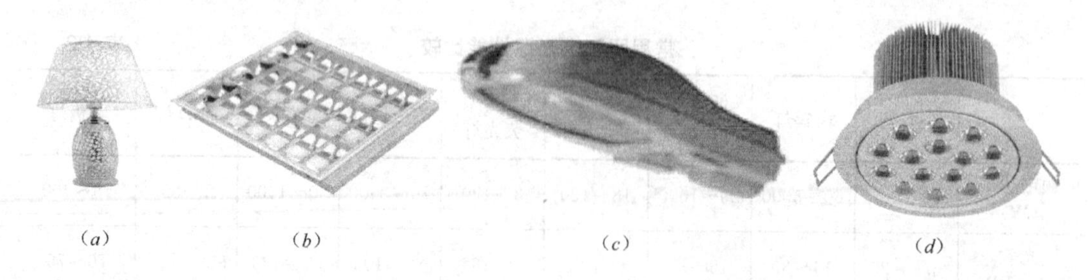

(a) (b) (c) (d)

图4-9 各式灯具

(a) 白炽灯具；(b) 荧光灯具；(c) 高压气体放电灯具；(d) LED灯具

2）按光通量在上下空间分布的比例分类

分为直接型、半直接型、漫射型（包括水平方向光线很少的直接-间接型）、半间接型和间接型等，如图 4-10 所示。

照明器分类		直接	半直接	漫射	半间接	间接
光强分布		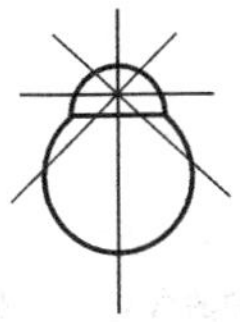	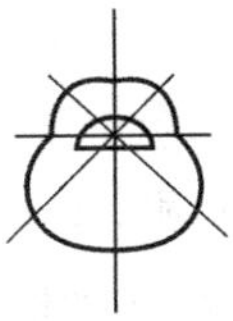	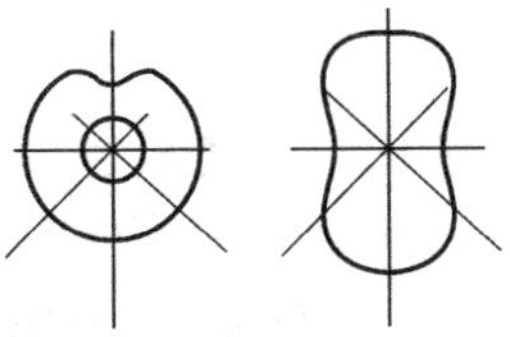	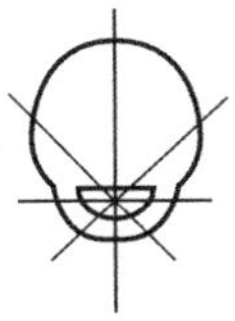	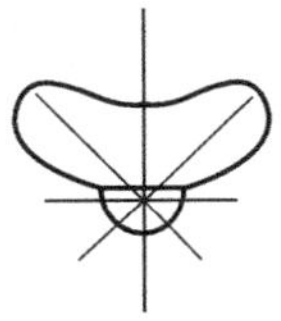
光通分布（%）	上	0~10	10~40	40~60	60~90	90~100
	下	100~90	90~60	60~40	40~10	10~0

图 4-10　光通量上下空间分布比例示意图

3）按灯具的适用环境分类

分为开启型灯具、闭合型灯具、密封型灯具、安全型灯具、防爆型灯具、防振型灯具等，如图 4-11 所示。

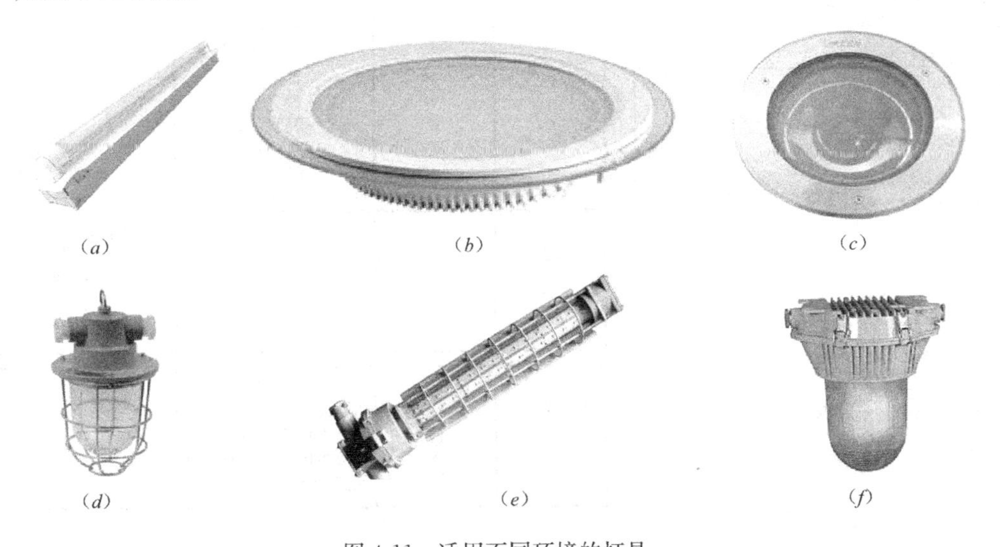

图 4-11　适用不同环境的灯具

(a) 开启型灯具；(b) 闭合型灯具；(c) 密封型灯具；(d) 安全型灯具；(e) 防爆型灯具；(f) 防振型灯具

4）按使用场所分类

分为室内照明灯具和室外照明灯具。

5）按安装方式分类

分为嵌入式、移动式和固定式等，如图 4-12 所示。

6）按防护 IP 等级分类

防护等级由字母代码“IP”、第一、二两位特征数字、附加字母和补充字母共四部分组成，其组成格式及含义见图 4-13。

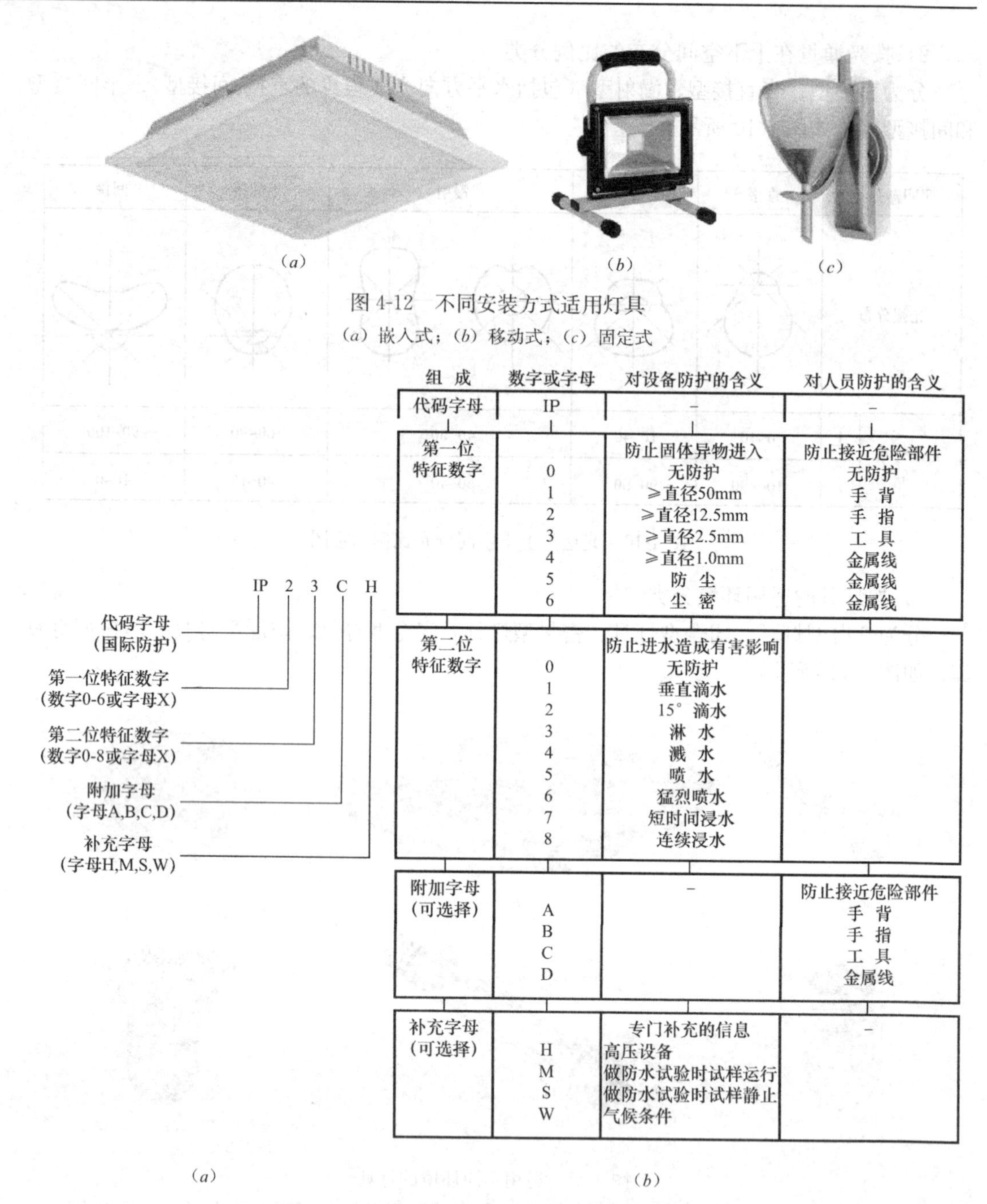

组 成	数字或字母	对设备防护的含义	对人员防护的含义
代码字母	IP	−	−
第一位特征数字		防止固体异物进入	防止接近危险部件
	0	无防护	无防护
	1	≥直径50mm	手 背
	2	≥直径12.5mm	手 指
	3	≥直径2.5mm	工 具
	4	≥直径1.0mm	金属线
	5	防 尘	金属线
	6	尘 密	金属线
第二位特征数字		防止进水造成有害影响	
	0	无防护	
	1	垂直滴水	
	2	15° 滴水	
	3	淋 水	
	4	溅 水	
	5	喷 水	
	6	猛烈喷水	
	7	短时间浸水	
	8	连续浸水	
附加字母（可选择）		−	防止接近危险部件
	A		手 背
	B		手 指
	C		工 具
	D		金属线
补充字母（可选择）		专门补充的信息	−
	H	高压设备	
	M	做防水试验时试样运行	
	S	做防水试验时试样静止	
	W	气候条件	

图 4-12 不同安装方式适用灯具

（a）嵌入式；（b）移动式；（c）固定式

图 4-13 IP 格式及其特征代码意义

（a）IP 格式；（b）特征代码意义

防护等级是由国际电工委员会（IEC）制订，将电器依其防尘、防水、防潮、防异物等特性的分级。这里所指的异物含工具，人的手掌、手指等均不可接触到电器的带电部分，以免触电。

7）按光束角分类

光束角指在垂直光束中心线的某平面上，发光强度等于最大发光强度 50％的两个方向之间的夹角，如图 4-14 所示。

灯具的光束角一般有窄光束＜20°、中等光束 20°～40°、宽光束＞40°三种，如图 4-15 所示。

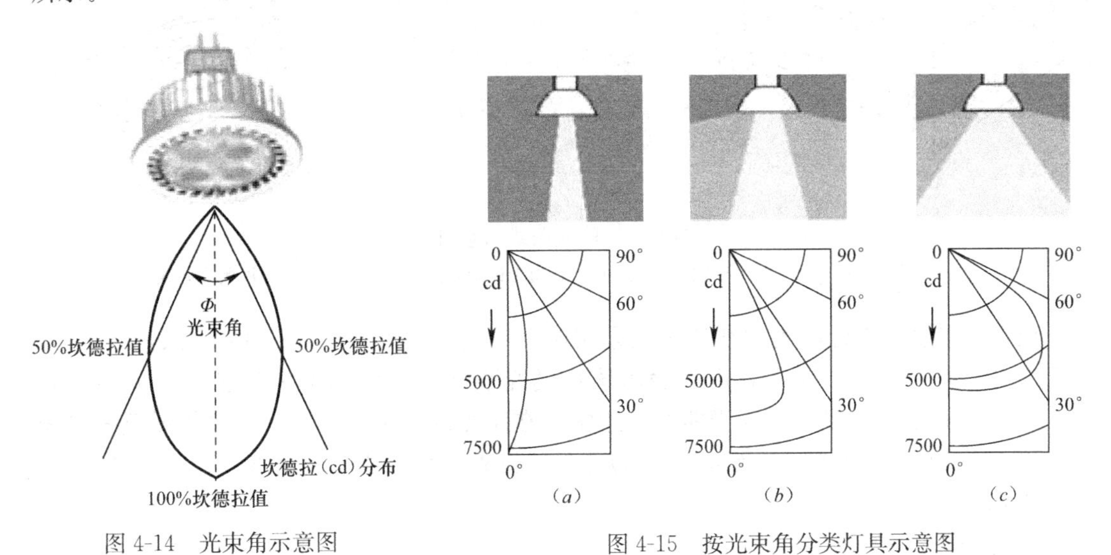

图 4-14　光束角示意图

图 4-15　按光束角分类灯具示意图

(a) 窄光束；(b) 中等光束；(c) 宽光束

8）按防触电保护分类

按防触电保护可分为 0、Ⅰ、Ⅱ、Ⅲ类，见表 4-3。

灯具防触电保护分类　　表 4-3

灯具等级	灯具主要性能	应用说明
0 类灯具	只依靠基本绝缘防止触电保护的灯具，万一基本绝缘失效，则只能依靠环境提供保护的灯具	适用安全程度高的场合，且灯具安装、维护方便。如空气干燥、尘埃少、木地板等条件下的吊灯、吸顶灯
Ⅰ类灯具	不仅依靠基本绝缘防止触电，还会附加安全保护措施（接地），对触及之导电部件皆装有固定连接至接地导线，因此当基本绝缘一旦失效的情况下，可接触之导电部件亦不会变成带电体	用于金属外壳灯具，如投光灯、路灯、庭院灯等，提高安全程度
Ⅱ类灯具	不仅靠基本绝缘防止触电，而且还有双重绝缘或加强绝缘那样的安全防护措施，提供可靠保护	适用与环境差、人经常触摸的灯具，如台灯、手提灯等
Ⅲ类灯具	依靠供应安全低电压（SELV）来防止电击危险，并且照明设备不会产生高于安全超低电压（50V 以下）	灯具安全程度最高，用于恶劣环境，如机床工作灯、儿童用灯等

（4）灯具基本特征

照明灯具的基本特征通常用配光曲线（光强分布曲线）、保护角、效率等描述。

1）配光曲线

配光曲线是用以表示灯具工作时，射向各方向上的发光强度大小分布的曲线图。有三种表示法：极坐标法、直角坐标法和等发光强度配光曲线，如图 4-16 所示。

配光曲线通常按光源发出的光通量为 1000lm 来绘制，它不仅记录了灯具在各个方向上的光强分布，而且还包含了照明灯具的光通量、光源数量、功率、灯具效率等多种信息。

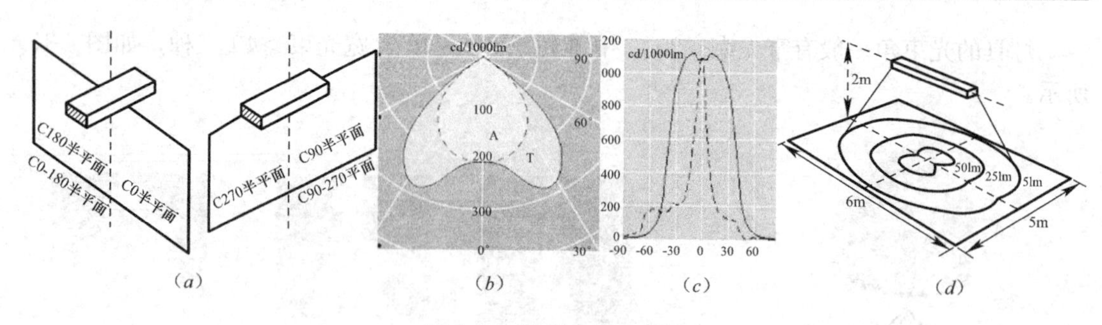

（*a*）（*b*）（*c*）（*d*）

图 4-16　配光曲线示意图

（*a*）管型灯坐标；（*b*）极坐标配光曲线；（*c*）直角坐标配光曲线；（*d*）等发光强度配光曲线

极坐标和直角坐标配光曲线通常是采用两个不同平面 $T=C0^\circ-C180^\circ$ 与 $A=C90^\circ-C270^\circ$，如图 4-16（*a*）所示，用来表示该灯具光强在整个空间的分布情况，如图 4-16（*b*）、（*c*）所示。等发光强度配光曲线，通常是在距光源一定距离处，与光轴线垂直平面上，以光源光强矢量为圆心，纵横坐标为光强，将光强相等的矢量顶端连接起来的曲线，如图 4-16（*d*）所示。

2）保护角（遮光角）

保护角又称遮光角，是指光源发光体最外沿一点和灯具出光口边沿的连线与通过光源光中心的水平线之间的夹角 α，如图 4-17 所示。在正常的水平视线条件下，为防止高亮度的光源造成直接眩光，灯具至少要有 10°～15°的遮光角。在照明质量要求高的环境里，灯具应有 30°～45°的遮光角。加大遮光角会降低灯具效率，这两方面要权衡考虑。

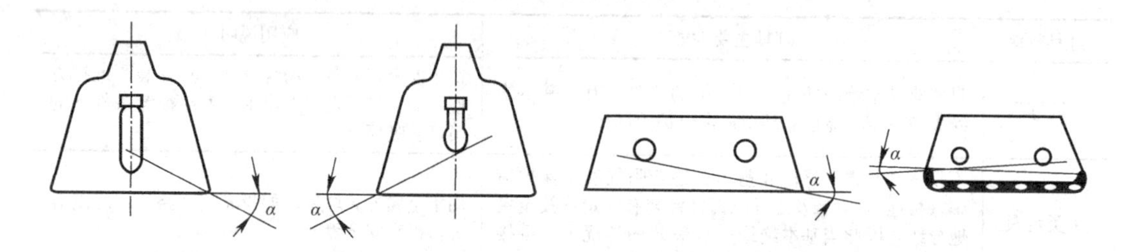

图 4-17　各种灯具保护

《建筑照明设计标准》GB 50034 中对直接型灯具遮光角的规定，见表 4-4。

直接型灯具遮光角　　　　**表 4-4**

光源平均亮度（cd/m²）	1-20	20-50	50-500	≥500
遮光角（°）	10	15	20	30

3）效率

任何材料制成的灯罩都会吸收一部分光通量，光源本身也会吸收少量的反射光（灯罩内表面的反射光），减去这些光通量，才是照明灯具向空间投射的光通量。通常以照明灯具发出的光通 Φ_L 与光源总光通 Φ_S 之比的百分数，表示照明灯具的效率 η。

$$\eta=\frac{\Phi_L}{\Phi_S}\times 100\% \tag{4-2}$$

各种灯具效率应满足《建筑照明设计标准》GB 50034 规定，荧光灯灯具效率见表 4-5。

荧光灯灯具效率　　表 4-5

灯具出光口形式	开敞式	保护罩		格栅
		透明	磨砂	
灯具效率	75%	65%	55%	60%

（5）灯具选用原则

在一般照明设计中，应选择既满足使用功能和照明质量的要求，又便于安装维护、长期运行费用低的灯具，选择照明灯具的基本原则是：

1）应优先选用配光合理的灯具

办公室及公共建筑中，房间的墙和顶棚均要求有一定的亮度，要求房间各面有较高的反射比，并需要有一部分光直接射到顶棚和墙上，此时可采用直接—间接配光的灯具，从而获得舒适的视觉条件及良好的艺术效果。应避免采用配光很窄的直射灯具。为了节能，在有空调的房间内还可选用空调灯具。

对于长而大的办公室或大厅，大多选用带有格栅的嵌入式灯具所布置成的发光带。由于格栅灯具的配光通常不是很宽，因此，光带的布置不宜过稀。光带的优点是光线柔和，没有眩光；缺点是顶棚较暗，特别是当光带间距较大时更为突出。使用双抛物面镜面格栅荧光灯具时，空间亮度低，光环境不好，建议只用于有许多电脑且电脑方向随意安放的办公室。

为了限制眩光，应采用表面亮度符合亮度限制要求、遮光角符合规定的灯具（如带有格栅或漫射罩的灯具等）。采用蝙蝠翼配光的灯具，使视线方向的反射光通量减少到最低限度，可显著地减弱光幕反射。

当要求垂直照度时，可选用不对称配光（如仅向某一方向投射）的灯具（教室内黑板照明等），也可采用指向型灯具（聚光灯、射灯等）。

2）根据工作场所的环境条件选用

特别潮湿的场所，应采用防潮灯具或带防水灯头的开启式灯具。

有腐蚀性气体和蒸汽的场所，宜采用耐腐蚀性材料制成的密闭式灯具。如采用开启灯具时，各部分应有防腐蚀、防水的措施。

在高温场所，宜采用带有散热孔的开启式灯具。

有尘埃的场所，应按防尘的保护等级分类来选择合适的灯具。

在易受机械损伤场所使用的灯具，应加保护网。

在有爆炸和火灾危险场所使用的灯具，应当遵循《爆炸危险环境电力装置设计规范》GB 50058 的有关规定。

3）经济性

在满足照明质量、环境条件要求的前提下，尽量选用效率高、利用系数高、寿命长、光通量衰减小、安装维护方便的灯具。

4.6 照度计算

4.6.1 照度标准

1. 定义

指作业面或参考平面上的维持平均照度，规定表面上的平均照度不得低于此数值。它是在照明装置必须进行维护的条件下，规定表面上的平均照度。这是为确保工作时视觉安全和视觉功效所需要的照度。

2. 照度标准值分级

我国照度标准值按 0.5、1、3、5、10、15、20、30、50、75、100、150、200、300、500、750、1000、1500、2000、3000、5000lx 分级。

3. 照度标准与规范

（1）《建筑照明设计标准》GB 50034。

（2）《民用建筑电气设计规范》JGJ/T 16。

（3）《室内工作环境的不舒适眩光》GB/Z 26211。

（4）《民用建筑电气设计手册》。

（5）《照明设计手册》。

（6）《全国民用建筑工程设计技术措施节能专篇—电气》。

（7）《全国民用建筑工程设计技术措施—电气》。

4.6.2 照度计算

照度计算方法，主要有利用系数法、单位指标法、查概曲线法、逐点计算法四种。方法不同，计算结果不一。一般来讲，在方案设计或估算时，大多采用单位指标法；施工图设计或需要考虑照明均匀度的场合，宜采用利用系数法或查概曲线法；只有在对照明精度有要求的场合，采用逐点计算法。

以综合楼教师工作室为例，分别介绍不同的照度计算方法。

教师工作室主要参数：长 L：12.40m，宽 W：7.60m，平面如图 4-18 所示，工作面高度 0.75m。综合楼主要场所照度标准见表 4-6。

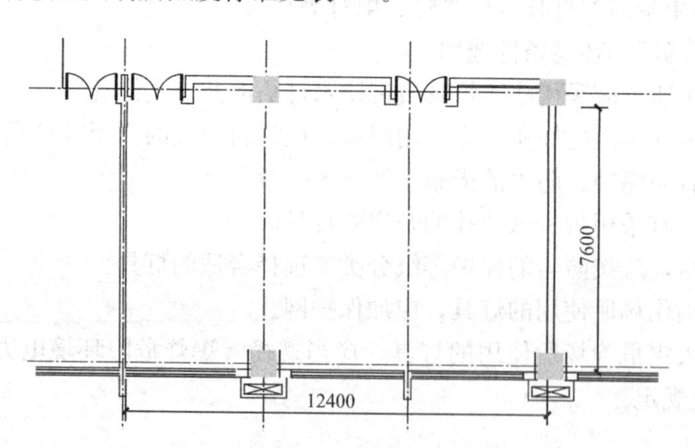

04.06.002
照度计算方法

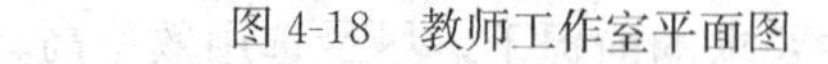

图 4-18 教师工作室平面图

综合楼照度标准及照明功率密度 表 4-6

房间或场所	照度值（lx）	照明功率密度（W/m²）	
		现行值	目标值
车库	50	2.5	2
风机房	100	4	3.5
办公室，会议室，实验室，教师工作室，阅览室	300	9	8

续表

房间或场所	照度值（lx）	照明功率密度（W/m²）	
		现行值	目标值
校史展览馆，报告厅	300	9	8
门厅	300	9	8
档案库房	200	7	6
藏品库房	75	4	3.5
走廊，楼梯间，公共卫生间	75	4	3.5

1. 利用系数法

是通过利用系数求室内平均照度的基本方法，关键是如何求出利用系数 C_u。

（1）利用系数 C_u

指光源发出的总光通量 $\Phi_{\Sigma 0}$ 与照射到工作面实际的总光通量 $\Phi_{\Sigma F}$ 的比值。即：

$$C_u = \frac{\Phi_{\Sigma 0}}{\Phi_{\Sigma F}} \tag{4-3}$$

C_u 是待求照度所对应平面（顶棚、墙面、地板）的利用系数，既可根据室空间系数、室各表面的反射比及灯具形式计算求得；也可从有关手册中查得。

C_u 与灯具的配光特性、效率、悬挂高度、室内大小形状及反射面的反射比等因素有关。

（2）室内平均照度 $E_{\Sigma av}$

$$E_{\Sigma av} = \frac{\Phi_{\Sigma v} \times N \times C_u \times m_f}{A_e} \tag{4-4}$$

式中　$E_{\Sigma av}$——室内照度平均值，lx；

$\Phi_{\Sigma v}$——室内总流明，lm；

N——灯具数量，只（套）；

C_u——利用系数；

m_f——维护系数，见表 4-7；

A_e——室内有效面积，m^2。

维护系数 m_f　　**表 4-7**

环境污染特征	工作房间或场所	灯具擦拭次数（次/年）	维护系数
清洁	办公室、阅览室、卧室、客房、仪器仪表装配车间等	2	0.8
一般	商店营业厅、候车室、影剧院、体育馆、机加工车间等	2	0.7
污染严重	厨房、铸工车间、锻工车间、粉尘环境等	3	0.6
室外	雨棚、站台、道路、广场等	2	0.65

（3）室内平均照度计算步骤

1）求室空间系数

如图 4-19（*a*）所示，将被求照度室内空间分为三个部分，灯具出口平面到顶棚之间称为顶棚空间 h_{cc}；工作面到灯具出口平面之间称为室空间 h_{rc}；工作面到地面之间称为地板空间 h_{fc}。三个空间分别有各自的空间系数。

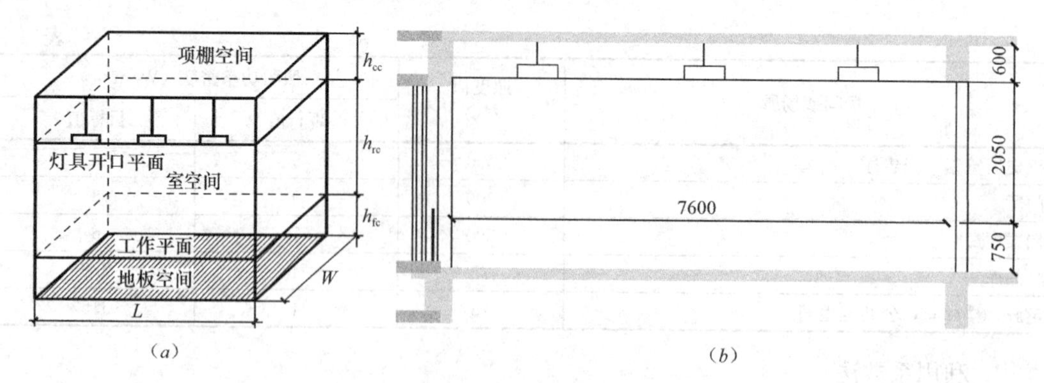

图 4-19　室内空间

(a) 室空间的划分；(b) 教师工作室立面图

室空间系数：
$$RCR=\frac{5h_{rc}(L+W)}{LW} \tag{4-5}$$

上式也可用室形指数 RI 表示：

$$RI=\frac{LW}{h_{rc}(L+W)}=\frac{5}{RCR} \tag{4-6}$$

顶棚空间系数：
$$CCR=\frac{5h_{cc}(L+W)}{LW}=\frac{h_{cc}}{h_{rc}}RCR \tag{4-7}$$

地板空间系数：
$$FCR=\frac{5h_{fc}(L+W)}{LW}=\frac{h_{fc}}{h_{rc}}RCR \tag{4-8}$$

式中　h_{rc}——室空间高度，m；

h_{cc}——顶棚空间高度，m；

h_{fc}——地板空间高度，m；

L——房间的长度，m；

W——房间的宽度，m。

根据已知条件，如图 4-19（b）所示，教师工作室空间系数计算结果如下：

室空间系数：$RCR=\frac{5h_{rc}(L+W)}{LW}=\frac{5\times2.05\times(12.4+7.6)}{12.4\times7.6}=1.088$

顶棚空间系数：$CCR=\frac{5h_{cc}(L+W)}{LW}=\frac{h_{cc}}{h_{rc}}RCR=\frac{0.6}{2.05}\times1.088=0.318$

地板空间系数：$FCR=\frac{5h_{fc}(L+W)}{LW}=\frac{h_{fc}}{h_{rc}}RCR=\frac{0.75}{2.05}\times1.088=0.398$

2）求顶棚有效反射比 ρ_{cc}、地板有效反射比 ρ_{fc} 和墙面的平均反射比 ρ_{wav}

通常是将灯具出口平面看成顶棚有效反射比 ρ_{cc} 的假想平面；将被照工作平面看成地板有效反射比 ρ_{fc} 的假想平面，光线在这两个假想平面上的反射效果与实际的反射效果等同。

① 有效空间（顶棚、地板）反射比

有效空间（顶棚、地板）反射比由下式求得：

$$\rho_{eff}=\rho_{cc/fc}=\frac{\rho A_0}{A_S-\rho A_S+\rho A_0} \tag{4-9}$$

式中　ρ_{eff}——有效空间表面的反射比；

ρ——空间各表面的平均反射比；

A_0——空间开口平面的面积，m^2；

A_S——空间内所有表面的总和，m^2。

如果某个空间是由 i 个表面组成，则平均反射比为：

$$\rho = \frac{\Sigma \rho_i A_i}{\Sigma A_i} = \frac{\Sigma \rho_i A_i}{A_S} \tag{4-10}$$

式中　ρ_i——第 i 个有效空间表面的反射比；

A_i——第 i 个表面的空间开口平面的面积，m^2。

② 墙面平均反射比

为简化计算，可以把墙面看成一个均匀的漫射表面，考虑到墙面上的开窗及窗帘等装饰物，则墙面平均反射比可以由下式求得：

$$\rho_{wav} = \frac{\rho_w (A_w - A_p) + \rho_p A_p}{A_w} \tag{4-11}$$

式中　ρ_{wav}——墙面平均反射比；

ρ_w——墙面反射比；

ρ_p——玻璃窗或装饰物反射比，见表 4-8；

A_w——墙表面积（含开窗面积），m^2；

A_p——窗或装饰物表面积，m^2。

顶棚 ρ_c、地面 ρ_f、墙面 ρ_w 等实际反射比　　表 4-8

反射面性质	反射系数（%）	反射面性质	反射系数（%）
抹灰并大白粉刷的顶棚和墙面	70～80	钢板地面	10～30
砖墙或混凝土屋面喷白（石灰、大白）	50～60	光漆地板	10
墙、顶棚为水泥砂浆抹面	30	沥青地面	11～12
混凝土屋面板、红砖墙	30	无色透明玻璃	8～10
灰砖墙	20	白色棉织物	35
混凝土地面	10～25		

根据已知条件，教师工作室相关参数计算如下：

空间开口平面的面积：$A_0 = 12.4 \times 7.6 = 94.24m^2$

空间内所有玻璃窗的总面积：$A_p = 3 \times 3.1 \times 2.05 = 19.065m^2$

空间内所有墙面的总面积：$A_w = 2 \times 12.4 \times 2.05 + 7.6 \times 2.05 = 24.8 + 15.58 = 40.38m^2$

对照表 4-8，取：顶棚 $\rho_c = 70\%$、顶棚墙面 $\rho_{cw} = 80\%$、地面 $\rho_f = 10\%$、墙面 $\rho_w = 50\%$、玻璃窗 $\rho_p = 10\%$，得：

顶棚空间平均反射比：

$$\rho_{cav} = \frac{\Sigma \rho_i A_i}{\Sigma A_i} = \frac{\Sigma \rho_i A_i}{A_S} = \frac{\rho_c \times l \times w + \rho_{cw} [2(l \times h_{cc} + w \times h_{cc})]}{l \times w + 2(l \times h_{cc} + w \times h_{cc})}$$

$$= \frac{0.7 \times 12.4 \times 7.6 + 0.8 \times 2 \times 0.6 \times 20}{12.4 \times 7.6 + 2 \times 0.6 \times 20} = \frac{85.168}{118.24} = 0.72$$

顶棚空间有效反射比：

$$\rho_{cc}=\frac{\rho_{cav}}{\rho_{cav}+(1-\rho_{cav})\dfrac{A_S}{A_0}}=\frac{\rho_{cav}}{\rho_{cav}+(1-\rho_{cav})(1+0.4\times CCR)}$$

$$=\frac{0.72}{0.72+(1-0.72)(1+0.4\times 0.318)}=0.695$$

地板空间平均反射比：

$$\rho_{fav}=\frac{\Sigma\rho_i A_i}{\Sigma A_i}=\frac{\Sigma\rho_i A_i}{A_S}=\frac{\rho_f\times l\times w+\rho_{fw}[2(l\times h_{fc}+w\times h_{fc})]}{l\times w+2(l\times h_{fc}+w\times h_{fc})}$$

$$=\frac{0.1\times 12.4\times 7.6+0.25\times 2\times 0.75\times 20}{12.4\times 7.6+2\times 0.75\times 20}=\frac{16.924}{124.24}=0.136$$

地板空间有效反射比：

$$\rho_{fc}=\frac{\rho_{fav}}{\rho_{fav}+(1-\rho_{fav})\dfrac{A_S}{A_0}}=\frac{\rho_{fav}}{\rho_{fav}+(1-\rho_{fav})(1+0.4\times FCR)}$$

$$=\frac{0.136}{0.136+(1-0.136)(1+0.4\times 0.398)}=0.12$$

墙面平均反射比：

$$\rho_{wav}=\frac{\rho_w(A_w-A_p)+\rho_p A_p}{A_w}$$

$$=\frac{0.5(40.38-19.065)+0.1\times 19.065}{40.38}=\frac{10.6575+1.9065}{40.38}=0.311$$

3）求出 $RCR=1.088$、$\rho_{cc}=0.695$，取 $\rho_w=50\%$后，再根据所选灯具的利用系数表，就可计算得出该灯具的实际利用系数。表 4-9 为某管形荧光灯利用系数表。

某管形荧光灯利用系数表 **表 4-9**

反射率	天花板（%）	80				70				50				30				0
	墙壁（%）	70	50	30	10	70	50	30	10	70	50	30	10	70	50	30	10	0
	地面（%）	10				10				10				10				0
室指数		利用系数×0.01																
0.6		44	34	29	25	43	34	28	25	41	33	28	24	39	32	28	24	23
0.8		52	44	38	34	51	43	38	34	49	42	38	34	47	42	37	34	32
1.0		58	50	45	41	57	50	45	41	55	49	44	41	53	48	44	40	39
1.25		63	56	51	47	62	55	51	47	59	54	50	47	58	53	49	46	45
1.5		66	60	55	52	65	59	55	51	63	58	54	51	61	57	53	51	49
2.0		70	65	61	58	69	64	61	58	67	63	60	57	65	62	59	56	55
2.5		72	68	65	62	71	68	64	62	69	66	63	61	67	65	62	60	58
3.0		74	71	68	65	73	70	67	65	71	68	66	64	69	67	65	63	61
4.0		76	73	71	69	75	73	70	68	73	71	69	67	71	70	68	66	65
5.0		77	75	73	71	76	74	72	71	74	73	71	70	73	71	70	69	67
7.0		79	77	76	74	78	76	75	74	76	75	73	72	74	73	72	71	69
10.0		80	79	78	77	79	78	77	76	77	76	75	74	75	75	74	73	71

由于计算的 RCR 不是表中的整数，可用表中最接近的两组数据：

① 由 $RCR=1.0$，$\rho_c=70\%$，$\rho_w=50\%$，取 $\rho_{fc}=10\%$，得：$C_u=0.50$；

② 由 $RCR=1.25$，$\rho_c=70\%$，$\rho_w=50\%$，取 $\rho_{fc}=10\%$，得：$C_u=0.55$ 后，再用下式进行修正：

$$C_u=C_{u1}+\frac{C_{u2}-C_{u1}}{RCR-RCR_1}(RCR_2-RCR_1)=0.50+\frac{0.55-0.50}{1.088-1.0}(1.25-1.0)=0.642$$

4）需要说明的是：上述计算是在表 4-9 所规定的各反射比条件下进行的，若计算所得反射比不是表中数据，则可由《建筑照明设计标准》GB 50034 或《民用建筑电气设计手册》中查得反射比，并用下式求出最接近的两组数据的修正系数 ρ'后，再对 C_u 进行修正。

$$\rho'=\rho_1+\frac{\rho_2-\rho_1}{RCR-RCR_1}(RCR_2-RCR_1) \tag{4-12}$$

式中　ρ'——修正后的反射比；

ρ_1——查得的小于计算值的反射比；

ρ_2——查得的大于计算值的反射比；

RCR_1——对应于 ρ_1 的室空间系数；

RCR_2——对应于 ρ_2 的室空间系数。

本例中，反射比修正计算从略。如有兴趣请参照步骤 3）进行。

5）求室内平均照度或灯具套数

$$E_{\Sigma av}=\frac{\Phi_{\Sigma v}\times N\times C_u\times m_f}{A_e} \text{ 或 } N=\frac{E_{\Sigma av}\times L\times W}{\Phi_{\Sigma v}\times C_u\times m_f}$$

根据综合楼照度标准及照明功率密度，教师工作室取值，按 40W，2500lm 计，则所需灯具套数 N：

$$N=\frac{E_{\Sigma av}\times L\times W}{\Phi_{\Sigma v}\times C_u\times m_f}=\frac{300\times 12.4\times 7.6}{2500\times 0.642\times 0.8}=22.019\text{ 套}$$

取 22 套，则教师工作室功率密度 P_0：

$$P_0=\frac{N\times 40\text{W}}{12.4\times 7.6}=\frac{22\times 40}{94.24}=9.34\text{W/m}^2$$

2. 单位指标法

（1）密度法计算表达式

1）功率密度表达式：
$$P=P_0A_eE \tag{4-13}$$

2）光通量密度表达式：
$$\Phi=\Phi_0A_eE \tag{4-14}$$

或：
$$P=P_0A_eEC_1C_2C_3 \tag{4-15}$$

式中　P——室内最小安装功率，W；

P_0——功率密度，$\text{W/m}^2\cdot\text{lx}$，见表 4-10；

A_e——室内有效面积，m^2；

E——设计平均照度，lx；

Φ——在设计照度条件下室内所需总光通量，lm；

Φ_0——光通量密度，$\text{lm/m}^2\cdot\text{lx}$；

C_1——室内光反射比不同时的修正系数，见表 4-11；

C_2——光源不是 100W 白炽灯或 40W 荧光灯时的修正系数，见表 4-12；

C_3——灯具效率不是70%时的调整系数：60%时 C_3=1.22；50%时 C_3=1.47。

单位容量 P_0 计算表　　　　表 4-10

室空间比 *RCR*（室形指数 *RI*）	直接型配光灯具		半直接型配光灯具	均匀漫射型配光灯具	半间接型配光灯具	间接型配光灯具
	$s \leqslant 0.9h$	$s \leqslant 1.3h$				
8.33 (0.6)	0.4308 0.0897 5.3846	0.4000 0.0833 5.0000	0.4308 0.0897 5.3846	0.4308 0.0897 5.3846	0.6225 0.1292 7.7783	0.7001 0.1454 7.7506
6.25 (0.8)	0.3500 0.0729 4.3750	0.3111 0.0648 3.8889	0.3500 0.0729 4.3750	0.3394 0.0707 4.2424	0.5094 0.1055 6.3641	0.5600 0.1163 7.0005
5.0 (1.0)	0.3111 0.0648 3.8889	0.2732 0.0569 3.4146	0.2947 0.0614 3.6842	0.2872 0.0598 3.5897	0.4308 0.0894 5.3850	0.4868 0.1012 6.0874
4.0 (1.25)	0.2732 0.0569 3.4146	0.2383 0.0496 2.9787	0.2667 0.0556 3.3333	0.2489 0.0519 3.1111	0.3694 0.0808 4.8280	0.3996 0.0829 5.0004
3.33 (1.5)	0.2489 0.0519 3.1111	0.2196 0.0458 2.7451	0.2435 0.0507 3.0435	0.2286 0.0476 2.8571	0.3500 0.0732 4.3753	0.3694 0.0808 4.8280
2.5 (2.0)	0.2240 0.0467 2.8000	0.1965 0.0409 2.4561	0.2154 0.0449 2.6923	0.2000 0.0417 2.5000	0.3199 0.0668 4.0003	0.3500 0.0732 4.3753
2 (2.5)	0.2113 0.0440 2.6415	0.1836 0.0383 2.2951	0.2000 0.0417 2.5000	0.1836 0.0383 2.2951	0.2876 0.0603 3.5900	0.3113 0.0646 3.8892
1.67 (3.0)	0.2036 0.0424 2.5455	0.1750 0.0365 2.1875	0.1898 0.0395 2.3729	0.1750 0.0365 2.1875	0.2671 0.0560 3.3335	0.2951 0.0614 3.6845
1.43 (3.5)	0.1967 0.0410 2.4592	0.1698 0.0354 2.1232	0.1838 0.0383 2.2976	0.1687 0.0351 2.1083	0.2542 0.0528 3.1820	0.2800 0.0582 3.5003
1.25 (4.0)	0.1898 0.0395 2.3729	0.1647 0.0343 2.0588	0.1778 0.0370 2.2222	0.1632 0.0338 2.0290	0.2434 0.0506 3.0436	0.2671 0.0560 3.3335
1.11 (4.5)	0.1883 0.0392 2.3521	0.1612 0.0336 2.0153	0.1738 0.0362 2.1717	0.1590 0.0331 1.9867	0.2386 0.0495 2.9804	0.2606 0.0544 3.2578
1 (5.0)	0.1867 0.0389 2.3333	0.1577 0.0329 1.9718	0.1697 0.0354 2.1212	0.1556 0.0324 1.9444	0.2337 0.0485 2.9168	0.2542 0.0528 3.1820

注：1. 表中 s 为灯距，h 为计算高度。

2. 表中每格所列三个数字由上至下依次为：选用100W白炽灯的单位电功率（W/m^2）；选用40W荧光灯的单位电功率（W/m^2）；单位光辐射量（lm/m^2）。

室内光反射比不同时的修正系数 C_1　　表 4-11

反射比				
反射比	顶棚 ρ_c	0.7	0.6	0.4
	墙面 ρ_w	0.4	0.4	0.3
	地板 ρ_f	0.2	0.2	0.2
C_1		1	1.08	1.27

当光源不是 100W 白炽灯或 40W 荧光灯时的修正系数 C_2　　表 4-12

光源类型及额定功率（W）	白炽灯（220V）					卤钨灯（220V）			
	15	25	40	60	100	500	1000	1500	2000
C_2	1.7	1.42	1.34	1.19	1	0.64	0.6	0.6	0.6
额定光通量（lm）	110	220	350	630	1250	9750	21000	31500	42000
光源类型及额定功率（W）	紧凑型荧光灯（220V）				紧凑型节能荧光灯（220V）				
	10	13	18	26	18	24	36	40	55
C_2	1.071	0.929	0.964	0.929	0.9	0.8	0.745	0.686	0.688
额定光通量（lm）	560	840	1120	1680	1200	1800	2900	3500	4800
光源类型及额定功率（W）	T5 荧光灯（220V）				T5 荧光灯（220V）				
	14	21	28	35	24	39	49	54	80
C_2	0.764	0.72	0.70	0.677	0.873	0.793	0.717	0.762	0.820
额定光通量（lm）	1100	1750	2400	3100	1650	2950	4100	4250	5850
光源类型及额定功率（W）	T8 荧光灯（220V）				荧光高压汞灯（220V）				
	18	30	36	58	50	80	125	250	400
C_2	0.857	0.783	0.675	0.696	1.695	1.333	1.210	1.181	1.091
额定光通量（lm）	1260	2300	3200	5000	1770	3600	6200	12700	22000
光源类型及额定功率（W）	金属卤化物灯（220V）								
	35	70	150	250	400	1000	2000		
C_2	0.636	0.700	0.709	0.750	0.750	0.750	0.600		
额定光通量（lm）	3300	6000	12700	20000	32000	80000	200000		
光源类型及额定功率（W）	高压钠灯（220V）								
	50	70	150	250	400	600	1000		
C_2	0.857	0.750	0.621	0.556	0.500	0.450	0.462		
额定光通量（lm）	3500	5600	14500	27000	48000	80000	130000		

表 4-10～表 4-12 的适用条件是：

① 顶棚 $\rho_c=70\%$、地面 $\rho_f=20\%$、墙面 $\rho_w=50\%$。

② 计算平均照度 $E_{av}=1lx$；灯具维护系数 $m_f=0.7$。

③ 白炽灯光效为 12.5lm/W(220V 100W)；荧光灯光效为 60lm/W(220V 40W)。

④ 灯具效率不小于 70%，当有遮光格栅时不小于 55%。

（2）室内平均照度计算步骤

1）求教师工作室空间系数：

$$RCR=\frac{5h_{rc}(L+W)}{LW}=\frac{5\times2.05(12.4+7.6)}{12.4\times7.6}=1.088$$

室形指数：

$$RI=\frac{LW}{h_{rc}(L+W)}=\frac{12.4\times7.6}{2.05\times(12.4+7.6)}=4.59$$

2）查表4-10，按半直接配光型荧光灯选，得：功率密度为0.0362，则：

$$P = P_0 A_e E = 0.0362 \times 12.4 \times 7.6 \times 300 = 1023.44\text{W}$$

灯具套数：$N=\frac{1023.44}{40}=25.58$ 套

对应光通量密度为2.1717，则：

$$\Phi = \Phi_0 A_e E = 2.1717 \times 12.4 \times 7.6 \times 300 = 61398.3\text{lm}$$

3）校验

按26套计，每套灯具光通量：$\frac{\Phi}{26}=\frac{61398.3}{26}=2361.47\text{lm/套}$

3. C_u 查表法

厂家样本或《照明设计手册》给出了各种常用灯具的利用系数。《建筑照明设计标准》GB 50034或《民用建筑电气设计手册》中可查得反射比。

4. 查概曲线法和逐点计算法，介绍从略。

5. 工程框算法（工程经验法）

前述的单位指标法和利用系数法，计算方法过于繁琐。在工程上，在不需要精确计算的场合，常用以下近似方法进行：

（1）单位容量法

估算照明的指标，无论是规标还是自选，一般都有两个值：一是功率指标 P，有现行值和目标值之分。从节能考虑，前者应理解为现行的最大值或不允许超过的值，后者是未来实行值；其次是照度指标 Φ，是工作面的最小照度平均值或指允许照度的下限值。因此，估算结果中二者同时达标的灯具最小套数，即为所求。

【例4-1】 教师工作室有效面积 $A_e=12.4\times7.6=94.24\text{m}^2$，综合楼照度要求不低于300lx，功率密度不超过 9W/m^2，试估算该工作室所需灯具套数。

解：根据已知条件，即有：

$$\frac{P}{A_e} = P_0 C_1 C_2 C_3 < 9\text{W/m}^2 \text{ 及 } E_{\Sigma av} = \frac{\Phi_{\Sigma v}}{A_e}\eta \times m_f > 300\text{lx}$$

式中 P——室内最大安装功率，W；

P_0——功率密度，W/m^2；

A_e——室内有效面积，m^2；

$E_{\Sigma av}$——平均照度，lx；

$\Phi_{\Sigma v}$——在设计照度条件下室内所需总光通量，lm；

η——灯具效率，定义为灯具内光源发出的光通量 Φ_0 与灯具射出光通量 Φ_s 的比值。见《建筑照明设计标准》GB 500034，取值0.8；

m_f——维护系数，见表4-7，取值0.8。

那么，工作室照明最大安装功率：$P=P_0A_e=9\times94.24=848.16\text{W}$

工作室所需总光通量：$\Phi_{\Sigma v}>\frac{300}{\eta\times m_f}A_e=\frac{300\times12.4\times7.6}{0.8\times0.8}=44175\text{lm}$

光通量密度：$\frac{\Phi_{\Sigma v}}{P}=\frac{44175}{848.16}=52.1\text{lm/W}$

以40W计，灯具套数：$N=\frac{P}{40}=\frac{848.16}{40}=21.2$ 套

取 20 套灯具，则每套灯具功率：$\frac{848.16}{20}=42.4\text{W}$；每套灯具流明：$\frac{44175}{20}=2208.75\text{lm}$。

显然，选择每套灯具功率（灯管功率＋镇流器功率）$\ngtr 42.4\text{W}$；灯具光通量 $>2208.75\text{lm}$，灯具效率不低于 80%，即可满足要求。若考虑到实际安装面积，可以选用双管或三管组合荧光灯具，以减少灯具套数。

（2）简化流明法

若已知照度标准，希望知道该照度水平下的室内光通量及灯具套数，可以按以下步骤进行估算：

仍以教师工作室为例，有效面积 $A_e=12.4\times7.6=94.24\text{m}^2$，自选指标为：照度要求不低于 300lx，功率密度不超过 9W/m^2。

1）方法一

取 $m_f=0.8$，$C_u=0.4$，拟选单只荧光灯初始光通量 3500lm，则：

灯具套数：$N=\frac{300\times12.4\times7.6}{3500\times C_u\times m_f}=25.2$ 套

2）方法二

① 将照度标准值乘以 2：$E_{\Sigma av}=2\times E_0=2\times300=600\text{lx}$。

② 将上值乘以室面积，得所需总光通量：$\Phi_{\Sigma v}=600\times12.4\times7.6=56544\text{lm}$。

③ 拟选单只荧光灯初始光通量 2500lm，则：灯具套数 $N=\frac{56544}{2500}=22.6$ 套。

反之，若已知光源总光通量除以被照室面积后再除以 2，则可以得出被照室面积所需的照度近似值。

（3）简化逐点计算法

1）计算出光源到被照物距离的平方值。

2）再用该值乘以设计照度值，即得被照物的近似光强值。

通过上述不同计算方法的介绍可知，照明设计中选择的计算方法不同，各项系数的选择不同，对计算结果影响很大。

4.7　灯具布置与眩光限制

4.7.1　灯具布置

灯具布置与照明方式有关，一般分均匀性布置和选择性布置两种。其实质是指灯具在室内空间的位置。它与光的投射方向、工作面照度、照度均匀性、眩光限制及阴影等都有直接关系。灯具布置合理与否还关系到安装容量、投资费用以及维护维修方便与安全等。一般照明的灯具布置应根据建筑结构形式、工作要求与特点等条件进行。

室内一般照明的灯具布置，包括灯具的平面布置和竖向布置。平面有正方形、矩形及菱形均匀布置，如图 4-20（*a*）（*b*）（*c*）所示；竖向有悬挂、吸顶及嵌入三种方式，如图 4-20（*d*）（*e*）（*f*）所示。

一般照明灯具的均匀布置，是以满足室内照度分布均匀的要求为基准。这种布灯方式的照度均匀度要求不低于 0.7；作业面相邻照度均匀度不低于 0.5。照度是否均匀，主要取决于灯具配光及灯具布置间距。为设计方便起见，厂家常常给出灯具配光及灯具最大允许距高比L/h_r，见表4-13。

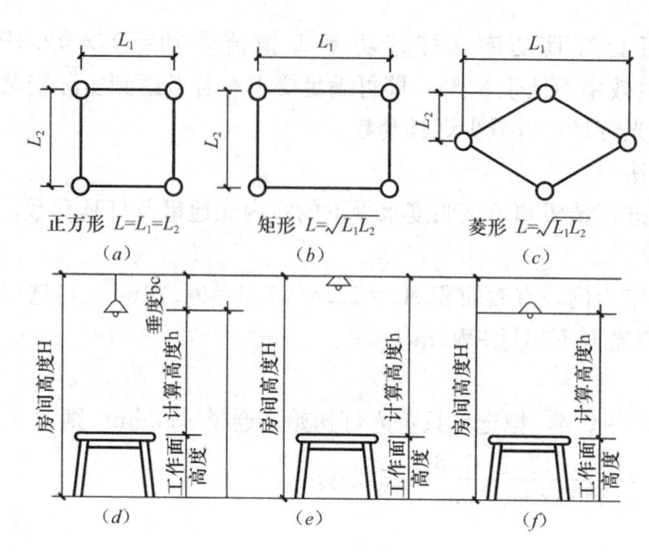

图4-20 灯具布置示意图

部分灯具最大允许距高比 表4-13

灯具类型	型号	效率（%）	光源容量（W）	最大允许值L/h_r		光通量（lm）
				A—A	B—B	
筒式荧光灯	YG1-1	81	1×40	1.62	1.22	2400
	YG2-1	88		1.46	1.28	2400
	YG2-2	97	2×40	1.33	1.28	2×2400
吸顶式荧光灯	YG6-2	86	2×40	1.48	1.22	2×2400
	YG6-3	86	3×40	1.5	1.26	3×2400
嵌入式荧光灯	YG15-2	63	2×40	1.25	1.20	2×2400
	YG15-3	45	3×40	1.07	1.05	3×2400

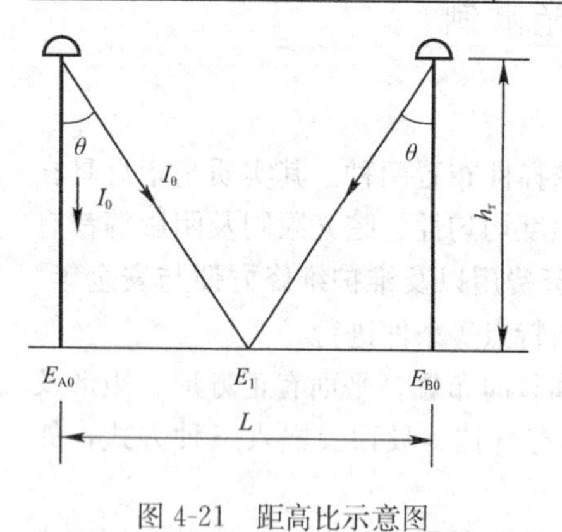

图4-21 距高比示意图

1. 距高比L/h_r

如图4-21所示，当相邻灯具中点照度值E_1与灯具正下方照度值E_0相等，即：

$$E_1 = \frac{E_{A0}}{2} + \frac{E_{B0}}{2} = E_0 \qquad (4\text{-}16)$$

则相邻灯具间距L与灯具悬挂高度h_r的比值，称为距高比。

2. 灯具距墙边距离

灯具与墙边距离与选用灯具形式有关，也与墙边是否有工作面有关，见表4-14。

灯具与墙边距离　　表4-14

最边行距墙	点光源	线光源
墙边有工作面	$s=(1/3)L$	$s=(1/3\sim1/4)L$
墙边无工作面	$s=(1/2)L$	$s=(1/2)L$

管形荧光灯室内布置有两种可能，光轴平行或垂直于室侧窗，如图4-22所示。

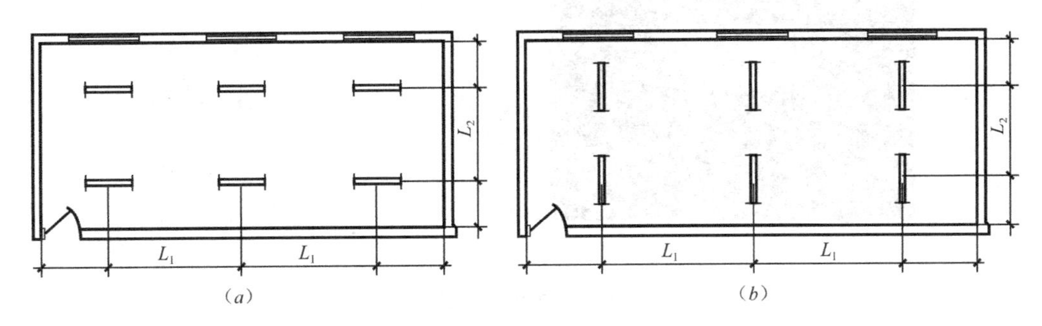

图4-22　荧光灯平面布置图

(a) 光轴平行于室侧窗；(b) 光轴垂直于室侧窗

3. 灯具布置间距计算

【例4-2】 设教师工作室选用灯具为YG2-1型，由表4-13查得，最大允许距高比1.46或1.28，灯具计算高度 $h_{rc}=2.05$m，墙边无工作面，矩形布置，求灯具按图4-22(a)布置时的间距。

解：

① 对图4-22(a)：　$L_1 \leqslant 1.46\times2.05=2.99$m　　$L_2 \leqslant 1.28\times2.05=2.62$m

② 墙边距：因工作室墙边无工作面，故取距墙边距离为灯间距的1/2，则：

长边墙间距为1.3m，短边墙间距为1.4m。

需要说明的是：为保证照明均匀度，布灯方案应使灯具距高比(L/h)不大于所选灯具所允许的最大距高比。对于管型荧光灯而言，应在灯具径向A-A及轴向B-B两个方向进行校验。如果满足不了上述条件，可通过调整布灯间距、悬挂高度、增减灯具、重新布置灯具或更换灯具等方式来解决。但需要注意的是：灯具悬挂高度增加，照度下降；悬挂高度降低，均匀度下降，眩光影响增加。

4.7.2　眩光限制

1. 眩光及其分类

(1) 眩光

眩光是指视野中由于不适宜亮度分布，或在空间或时间上存在极端的亮度对比，以致引起视觉不舒适和降低物体可见度的视觉条件。

(2) 分类

1) 按发生的环境分

① 室内眩光。

由于建筑物窗口设计不当，或建筑物内部空间由于使用灯具的质量，或者布局设计不合理导致存在的极端亮度对比，称为室内眩光，如图4-23(*a*)所示。

② 室外眩光。

室外眩光是指由于室外环境中，在视野范围内有亮度极高的物体，或者强烈的亮度对比导致的眩光，如图 4-23（*b*）所示。

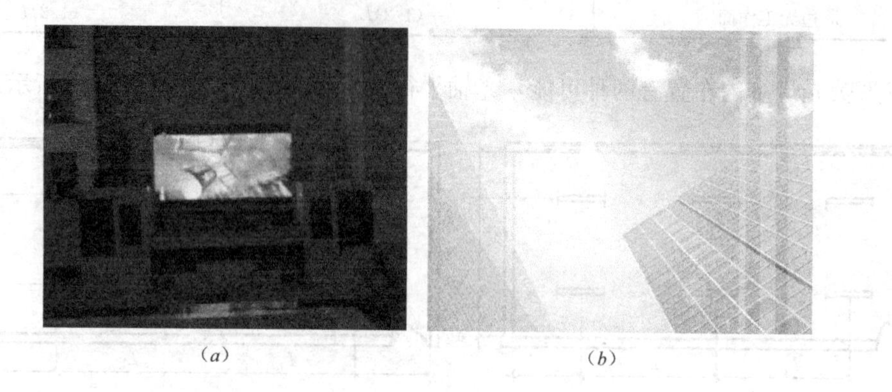

（*a*）　（*b*）

图 4-23　按环境分类图

（*a*）室内眩光；（*b*）室外眩光

2）按造成的后果分

① 失能眩光。

凡是降低人眼视力的眩光称为失能眩光，如图 4-24（*a*）所示。

② 不舒适眩光。

凡使人产生不快之感的眩光称为不舒适眩光，如图 4-24（*b*）所示。

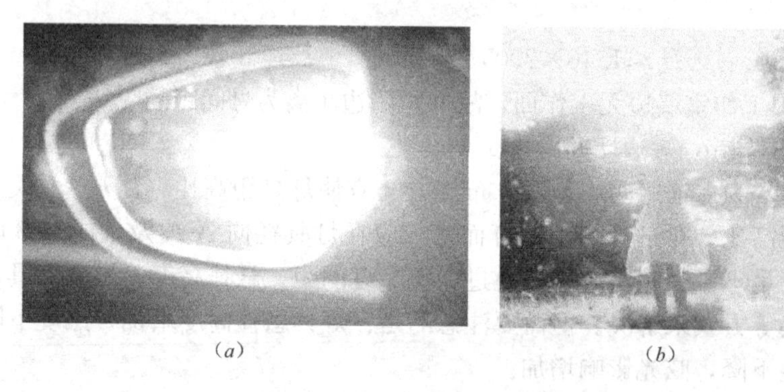

（*a*）　（*b*）

图 4-24　按造成的后果分类

（*a*）失能眩光；（*b*）不舒适眩光

3）按产生的方式分

① 直接眩光。

由视野中，特别是在靠近视线方向存在的高亮度光源直接进入人眼所引起的眩光，称为直接眩光，如图 4-25 中 a 点所示。

② 反射眩光。

光源通过光泽表面镜反射，呈现在作业区外的，称为反射眩光，如图 4-25 中 b 点所示。

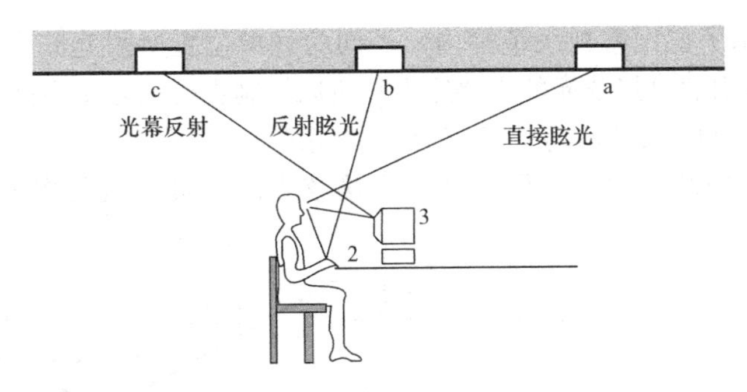

图 4-25　按产生的方式分类

③ 光幕反射。

在作业本身呈现的镜反射与漫反射重叠的现象称为光幕反射。光幕反射也称“光帷眩光”。如图 4-25 中 c 点所示。

2. 产生眩光的主要因素

光源的亮度（亮度越高，眩光越显著）；光源的位置（越接近视线，眩光越显著）；光源的外观大小与数量（表观面积越大，光源数目越多，眩光越显著）；周围的环境（环境亮度越暗，眼睛适应亮度越低，眩光也就越显著）。

3. 室内眩光限制

室内眩光限制应根据眩光成因采取相应措施。

（1）对室内直接眩光限制的主要方法

1）合理选择灯具遮光角

当灯具遮光角 α<45°时，一般来说不易感觉到眩光，只有在 α≥45°时才有可能感觉到眩光的存在，且眩光感觉程度会随着 α 角的增大而增加。为此，《建筑照明设计标准》GB 50034 中对直接型灯具的遮光角做出规定，以限制视野内光源或灯具的过高亮度或对比引起的直接眩光。

2）合理选择灯具的表面亮度

限制直接眩光最有效的措施是选用表面亮度较低，配光合理的光源或灯具，特别是有视觉显示终端的工作场所照明，应严格控制灯具眩光角在 45°～85°范围内的灯具亮度。为此，《建筑照明设计标准》GB 50034 中规定：有视觉显示终端的工作场所照明灯具中垂线以上≥65°高度角上的平均亮度值应符合规定。

3）合理选择灯具的悬挂高度

灯具的悬挂高度是指灯具出光口到地板的距离。眩光角与灯具的安装高度密切相关。当房间的长和宽一定时，灯具安装的越高，产生眩光的可能就越小。因为坐姿时，人眼正常的注意视线范围是平视上方 30°到下方 60°，如图 4-26 所示。

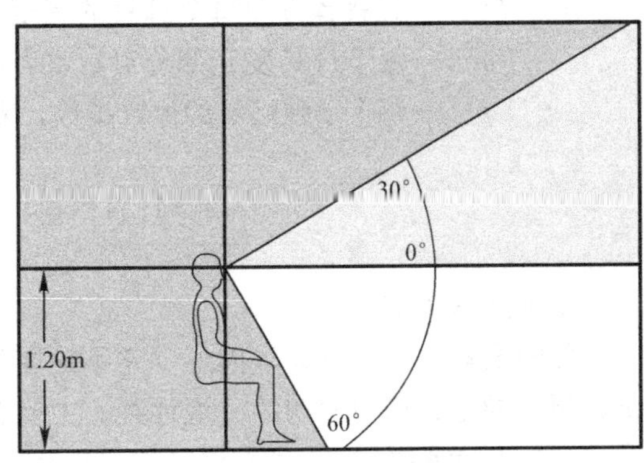

图 4-26　坐姿视野范围示意图

室内减少直接眩光的方法有多种，除了需要避免高亮度照明，还应该对灯具的位置和选型加以考虑，如：

① 图4-27表示了在正常视线范围内，不同的光源位置所引起眩光感的强弱。45°～85°方向内的光线是引起直接眩光的主要原因。所以控制直接眩光主要就是控制此方向内光线的强度，也就是限制灯具45°<γ<85°范围内的亮度。

② 调整灯具的安装位置，将可能产生直接眩光的灯具安装位置调整出眩光区，如图4-28所示。

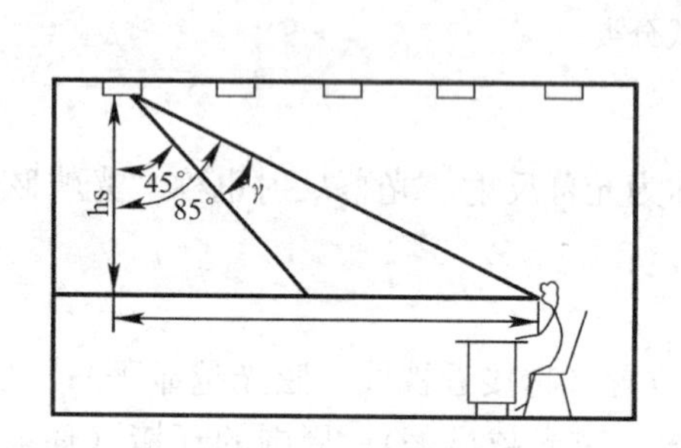

图4-27　直接眩光成因示意图

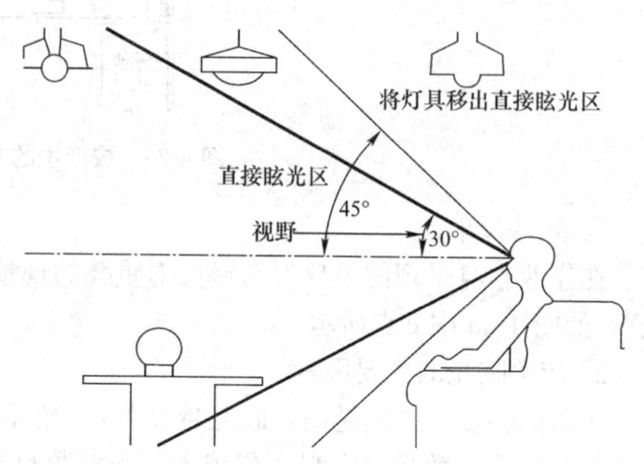

图4-28　调整灯具位置示意图

③ 加大房间的整体亮度；或少用通明的落地窗或玻璃幕墙；或窗外加装遮阳板；或工作台与窗户保持适当的角度等。

（2）对室内光幕眩光和反射眩光限制的方法

1）避免将灯具安装在干扰区内。

2）采用低光泽度的表面装饰材料。

3）限制灯具亮度。

4）照亮顶棚和墙表面，但避免出现光斑。

（3）室内照明眩光评价

目前室内工作场所照明，采用统一眩光值（*UGR*）做照明评价，计算公式为：

$$UGR = 8\log\frac{0.25}{L_b}\Sigma\frac{L_a^2\omega}{p^2} \tag{4-17}$$

式中　*UGR*——眩光指数；

L_b——背景亮度，cd/m²；

L_a——观察者方向每个灯具的亮度，cd/m²；

ω——每个灯具发光部分对观察者眼睛所形成的立体角，sr；

p——每个单独灯具的位置指数，需要时请查阅《建筑照明设计标准》GB 50034。

4.8　照明评价

1. 照明质量评价

照明质量评价包含诸多内容，它不是客观的照明条件，也不是一个可以量化的客观评价，更多的是人们对照明的主观评判。主要有以下几个方面：

（1）照度水平

照度水平的高低，对人的心理、生理状态影响很大。照度过低，环境昏暗，物体清晰度偏低；过高，可能引起眩光，浪费电能。因此，应选择符合国家经济发展水平，满足人体工况需求而正式颁布的照度标准作为设计依据。

（2）照度均匀度

照度均匀度是按工作面最小照度与其平均照度的比值衡量的，即：

$$\delta=\frac{E_{min}}{E_{av}} \tag{4-18}$$

式中　δ——照度均匀度；

E_{min}——工作面最小照度，lx；

E_{av}——工作面平均照度，lx。

《建筑照明设计标准》GB 50034 对此有明确规定，影响均匀度的主要因素是距高比。

（3）视觉舒适性

当视野内存在不同亮度时，人眼需要被动适应。如果亮度差别过大，就会造成眼睛疲劳，因此要求视野内的亮度尽量保持均匀，差别不宜过大。

亮度比过大的主要原因是由光源亮度引起，可以采取选择具有保护角的灯具、降低灯具表面亮度或调整距高比等方法解决。一般照明中工作面亮度比控制在 1.3 左右为宜。

（4）照明稳定性

影响照明稳定性的主要因素有两个：

1）光源与环境

为保证使用过程中照度不低于标准值，设计时就应考虑到光源老化、环境污染等因素对照明稳定性的影响。解决的办法是：在保证设计功率密度指标不突破的前提下，适当增加光源功率。

2）电源波动

对于 20Hz 以下低频引起的波动也是影响照明稳定性的因素之一。主要是光源附近有大功率设备频繁启动及照明与动力线路混用等因电压波动引起。解决办法是：照明与动力线路分设或者对照明线路增设调压器。

（5）频闪效应

由交流供电的气体放电灯，其光通量随电源频率变化，使人眼产生明显的闪烁感觉。其波动程度用波动深度来描述：

$$\delta'=\frac{E_{max}-E_{min}}{2E_{av}}\times 100\% \tag{4-19}$$

式中　δ'——光通量波动深度；

E_{max}——工作面最大照度，lx；

E_{min}——工作面最小照度，lx；

E_{av}——工作面平均照度，lx。

（6）限制眩光

主要从灯具悬挂高度、选用带保护角灯具、限制灯具反射面亮度等几个方面考虑。

（7）消除阴影

阴影是光线在物体背面产生的光照效果。解决的办法是采用漫射或扩散照明，以达到消除阴影的目的。

（8）光源显色性

要从以下几个方面考虑：

1）色温外观效果，见表 4-15。

光源色温的外观效果　　表 4-15

色温（K）	外观效果
<3300	暖
3300～5000	中间
>5000	冷

2）光色舒适性，见表 4-16。

光色舒适性　　表 4-16

照度范围	舒适性
较低照度	接近火焰的低色温光色
中等偏下	接近黎明或黄昏的色温略高的光色
较高照度	接近中午阳光或高色温的蓝天光色

3）显色性指标

不同环境对光源显色性要求，见《建筑照明设计标准》GB 50034。

2. 照明节能评价

照明节能效果通过以下两方面进行评价：

（1）主观评价

照明设计中的节能措施，通常有光源选型、灯具选配、配电、控制方式等几方面。

（2）客观评价

依据《建筑照明设计标准》GB 50034 中的功率密度值进行量化评价。

4.9　照明供配电设计

照明供配电设计是照明设计中不可或缺的重要组成部分。主要内容有：根据建筑对照明方式的不同需求，确定合理的照明供电电压和方式；计算分支线、支线和干线工作电流、选择导线型号、截面、敷设方式、选配管径、电压损失校验等；确定负荷相平衡分配、线路走向、照明控制范围、照明配电箱定位等；照明控制与保护电器选择；照明负荷计算，合理选择照明供电干线的导线、开关及结线形式等；绘制照明施工图、提出施工要求与标准、提供照明负荷数据、列出照明主要设备和材料清单等。

1. 照明供配电系统组成

照明装置的供配电系统是由电源、导线、控制和保护装置及照明装置共同组成，如图 4-29 所示，分为供电系统和配电系统两部分。

（1）供电系统

包括电源与主接线。

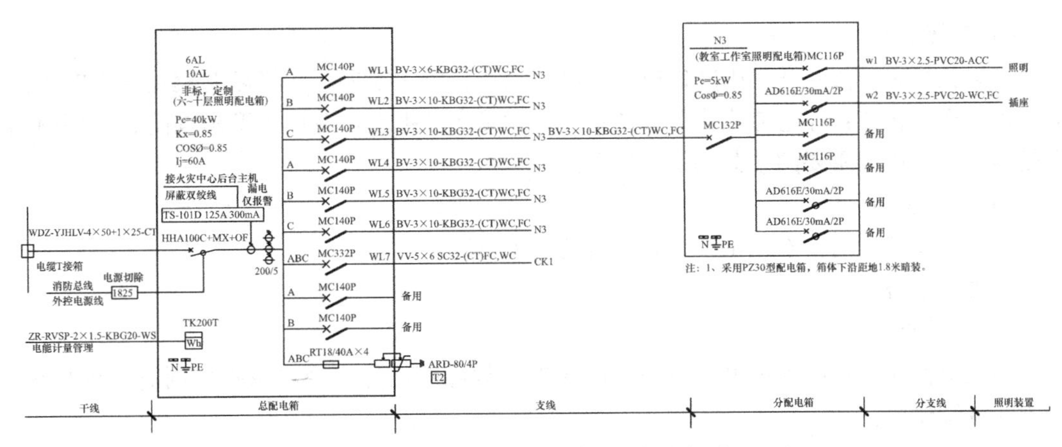

图 4-29　照明供配电系统组成示意图

（2）配电系统

由配电装置（配电箱或配电盘）、配电线路（支线与分支线）及照明装置组成。

根据《民用建筑电气设计规范》JGJ/T 16 中的规定：变压器二次侧至用电设备之间的低压配电级数不宜超过 3 级。图中干线直接接入变电所相应低压馈电柜。

2. 负荷容量与负荷分级

（1）负荷容量

负荷容量是指电气工程中用电设备设施需要的电能总和，有三种衡量标准：

1）设备容量，又称装机容量，是指工程中所有用电设备的额定功率的总和，是在向供电部门申请用电时必须提供的数据。

2）计算容量，是指在设备容量基础上通过负荷计算得出的容量。

3）装表容量，又称电度表容量，是指由市政电源直接供电的中小用户，在根据计算容量选择的计量用电度表下，所能使用的最大容量。

（2）负荷分级

《供配电系统设计规范》GB 50052 规定：电力负荷应根据对供电可靠性的要求及中断供电在对人身安全、经济损失上所造成的影响程度分为三个等级。

1）一级负荷

一级负荷定义为：一旦中断供电将造成人身伤害；将在经济上造成重大损失；或将影响重要用电单位正常工作的电力负荷。例如：停电造成重大的产品报废、设备损坏的，重要的交通、通信枢纽，信息中心，国宾馆、大型体育建筑、经常用作国际活动的大量人员集中的公共场所的重要电力负荷等。

《民用建筑电气设计规范》JGJ/T 16 规定：国家级政府办公建筑的主要办公室、会议室；电视台、广播电台直接播出的电视演播厅、中心机房；特、甲等剧场的舞台照明、电声设备；一、二级旅馆的宴会厅、餐厅、高级客房；科研院所、高等院校重要实验室电源；县级以上医院急诊部、手术部、婴儿室；一类高层建筑消防水泵、防排烟设施、走道照明、客梯电力、变频调速（恒压供水）生活水泵电力等属于一级负荷。

在一级负荷中，当中断供电将造成人员重大伤亡或重大设备损坏或发生中毒、爆炸和火灾等情况的负荷，以及特别重要场所的不允许中断供电的负荷，应视为一级负荷中特别重要的负荷。

2）二级负荷

二级负荷定义为：一旦中断供电将在经济上造成较大损失；或将影响较重要用电单位的正常工作。例如：停电造成主要设备损坏、大量产品报废，造成大型影剧院、大型商场等较多人员集中的重要的公共场所秩序混乱等。

3）三级负荷

三级负荷定义为：不属于一级和二级的电力负荷。

3. 供电要求

（1）一级负荷

一级负荷应由双电源供电，当一个电源发生故障时，另一个电源不应同时受到损坏，以维持继续供电。

考虑到电力网的实际情况，在发生故障时，还是有可能会引起全部进线电源同时失电而造成停电事故。因此，一级负荷中特别重要的负荷，除了由电力网提供的两个电源供电外，还应增设应急电源，并且严禁将其他负荷接入应急供电系统，以保证其供电的可靠性。

应急电源定义为：用作应急供电系统组成部分的电源。即：为处理突发事件或紧急情况而提供的专用电源。可作为应急电源使用的有：蓄电池、干电池、独立于正常电源的发电机组、供电网络中独立于正常电源的专用馈电线路等。

（2）二级负荷

宜由两回路供电。在负荷较小或地区供电条件困难时，二级负荷可由一回路 6kV 及以上电压等级的专用架空线路供电。

若采用两路电缆供电时，每一路电缆应能承受 100%二级负荷。

4. 电压等级选择

根据前述负荷距的相关概念，不同负荷等级的建筑，应合理选择供电电压等级。

4.10 线缆知识

线缆是电线电缆的简称。电线，学名导线，是指由单一导体制成，用于电气工程的线材。电缆是指由两根以上相互绝缘并置于密闭绝缘保护层中的导线组成。线缆主要用于电路中相邻电器件的连接，或电能或电信号的传输、分配、控制与转换。线缆主要形式如图 4-30 所示。

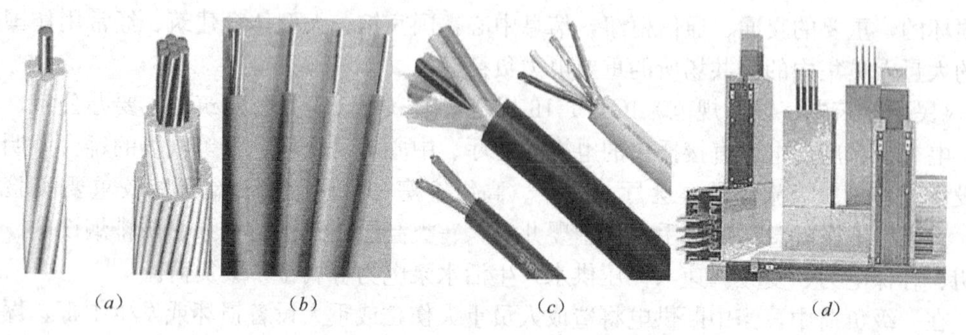

图 4-30　各类线缆主要形式

（*a*）裸导线；（*b*）绝缘导线；（*c*）绝缘电缆；（*d*）硬质母线

4.10.1 线缆分类

电气工程中的线缆有多种形式与型号，分类的方法也很多。根据用途，主要分为五大类：

1. 裸导线及制品

特点：无绝缘、无护套。有铜线、铁线、钢绞线、钢芯铝线等，主要用于电力系统主线的传输与保护。

2. 电磁线

特点：有漆包、纱包等，主要用于各类电磁线圈的绕制。

3. 电力电缆

特点：外绝缘或间有护套。有聚乙烯、交联等，主要用于系统干线电力传输。

4. 电气装备用线缆

特点：外绝缘、规格品种多，应用广泛。有塑料绝缘线、控制电缆等，主要用于系统支线的连接传输与控制等。

5. 弱电线缆

特点：根据不同行业性质特点，特制专用。主要用于弱电信号的获取、传输、处理、存储、显示及应用。

4.10.2 选择导线型号、截面、敷设方式、管径选配

1. 导线型号选择

导线型号反映导线的导体材料和绝缘方式。建筑电气中的各种电气工程所涉及的导线类型主要有：铜母线、钢母线、裸导线、绝缘线缆几大类。其中：

(1) 铜母线

作为汇流排多用于高低压配电柜（箱、盘、屏）中。

(2) 钢母线

多作为系统工作接地或避雷接地的汇流排。

(3) 裸导线

裸导线主要用于适于采用空气绝缘的室外远距离架空敷设。

(4) 绝缘线缆

绝缘线缆主要用于不适于采用空气绝缘的用电环境或场合。

此外，还应同时满足建筑防火规范要求：若为一般用电系统，只需满足非火灾条件下的使用，其导线型号则可按一般要求选择普通线缆；而对于有防火要求或消防用电设备的供电线路，除必须满足消防设备在火灾时的连续供电时间，保证线路的可靠性及系统正常运行外，还须考虑线缆的火灾危险性，避免因短路、过载而成为新火源；还须考虑在外火的作用下应不助长火灾蔓延，且能有效降低有机绝缘层分解的有害气体，避免产生“二次灾害”。因此，导线型号可根据实际情况，在具有不同防火特性的阻燃线缆、耐火线缆、无卤低烟线缆或矿物绝缘电缆中进行选择。

(5) 导线型号

常规的电气装备用电线电缆及电力电缆的型号组成、顺序及其含义如下：

类别-用途代号-导体材料-绝缘层代号-护层代号-屏蔽-特征代号-铠装层代号-外护层代号-派生代号

其各项含义是：

1）类别

ZA—本安；ZR—阻燃型；NH—耐火型；ZA—A 级阻燃；ZB—B 级阻燃；ZC—C 级阻燃；W—无卤型；D—低烟。

2）用途代号

A—安装线；B—绝缘线；C—船用电缆；K—控制电缆；N—农用电缆；R—软线；U—矿用电缆；Y—移动电缆；JK—绝缘架空电缆；M—煤矿用；DJ—计算机。

3）导体代号

T—铜导线（略）；L—铝芯；G—钢芯。

4）绝缘层代号

V—PVC 聚氯乙烯绝缘；YJ—XLPE 交联聚氯乙烯绝缘；X—天然丁苯胶混合物绝缘橡皮；Y—聚乙烯绝缘；F46—聚四氟乙烯绝缘；G—硅橡胶绝缘；YY—乙烯—乙酸乙烯橡皮混合物绝缘。

5）护层代号

F—氯丁胶混合物护套；V—PVC 套；Y—聚乙烯料；N—尼龙护套；L—棉纱编织涂蜡克；Q—铅包。

6）屏蔽代号

P—铜网屏蔽、P1—铜丝缠绕、P2—铜带屏蔽、P3—铝塑复合带屏蔽。

7）特征代号

B—扁平型；R—柔软；C—重型；Q—轻型；G—高压；H—电焊机用；S—双绞型；T—电梯用；W—具有耐户外气候性能；Z—中型；J—绞制。

8）铠装层代号

2—双钢带；3—细圆钢丝；4—粗圆钢丝；5—皱纹、轧纹钢带；6—双铝或铝合金带；7—铜丝编织。

9）外护层代号

1—纤维层；2—PVC 套；3—PE 套。

10）派生代号

TH—湿热地区用；FY—防白蚁。

如：

BV—铜芯聚氯乙烯绝缘线。

BVVB—铜芯聚氯乙烯绝缘聚氯乙烯护套平行线。

KVV22—铜芯聚氯乙烯绝缘、钢带铠装聚氯乙烯护套控制电缆。

YJY22—铜芯交联聚乙烯绝缘、钢带铠装聚乙烯护套电力电缆。

KVVP2—铜芯聚氯乙烯绝缘聚氯乙烯护套铜带屏蔽控制电缆。

NH—VV22—铜芯聚氯乙烯绝缘、钢带铠装聚氯乙烯护套耐火电力电缆。

DDZC—VV—低烟低卤阻燃铜芯聚氯乙烯绝缘、聚氯乙烯护套电力电缆。

ZR—KVV2—铜芯阻燃聚氯乙烯绝缘铜带铠装聚氯乙烯护套控制电缆。

WDZA—YJY—低烟无卤铜芯交联聚乙烯绝缘、聚乙烯护套电力电缆。

2. 导线截面选择

导线截面选择是导线选择的主要内容，直接影响着技术经济效果。在高压系统中，导线选择主要是指相线截面选择；而在低压系统中，主要是指相线、中性线（N）、保护线（PE）和保护中性线（PEN）的截面选择。

（1）按允许载流量条件选择

也称按发热条件选择。是指在正常情况下通过最大负荷电流（即工作电流）时，其发热不应超过正常运行时的最高允许温度，以防止因过热而引起绝缘损坏或加速老化。因为，电流通过时要产生电能损耗，使导线发热。若为绝缘线缆，其温度过高，可使绝缘损坏，甚至引起火灾。若为裸导线，其温度过高，会使接头处氧化，增大接触电阻；电阻增大又会促使温度进一步升高，加剧接头处的氧化，如此恶性循环，有可能发生断线，造成停电的严重事故。因此，按允许载流量条件选择截面，就是要求计算电流不超过线缆正常运行时的允许载流量，并按允许电压损失条件进行校验。

即：

$$I_{al} \geqslant I_{\Sigma C} = \frac{S_{\Sigma C}}{KU_N} = \frac{P_{\Sigma C}}{KU_N \cos\varphi} \tag{4-20}$$

考虑设备运行实际状况，上式可改写为：

$$I_{\Sigma C} = \frac{K_N S_{\Sigma C}}{KU_N} = \frac{K_N P_{\Sigma C}}{KU_N \cos\varphi} \tag{4-21}$$

式中　I_{al}——不同截面导线长期允许通过的载流量，A；

$I_{\Sigma C}$——根据计算负荷得出的计算总电流，A；

$S_{\Sigma C}$——视在计算容量总和，VA；

$P_{\Sigma C}$——待选导线上的计算有功功率总和，W；

$\cos\varphi$——线路平均功率因数，$\cos\varphi < 1$；

K——电源系数（三相时，$K=\sqrt{3}$；单相时，$K=1$）；

U_N——线路额定电压（三相时为额定线电压；单相时为额定相电压），V；

K_N——设备同期系数。

由于允许载流量 I_{al} 与环境温度有关，所以选择时要注意导线安装地点的环境温度以及敷设条件。

1）硬质母线

常用的硬质母线材料，以铜、铁为主，截面有矩形、槽形、管形等。

矩形母线散热条件好，易于安装与连接，但集肤效应系数大，主要用于电流不超过4000A 的线路中；槽形母线通常是双槽形一起用，载流量大，集肤效应小，用于电压等级不超过 35kV，电流在 4000～8000A 的回路中；管形母线的集肤效应最小、机械强度最大，还可以采用管内通水或通风的冷却措施，用于电流超过 8000A 的线路中。室外母线多采用钢芯铝绞线或单芯圆铜线，室内以铜或铁质矩形母线为主。室内母线布置主要有三相水平布置，母线竖放；三相水平布置，母线平放；三相垂直布置，母线平放等形式，如图 4-31 所示。

母线按允许载流量条件选择，须保证母线正常工作时的温度不超过允许温度。即：要求

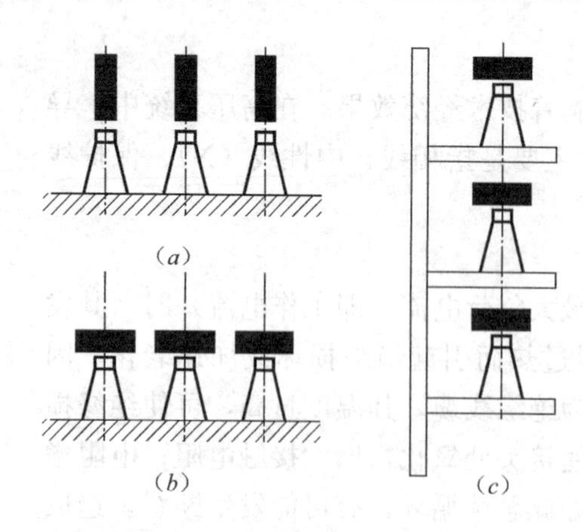

图 4-31　室内母线布置示意图
(a) 三相水平布置母线竖放；(b) 三相水平布置母线平放；(c) 三相垂直布置母线平放

母线允许载流量大于等于线路最大计算工作电流。

$$I_{al} \geqslant I_{\Sigma C} \tag{4-22}$$

式中　I_{al}——导线长期允许通过的载流量，A 或 kA；

$I_{\Sigma C}$——根据计算负荷得出的计算电流总和，A 或 kA。

此方法主要适用于发电厂的主母线、引下线、配电装置汇流母线、较短导体以及持续电流较小，年利用小时数较低的其他回路的导线。

母线实际允许载流量与导线材料、结构和截面大小有关，与周围环境温度及母线的布置方式有关。周围环境温度越高，导线允许电流越小。当实际周围环境温度与母线额定的环境温度不同时，需要对母线的允许载流量进行修正。非规定环境温度时，导线实际允许载流量 I'_{al}：

$$I'_{al} = kI_{al} \tag{4-23}$$

式中　I'_{al}——导线实际允许电流，A 或 kA；

k——不同环境温度时的载流量校正系数；

I_{al}——额定环境温度下导线允许载流量，A 或 kA。

校正系数 k：

$$k = \sqrt{\frac{t_1 - t_0}{t_1 - t_2}} \tag{4-24}$$

式中　t_1——导线额定负荷时的最高允许温度，见表 4-17；

t_0——敷设处的环境温度；

t_2——额定环境温度，40℃。

导体材料最高允许温度（t_1）和热稳定系数 C　　表 4-17

导体种类及材料			最高允许温度（t_1）（℃）		热稳定系数 C
			额定负荷时	短路时	
母线	铜		70	300	171
	铜（接触面有锡层时）		85	200	164
油浸纸绝缘电缆	铜芯	1～3kV	80	250	148
		6kV	65	220	145
		10kV	60	220	148
橡皮绝缘导线和电缆		铜芯	65	150	112
聚氯乙烯绝缘导线和电缆		铜芯	65	130	100
交联聚乙烯绝缘电缆		铜芯	80	230	140
有中间接头的电缆（不包括聚氯乙烯绝缘电缆）		铜芯	—	150	—

2）电缆

电缆按最大长期工作电流选择，其长期允许通过的电流 I_{al}，应不小于所在回路根据计算负荷得出的计算电流总和 $I_{\Sigma C}$，即：

$$KI_{al} \geqslant I_{\Sigma C} \tag{4-25}$$

式中　I_{al}——相对于电缆允许温度和标准环境条件下导体长期允许通过的载流量，A 或 kA；

K——为不同敷设条件下的综合校正系数，其中包括空气中单根敷设、空气中多根敷设、空气中穿管、土壤中单根敷设、土壤中多根敷设等综合系数等，需用时可查阅《民用建筑电气设计手册》；

$I_{\Sigma C}$——根据计算负荷得出的计算电流总和，A 或 kA。

3）绝缘导线

绝缘导线截面的选择，分为相线截面、中性线（N 线）、保护线（PE 线）和保护中性线（PEN 线）截面选择。

① 相线截面选择

相线截面安全载流量，与相线敷设方式有关。穿管暗敷设时，还与穿线管材质有关。因此，相线允许载流量是指相线在给定条件下，长期工作所允许的安全载流量。选择时，查表 4-18。

聚氯乙烯绝缘导线安全载流量（A）$t_1=70℃$　　　　**表 4-18**

敷设方式		每管四线靠墙							每管五线靠墙			直接在空气中敷设（明敷）			
线芯截面（mm²）		环境温度				管径			管径			明敷环境温度			
		25℃	30℃	35℃	40℃	SC	MC	PC	SC	MC	PC	25℃	30℃	35℃	40℃
BY 0.45/0.75kV	1.0					15	16	16	15	16	16	20	19	18	17
	1.5	15	14	13	12	15	16	16	15	19	20	25	24	23	21
	2.5	20	19	18	17	15	19	20	15	19	20	34	32	30	28
	4	27	25	24	22	20	25	20	20	25	25	45	42	40	37
	6	34	32	30	28	20	25	25	20	25	25	53	55	52	48
	10	48	45	42	39	25	32	32	32	38	32	80	75	71	65
	16	65	61	75	53	32	38	32	32	38	32	111	105	99	91
	25	85	80	75	70	32	(51)	40	40	51	40	155	146	137	127
	35	105	99	93	86	50	(51)	50	50	(51)	50	192	181	170	157
	50	128	121	114	105	50	(51)	63	50		63	232	219	206	191
	70	163	154	145	134	65		63	65			298	281	264	244
	95	197	186	175	162	65		63	80			361	341	321	297
	120	228	215	202	187	65			80			420	396	372	345
	150	(261	240	232	215)	80			100			483	456	429	397
	185	(296	279	262	243)	100			100			552	521	490	453
	240										652	615	578	535	

需要说明的是：按发热条件选择的导线和电缆的截面，还应该与其保护装置（熔断器、自动空气开关）的额定电流相适应，其截面不得小于保护装置所能保护的最小截面，即：

$$I_{al} \geqslant I_E \geqslant I_{\Sigma C} \tag{4-26}$$

式中 I_{al}——导线、电缆在允许温度和标准环境条件下，长期允许通过的工作电流，A 或 kA；

I_E——保护设备的额定电流，A 或 kA；

$I_{\Sigma C}$——根据计算负荷得出的计算电流总和，A 或 kA。

② 中性线（N 线）、保护线（PE 线）和保护中性线（PEN 线）截面选择

工程中，常采用下述方法选择中性线（N 线）、保护线（PE 线）和保护中性线（PEN 线）。

A. 中性线（N 线）截面选择

三相四线制系统中的中性线 N，要通过系统的不平衡电流和零序电流，因此中性线的允许载流量，不应小于三相系统的最大不平衡电流，同时应考虑谐波电流的影响。

一般三相四线制系统中的中性线截面 A_N，应大于等于相线截面 A_l 的 50%，即：

$$A_N \geqslant 0.5A_l \tag{4-27}$$

由三相四线制线路引出的两相三线或单相线路，由于其中性线电流与相线电流相等，因此它们的中性线截面 A_N 应与相线截面 A_l 相等，即：

$$A_N = A_l \tag{4-28}$$

对于三次谐波电流相当突出的三相四线制线路，由于各相的三次谐波电流都要通过中性线，使得中性线电流可能接近甚至超过相电流，因此这种情况下，中性线截面 A_N 宜大于等于相线截面 A_l，即：

$$A_N \geqslant A_l \tag{4-29}$$

B. 保护线（PE 线）截面选择

保护线（PE 线）截面选择，要考虑三相系统发生单相短路故障时，单相短路电流通过时的短路热稳定度。根据短路热稳定度的要求，保护线（PE 线）截面 A_{PE} 见表 4-19。

N、PE、PEN 线按热稳定要求的导线最小截面（mm^2） 表 4-19

相线的截面积 A_l	相应保护导体的最小截面积 A_{PE}
$A_l \leqslant 16$	A_l
$16 < A_l \leqslant 35$	16
$35 < A_l \leqslant 400$	$A_l/2$
$400 < A_l \leqslant 800$	200
$A_l > 800$	$A_l/2$

注：A_l 指配电柜（屏、台、箱、盘）电源进线相线截面积，且两者（A_l 与 A_N 及 A_{PE}）材质相同。

C. 保护中性线（PEN 线）截面的选择

保护中性线兼有保护线和中性线的双重功能。因此，其截面选择应同时满足保护线和中性线的要求，取其中的最大值。

需要说明的是：

变压器低压中性线 N、低压开关柜中性线 N 及保护线 PE 的截面不小于其相线截面的 50%。

照明箱、动力箱进线的 N、PE、PEN 线的最小截面应不小于 $6mm^2$。

三相四线制系统中，配电线路有下列情形之一时，其 N、PE、PEN 线的最小截面应不小于相线截面：以气体放电光源为主的配电线路；单相配电线路；可控硅调光回路；计

算机电源回路等。

配电干线中 PEN 线的截面按机械强度要求，选用五芯电缆时最小为 4mm²；若无此种电缆，也可采用多芯电缆线芯，最小截面也为 4mm²；若采用绝缘导线，截面不应小于 10mm²。

PE 线若是用配电线缆或电缆金属外壳时，按机械强度要求，截面不受限制。若是用绝缘导线或裸导线而不是配电电缆或电缆金属外壳时，按机械强度要求，截面不应小于下列数值：有机械保护（敷设在套管、线槽等外护物内）时为 2.5mm²；无机械保护（敷设在绝缘子、瓷夹板上）时为 4mm²。

采用可控硅调光控制的舞台照明线路宜采用单相配电；当采用三相配电时，宜每相分别配置中性线；当共用中性线时，中性线截面不应小于相线截面的 2 倍。

（2）按经济电流密度条件选择

经济电流密度是指年运行费用最小的电流密度。按经济电流密度选择线缆截面，可以减少电网投资和年运行费用。

按经济电流密度选择导线截面，计算公式为：

$$A_E = \frac{I_{\Sigma C}}{\delta_{NC}} \tag{4-30}$$

式中　A_E——经济截面，mm²；

$I_{\Sigma C}$——根据计算负荷得出的计算总电流，A；

δ_{NC}——经济电流密度，A/mm²，见表 4-20。

我国线缆的经济电流密度 δ_{NC}（A/mm²）　　**表 4-20**

线路形式	导线材料	年最大负荷利用小时（h）		
		3000 以下	3000～5000	5000 以上
架空线路	铝	1.65	1.15	0.90
	铜	3.0	2.25	1.75
电缆线路	铜	2.5	2.25	2.00

此法适用于高压输配电线路。因为高压输配电线路传输距离远、容量大、运行时间长、年运行费用高，按经济电流密度计算法选择线缆截面，可保证年运行费用最低，但所选导线截面一般偏大。

1）母线

此方法用于年利用小时数高且导体长度 20m 以上，负荷电流大的回路。计算时先求得 $I_{\Sigma C}$，根据表 4-20 查得经济电流密度后，再求导线截面并标准化。

2）电缆

按经济电流密度选择电缆截面的方法与按经济电流密度选择母线截面的方法相同。

按经济电流密度选出的电缆，还应决定经济合理的电缆根数，截面 $A_E \leqslant 150\text{mm}^2$ 时，其经济根数为一根；截面 $A_E > 150\text{mm}^2$ 时，其经济根数可按 $A_E/150$ 决定。例如：计算出 $A_{E\Sigma C}$ 为 200mm²，选择两根截面为 120mm² 的电缆为宜。

为了不损伤电缆的绝缘和保护层，电缆弯曲半径不应小于一定值（如：三芯纸绝缘电缆的弯曲半径不应小于电缆外径的 15 倍）。为此，一般避免采用芯线截面大于 185mm² 的电缆。

（3）按机械强度条件选择

按机械强度条件选择导线截面，其目的是保证导线在安装或运行中必须有足够的机械强度和柔软性。安装时，若机械强度小则易断。如暗敷设时，线缆要穿过固定在墙内的管道；若机械强度不足，不能承受人的抻拉力，穿线过程中就可能造成芯线折断；架空敷设时，若过细，机械强度太小，有可能在一定的杆塔跨距之下，如遇自然界风、雨、冰、雪等灾害加之自重作用，将会导致线缆断裂、中断供电的严重事故。因此，为保证安全起见，导线必须有一定的机械强度，以满足机械强度对导线最小截面的要求。

绝缘导线按机械强度选择导线的最小允许截面，见表4-21；架空敷设的裸导线按机械强度选择导线的最小允许截面，见表4-22。

按机械强度要求确定的绝缘导线最小截面（mm^2）　　**表4-21**

用途			最小截面	
			铜芯软线	铜芯线
照明灯头线	民用建筑　室内		0.4	0.5
	工业建筑	室内	0.5	0.8
		室外	1.0	1.0
移动、便携式设备	生活用		0.2	—
	生产用		1.0	—
架设在绝缘支持件上的绝缘导线，其支持点的间距	1m以下	室内	—	1.0
		室外	—	1.5
	2m及以下	室内	—	1.0
		室外	—	1.5
	6m及以下		—	2.5
	12m及以下		—	4.0
	12～25m		—	6.0
	穿管敷设		1.0	1.0
塑料绝缘线	线槽明敷		—	0.75
聚氯乙烯绝缘聚氯乙烯护套线	钢精轧头固定		—	1.0

按机械强度要求确定的架空敷设裸导线最小截面（mm^2）　　**表4-22**

架空线路电压等级	钢芯铝绞线	铜线
35/kV	25	—
6～10/kV	25	16
1kV以下	16	6

（4）按允许电压损失条件选择

为保证用电设备的安全运行，必须使设备接线端子处的电压在允许值范围内。因导线电阻的存在，势必在线路全程产生一定的线路压降。因此，对设备端电压质量有要求时，应按电压损失选择相应线缆截面，并按允许载流量（发热条件）校验。

1）电压损失表示方法和允许值

由于导线中存在阻抗，所以在负荷电流流过时，导线上就会产生压降。把始端电压 U_1 和末端电压 U_2 的差值与额定电压比值的百分数定义为该线路的电压损失（也称电压变化率），用 ΔU 表示。即：

$$\Delta U=\frac{U_1-U_2}{U_N}\times 100\% \tag{4-31}$$

式中　ΔU——电压损失；

U_1——线路始端电压，V 或 kV；

U_2——线路末端电压，V 或 kV；

U_N——线路额定电压，V 或 kV。

为保证线路及用电设备正常工作，部分线路及用电设备端子处电压损失的允许值，见表 4-23。

部分线路及用电设备端子处的 ΔU 允许值　　　　表 4-23

用电设备及其环境		ΔU 允许值	备注
35kV 及以上用户		≯10%	正负偏差绝对值之和
10kV 用户		±7%	系统额定电压
380V 用户		±7%	
220V 用户		+7%～−10%	
电动机		±5%	
照明	一般场所	±5%	
	要求较高的室内场所	+5%～−2.5%	
	远离变电所面积较小的一般场所，难以满足上述要求时	−10%	
其他用电设备		±5%	无特殊要求时
单位自用电网		±6%	
临时供电线路		±8%	

低压交流线路中的电压损失 ΔU 主要是由电阻和电抗引起的：低压线路由于距离短，线路电阻值要比电抗值大得多。所以，一般忽略电抗，认为低压线路电压损失仅与线路电阻和传输功率有关，与有功负荷成正比，与线路长度成正比，与导线截面成反比。即：

$$\Delta U=\frac{P_{\Sigma C}L}{C\times A_1\times 100} \tag{4-32}$$

式中　ΔU——电压损失；

$P_{\Sigma C}$——待选导线上的计算有功功率总和，kW；

L——导线单程长度，m；

A_1——导线截面，mm^2；

C——电压损失计算常数，见表 4-24。

线路电压损失计算常数 C 值 表 4-24

线路系统及电流种类	C 值表达式	额定电压（V）	C 值
			铜线
三相四线系统	$U_N^2 \times 100/\rho$	380/220	77
单相交流或直流	$U_N^2 \times 100/2\rho$	220	12.8
		110	3.2
		36	0.34
		24	0.153
		12	0.038

注：ρ 为导体材料电阻率。

2）不同负载下的导线截面计算

① 纯电阻负载时，导线截面选择计算公式为：

$$A_l = \frac{K_N M}{C \times \Delta U \times 100} = \frac{K_N P_{\Sigma C} L}{C \times \Delta U \times 100} \tag{4-33}$$

式中 K_N——需要系数，主要是考虑设备同期开启、使用或满载情况，以及电机自身效率等因素，$K_N \leqslant 1$；

M——负荷距，kW·m。

② 有感性负载时，导线截面选择计算公式为：

$$A_l = \frac{BM}{C \times \Delta U \times 100} = \frac{BP_{\Sigma C} L}{C \times \Delta U \times 100} \tag{4-34}$$

式中 B——校正系数，见表 4-25。

感性负载电压损失校正系数 B 值 表 4-25

不同类型的导线和敷设方式		铜或铝导线明设					电缆明设或埋地，导线穿管					裸铜线架设		
负荷的功率因数		0.9	0.85	0.8	0.75	0.7	0.9	0.85	0.8	0.75	0.7	0.9	0.8	0.7
导线截面（mm²）	6												1.10	1.12
	10											1.10	1.14	1.20
	16	1.10	1.12	1.14	1.16	1.19						1.13	1.21	1.28
	25	1.13	1.17	1.20	1.25	1.28						1.21	1.32	1.44
	35	1.19	1.25	1.30	1.35	1.40						1.27	1.43	1.58
	50	1.27	1.35	1.42	1.50	1.58	1.10	1.11	1.13	1.15	1.17	1.37	1.57	1.78
	70	1.35	1.45	1.54	1.64	1.74	1.11	1.15	1.17	1.20	1.24	1.48	1.76	2.00
	95	1.50	1.65	1.80	1.95	2.00	1.15	1.20	1.24	1.28	1.32			
	120	1.60	1.80	2.00	2.10	2.30	1.19	1.25	1.30	1.35	1.40			
	150	1.75	2.00	2.20	2.40	2.60	1.24	1.30	1.37	1.44	1.50			

为保证线路电压损失不超过允许值，须对线路导线截面进行计算，若电压损失超过了允许值，则应加大导线截面，以满足其要求。

3）电缆

对于电缆，此法用于电压损失校验。

正常运行时，电缆的电压损失应不大于额定电压的 5%，即：

$$\Delta U = \sqrt{3}\,\frac{I_{max}\rho L}{U_N \times A_l} \times 100\% \leqslant 5\% \tag{4-35}$$

式中　ΔU——电缆的电压损失；

I_{max}——电缆最大工作电流，A 或 kA；

ρ——电缆导体的电阻率，铜芯 $\rho=0.0206\Omega mm^2/m$（50℃）；

L——电缆长度，m；

U_N——电缆所在线路工作电压，V 或 kV；

A_l——电缆相线截面，mm^2。

4）绝缘导线

绝缘导线也用此式做电压损失校验，方法与电缆校验类似，仅限值不同。

3. 导线敷设方式选择

电气工程中，线缆敷设是实现电能安全传输、安全应用的重要环节。所谓敷设就是指确定线缆走向，并放线、护线、固线的全过程，俗称布线。建筑电气中的线缆敷设方式与作业现场的环境条件、防火要求等密切相关。线缆敷设方式分为明敷设与暗敷设两种。

（1）明敷设方式

指由于线缆敷设环境条件或要求或为日后维护维修提供方便等诸多因素所限，使得线缆走向、固线方式及其所用主辅材料等工程信息，可以直观获取的敷设方式。

明敷设方式又根据作业现场条件有架空敷设和室内线槽（管）敷设等多种形式。如图 4-32 所示。

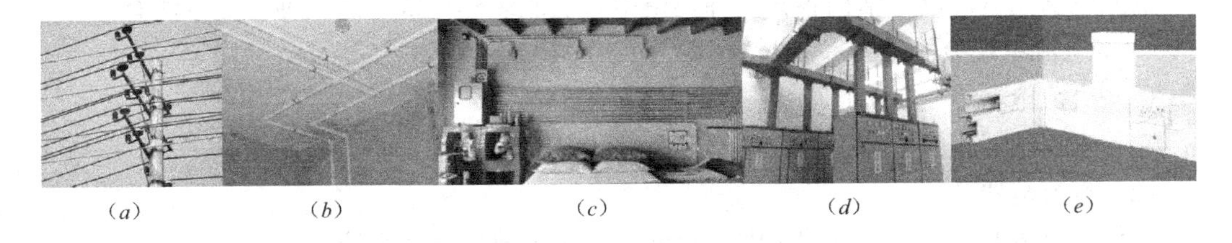

(a)　(b)　(c)　(d)　(e)

图 4-32　各式明敷设

(a) 室外架空明敷；(b) 室内塑管明敷；(c) 室内金属管明敷；(d) 室内桥架明敷；(e) 室内线槽明敷

（2）暗敷设方式

与明敷设方式相对应，暗敷设指由于线缆敷设环境条件或要求或为建筑内外环境美观整洁起见，使得线缆走向、固线方式及其所用主辅材料等工程信息，不能直观获取的敷设方式。俗称布暗线或隐蔽工程。

暗敷设方式有直接敷设（直埋）和间接敷设之分。直接敷设大多针对具有外防护装置的铠装电缆，在正常使用后无需更换的前提下，直接埋于地下；间接敷设是指无外防护装置的线缆人为附加防护装置后的敷设方式，目的一是保护线缆；二是为以后的扩容换线提供方便。主要有穿管暗埋敷设、排管敷设、电缆沟敷设、电气井道敷设、吊顶内敷设等形式，如图 4-33 所示。

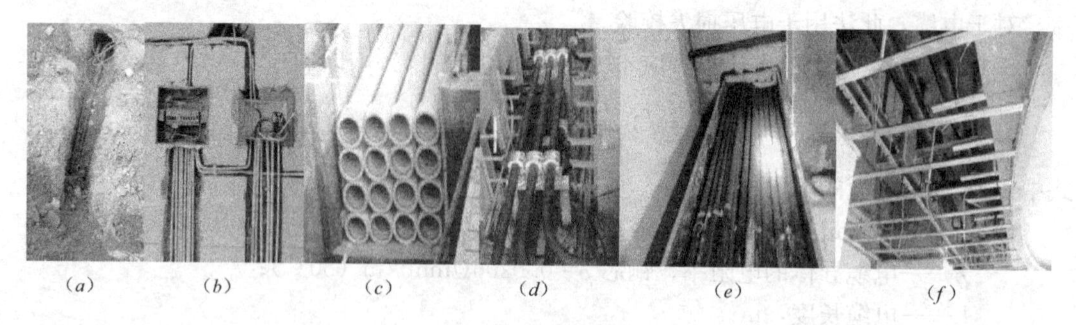

(a)　(b)　(c)　(d)　(e)　(f)

图 4-33　各式暗敷设

(a) 电缆直埋；(b) 穿管暗敷；(c) 排管暗敷；(d) 电缆沟暗敷；(e) 电气井道敷设；(f) 吊顶内敷设

4. 管径选配

照明导线穿管敷设时，同类导线穿管根数不得超过 8 根；3 根以上线缆穿同一根导管敷设时，线缆总的外横截面积不得超过导管内横截面积的 40%；2 根线缆时，导管内径不应小于 2 根导线外径之和的 1.35 倍。同理，线槽配线也有要求，必要时请查阅相关手册。

4.11　低压电器

低压电器，又称低压开关电器，是指根据使用要求及控制信号，通过一个或多个器件组合，能手动或自动分合交流电压 1000V、直流电压 1500V 以下的电路，用以改变电路状态或参数，实现电量与非电量之间的转换、控制、保护、调节、检测等功能的器件或装置。

4.11.1　低压电器分类

低压电器用途广泛，结构各异，种类繁多，功能多样。常见的几种分类方法有：

1. 按电流制式分类

(1) 交流电器

它是工作于三相或单相工频交流制的电器，极少数工作在非工频系统。

(2) 直流电器

工作于直流制的电器，常用于电气化铁道、城市轨道交通系统等。

2. 按工作原理分类

(1) 电磁式电器

依据电磁感应原理工作的电器，如接触器、各种类型的电磁式继电器等。

(2) 非电磁式电器

依靠外力或某种非电物理量的变化而动作的电器，如刀开关、行程开关、按钮、速度继电器、温度继电器等。

3. 按用途分类

(1) 控制电器

用于各种控制电路和拖动系统的自动切换电器，例如接触器、继电器、电动机启动器等。

（2）主令电器

用于各种控制电路和拖动系统中发送动作指令的电器，例如按钮、行程开关、万能转换开关等。

（3）保护电器

用于保护电路及用电设备的电器，如熔断器、热继电器、各种保护继电器、避雷器等。

（4）执行电器

用于完成某种动作或传动功能的电器，如电磁铁、电磁离合器等。

（5）配电电器

用于电能的输送和分配的电器，例如空气断路器、隔离开关、刀开关、自动空气开关等。

4. 按防护等级（IP）分类

详见本章 4.5 节。

5. 按执行功能分类

（1）有触点电器

利用电器的机械式触点的闭合与断开，实现对电路或设备设施的控制的电器。例如空气断路器、隔离开关、刀开关、自动空气开关等。

（2）无触点电器

利用电子元件的开关特性，实现对电路或设备设施的控制的电器。例如可控硅、晶体管等。

6. 按工作条件分类

依据电器工作条件划分。例如：一般通用电器、船用电器、矿用电器等。

7. 按工作环境或防护特性分类

依据电器工作环境或防护特性划分。例如：一般电器、防水电器、防爆电器、防腐电器等。

8. 按地理环境分类

按地理环境划分，有一般地区用、干热带或湿热带用及高原用电器等。

4.11.2　常用低压电器简介

1. 刀开关

根据《低压开关设备和控制设备　第 3 部分：开关、隔离器、隔离开关以及熔断器组合电器》GB 14048.3，将过去定义的刀开关根据在电路中的位置及其功能的不同，做了新的定义和分类。本教材中，在不影响基本概念及应用的前提下，仍沿用了约定俗成的称谓。

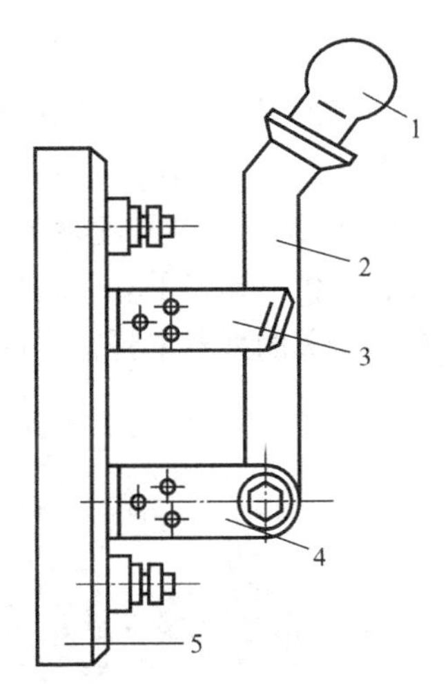

图 4-34　刀开关结构示意图
1—操纵手柄；2—触刀；3—静插座；4—支座；5—绝缘底板

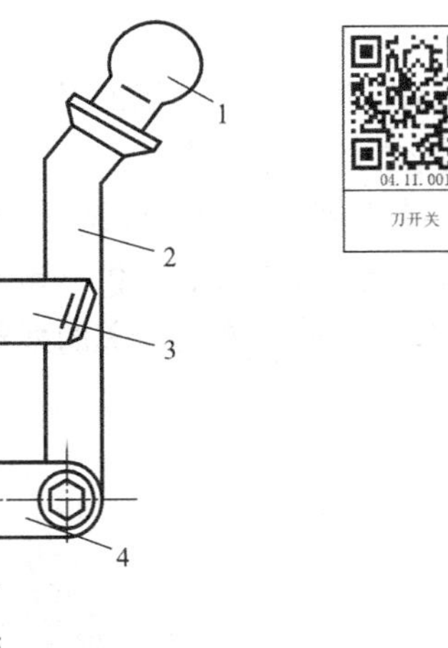

刀开关，又称刀形隔离器或闸刀，由刀形动触头闸刀、刀座（静触头）、底板和操作手柄等组成，如图 4-34 所示，是一种简单的手

动操作电器。特点是不能分断短路电流，且具有明显的断开点，在电路中负责电源、负载间的隔离与联络。主要用于交流（AC）50Hz、380/220V 或直流（DC）440V 以下电路中，不频繁接通和切断供电负荷不大的低压配电线路或低压成套配电装置，并兼作电源隔离器。

（1）主要技术参数

1）额定电压 U_N，指刀开关在所接线路中，长期工作时所能承受的最大工作电压。

2）额定电流 I_N，指刀开关闭合，有电流流过，其动静触头的温升不超过额定值时所能承受的最大工作电流。

3）分断能力，指刀开关在额定电压下能可靠分断最大工作电流的能力。一般情况下，刀开关只能分断额定电流值以下的工作电流，当与熔断器配合使用时，则是指与其配合的熔丝或熔断器的分断能力。

4）操作次数，指刀开关的机械寿命与电寿命。机械寿命指不带电条件下所能达到的操作次数；电寿命指刀开关在额定电压及规定额定电流百分比条件下，能可靠分断的总次数。

图 4-35　HD、HS 系列刀开关

5）动稳定性，指刀开关能承受 1s 短路电流所产生电动力的能力。

6）热稳定性，指开关承受 1s 短路电流热效应的能力。

（2）常用刀开关简介

1）HD/HS 系列刀开关，其外形如图 4-35 所示。主要适用于额定电压 AC380V、DC440V，额定电流 1500A 以下配电电路的不频繁通断或隔离。其中，中央手柄式的单投和双投刀开关主要用于磁力站，不切断带有电流的电路，作隔离开关用；侧面操作手柄式开关，主要用于动力箱中；中央正面杠杆操作机构刀开关主要用于正面操作、后面维修的开关柜中，操作机构装在正前方；侧方正面操作机械式刀开关主要用于正面侧操作、除装有灭弧罩的刀开关可作负荷开关使用外，其他系列刀开关只作隔离开关使用。

2）HH 系列铁壳开关，主要由刀开关、熔断器和铁制外壳组成，又称封闭式负荷开关。在刀闸断开处有灭弧罩，断开速度比胶盖闸刀快，灭弧能力强，并具有短路保护。它适用于各种配电设备，供不频繁手动接通和分断负荷电路之用，包括用作感应电动机的不频繁启动和分断。铁壳开关的型号主要有 HH3、HH4、HH12 等系列，外形如图 4-36 所示。

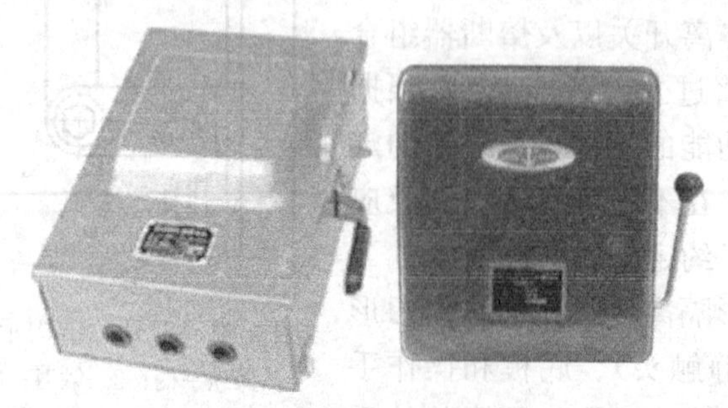

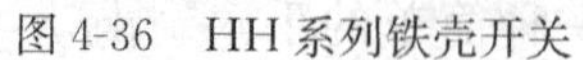
图 4-36　HH 系列铁壳开关

3）HR 系列熔断器式刀开关，其外形如图 4-37 所示。熔断器装于刀开关的动触片中间，结构紧凑，可代替分列的刀开关和熔断器，通常装于开关柜及电力配电箱内，主要产品有 HR3、HR5、HR6、HR11 等系列。适用于 AC50Hz、380V，额定电流至 600A 的配电系统中作为短路保护和线缆的过载保护。在正常情况下，可供不频繁地手动接通和分断正常负载电流与过载电流，在短路情况下由熔断器分断电流。

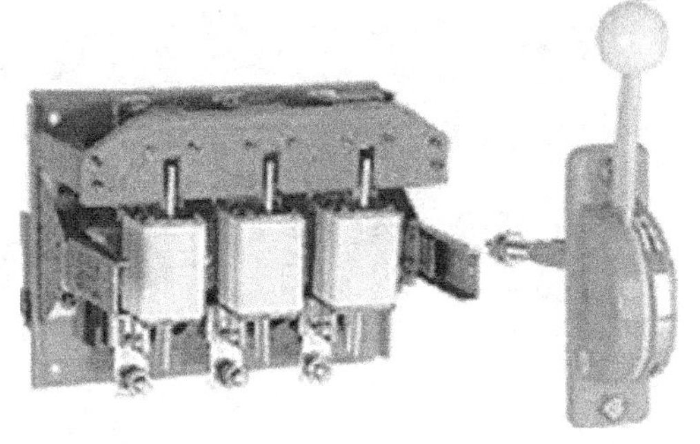

图 4-37　HR 系列熔断器式刀开关

2. 低压断路器

低压断路器，又称低压空气开关、自动空气开关或自动开关。是低压配电网中最重要、最常用的自动开关电器。低压断路器具有多种保护功能（过载、短路、欠电压等）、分断能力高、操作方便、良好的灭弧性能、安全等优点，既能带负荷通断负载电路，也可以用于电路的不频繁操作。

低压断路器，根据《低压开关设备和控制设备　第 2 部分：断路器》GB 14048.2 定义，按功能和结构分框架式（也称万能式自动开关），如图 4-38 所示；塑料外壳式（也称装置式自动开关），如图 4-39 所示；以及根据《家用及类似场所用过流保护断路器 第 1 部分：用于交流的断路器》GB10963.1 定义，俗称小型断路器，如图 4-40 所示三种类型。

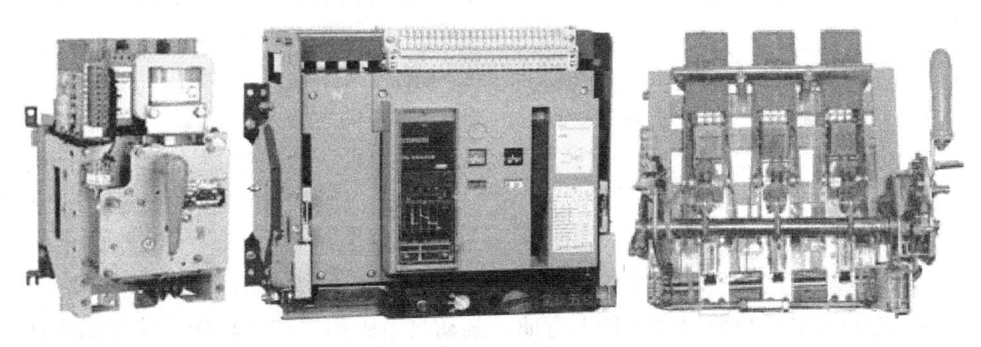

图 4-38　各种框架式断路器

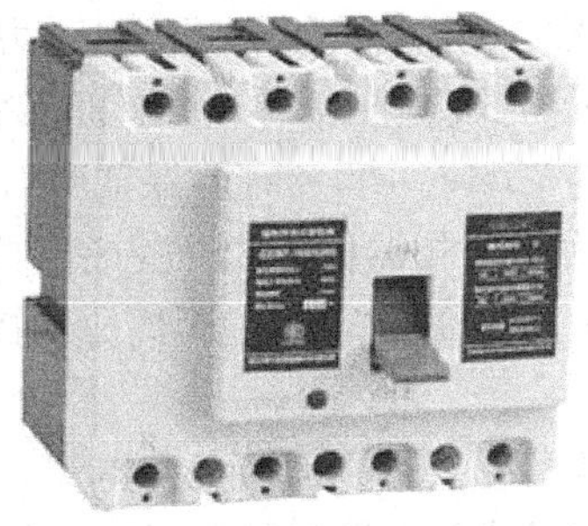

图 4-39　各种塑料外壳式断路器

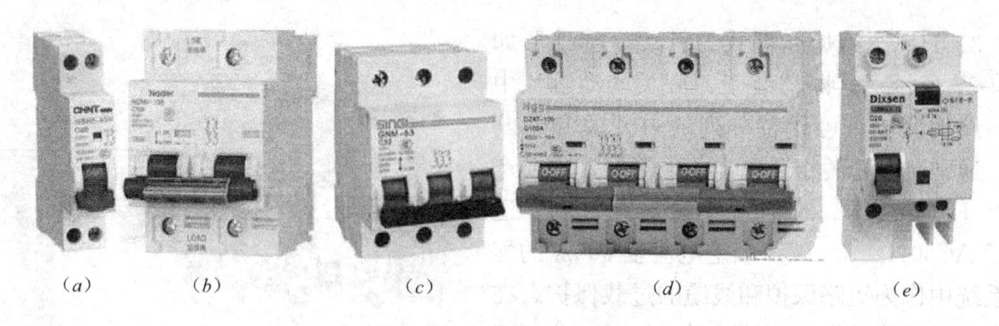

图 4-40　各式小型断路器

(a) 单极；(b) 二极；(c) 三极；(d) 四极；(e) 带漏电保护

(1) 断路器工作原理

低压断路器主要由脱扣器、触头系统、灭弧装置、操动机构等几部分组成。

1) 脱扣器

脱扣器是低压断路器中用来接收信号的元件。若线路中出现不正常情况或由操作人员或继电保护装置发出信号时，脱扣器会根据信号的情况通过传递元件使主触头动作，迅速切断电路。低压断路器的脱扣器分电磁式脱扣器和热脱扣器两大类。电磁式脱扣器又分有过流脱扣器、欠（零、失）压脱扣器、分励脱扣器等。其结构与动作原理如图 4-41 所示。

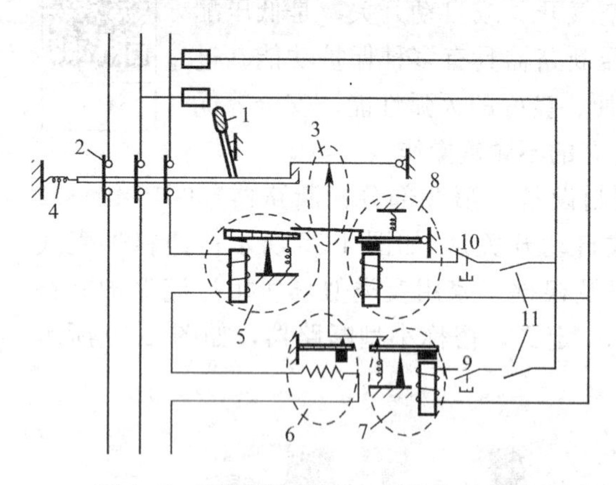

图 4-41　低压断路器脱扣器结构示意图

1—操作机构；2—主触头；3—自由脱扣器；4—分闸弹簧；5—过流脱扣器；6—热脱扣器；7—分励脱扣器；8—失压脱扣器；9—远控常开按钮；10—远控常闭按钮；11—辅助常开触点

低压断路器通过操作机构 1 使其主触点 2 及辅助触点 11 闭合，主触点闭合后，自由脱扣机构 3 将主触点 2 锁在合闸位置上。过电流脱扣器 5 的线圈和热脱扣器 6 的热元件与主电路串联，当电路发生短路或严重过载时，过电流脱扣器 5 的衔铁吸合，推动自由脱扣机构 3 动作；或当电路过载时，热脱扣器 6 的热元件发热使双金属片上弯曲，推动自由脱扣机构 3 动作，使主触头在分闸弹簧 4 作用下分断电路，起到保护的作用；分励脱扣器 7 由外电源为其提供脱扣电源，主要用于电动操动断路器的远程分断；失压脱扣器 8 的线圈和电源并联，断路器投入运行后，当电源侧停电或电源电压过低时，电磁铁所产生的电磁力不足以克服反作用力弹簧的拉力，衔铁被向上拉，通过传动机构推动自由脱扣机构使断路器掉闸，起到欠压及零压保护作用。失压脱扣器在额定电压的 75%～105%时，保证吸合，使断路器顺利合闸。当电源电压低于额定电压的 40%时，失压脱扣器保证脱开使断路器掉闸分断。一般还可用串联在失压脱扣器电磁线圈回路中的常闭按钮 10，作远距离分闸操作。

2) 触头系统

低压断路器的主触头，在正常情况下可以通断负荷电流，在故障情况下还必须可靠分断故障电流。主触头有单断口指式触头、双断口桥式触头、插入式触头等几种形式。主触头的动、静触头的接触处焊有银基合金触点，其接触电阻小，可以长时间通过较大的负荷电流。在容量较大的低压断路器中，还常将指式触头组合成主触头和弧触头并联或主触头、副触头和弧触头并联两种形式。

图 4-42 所示为主触头和弧触头并联形式：弧触头由耐弧金属材料制成，主触头和弧触头在断路器分、合闸时有不同的作用和操作次序。开关合闸时，弧触头承担合闸的电磨损；开关分闸时，弧触头承担电路分断时的强电弧，起保护主触头的作用；主触头承担长期通过负荷电流的任务。所以在合闸时弧触头先闭合、主触头后闭合；分闸时主触头先断开、弧触头后断开。

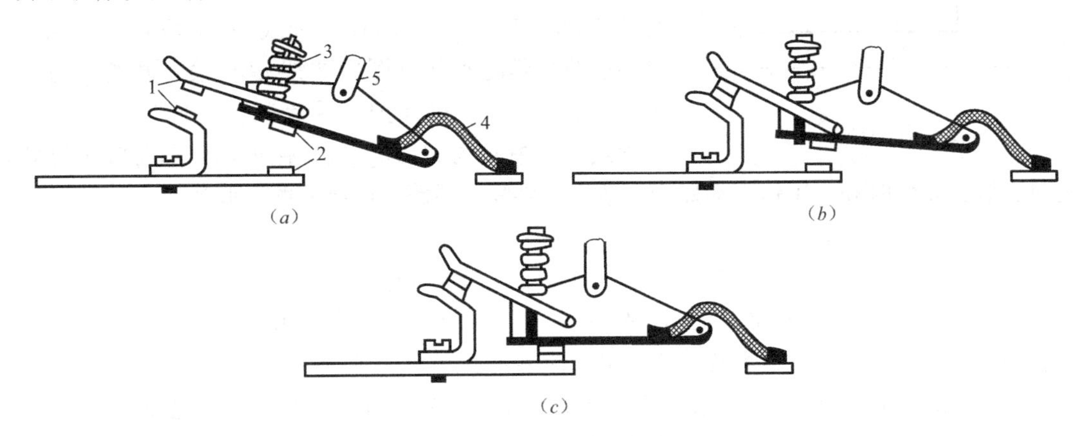

图 4-42　低压断路器的主触头和弧触头

(a) 触头断开位置；(b) 弧触头先闭合；(c) 主触头后闭合

1—弧触头；2—主触头；3—触头压力弹簧；4—软接线；5—操动机构

大容量的断路器中为了更好地保护主触头又增设了副触头。合闸时，动作顺序为弧触头先闭合，然后副触头闭合，最后主触头闭合；分闸时，操作顺序为弧触头先分断，然后副触头分断，最后主触头分断。

3）灭弧装置

灭弧系统用来熄灭触头间在断开电路时产生的电弧。灭弧系统包括两个部分：一为强力弹簧机构，使断路器触头快速分开；一为在触头上方设有栅片式灭弧罩，其绝缘壁一般用钢板纸压制或用陶土烧制。

4）操动机构

断路器操动机构包括传动机构和脱扣机构两部分：传动机构按断路器操作方式不同可分为：手动传动、杠杆传动、电磁铁传动、电动机传动；按闭合方式可分为：贮能闭合和非贮能闭合。自由脱扣机构的功能是实现传动机构和触头系统之间的联系。

除上述四部分外，断路器还有用于组装的支撑件（如万能式断路器中的框架）或用于保护和绝缘的塑料外壳（如装置式断路器的塑料外壳）。框架式断路器还配有 3 对常开常闭辅助触点，供信号装置和智能控制装置使用。

(2) 保护特性

断路器的保护特性是指其过载保护特性和过电流保护特性。为了起到良好的保护作用，断路器的保护特性应同被保护对象的允许发热特性匹配，即断路器的保护特性 2 应位于被保护对象的允许发热特性 1 的下方，如图 4-43 所示。

为了充分发挥电气设备的过载能力及尽可能缩小事故范围，断路器的保护特性还应具

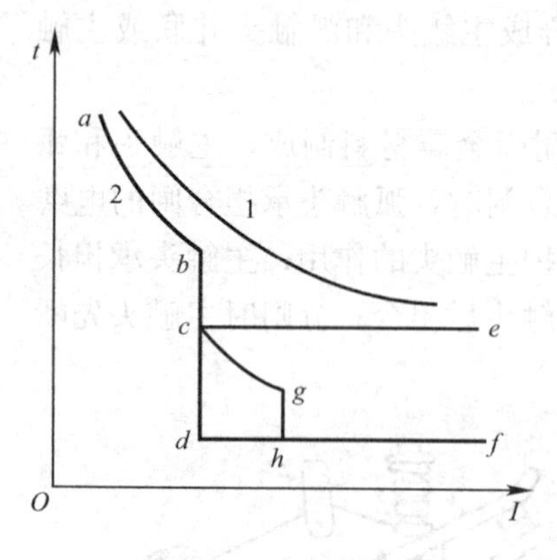

图 4-43　保护特性曲线

备选择性，即是分段的。图 4-43 中，ab 段曲线为断路器保护特性的过载保护部分，它是反时限的；df 段是断路器保护特性的短路保护部分，是瞬动的；ce 段定时限延时动作部分，只要故障电流超过与 c 点相对应的电流值，过电流脱扣器即经过一段短延时后动作，切除故障回路。

断路器的保护特性有两段式和三段式两种：两段式有过载延时和短路瞬动（图中曲线 $abdf$ 段）及过载延时和短路短延时动作（图中曲线 $abce$ 段）两类，前者用于末端支路负载的保护，后者用于支干线配电保护；三段式（图中曲线 $abcghf$ 段）保护，分别对应于过载延时、短路短延时和大短路瞬动保护，适用于供配电线路中的级间配合调整。

（3）主要技术参数

1）额定电压 U_N，断路器长期工作时所承受的最大线电压。

2）壳架等级电流，断路器长期工作时所允许的最大线电流，用尺寸和结构相同的框架或塑料外壳中能装入的最大脱扣器额定电流表示。

3）脱扣器额定电流 I_N，脱扣器在规定条件下，可长期通过的最大工作电流。

4）额定极限分断能力，故障时断路器可分断的最大短路电流。

5）瞬时动作电流倍数，短路电流与工作电流的比值。

6）分断时间，短路故障发生到脱扣器完全分断所需时间（ms）。

（4）常用低压断路器简介

1）万能式断路器

主要特征是：容量较大，可装设多种脱扣器，辅助触点的数量也多，不同的脱扣器组合可形成不同的保护特性，具有较高的短路分断能力和动稳定性，还可通过辅助触点实现远方遥控和智能化控制。产品适用于 AC 50Hz，额定电压 380V，额定电流为 630～5000A 的配电网络中作为配电干线的主保护、变压器低压侧出线总开关、母线联络开关、大容量馈线开关或大型电动机控制开关。常见产品如图 4-44 所示。

（a）

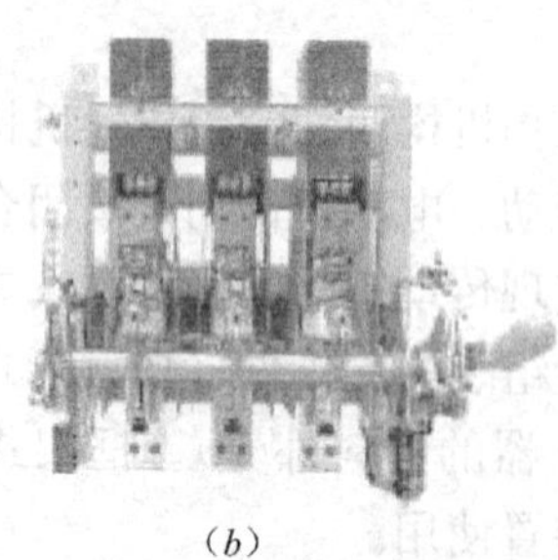
（b）

（c）

图 4-44　万能式断路器

（a）MT 系列；（b）DW16 系列；（c）ME 系列（DW17）

2）装置式断路器

主要特征是：所有部件都安装在一个塑料外壳中，没有裸露的带电部分，提高了使用的安全性。新型的装置式断路器也可制成选择型。小容量的断路器（50A 以下）采用非贮能式闭合，手动操作；大容量断路器的操作机构采用贮能式闭合，可手动操作，亦可电动操作。电动机操作可实现远方遥控操作。额定电流一般为 6～630A，有单极（1P）、二极（2P）、三极（3P）和四极（4P）。目前已有额定电流为 800～3000A 的大型装置式断路器。装置式断路器一般用于配电馈线控制和保护、小型配电变压器低压侧出线、动力配电终端控制和保护及住宅配电终端控制和保护，也可用于各种生产机械的电源开关。我国自行开发的装置式断路器系列有：DZ20 系列、DZ25 系列、DZ15 系列，引进技术生产的有日本寺崎公司的 TO、TG 和 TH-5 系列、西门子公司的 3VE 系列、日本三菱公司的 M 系列、施耐德 NSX 系列、ABB 公司的 M611（DZ106）和 SO60 系列等，以及生产厂以各自产品命名的高新技术产品。常见产品，如图 4-45 所示。

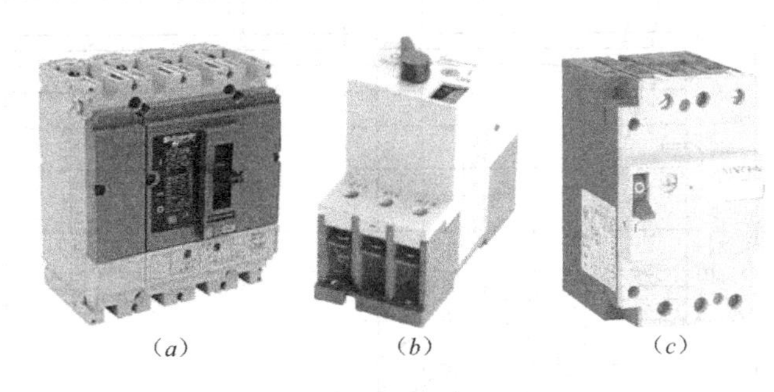

(a)　(b)　(c)

图 4-45　装置式断路器

(a) NSX 系列；(b) 3VE3 系列；(c) 3VU 系列

3）小型断路器

又称微型断路器，如图 4-46 所示。指相对于其他类型的断路器，如配电型断路器而言，无论在体积上还是在分断能力上都较小的断路器。主要用于交流 50Hz 或 60Hz，额定电压不超过 440V，额定电流不超过 125A 的线路中进行过载和短路保护，也可作为线路的不频繁转换之用，是工业、商业和民用建筑中照明和动力配电系统终端配电装置中使用最广泛的一种终端保护电器。用作进线主开关或出线分开关、对配电线路、负载、照明等电器设备提供过载和短路保护等。特点是体积小，重量轻，灵敏度高，使用寿命长，断路性能优越，可靠性高。具有良好的短路保护、过载保护、控制和隔离功能，操作轻便，型号规格齐全、可以方便地在单极（1P）结构基础上组合成二极（2P）、三极（3P）或四极（4P）断路器。

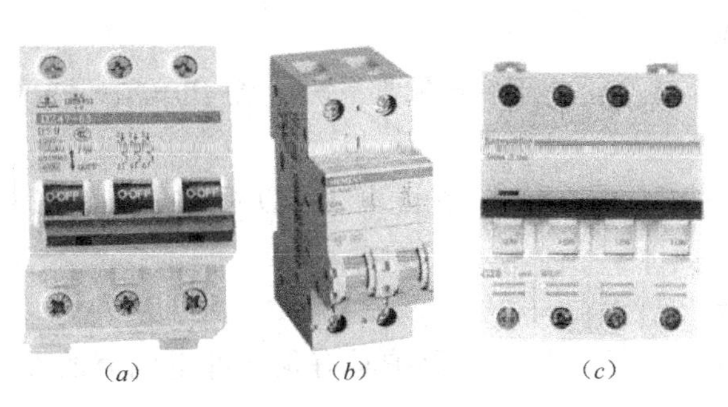

(a)　(b)　(c)

图 4-46　小型断路器

(a) DZ47 系列；(b) 5S 系列；(c) iC65N 系列

小型断路器外形为标准模数化结构，采用金属片和弹簧，可以安全牢固地卡装在35mm的标准导轨上。产品分7个系列，覆盖范围为电流0.3～125A，电压220/380V。符合GB 10963、IEC 60898等标准要求。典型产品有：DZ47系列、RDX6系列、德力西CDB7系列、西门子5S系列、施耐德iC65N系列、松下SH系列等。

小型断路器的保护特性，用脱扣曲线描述。图4-47所示为某小型断路器脱扣特性曲线，横坐标为额定电流倍数，纵坐标为时间。其中：

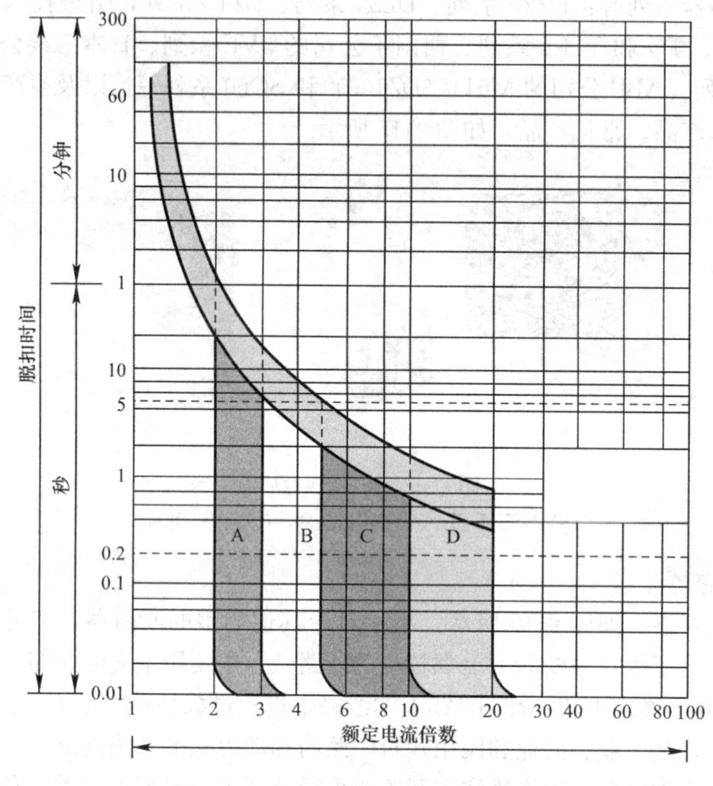

图4-47　某小型断路器脱扣特性曲线

① A型脱扣曲线

I_n为额定电流脱扣电流为（2～3）I_n，很少用，一般用于保护半导体电子线路，或小功率电源变压器的测量线路，或线路长且短路电流小的系统。

② B型脱扣曲线

脱扣电流为（3～5）I_n，适用于住户配电系统，家用电器的保护和人身安全保护。

③ C型脱扣曲线

脱扣电流为（5～10）I_n，适用于保护配电线路以及具有较高接通电流的照明线路和电动机回路。

④ D型脱扣曲线

脱扣电流为（10～20）I_n，适用于保护具有很高冲击电流的设备，如变压器、电磁阀等。

K特性的小型断路器，系ABB专利，具备1.2倍热脱扣动作电流和8～14倍磁脱扣动作范围，适用于保护额定电流 40A 以下电动机线路设备，有较高的抗冲击电流能力。

以 C 型脱扣曲线为例，由图 4-47 可见：

当通过额定电流时，理论上可以连续长时间不脱扣（除非散热不良使温度升高）；当通过 2 倍额定电流时，超出 2s 后才会脱扣；当通过 5 倍额定电流时，超出 0.05s 后才会脱扣；当通过超出 10 倍额定电流时，会在 0.02s 之内脱扣。

不同的断路器脱扣特性有差别，但道理都一样，短时限脱扣是满足避过接通负载时的电流冲击，长时限脱扣是保护一般过载过电流。

4）漏电保护断路器

如图 4-48 所示。主要适用于 AC 50Hz，额定电压 380V 及以下家庭住宅、商务办公楼宇等建筑物的电气线路中，当人身触电或电网泄漏电流超过规定值时，漏电保护断路器能在规定的极短的时间内迅速切断故障电源，保护人身及用电设备的安全。部分型号的漏电保护断路器兼有过载保护和短路保护功能。也可在正常情况下作为线路的不频繁转换之用。

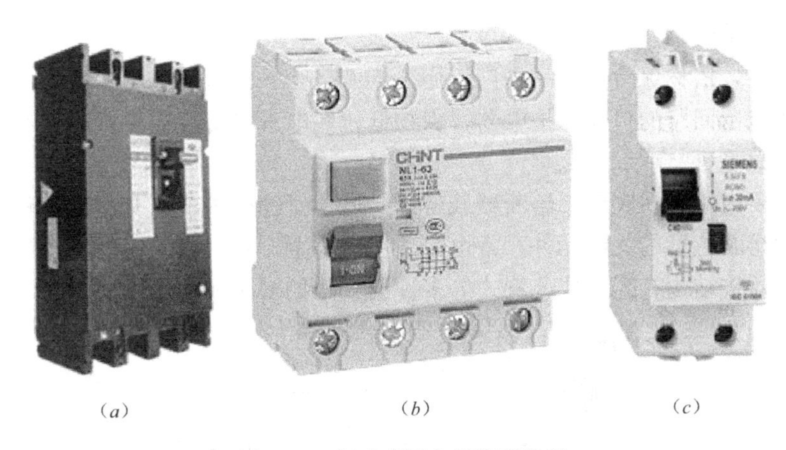

（a）　（b）　（c）

图 4-48　塑壳式漏电保护断路器

（a）DZ15LE 系列；（b）NL1 系列；（c）5SU9 系列

漏电保护断路器的型号是在原通用型断路器型号中，在设计序号前、后缀 L 或 LE 来表示。

按照动作原理，漏电保护断路器可分为电压型、电流型和脉冲型。电流型又分为电磁式和电子式。

漏电保护断路器的保护方式一般分为低压电网的干线保护和低压电网的支线保护两种。

漏电保护断路器根据极数有 2 极（2P）、3 极（3P）、4 极（4P）漏电保护断路器之分。

电磁式漏电保护断路器有：MSL1 系列、DZ15L 系列、RCCB 系列和电子式漏电保护断路器 5SU9 系列、YKXB1-L 系列、DZ47LE 系列等。

5）智能型断路器

目前国内生产的智能型断路器有框架式和塑料外壳式两种，如图 4-49 所示。框架式智能型断路器主要用于智能化自动配电系统中的主断路器。塑料外壳式智能型断路器主要用在配电网络中分配电能和作为线路及电源设备的控制与保护，亦可用作三相笼型异步电动机的控制。智能型断路器采用以微处理器或单片机为核心的智能控制器（智能脱扣器），不仅具备普通断路器的各种保护功能，同时还可实时显示电路中的各种电气参数，可对电路进行在线监视、自行调节、测量、试验、自诊断、可通信等。

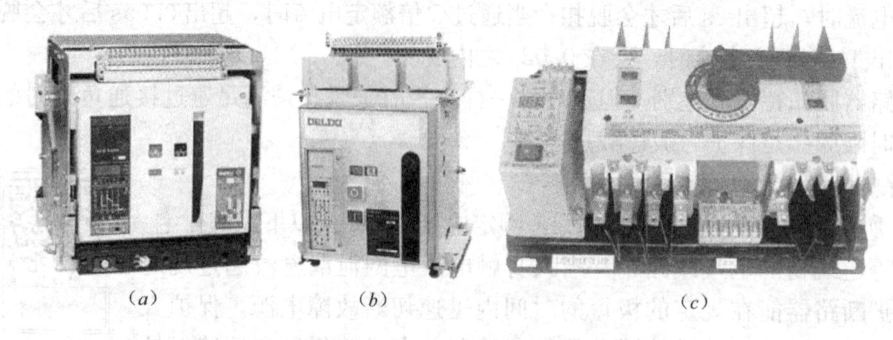

图 4-49　各种智能型断路器

（a）DW45；（b）CDDK1 系列；（c）YEQ4

3. 低压熔断器

低压熔断器，俗称保险，是一种广泛用于 500V 以下电力系统、各类用电设备电气线路或电气设备电器回路的自动保护电器，保护低压侧电气设备免受严重过负荷和短路电流损害，防止事故蔓延。

熔断器主要由熔断器底座，熔断器载熔件，熔体三部分组成。其中，熔体（即俗称保险丝）是控制熔断特性的关键元件，常由铅、铅锡合金、锌、铜、银等材料制成。

低压熔断器按结构有螺旋式、管式等多种形式，如图 4-50 所示。

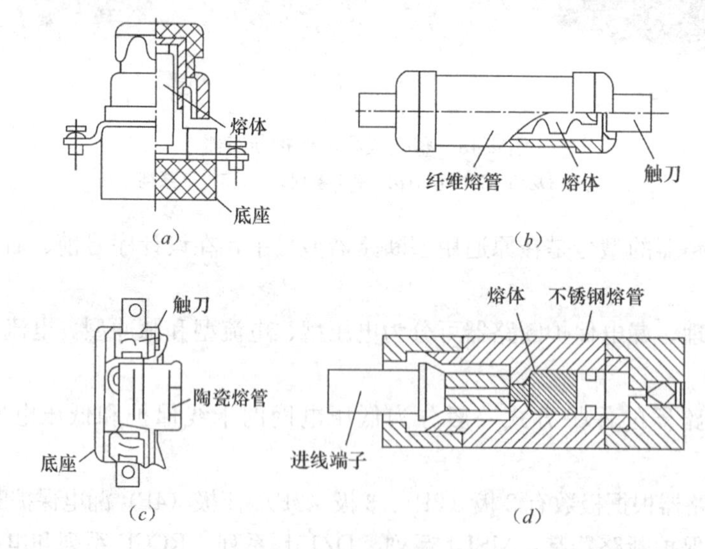

图 4-50　低压熔断器结构形式

（a）螺旋式；（b）纤维管式；（c）陶瓷管式；（d）自复式

（1）熔断器工作原理

由于导体电阻的存在，当有电流流过时，导体将会发热，此时导体所产生的热量与流过导体电流的平方成正比。即：

$$Q = I^2 Rt \tag{4-36}$$

式中　Q——发热量，J；

I——流过导体的电流，A；

R——导体的电阻，Ω；

t——电流流过导体的时间，s。

对于确定的熔体而言，其材质、几何尺寸、稳态电阻 R 就为一定值。当熔体被接入电路并有电流流过时，熔体所产生的热量随时间的增加而增加。其中，电流大小与电阻值变化的快慢确定了产生热量的速度，熔体的构造与其安装的状况确定了热量耗散的速度。若产生热量的速度小于热量耗散的速度，熔体就不会熔断；若产生热量的速度等于热量耗散的速度，在一定的时间内它也不会熔断；只有当产生热量的速度大于热量耗散的速度，形成热量积累，导致熔体温度升高，由于熔体有一定比热及质量，当温度升高到熔体的熔点以上时，熔体自动熔断而分断电路，起到保护作用。

若将上式改写为：

$$I^2 = \frac{Q}{Rt} \tag{4-37}$$

或：

$$t = \frac{Q}{RI^2} = K\frac{1}{I^2} \tag{4-38}$$

式中　K——比例系数，$K=Q/R$。

显然，$I^2 \propto 1/t$ 或 $t \propto 1/I^2$。即：当电路中产生很大电流或所产生的热量超过一定的时间时，熔体就会自动熔断。熔体的这个特性，称为熔断器安秒特性，也称为熔断器反时限特性，如图 4-51 所示。

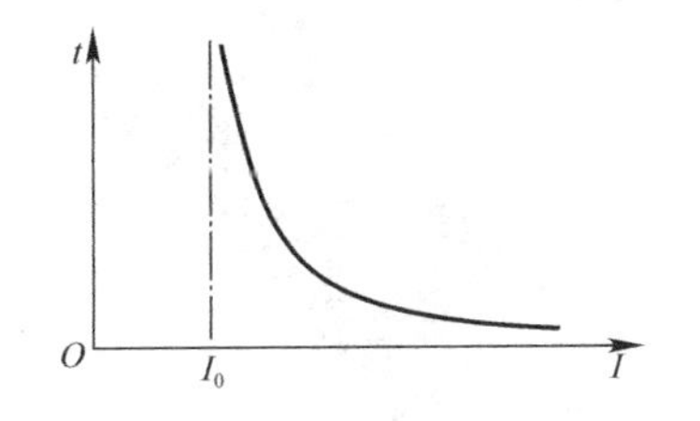

图 4-51　熔断器的安秒特性

(2) 低压熔断器主要技术参数

1) 额定电压 U_N，指电路中的熔断器底座、外壳长期工作时所能承受的最大线路电压。

2) 额定电流 I_N，指电路中的熔断器底座、外壳长期工作，温升达到额定值条件下，所能承受的最大电流。

3) 熔体额定电流 I_{Nf}，正常条件下熔体所允许通过的最大工作电流。

4) 极限分断能力，在规定电压和功率因数条件下，故障时所能分断的最大故障电流。

图 4-52　RL 系列螺旋式熔断器

(3) 常用低压熔断器简介

1) RL 系列螺旋式熔断器

如图 4-52 所示，熔管装有石英砂，熔体埋于其中，熔体熔断时，电弧喷向石英砂及其缝隙，可迅速降温而熄灭。为了便于监视，熔断器一端装有色点，不同的颜色表示不同的熔体电流，熔体熔断时，色点跳出，示意熔体已熔断。螺旋式熔断器额定电流为 5～200A，主要用于短路电流大的分支电路或有易燃气体的场所。

2）RT系列有填料封闭管式熔断器

有填料管式熔断器是一种有限流作用的熔断器，由填有石英砂的瓷熔管、触点和镀银铜栅状熔体组成。结构上分两类：一是方管刀形触头插入式，如图4-53（*a*）所示；一是圆筒形帽熔断器，如图4-53（*b*）所示。

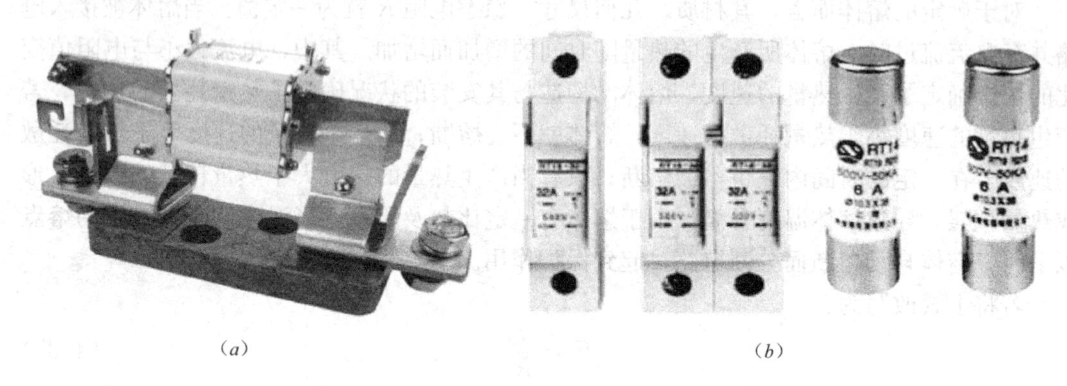

（*a*）　　（*b*）

图4-53　RT系列有填料封闭管式熔断器

（*a*）方管刀形触头插入式；（*b*）圆筒形帽熔断底座与熔体

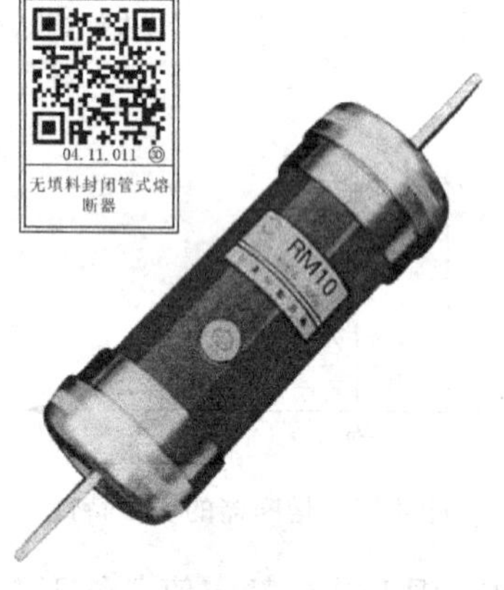

图4-54　RM系列无填料封闭管式熔断器

有填料管式熔断器均装在特别的底座上，如带隔离刀闸的底座或以熔断器为隔离刀的底座上，通过手动机构操作。有填料管式熔断器额定电流为50～1000A，主要用于短路电流大的电路或有易燃气体的场所。

3）RM系列无填料封闭管式熔断器

如图4-54所示，无填料管式熔断器的熔管是由纤维物制成，使用的熔体为变截面的锌合金片。熔体熔断时，纤维熔管的部分纤维物因受热而分解，产生高压气体，使电弧很快熄灭。无填料管式熔断器具有结构简单、保护性能好、使用方便等特点，一般均与刀开关组成熔断器刀开关组合使用。

4）RS系列有填料封闭管式快速熔断器

如图4-55所示，有填料封闭管式快速熔断器是一种快速动作型的熔断器，由熔管、触头底座、动作指示器和熔体组成。熔体为银质窄截面或网状形式，熔体为一次性使用，不能自行更换。由于其具有快速动作性，一般作为半导体整流元件保护用。

5）自复熔断器

采用金属钠作导体，在常温下具有高电导率。当电路发生短路故障时，短路电流产生高温使钠迅速气化，气态钠呈现高阻态，从而限制了短路电流。当短路电流消失后，温度下降，金属钠恢复原来的良好导电性能。自复熔断器只能限制短路电流，不能真正分断电路。其优点是不必更换熔体，能重复使用。

图 4-55　各种 RS 系列有填料封闭管式快速熔断器

4.12　照 明 供 电

1. 照明供电电压选择

大多数的照明电压为交流单相 220V，只有特殊情况，如大功率照明、易燃防爆或特殊要求条件下，才采用相应等级的电压供电。

2. 供电方式

照明功能不同，供电方式不同。照明的负荷等级决定合理的照明供电方式：

（1）电压波动较大，影响照明稳定性或光源寿命时，应选有载自动调压变压器或照明专用变压器供电。

（2）一级负荷的照明应选双电源供电。

（3）备用照明应选两回路或双电源供电。

（4）应急照明应具备主电源与备用电源自动切换功能。

（5）重要场所除正常照明外，还应设置备用照明和应急照明。

（6）当双电源供电时，备用照明应从双电源各自配电干线引入；若条件不具备时，备用照明宜选用蓄电池组或自带蓄电池的应急照明灯具。

（7）疏散照明采用自带蓄电池的应急照明灯具时，正常电源可接在本区域照明配电专用回路上，也可接在本区域防灾配电专用回路上。

3. 照明配电负荷计算

照明配电负荷计算，自线路末端用电点起，逐级向上一级负荷累计，直到总供电点为止。

照明负荷主要包括照明、一般插座用电及分体式小容量空调等。

根据规范要求，低压配电从总供电点到用电点级联不宜超过三级的要求，依次称为干线负荷、支线负荷和分支线负荷。

照明负荷计算方法，均由负荷末端起，逐级向上累加计算。

4.13　照明分支线负荷计算

1. 分支线照明配电

单相照明的计算电流

$$I_{js}=\frac{P}{U_N\cos\varphi} \tag{4-39}$$

式中 I_{js}——照明支路计算电流，A；

P——支路照明功率，W；

U_N——支路额定电压，V；

$\cos\varphi$——灯具功率因数。

对于热光源灯 $\cos\varphi=1$；对于气体放电灯 $\cos\varphi<1$，因而气体放电灯灯具的工作电流大于同功率热光源灯具的工作电流。

（1）照明工作电流计算

以教师工作室照明为例：工程实际选用了 LED 新型管型荧光灯 2×20W，镇流器功率 0.7W，$\cos\varphi=0.85$，12 套，实际功率密度 5.27W/m^2。

$$I'_{js}=\frac{P}{U_N\cos\varphi}=\frac{12\times2\times(20+0.7)}{220\times0.85}=\frac{496.8}{187}=2.66\text{A}$$

（2）照明导线及敷设方式选择

室内分支线现在大多采取暗敷设方式。BV 型导线不同敷设方式下的安全载流量，见表 4-18。

查表 4-18 可知，选 BV-2×1.5-SC（MC、PC）15 即可。

2. 分支线插座配电

分支线插座的配电，在《民用建筑电气设计规范》JGJ/T 16、《民用建筑电气设计手册版》、《全国民用建筑工程设计技术措施节能专篇—电气》、《全国民用建筑工程设计技术措施—电气》中都有规定，概括地讲就是：

插座每一回路功率不大于 2kW；用于办公室的插座功率密度 30～40VA/m^2；插座作为单一回路时，数量不宜超过 10 个（组），用于计算机电源时，不宜超过 5 个（组）。则：

（1）插座工作电流计算

给教师工作室选配两路插座回路，每回路功率 1.5kW，共计 3kW。其密度为 37.45VA/m^2。

$$I''_{js}=\frac{P}{U_N\cos\varphi}=\frac{1.5}{220\times0.85}=\frac{1.5}{187}=8\text{A}$$

（2）插座导线及敷设方式选择

查表 4-18 可知：选 BV-3×2.5-SC（MC、PC）15 即可。

但根据《民用建筑电气设计规范》JGJ/T 16 中："不论截面多大的单相两线制电路，保护线与相线具有相同截面"；以及"按机械强度要求，保护线截面在有机械保护（敷设在套管、线槽等外护物内）时，不应小于 2.5mm^2"的相关规定，实际工程中，照明及一般插座回路中的相线及保护线最小截面均选用 2.5mm^2。

3. 教师工作室进线配电

教师工作室照明负荷 496.8W，插座负荷 3kW，总计约 3.5kW。考虑工作室有计算机等电子设备，并留有一定冗余，该室总负荷按 5kW 计。那么：

（1）工作室总电流计算

$$I_{\Sigma js}=\frac{P_{js}}{U_N\cos\varphi}=\frac{5}{220\times0.85}=\frac{5}{187}=26.74\text{A}$$

（2）工作室进线及敷设方式选择

查表 4-18 可知，选 BV-3×6-SC（MC、PC）25 即可。

4. 工作室回路的控制与保护

根据《民用建筑电气设计规范》JGJ/T 16 规定，当引入电压为 0.4kV 时，电源进线开关宜采用低压断路器。

选择断路器主要原则有：

（1）断路器的额定电压 U_N 应大于等于被保护线路的额定电压：

$$U_N \geqslant U_l \tag{4-40}$$

（2）断路器脱扣器额定电流应大于等于导线计算电流：

$$I_{dz} \geqslant I_{js} \tag{4-41}$$

（3）断路器的长延时脱扣电流应大于等于导线计算电流：

$$I_{setl} \geqslant K_{setl} I_{js} \tag{4-42}$$

（4）断路器的瞬时脱扣电流应大于等于导线计算电流：

$$I_{cutl} \geqslant K_{cutl} I_{js} \tag{4-43}$$

（5）断路器的长延时脱扣电流应小于等于导线允许持续电流：

$$I_{setl} \leqslant I_l \tag{4-44}$$

式中　K_{setl}、K_{cutl}——可靠系数，取决于电光源启动特性及断路器保护特性，见表 4-26。

K_{setl}、K_{cutl} 断路器脱扣器可靠系数表　　表 4-26

可靠系数	白炽灯、卤钨灯	荧光灯	高压钠灯、金卤灯	高压汞灯
K_{setl}	1	1	1	1.1
K_{cutl}	10～12	4～7	4～7	4～7

对于气体放电灯，启动时，镇流器的限流方式不同，产生的冲击电流不同。一般情况下，气体放电灯的启动电流是其正常工作电流的 1.7 倍左右。选择断路器的长延时脱扣器整定电流值要躲过启动时的冲击电流，选择断路器的脱扣器额定电流值时，应根据气体放电灯不同启动情况留有一定裕量，除此而外，在控制上应采取避免灯具同时启动的措施。

（6）配电线路中的上、下级断路器的保护特性应协调配合，下级的保护特性应位于上级保护特性的下方且不相交。

（7）断路器级联配合，要求上级断路器脱扣器的额定电流一定要大于下级断路器脱扣器额定电流；上级断路器脱扣器的瞬时动作整定电流一定要大于下级断路器脱扣器的瞬时动作整定电流。

因此，该支线回路的断路器选择如下：

1）照明回路

照明的操作，方便起见选用 250V，10A 的 86 型面板开关；选用脱扣器的长延时脱扣电流大于 2.66A，小于导线允许持续电流 10A；瞬时脱扣电流大于 18.6A 的小型断路器，作照明回路的控制与保护，保护特性见图 4-43 曲线 $2abdf$。

2）插座回路

根据规定，选用脱扣器的长延时脱扣电流大于 8A，小于导线允许持续电流 16A；瞬时脱扣电流大于 56A，漏电保护动作电流小于 30mA 的小型断路器，作插座回路的控制与保护，保护特性见图 4-43 曲线 2*abdf*。

3）教师工作室进线总开关

选用脱扣器的长延时脱扣电流大于 20A，小于导线允许持续电流 40A；瞬时脱扣电流大于 130A，漏电保护动作电流小于 30mA 的小型断路器，作该室的总控与保护，保护特性见图 4-43 曲线 2*abce*。

4.14 照明支线负荷计算

照明支线负荷计算主要是针对建筑任意一层平面的照明而言的。主要有：相平衡、层照明总功率、总电流计算、进线导线与电器选配等。

以综合楼六层为例，建筑面积 1063m^2，其中有教师工作室 5 间、准备室 1 间、电梯前室 2 处、配电间、前室、卫生间、开水房等。

1. 相平衡

室内照明均为单相负荷。随面积增大，单相功率很大。根据《民用建筑电气设计规范》JGJ/T 16 规定：每一照明单相回路电流不宜超过 16A。对于层照明来说，应将本层单相照明折算为三相负荷。方法是：

（1）本层内负荷平均分配，每一房间占一相，公共照明占一相。

（2）本层不能完全平衡时，可在上下相邻层之间进行平衡。

（3）若还不能平衡时，允许最大相与最小相之间负荷电流不宜超过 30%；或最大相负荷电流不宜超过平均值的 115%，最小相不宜低于平均值的 85%。

2. 层照明总功率、总电流计算

准备室按教师工作室计算。则：该层照明总功率 30kW；开水器选用三相功率 9kW；公共照明计算功率 0.2kW。故：该层按三相总负荷 40kW，$\cos\varphi=0.85$，同期系数 K＝0.85 计，计算电流为：

$$I_{\Sigma js}=\frac{KP}{\sqrt{3}U_N\cos\varphi}=\frac{0.85\times40}{\sqrt{3}\times380\times0.85}=\frac{40}{\sqrt{3}\times380}=60.7A$$

3. 进线导线与电器选配

查表 4-18 可知：选 BV-4×50+1×25-SC（MC、PC）50 或查表选用五芯电缆均可。

选用脱扣器的长延时脱扣电流大于 103A，小于导线允许持续电流 130A；瞬时脱扣电流大于 410A 断路器，作该层的总控与保护，保护特性见图 4-43 曲线 2*abcghf*。

4.15 照明干线负荷计算

照明干线计算主要是针对建筑全部照明而言的。主要有建筑照明总功率、总电流计算、干线导线与电器选配等。

综合楼共 21 层。各层照明负荷计算见表 4-27。

综合楼各层照明负荷计算统计表　　表 4-27

序号	负荷等级	用电设备组名称	设备安装容量(kW)	功率因数 $\cos\varphi$	正切值 $\tan\varphi$	有功功率 P_{js}(kW)	无功功率 Q_{js}(kVAr)	视在功率 S_{js}(kVA)	计算电流 I_{js}(A)
1	三级	主楼 1～2 层照明干线	200	0.85	0.62	154.5	95.8	181.8	249.6
2	二级	主楼 3～4 层照明干线	195	0.85	0.62	150.3	93.2	176.8	243.3
3	三级	主楼 5～9 层照明干线	200	0.85	0.62	170.0	105.5	200.0	249.6
4	三级	主楼 10～13 层照明干线	140	0.85	0.62	119.0	73.6	140.0	174.7
5	三级	主楼 14～17 层照明干线	140	0.85	0.62	119.0	73.6	140.0	174.7
6	三级	主楼 18～21 层照明干线	140	0.85	0.62	119.0	73.6	140.0	174.7
7	三级	报告厅照明	50	0.85	0.62	40.0	24.8	47.1	71.3
8	三级	校史展览馆照明	30	0.85	0.62	24.0	14.9	28.2	42.8
9	二级	弱电机房照明	80	0.85	0.62	64.0	31.0	71.1	114.1
10	一级	B1 层照明	55	0.9	0.48	55.0	26.7	61.2	91.8
11		小计	1230			1014.75	612.7	1186.2	

需要说明的是：照明干线是指由电源到总配电箱之间的线路段（详见图 4-29），而该段导线与电器选配与供电方式有关。

因此，供电方式不同，计算的结果不同，导线及电器选配的规格不同。但是照明总功率、总电流计算、干线导线与电器选配计算的基本原则不变，故计算过程省略，需要者请参照本章 4.14 节。

4.16　照明施工图设计

4.16.1　施工图设计概念

施工图设计在方案和初步设计阶段之后，是工程设计的最后一个阶段。这一阶段主要通过图纸，将设计者的意图和全部设计结果借助图纸表达出来，并通过施工作业，直观地展现在人们的眼前。它是设计者和施工者之间的桥梁与纽带，是施工作业与质检的重要依据。

民用建筑工程施工图设计，应形成所有专业的设计图纸：含图纸目录，说明和必要的设备、材料表，并能按照所提供的图纸编制工程预算。

施工图设计文件，应满足设备材料采购，非标准设备制作和施工的需要。

4.16.2　制图基础

图是表达信息的一种技术文件，是工程界的语言。它不仅用于直观表达设计者的设计意图、设计目的和预期目标，它还表达了系统结构、组成、工作原理及运行过程的全部信息，同时也是指导工程作业人员施工、安装、操作、维护维修以及设备采购、定制、加工的主要依据。

图作为传达、交流工程信息的技术文件，必须有一套严格的、所有工程技术人员在工程作业（制图、识图、用图）过程中都必须共同遵守的技术交流法则。

1. 制图基本规定

（1）制图标准

完整的图纸通常由边框线、图框线、标题栏、会签栏等组成，如图 4-56 所示。由边框线所围成的图面称为图幅，分为五类：A0、A1、A2、A3、A4。其幅面大小应符合表 4-28 的规定。由图框线所围成的图面称为绘图区。必要时，图纸幅面可按表 4-29 加长。

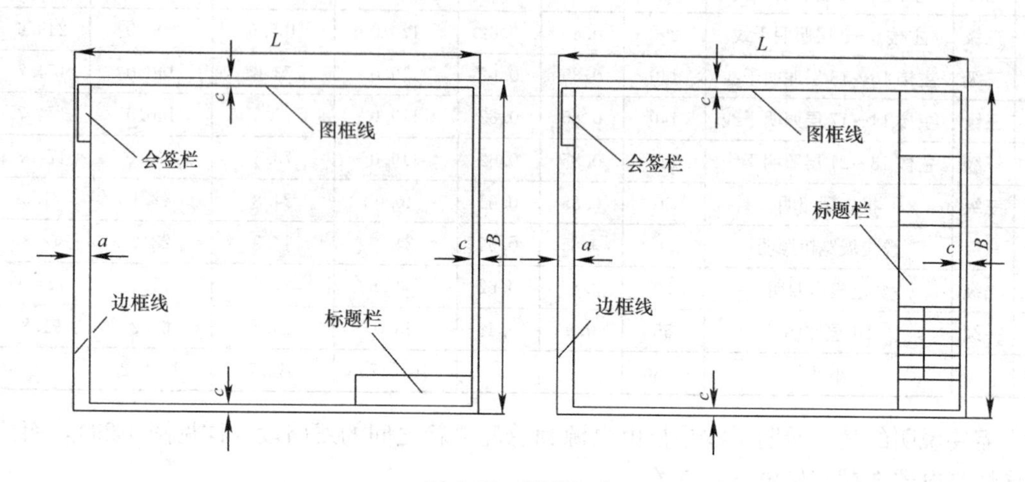

图 4-56　图纸格式

图纸基本尺寸（mm）　　表 4-28

代号	A0	A1	A2	A3	A4
尺寸（$B \times L$）	841×1189	594×841	420×594	297×420	210×297
边宽 c	10			5	
装订侧边宽 a	25				

加长图面尺寸（mm）　　表 4-29

代号	尺寸	代号	尺寸	代号	尺寸
A3×3	420×891	A4×3	297×630	A4×5	297×1051
A3×4	420×1189	A4×4	297×841		

图纸幅面的选择，应在保证图面布局合理、紧凑、清晰与使用合理的前提下，在标准规定的范围内选取。同时也应考虑如下因素：

1）设计对象的规模与复杂程度。

2）图中所反映的技术信息的详细程度。

3）易于满足复印微缩的要求。

4）易于保证 CAD 制图要求。

5）为便于管理、装订，选择图幅时，应以一种图幅为主，尽量避免大小图幅掺杂使用。

绘制幅面大且内容复杂的电气图时，需要进行图面分区，以便技术人员在阅图时能尽快查找到相应内容。图幅分区的方法，可查阅有关资料。

标题栏也称图标，位于图纸右下角或右侧。有设计单位、工程项目名称、图纸名称、图纸编号、页次及设计、校核、审查有关人员签名等内容。标题栏中文字方向为视图正方向。

（2）制图比例

是指工程图中的图形与实物对应的线性尺寸之比。建筑电气工程图中除设备布置图、施工图中的电器定位图、构件详图按比例绘制外，电路图、系统图是不按比例绘制的。建筑电气需按比例绘制的工程图，通常以 1∶100 为主，其他可选取的辅助比例有 1∶10、1∶20、1∶50、1∶200、1∶500 等。

（3）图线

工程图中常采用不同的线型、线宽来表示不同内容。建筑电气工程图中采用的线型有实线、虚线、单点划线、双点划线、波浪线等线型，线宽有 0.25mm、0.35mm、0.5mm、0.7mm、1.0mm、1.4mm 六种。一般情况下，在同一张图面上，只需要选用其中互为倍数的两种线宽就可以了。建筑电气图中常用图线的名称、形式及其用途见表 4-30。

图线形式及应用　　表 4-30

图线名称	图线形式	应用	图线名称	图线形式	应用
粗实线		主回路结线	单点划线		控制线、信号线、围框线
细实线		一般线路	双点划线		36V 以下线路
虚线		屏蔽线、机械连线	波浪线		移动式软缆或软线
		事故照明线			

（4）字体

绘图区内的汉字、数字、字母等同样是工程图的重要组成部分。要求字体端正、笔画清楚、排列整齐、间隔均匀，以保证图纸无歧义、规范、美观。

汉字推荐采用长仿宋，直体；字母、数字为直体。字体大小视图幅大小而定，国家标准对字体大小，按字体高度规定了 20、14、10、7、5、3.5、2.5mm 七种供选用。字体最小高度见表 4-31。字体书写与标题栏文字同方向或图纸顺时针旋转 90°方向。

字体最小高度　　表 4-31

基本图幅	A0	A1	A2	A3	A4
字体最小高度（mm）	5	3.5	2.5		

（5）建筑平面图专用标志

1）建筑方位

多以“上北下南、左西右东”表示建筑物或设备的位置朝向；也可用方位标志表示朝向，如图 4-57（*a*）所示。

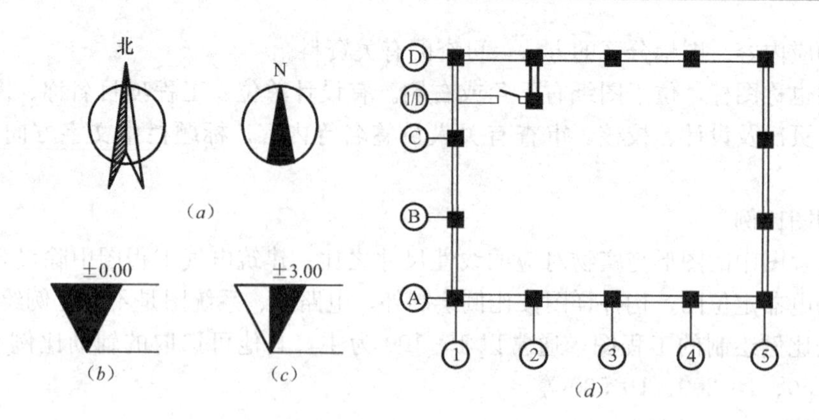

图 4-57　电气专用标志

(a) 方位标志；(b) 绝对标高；(c) 相对标高；(d) 定位轴线与附加定位轴线

2）标高

建筑电气图中常用标高来表示设备、管线的安装或敷设高度。有绝对标高和相对标高之分，如图 4-57（*b*）、（*c*）所示。绝对标高又称为海平面标高；相对标高是以选定建筑物室外某地平面为参考零点而确定的安装敷设高度。

3）定位轴线

建筑平面图中，凡墙、柱、梁等主要承重构件或非承重的次要构件都须要用定位轴线或附加定位轴线表示其位置，如图 4-57（*d*）所示。

定位轴线标注从平面图的左下角起始，水平方向用带圆圈的阿拉伯数字增序编号；垂直方向用带圆圈的大写拉丁字母顺序（I、O、Z 除外）编号。

附加轴线是在主轴线之间增添的轴线，用带分数的圆圈 ⓘ—表示，分母为前轴线编号，分子为附加轴线编号，见图 4-57（*d*）所示。

2. 建筑电气工程图图形符号与文字符号

由于建筑电气工程的设备、器件、管线的规格、型号品种繁多，结构类型不一，安装方法各异，因此为方便起见，建筑电气工程图大多采用统一的图形符号和文字符号绘制。

图形符号和文字符号是绘制电气工程图的信息要素，是工程语言的具体体现，使用时应注意其准确、标准、规范。

建筑电气图纸中的图形符号，一般有系统用、平面图用、电器件用、设备用、弱电图用几类，文字符号须与图形符号配合使用，是图形符号的注释说明，一般有设备注释与回路标注等。

如若统一图形符号与文字符号仍不足以图纸要素表达时，可以根据具体情况，自身设定或借用某些图形符号，但须在图例中列出，并加以说明。

电气工程常用图形及文字符号，详见《建筑电气工程设计常用图形和文字符号》09DX001。

3. 建筑电气工程图的特点

建筑电气工程图，既不同于非电专业工程图，也不同于机电设备的电气图，有其自身的特点，主要是：

（1）以突出线路、图符为主，建筑轮廓线为辅，采用统一图形符号、文字符号、文字标注方式绘制。

(2) 除详图外，建筑电气工程图的比例，仅与电气工程中设备、器件、管线的定位、距离、长度、高度、间距相关，与实物大小无关。

(3) 图的种类多、量大，分散，单一图幅、图面不能准确反映工程全貌，工程应用须要前后联系，相互对照。

(4) 与其他专业、工种联系紧密，关联。工程作业须与土建、路桥、管道等工程图对应。

(5) 专业技术人员必须熟悉、熟知国家、行业、地方有关标准、规程、规范等，才能正确、准确领会工程图所反映的全部技术要素。

4. 绘图方法

(1) 布局要求

1) 排列均匀，间隔适当，防止图面出现过疏过密或轻重不一，并为补充内容预留一定空间。

2) 主要信息（能量流、功能流、信息流、逻辑流）流向应按从左至右或由上到下排列，非电过程流、控制流流向应与主要信息流流向保持垂直，反馈信息流流向与主要信息流流向相反。

3) 电器件应按工作顺序或功能关系梯形排布，导线、信号线、连接线相互间应尽量减少交叉，弯折；不可避免时，应保证二者不得重叠。引入引出线应位于图框线附近为宜。

4) 各种符号应首选优选型，比例适中，以不影响识图、图面美观为宜。借用或自创符号须单独列表说明。

5) 文字符号与标注应尽量靠近被标注对象附近，大小、格式、间距保持一致。

(2) 表示方法与简化

电气图面的布局，图种的不同，通常采用功能布局和位置布局法。前者多用于系统图与电路图中，而后者多用于平面图、安装接线图中。

1) 表示方法

电气图中，对于器件或单元电路常用的表示方法有：

① 集中表示法

将器件或单元电路集中在一起，用虚、实线将关联器部件相互连接的整体表示法。直观，整体性强，适用于不过于复杂或器件数量不多的电路。

② 分散表示法

相对于集中表示法而言，将器件或单元电路按作用、功能分散布局，用项目代号表示相互连接关系的表示法，适用于复杂或器件数量多的电路。

2) 简化

电气图简化的目的是便于快速识图、省时，便于分析、了解系统工作原理与过程，宏观掌握系统概貌，图面清晰、无歧义、美观。方法是：

① 多个并联器件、支路可合并，只需画出一路并标注并联器件、支路数即可。

② 功能、布局完全相同的独立电路、支路，只需详细画出一路并注明即可。

③ 功能单元的内部电路，在不需要详尽了解掌握的前提下，可用一图框概略表示，

如有必要，可另附图。

④ 外部电路或公共电路可合并简化。

（3）导线绘制

1）绘制方法

电气图中，导线绘制常用的方法有：

① 多线表示法

电路所有导线、连接线均按实际逐一画出的表示方法，如图 4-58（*a*）所示。

② 单线表示法

电路中走向一致的导线、连接线只需用一条线画出，走向变化时，才画出分支的表示方法，如图 4-58（*b*）所示。

③ 组合表示法

根据实际需要，综合采用单、多线画法的表示法，如图 4-58（*c*）所示。

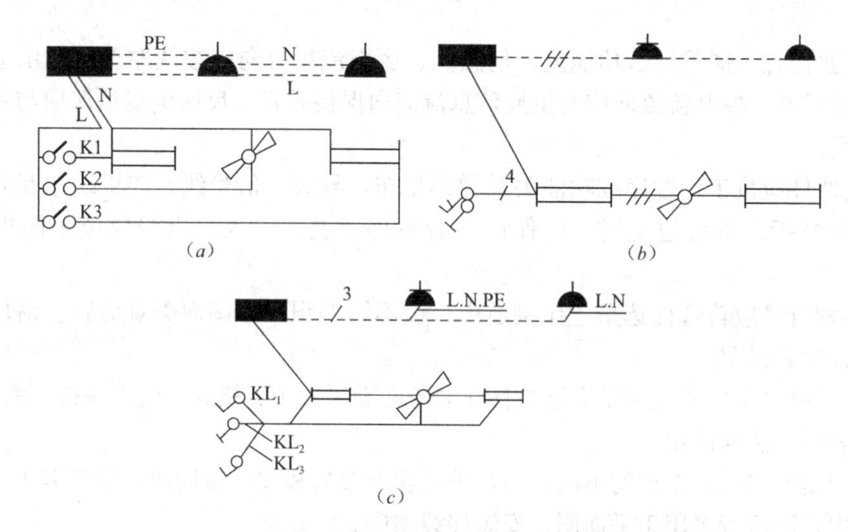

图 4-58　导线表示法

（*a*）多线表示法；（*b*）单线表示法；（*c*）组合表示法

2）线段处理

电气图中，常有连线需要穿越图形稠密区或连接到另一图纸的情况发生，处理方法是：

① 中断

在图形稠密区或换接图纸情况下，对电路连线常采用“中断＋标注”的方法进行处理，如图 4-59（*a*）、（*b*）所示。

② 交叉

在同一图纸，图形空白较多情况下，对电路交叉连线常采用如图 4-59（*c*）、（*d*）所示的方法进行处理，但应注意，同一图纸中两种方法不得混用。

（4）标注、标记

建筑电气工程中，常用的标注标记方法如下：

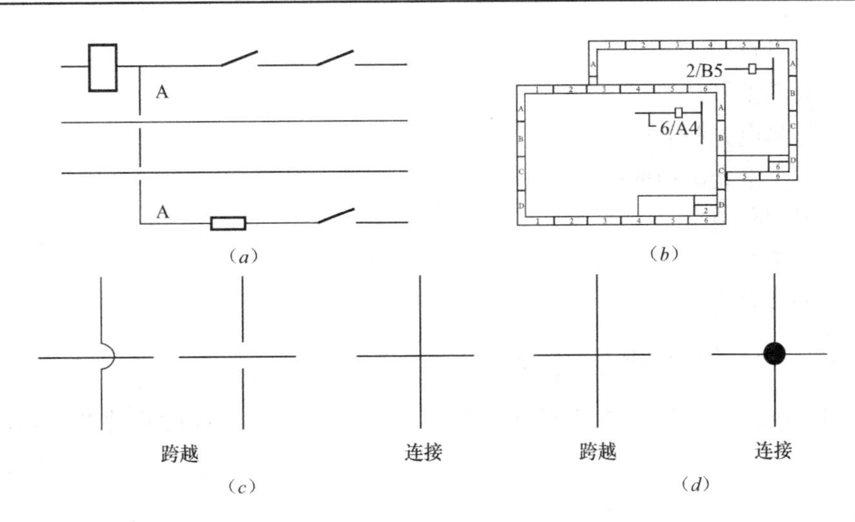

图 4-59　图线处理示意

(a) 图形稠密区的画法；(b) 换接图纸时的画法；(c) 导线交叉画法一；(d) 导线交叉画法二

1) 导线根数的标注标记

照明平面图中导线根数是用“/”表示的，不标或不说明时，表示是 2 根线，3 根线以上常用“/+数字”形式说明。3 根时，可以用“///”或“$/^3$”表示。

2) 电力线缆的通用标注标记方法

$$a-b-c(d\times e+f\times g)\times i-jh \tag{4-45}$$

式中　a——线路编号；

b——线缆型号；

c——线缆根数；

d——线缆中的相线根数；

e——相线截面；

f——中性线、保护地线根数；

g——中性线、保护地线截面（二者截面不同时，分开写）；

i——选配管材管径；

j——敷设方式；

h——敷设高度。

【例 4-3】　W1 BV-3×2.5-PVC25-WC，FC

表示：W1 号线路选用 BV 型导线，3 根截面均为 2.5mm²，穿硬塑料管，管径 25mm，沿墙或地下暗敷设。

【例 4-4】　WP21 YJV-2(3×185+1×95+1×70)-SC80-WS3.5

表示：WP21 号线路选用交联聚氯乙烯五芯电缆，2 根并用，相线截面为 185mm²，中性线截面 95mm²，保护地线截面 70mm²，穿管径 80mm 焊接钢管，沿墙距地面 3.5m 明敷。

3) 照明灯具的标注标记方法

$$a-b\frac{c\times d\times l}{e}f \tag{4-46}$$

式中　a——灯具数；

b——灯具型号；

c——灯具电光源数；

d——单个电光源功率；

l——光源种类；

e——安装高度；

f——安装方式。

【例 4-5】 $12\text{FAC41286P}\,\frac{2\times22}{2.25}\text{CS}$

表示：12 盏 FAC41286P 型双管荧光灯，单管功率 22W，高度距地 2.25m，链吊式安装。

【例 4-6】 $7\text{YAC70542}\,\frac{14\text{FL}}{-}$

表示：7 盏 YAC70542，单管功率 14W 紧凑型荧光灯，吸顶安装。

其余详见《建筑电气工程设计常用图形和文字符号》09DX001。

4.16.3　建筑照明施工图设计

建筑照明施工图包括照明设计说明、照明平面图、照明配电系统图、设备材料清单等。

1. 照明设计说明

重点说明照明供电形式、照度设计标准、选用光源、重点照明的电源切换模式、施工标准、电器安装定位、电器操控方式等。

2. 照明施工图

照明施工图由平面图及配电系统图两部分组成，相互间一一对应。以综合楼照明为例：

(1) 教师工作室平面图、系统图

1) 平面图

如图 4-60 所示，有一个 P30 型照明控制箱：W1、W2、W3 三路出线。其中：W1 为照明线路，为 12 盏双管荧光灯供电，两个四极 86 型翘板开关控制；W2、W3 分别为两路插座供电。

2) 系统图

如图 4-61 所示，标明了工作室电 P30 箱内的每一路出线的断路器配置；导线线型、选配的管材管径、敷设方式；工作室的计算功率、总控断路器及电源进线规格等。

(2) 教师工作室所在层的平面图、系统图

1) 平面图

如图 4-62 所示，标明了该层每一室内及公共环境的灯具、插座、86 型翘板开关、P30 型照明控制箱的位置。由于平面图是有比例的，所以该图可为电气工程造价提供计算依据。

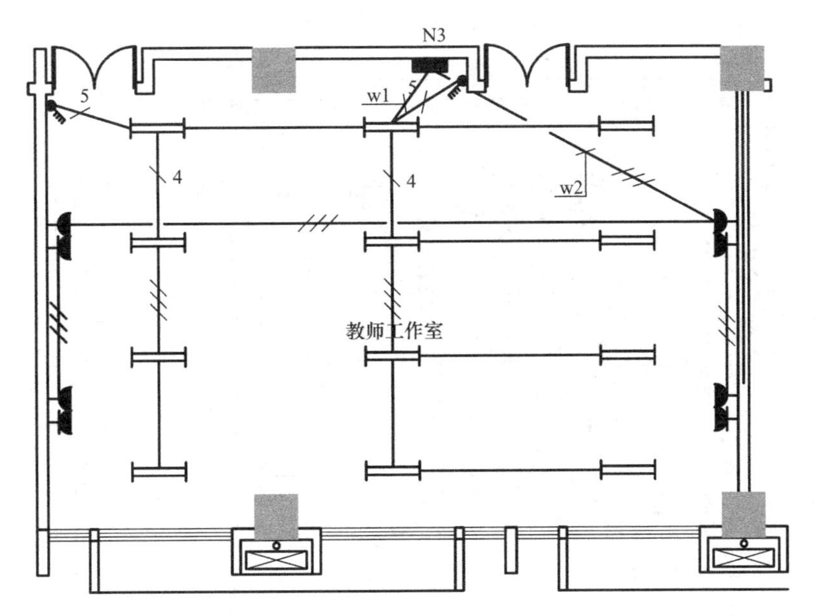

图 4-60　教师工作室平面图

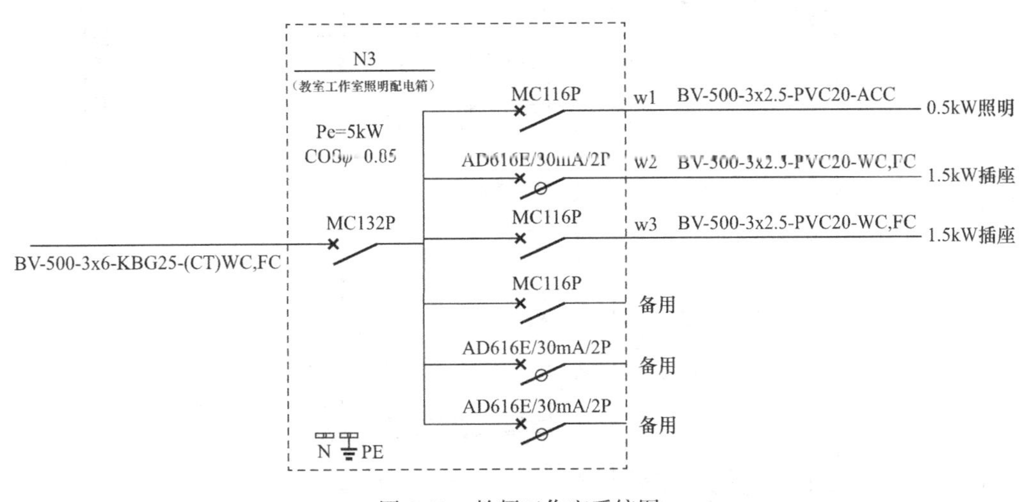

图 4-61　教师工作室系统图

2）系统图

如图 4-63 所示：标明了本层每一室内、公共环境的出线；每一路导线线型、选配的管材管径、敷设方式；本层的计算功率、利用系数、功率因数、总控断路器、计量、防雷保护等。工程实际中，进线选用了低烟无卤阻燃交联聚乙烯绝缘铝合金 4×50+1×25 电力电缆，桥架敷设。

3. 综合楼照明施工及系统图

只需将每一层的照明施工图集中，便自然形成了整个综合楼的照明系统总施工图。

综合楼照明系统干线系统图是由多个分系统图组成。其中 5F～9F 照明系统图，如图 4-64 所示。

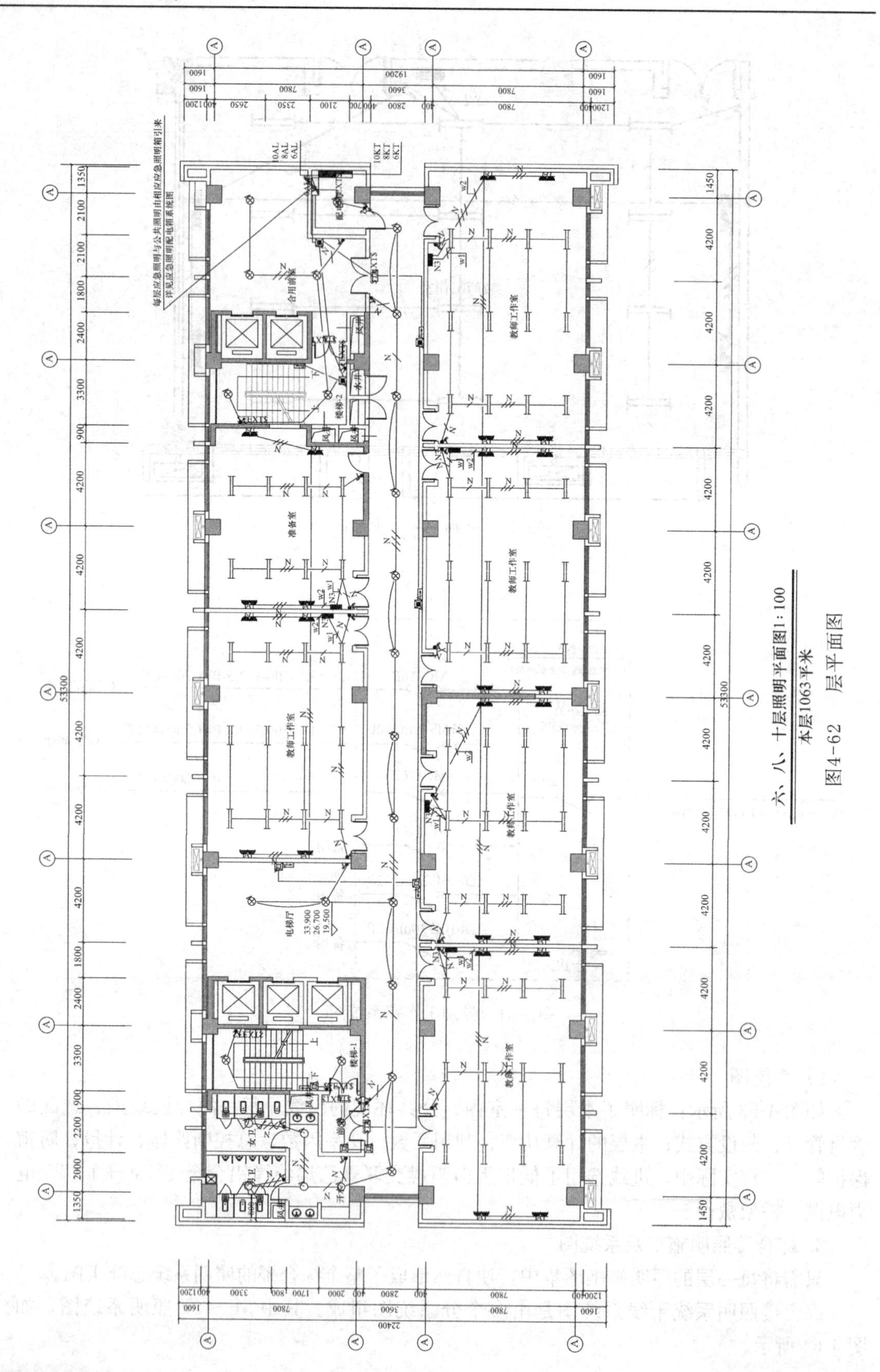
六、八、十层照明平面图1:100
本层1063平米
每层应急照明与公共照明由相应应急照明箱引来
详见应急照明配电箱系统图
合用前室
准备室
教师工作室
电梯厅
楼梯-1
楼梯-2
女卫
男卫
53300
22400

图4-62　层平面图

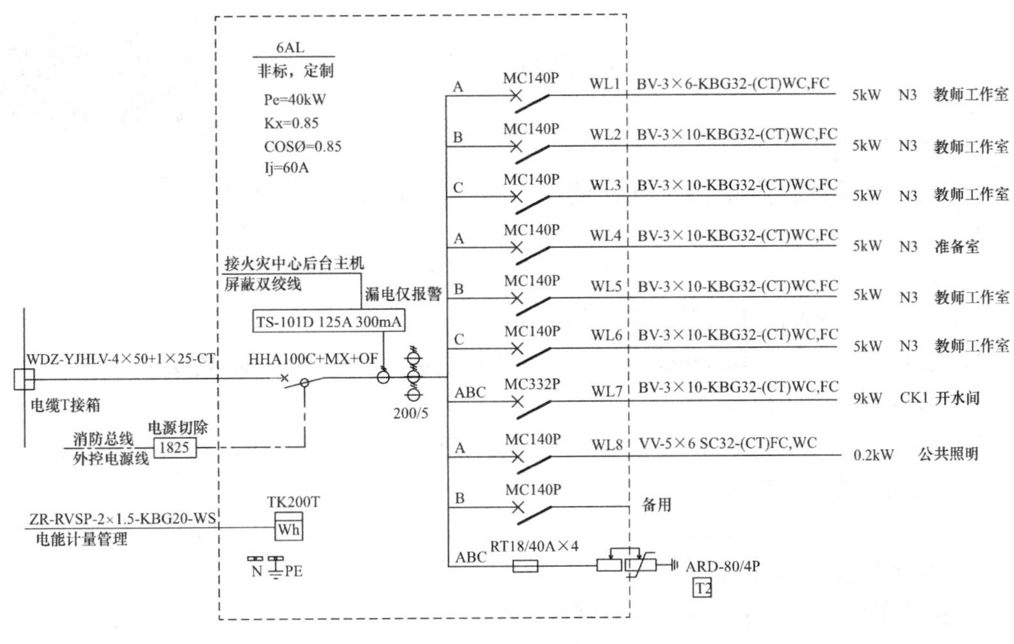

图 4-63　层系统图

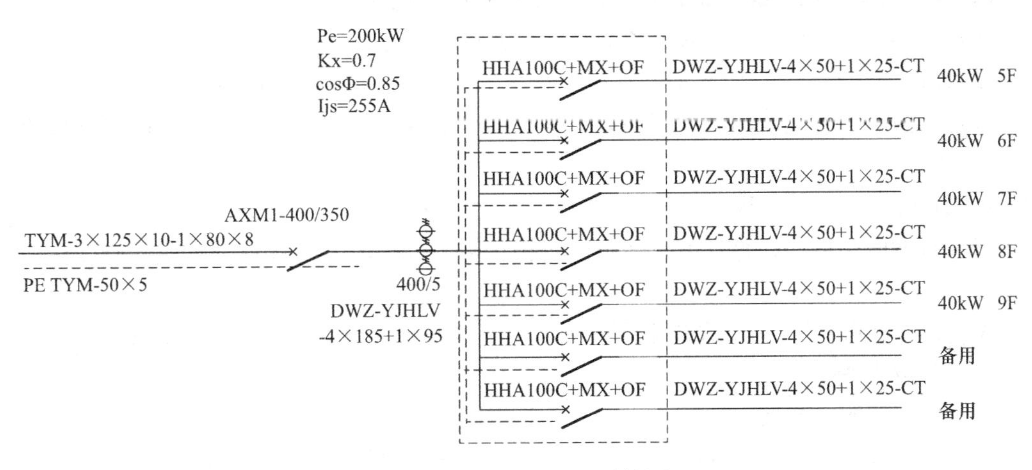

图 4-64　5F～9F 照明系统图

4. 设备材料清单

照明设备材料清单的提供有两种方式，各有优劣：

(1) 集中提供

作为照明设计的一部分独立出图。优点是同类型的设备材料不会出现重复，为采购定制提供清晰全面的一次性服务。缺点是易缺漏、给施工服务带来不便。

(2) 分散提供

将每层所需的设备材料清单绘制在对应的平面图中。优点是无缺漏、给施工服务带来方便，缺点是同类型的设备材料会出现重复统计，为采购定制带来不便。

思考与练习题

1. 单项选择题

（1）光一般是指能引起视觉的电磁波，其波长范围在（　　）之间。

A. 0.78m～0.38m　　B. 0.78nm～0.38nm

C. 0.78μm～0.38μm　　D. 0.78km～0.38km

（2）（　　）是表达灯具用电量大小的参数。

A. 光通量　　B. 功率　　C. 照度　　D. 亮度

（3）发光强度的单位是（　　）。

A. lm　　B. lx　　C. cd　　D. lm/m²

（4）光通量的单位是（　　）。

A. lm　　B. lx　　C. cd　　D. lm/m²

（5）YJY22 型号电缆表示（　　）。

A. 铜芯聚氯乙烯绝缘、钢带铠装聚氯乙烯护套电力电缆

B. 铜芯聚氯乙烯绝缘、钢带铠装聚乙烯护套控制电缆

C. 铜芯交联聚乙烯绝缘、钢带铠装聚乙烯护套电力电缆

D. 铜芯聚氯乙烯绝缘、钢带铠装聚乙烯护套电力电缆

（6）下列型号中属于铜芯聚氯乙烯绝缘控制电缆的是（　　）。

A. KYV　　B. KXV　　C. KVV　　D. KXF

（7）室内照明配线所用导线截面，应根据用电设备计算负荷确定，最小截面不得小于（　　）。

A. 4mm²　　B. 2.5mm²　　C. 1.5mm²　　D. 1mm²

（8）对输电距离远、容量大、运行时间长、年运行费用多的线路，其截面应按（　　）选择。

A. 长时允许电流　　B. 允许电压损失　　C. 经济电流密度　　D. 机械强度

2. 多项选择题

（1）应急照明可包括（　　）。

A. 警卫照明　　B. 疏散照明　　C. 安全照明　　D. 备用照明

（2）下列场所的照明光源的色温宜选用 3300～5300K 的是（　　）。

A. 餐厅　　B. 办公室　　C. 教室　　D. 阅览室

（3）下面对照度表述正确的有（　　）。

A. 被照表面接收的光强度，称为被照面的照度

B. 照度用符号 E 表示

C. φ—被照表面上接受的光通量

D. A—接收光照的面积

（4）下面对亮度表述正确的有（　　）。

A. 符号 L 表示　　B. 单位为 cd

C. 单位投影面积的发光强度　　D. 亮度直接影响人的感受

（5）下列各种不同类型导线一般使用场所正确的有（　　）。

A. 铜母线作为汇流排多用于高低压配电柜（箱、盘、屏）中

B. 钢母线多作为系统工作接地或避雷接地的汇流排

C. 裸导线主要用于适于采用空气绝缘的室外远距离架空敷设

D. 绝缘线缆主要用于不适于采用空气绝缘的用电环境或场合

（6）电缆是一种特殊的导线，由（　　）组成。

A. 导电芯　　B. 铅皮　　C. 绝缘层　　D. 绝缘层

（7）下列对母线的说明中，正确的是（　　）。

A. 矩形母线散热条件好，易于安装与连接，但集肤效应系数大，主要用于电流不超过4000A的线路中

B. 槽形母线通常是双槽形一起用，载流量大，集肤效应小，用于电压等级不超过35kV，电流在4000～8000A的回路中

C. 管形母线的集肤效应最小，机械强度最大，还可以采用管内通水或通风的冷却措施，用于电流超过8000A的线路中

D. 室外母线多采用钢芯铝绞线或单芯圆铜线

（8）配电线路在（　　）时，其N、PE、PEN线的最小截面应不小于相线截面。

A. 以气体放电电源为主的配电线路　　B. 单相配电线路

C. 可控硅调光回路　　D. 计算机电源回路

3. 判断题

（1）光是辐射能刺激视网膜而引起观察者通过视觉而获得的景象。（　　）

（2）在明视觉条件下，人眼通常对555nm的黄绿色光最敏感。（　　）

（3）由材料的光谱特性可知：彩色表面在与它色彩相同的光谱区域内，光谱反射系数最小。（　　）

（4）光谱光效率是指标准光度观察者对不同波长单色辐射的相对灵敏度，是用来评价人眼对不同波长光的灵敏度的一项指标。（　　）

（5）只要不影响电路中的保护正常运行，交直流回路可以共用一根电缆。（　　）

（6）截面积相同的矩形母线和圆形母线可通过的电流相等。（　　）

（7）电缆是一种既有绝缘层，又有保护层的导线。（　　）

（8）电缆终端头分户内型和户外型。（　　）

4. 分析与计算

（1）某办公室长14.2m，宽7m，有平吊顶，高度3.1m，灯具嵌入顶棚安装，为满足工作面照度为500lx，经计算均匀布置14套嵌入式3×28W格栅荧光灯具，单只荧光灯管配的电子镇流器功耗为4W，T5荧光灯管28W光通量为2660lm，利用系数为0.62，格栅灯效率为0.64，维护系数为0.8，计算该办公室的照明功率密度值应为多少？

（2）某办公室长14.2m，宽7m，有平吊顶，高度3.1m，嵌入4×18W格栅荧光灯具，单只T5荧光灯管光通量为1050lm，利用系数为0.62，格栅灯具效率为0.71，维护系数为0.8，为使平均照度达到500lx，请问需要多少套灯具？

（3）某照明干线总负荷20kW，线路长250m，采用380/220V供电，设电压损失不超过5%，敷设点环境温度为30℃，负荷需要系数$K_N=1$，$\cos\varphi=1$，拟选用BX线明敷，电

压损失计算常数C=77。试按电压损失选择导线截面并按发热条件校验（BX型绝缘导线明敷时的允许载流量见下表）。

BX型绝缘导线明敷时的允许载流量

芯线截面（mm^2）	BX型铜芯橡皮线			
	环境温度			
	25℃	30℃	35℃	40℃
2.5	35	32	30	27
4	45	42	38	35
6	58	54	50	45
10	85	79	73	67
16	110	102	95	87
25	145	135	125	114
35	180	168	155	142
50	230	215	198	181
70	285	266	246	225

（4）有一条采用BV-500型绝缘导线明敷的220/380V的TN-S线路，计算电流110A，当地最热月平均气温为30℃。按发热条件选择线路的相线、N线、PE线截面（BV型绝缘导线明敷时的允许载流量见下表）。

BV型绝缘导线明敷时的允许载流量

芯线截面（mm^2）	BV型铜芯塑料线			
	环境温度			
	25℃	30℃	35℃	40℃
2.5	32	29	27	25
4	42	39	36	33
6	55	51	47	43
10	75	70	64	59
16	105	98	90	83
25	138	129	119	109
35	170	158	147	134

第5章　建筑低压配电设计

现今的建筑大多以电作为常规动力源。因此，为保证建筑安全用电，并为今后发展留有一定冗余，就必须对建筑提供电能的系统进行设计。这个系统就是建筑的供配电系统，其设计简称为建筑供配电系统设计。

供配电是供电和配电的统称。这种称谓直接表明了两者之间的关联性和衔接关系。建筑供配电系统设计是建筑电气设计的重要组成部分。而准确计算建筑低压负荷是正确选配建筑供配电系统设备的关键。低压负荷计算主要包括：分系统配置及其负荷估算、负荷计算、单相负荷折算、尖峰电流计算等。本章以综合楼为例，介绍了低压配电设计中的计算及电器件选择一般方法。

5.1　分系统配置及负荷计算基础

5.1.1　分系统配置

建筑物分系统的数量与规模由建筑功能及需求决定。就目前而言，照明、供配电系统、防雷、给排水、暖通空调、运输系统（含自动扶梯或自动人行道）、建筑安全（火灾自动报警与联动系统、安全防范系统）、通信系统、网络系统等已属于建筑的标配系统，它们当中有些分系统的自身配置就有规模与数量要求，如给排水、暖通空调；有些分系统内部还含有若干子系统，如建筑安全系统。而建筑分系统的配置情况又与建筑安全可靠用电密切相关。因此，在建筑供配电系统设计之前，设计者就应对建筑分系统配置及负荷情况做全面详细了解，以免因盲目或粗心致使出现设计失误，造成损失。

5.1.2　负荷计算基础

在进行供配电系统设计时，需要对用电负荷进行计算。负荷计算就是综合考虑负荷实际运行时的各种因素，把用电负荷相关的原始数据，通过一定的计算方法，变成供配电系统设计所需要的假想负荷的过程。

1. 负荷计算的目的

为选择供配电系统各供电网络的电压等级、变压器容量规格、导线和开关电气设备，选择保护元件及进行保护整定，进行无功补偿，统计电网损耗，电能质量控制等提供依据。

2. 负荷计算的内容

（1）计算负荷

计算负荷是一假想的持续性负荷，其热效应与同一时间内实际负荷所产生的最大热效应相当。通常是以30min最大平均负荷作为按发热条件选择和计算的依据。之所以选择30min作为时间统计单位，是因为大部分载流导体要经过约30min后方可达到稳定温升值。其实质是指系统的稳态负荷。

（2）尖峰电流

指单位时间内，单台或多台设备持续运行的最大负荷电流。通常是以启动电流的周期分量作为计算电压损失、电压波动或电压下降以及选择电器与保护元件的依据。其实质是指系统的暂态负荷。若校验瞬动元件，还应考虑电流的非周期分量。

（3）平均负荷

用以计算系统的最大平均负荷与电能消耗，也称等效负荷。常选用具有代表性、用电较为集中的时间段内的最大负荷做样本。根据选取时间的不同，有日平均负荷、月平均负荷、年平均负荷之分。

对于一、二级负荷，该值可用于确定备用或应急电源容量；对于季节性负荷，该值可帮助确定变压器容量、台数及经济运行方式。

3. 负荷计算物理量

（1）年最大负荷

是指一年当中的最大工作班内，以 30min 为时间统计单位的平均功率的最大值。用符号 P_m、Q_m、S_m、I_m 分别表示年有功、无功、视在最大负荷和最大负荷电流。

（2）年最大负荷利用小时数 T_m

是一个假想的时间。物理意义是用户以年最大负荷持续运行 T_m 个小时所消耗的电能，恰好等于全年实际电能的消耗量。

（3）平均负荷

平均负荷是指用户在一段时间内消耗电负荷的平均值，用符号 P_{av}、Q_{av}、S_{av}、I_{av}分别表示平均有功、无功、视在负荷和平均负荷电流。

（4）负荷率

负荷率又称年平均负荷系数，有有功负荷系数 α_{av} 和无功负荷系数 β_{av} 之分。

1）年平均有功负荷系数 α_{av}

定义为平均负荷 P_{av} 与最大负荷 P_m 的比值。

$$\alpha_{av}=\frac{P_{av}}{P_m} \tag{5-1}$$

式中 α_{av}——年平均有功负荷系数；

P_{av}——平均有功功率，kW；

P_m——最大有功功率，kW。

2）年平均无功负荷系数 β_{av}

定义为平均无功负荷 Q_{av} 与最大无功负荷 Q_m 的比值。

$$\beta_{av}=\frac{Q_{av}}{Q_m} \tag{5-2}$$

式中 β_{av}——年平均无功负荷系数；

Q_{av}——平均无功功率，kVar；

Q_m——最大无功功率，kVar。

它们反映了负荷波动的程度。一般年平均有功负荷率 α_{av} 取值在 0.7～0.75，年平均无功负荷率 β_{av} 取值在 0.76～0.82 之间。

4. 设备负荷确定原则与方法

进行负荷计算时，需要将用电设备按其性质分成不同的用电设备组，然后再确定设备功率。

负荷计算时用到的是设备容量，由设备的铭牌功率换算为设备容量，不同工作制的用电设备按下列方法确定：

(1) 长期运行工作制的设备容量

指设备运行时间长，停歇时间短，设备能在规定的环境温度下连续运行，并达到稳定的温升。此类设备有水泵、通风机、压缩机、电热设备和照明、机床等。

这类设备的设备容量等于铭牌标明的额定功率，即：

$$P_{js}=P_N \tag{5-3}$$

式中 P_{js}——设备计算有功负荷，kW；

P_N——设备铭牌额定功率，kW。

(2) 断续周期工作制的设备容量

指设备以非连续的方式反复进行工作，时而运转时而停歇，好像有周期一样。工作时间 t_g 与停歇时间 t_o 相互交替重复，一个周期 T 一般不超过10min。典型设备有起重和电焊设备。

断续周期工作制的设备用负荷持续率（或暂载率）ε 来表示其工作特性，即：

$$\varepsilon=\frac{t_g}{T}\times 100\%=\frac{t_g}{t_g+t_o}\times 100\% \tag{5-4}$$

式中 ε——设备负荷持续率；

t_g——设备工作时间，min；

t_o——设备间歇时间，min；

T——设备工作周期，min。

起重设备的标准负荷持续率有15%、25%、40%、60%等；电焊设备的标准负荷持续率有40%、50%、65%、75%、100%等。这类设备如果负荷持续率不是100%的话，也就意味着不能满载连续工作，否则会烧毁。

按规定，这两类设备负荷必须经过统一换算后才能计入。

1）对于起重设备采用需要系数法和二项式系数法时，需将持续率统一换算到 $\varepsilon_{25}=25\%$时的功率后方可计入，计算式如下：

$$P_{js}=P_N\sqrt{\frac{\varepsilon_N}{\varepsilon_{25}}}=2P_N\sqrt{\varepsilon_N} \tag{5-5}$$

式中 ε_N——设备铭牌负荷持续率；

ε_{25}——需要换算到的负荷持续率。

2）对于电焊设备采用需要系数法和二项式系数法时，须将持续率统一换算到 $\varepsilon_{100}=100\%$时的功率后方可计入，计算式如下：

$$P_{js}=P_N\sqrt{\frac{\varepsilon_N}{\varepsilon_{100}}}=P_N\sqrt{\varepsilon_N}=S_N\cos\varphi\sqrt{\varepsilon_N} \tag{5-6}$$

式中 ε_{100}——需要换算到的负荷持续率；

S_N——设备铭牌额定视在功率，kVA；

$\cos\varphi_N$——设备额定功率因数。

【例5-1】 一台额定容量为20kVA，功率因数0.8，铭牌的额定负荷持续率为50%的电焊机，现在持续率100%下工作。试确定其实际有功容量。

解：

$$P_e = S_N\cos\varphi\sqrt{\varepsilon_N} = 20\times0.8\times\sqrt{0.5} = 11.31\text{kW}$$

3）对于电炉变压器

$$P_{js} = S_N\cos\varphi_N \tag{5-7}$$

4）照明设备

① 热效应照明 $$P_{js}=P_N \tag{5-8}$$

② 荧光灯应考虑镇流器功率损耗，即：设备容量＝灯管功率＋镇流器损耗；估算时，可按110%～120%左右计入，电子式取下限、电感式取上限。

③ 高压气体放电灯可按光源功率的110%～120%左右计入。

④ 金卤灯采用镇流器时，也可按光源的130%～150%左右计入。

5）设备台（套）数的处理

① 少于3台（套）时，$P_{js}=\sum_{i=1}^{3}P_i$。

② 3台（套）以上，且有效台（套）数不多于4台（套）时，$P_{js}=0.9\times\sum_{i=1}^{n}P_i$。

③ 设备组负荷，不应包括备用设备负荷。

④ 消防设备计算负荷大于火灾时应切除的非消防设备负荷时，应按"消防设备计算负荷＋火灾时未被切除的非消防设备负荷"计算。

⑤ 消防设备计算负荷小于火灾时应切除的非消防设备负荷时，可不计入。

（3）短时工作制的设备容量

指设备运行时间很短，停歇时间长，设备在工作时的发热通常难以达到稳定温升，而在停歇时间内能冷却到环境温度。如控制闸门、风门、阀门的电动机等。此类工作制的设备数量少且功率小，所以负荷统计时一般不计入。

5.2 负荷计算

《民用建筑电气设计规范》JGJ/T16、《全国民用建筑工程设计技术措施节能专篇—电气》、《全国民用建筑工程设计技术措施—电气》对民用建筑的负荷计算，推荐了需要系数法、单位面积功率法和单位指标法。

5.2.1 需要系数法

需要系数法指用需要系数 K_d 计算设备容量的方法。用这种方法得出的计算负荷就是30分钟最大平均负荷。需要系数反映了设备实际运行的计算负荷 P_m 与设备（或设备组）额定容量 P_N 之间的关系。此法适用于初步设计和施工图设计阶段。

$$P_m = \frac{K_\Sigma K_L}{\eta_e\eta_{wL}}P_N = K_dP_N \tag{5-9}$$

式中 P_m——计算有功功率，kW；

K_Σ——设备组同期系数；

K_L——设备组负荷系数；

η_e——设备组平均效率；

η_{wL}——配电线路平均效率；

P_N——设备组标称功率总和，kW；

K_d——设备需要系数。

1. 计算步骤

如图 5-1 所示电路，计算是由 A 点→D 点顺序逐级向前级累加，直至高压侧 D 点为止。

(1) 图中 A 点：单组三相设备（用电设备组）的计算负荷

单组设备负荷的计算公式为：

$$P_m = K_d \Sigma P_N \tag{5-10}$$

$$Q_m = P_m \tan\varphi \tag{5-11}$$

$$S_m = \frac{P_m}{\cos\varphi} \tag{5-12}$$

$$I_m = \frac{S_m}{\sqrt{3}U_N} \tag{5-13}$$

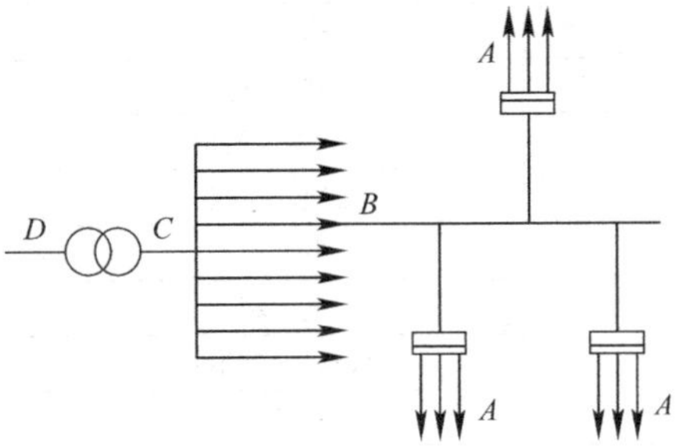

图 5-1　需要系数法计算电路示意图

式中　P_m——计算有功功率（计算负荷，也可用 P_{js} 标识，下同），kW；

K_d——需要系数，部分民用建筑设备需要系数见表 5-1、部分民用建筑照明需要系数见表 5-2（必要时，可查阅《全国民用建筑工程设计技术措施节能专篇—电气》、《全国民用建筑工程设计技术措施—电气》、《民用建筑电气设计规范》JGJ/T16、《工业与民用配电设计手册》等相关资料）；

P_N——单台设备标称功率，kW；

ΣP_N——设备组标称功率总和，kW；

Q_m——计算无功，kVar；

S_m——计算视在功率，kVA；

I_m——计算电流，A；

$\tan\varphi$——设备组正切值，$\tan\varphi = \tan\cos^{-1}\varphi$；

$\cos\varphi$——设备组功率因数；

U_N——用电设备的额定电压，kV。

部分民用建筑设备需要系数表　　　　表 5-1

序号	用电设备分类	K_d	$\cos\varphi$	$\tan\varphi$
1	各种风机、空调器	0.7～0.8	0.8	0.75
	恒温空调箱	0.6～0.7	0.95	0.33
	冷冻机	0.85～0.9	0.8	0.75
	集中式电热器	1	1	0
	分散式电热器（20kW 以下）	0.85～0.95	1	0
	分散式电热器（100kW 以上）	0.75～0.85	1	0
	小型电热设备	0.3～0.5	0.95	0.33
2	各种水泵（15kW 以下）	0.75～0.8	0.8	0.75
	各种水泵（17kW 以上）	0.6～0.7	0.87	0.57

续表

序号	用电设备分类	K_d	$\cos\varphi$	$\mathrm{tg}\varphi$
3	客梯（1.5t及以下）	0.35～0.5	0.5	1.73
	客梯（2t及以上）	0.6	0.7	1.02
	货梯	0.25～0.35	0.5	1.73
	输送带	0.6～0.65	0.75	0.88
	起重机械	0.1～0.2	0.5	1.73
4	锅炉房用	0.75～0.85	0.85	0.62
5	消防用电	0.4～0.6	0.8	0.75
6	食品加工机械	0.5～0.7	0.8	0.75
	电饭锅、电烤箱	0.85	1	0
	电炒锅	0.7	1	0
	电冰箱	0.6～0.7	0.7	1.02
	热水器、（淋浴用）	0.65	1	0
	除尘器	0.3	0.85	0.62
7	修理间机械设备	0.15～0.2	0.5	1.73
	电焊机	0.35	0.35	2.68
	移动式电动工具	0.2	0.5	1.73
8	打包机	0.2	0.6	1.33
	洗衣房动力	0.65～0.75	0.5	1.73
	天窗开闭机	0.1	0.5	1.73
9	载波机	0.85～0.95	0.8	0.75
	收讯机	0.8～0.9	0.8	0.75
	发讯机	0.7～0.8	0.8	0.75
	电话交换机	0.75～0.85	0.8	0.75
	客房床头电气控制箱	0.15～0.25	0.6	1.33

部分民用建筑照明需要系数表 表5-2

建筑名称	需要系数	备注
单身宿舍楼	0.6～0.7	一开间内1～2盏灯、2～3个插座
一般办公楼	0.7～0.8	一开间内2盏灯、2～3个插座
高级办公楼	0.6～0.7	
科研楼	0.8～0.9	一开间内2盏灯、2～3个插座
发展与交流中心	0.6～0.7	
教学楼	0.8～0.9	三开间内6～11盏灯、1～2个插座
图书馆	0.6～0.7	
托儿所、幼儿园	0.8～0.9	
小型商业、服务业用房	0.85～0.9	
综合商业、服务楼	0.75～0.85	
食堂、餐厅	0.8～0.9	
高级餐厅	0.7～0.8	
一般旅馆、招待所	0.7～0.8	一开间内1盏灯、2～3个插座、集中卫生间
高级旅馆、招待所	0.6～0.7	自带卫生间
旅游宾馆	0.35～0.45	单间内4～5盏灯、4～6个插座
电影院、文化馆	0.7～0.8	
剧场	0.6～0.7	

续表

建筑名称	需要系数	备注
礼堂	0.5～0.7	
体育练习馆	0.7～0.8	
体育馆	0.65～0.75	
展览厅	0.5～0.7	
门诊楼	0.6～0.7	
一般病房楼	0.65～0.75	
高级病房楼	0.5～0.6	
锅炉房	0.9～1	

（2）图中 B 点：多组三相用电设备的计算负荷

在计算供配电干线或变电所低压母线上的计算负荷时，要考虑到各用电设备组的最大负荷不可能同时出现。因此，在确定多组用电设备的总计算负荷时，应把各用电设备组的最大负荷累加起来后，再就同时运行进行折算。即：引入有功同时系数 $K_{\Sigma p}$（取 0.8～0.95）与无功同时系数 $K_{\Sigma q}$（取 0.85～0.97）。

同时系数，越靠近电源（变电所）端，取值越大，且可以累乘。

多组设备的计算公式为：

$$P_{\Sigma m}=K_{\Sigma p}\sum_{i=1}^{i=\infty}P_{mi} \tag{5-14}$$

$$Q_{\Sigma m}=K_{\Sigma q}\sum_{i=1}^{i=\infty}Q_{mi} \tag{5-15}$$

$$S_{\Sigma m}=\sqrt{P_{\Sigma m}^{2}+Q_{\Sigma m}^{2}} \tag{5-16}$$

$$I_{\Sigma m}=\frac{S_{\Sigma m}}{\sqrt{3}U_{N}} \tag{5-17}$$

式中　$P_{\Sigma m}$、$Q_{\Sigma m}$、$S_{\Sigma m}$、$I_{\Sigma m}$——多组用电设备的总计算有功功率、总计算无功功率、总计算视在功率、总计算电流；

P_{mi}、Q_{mi}——第 i 组用电设备的计算有功功率、计算无功功率。

（3）图中 C 点：系统低压侧配电母线上的计算负荷

不仅要考虑不同配电干线的 $K_{\Sigma p}$ 与 $K_{\Sigma q}$，而且若在低压侧配有电容补偿无功时，其计算无功应减去补偿无功容量：

$$P'_{\Sigma m}=K_{\Sigma p}\sum_{i=1}^{i=\infty}P_{\Sigma m} \tag{5-18}$$

$$Q'_{\Sigma m}=K_{\Sigma Q}\sum_{i=1}^{i=\infty}Q_{\Sigma m}-Q_{C} \tag{5-19}$$

$$S'_{\Sigma m}=\sqrt{P'^{2}_{\Sigma m}+Q'^{2}_{\Sigma m}} \tag{5-20}$$

$$I'_{\Sigma m}=\frac{S'_{\Sigma m}}{\sqrt{3}U_{N}} \tag{5-21}$$

式中　$P'_{\Sigma m}$、$Q'_{\Sigma m}$、$S'_{\Sigma m}$、$I'_{\Sigma m}$——分别为 C 点的总计算有功功率、总计算无功功率、总计算视在功率、总计算电流；

$P_{\Sigma m}$、$Q_{\Sigma m}$——为 B 点各干线的计算有功功率、计算无功功率；

Q_{C}——为低压侧无功补偿容量，kVar。

$S'_{\Sigma m}$计算结果可用于变压器容量及低压侧母线截面选择。

（4）图中 D 点：系统高压侧负荷计算

在系统低压侧计算负荷基础上，再加上变压器的有功损耗和无功损耗，即可确定变压器高压侧计算负荷，用于选择变压器高压侧进线导线截面。

$$P''_{\Sigma m}P'_{\Sigma m}+\Delta P_r \tag{5-22}$$

$$Q''_{\Sigma m}=Q'_{\Sigma m}+\Delta Q_r \tag{5-23}$$

$$S''_{\Sigma m}=\sqrt{P''^2_{\Sigma m}+Q''^2_{\Sigma m}} \tag{5-24}$$

$$I''_{\Sigma m}=\frac{S''_{\Sigma m}}{\sqrt{3}U_N} \tag{5-25}$$

式中 $P''_{\Sigma m}$、$Q''_{\Sigma m}$、$S''_{\Sigma m}$、$I''_{\Sigma m}$——分别为 D 点的总计算有功功率、总计算无功功率、总计算视在功率、总计算电流；

ΔP_r、ΔQ_r——为变压器的有功损耗和无功损耗。

2. 特点

需要系数法优点是公式简单、计算方便；对于不同性质设备、企事业单位的需要系数 K_d 经过几十年的统计和累计，只需查阅相关规范或手册提供的数据即可。缺点是没有考虑大容量电机对计算的影响，尤其是用电设备台（套）数越少，计算结果偏小。

【例 5-2】 某校共有三栋学生宿舍楼，照明全部为荧光灯。第一栋等效三相照明负荷 21kW，第二栋等效三相照明负荷 33kW，第三栋等效三相照明负荷 27kW。试用需要系数法求宿舍区的三相计算负荷。

解：宿舍区总照明负荷设备容量为

$$P_N=21+33+27=81\text{kW}$$

查表 5-1，得　$K_d=0.6\sim0.7$（取 0.7），$\cos\varphi=0.9$，$\tan\varphi=0.48$，则计算负荷：

$$P_m=K_d\Sigma P_N=0.7\times81=56.7\text{kW}$$

$$Q_m=P_m\tan\varphi=56.7\times0.48=27.2\text{kVar}$$

$$S_m=\frac{P_m}{\cos\varphi}=\frac{56.7}{0.9}=63\text{kVA}$$

$$I_m=\frac{S_m}{\sqrt{3}U_N}=\frac{63}{\sqrt{3}\times0.38}=95.7\text{A}$$

5.2.2　单位面积功率法（负荷密度法）

适用于方案设计初期，为确定供电方案和选择变压器容量与台数，通常根据用电水平和装备标准进行估算。

$$P_m=\frac{\sigma\cdot A_e}{1000} \tag{5-26}$$

$$S_m=\frac{\sigma\cdot A_e}{1000} \tag{5-27}$$

式中　P_m——总计算有功功率，kW；

σ——单位负荷密度，W/m^2 或 VA/m^2；

A_e——建筑面积，m^2；

S_m——总计算视在功率，kVA。

5.2.3　单位指标法

$$P_{m}=\frac{\rho \cdot N}{1000} \tag{5-28}$$

$$S_{m}=\frac{\rho \cdot N}{1000} \tag{5-29}$$

式中　P_{m}——总计算有功功率，kW；

ρ——单位负荷密度，W/人（户、床、套…）或 VA/人（户、床、套…）；

N——总数量，总人数（总户数、总床数、总房间数等）；

S_{m}——总视在功率，kVA。

5.2.4　工程经验法

1. 框算法

适用于对个别分系统用电情况不甚明了时的估算。如：给排水、暖通空调各自专业人员提供参数为准；对于有电梯配置的建筑，应根据电梯数量的多少、使用情况决定是否需要计入。需计入时，应以厂家提供数据计算。无法得到厂家数据时，可按下式估算：

交流单速梯：$S_{e}\approx 0.035L\times V$　(kVA)　(5-30)

交流双速梯：$S_{e}\approx 0.03L\times V$　(kVA)　(5-31)

直流有齿轮电梯：$S_{e}\approx 0.021L\times V$　(kVA)　(5-32)

直流无齿轮电梯：$S_{e}\approx 0.015L\times V$　(kVA)　(5-33)

式中　S_{e}——电梯估算容量，kVA；

L——额定负载，kg；

V——额定速度，m/s。

2. 占比法

依据建筑所配置的用电较大的分系统在总用电量中所占比重进行估算，部分不同类型建筑分系统用电比重见表 5-3。

部分不同类型建筑分系统用电比重统计表（%）　表 5-3

序号	类别	办公楼	旅游旅馆	医疗建筑	商业建筑
1	照明及插座	43.66	11	11	47
2	空调机组	48	29	36	38
3	通风换气	2.4	14	16	5
4	电梯及其他设备	5.3	27	37	8
5	给排水电机	0.64	19	—	2

5.3　单相负荷折算

民用建筑的低压供配电系统中，除了三相负荷之外，还有大量的电光源、家用电器、办公电器、电焊机、小型电阻炉等单相设备。在三相线路中单相负荷应尽量均衡地分配到三相中。

5.3.1　单相负荷等效三相负荷原则

1. 单相负荷与三相负荷同时存在时，应将单相负荷换算成等效三相负荷后，再与三相负荷相加。

2. 换算时，一般采用计算功率（在需要系数法中指 P_m）。

3. 若三相线路中，单相设备的总计算功率不超过三相对称负载总功率的15%时，则不论单相负荷如何分配，均应按三相对称负荷计算。

4. 若单相负荷总计算功率超过三相负荷总计算功率15%时，则应将单相负荷功率换算为等效三相负荷功率，再与三相负荷功率相加。

5. 只有单相负荷时，等效三相负荷为最大相负荷的3倍。

6. 只有线间负荷时，先将线间负荷相加，选较大两相的数据计算。以 $P_{L1L2} \geq P_{L2L3} \geq P_{L3L1}$ 为例，则其等效三相负荷可简化计算为：

$$P_{eq} = \sqrt{3}P_{L1L2} + (3-\sqrt{3})P_{L2L3} = 1.73P_{L1L2} + 1.27P_{L2L3} \quad (5\text{-}34)$$

当 $P_{L1L2}=P_{L2L3}$ 时：$P_{eq}=3P_{L1L2}$。

当只有 P_{L1L2} 时：$P_{eq}=\sqrt{3}P_{L1L2}$。

式中 P_{L1L2}、P_{L2L3}、P_{L3L1}——分别为接于 L_1L_2、L_2L_3、L_3L_1 线间负荷。

7. 既有单相负荷，又有三相负荷时，先将三相负荷换算成单相负荷，各相负荷分别相加后，选最大相负荷的3倍作为等效三相负荷，以满足安全运行的要求。

5.3.2 单相设备等效三相负荷的计算

1. 单相设备接于相电压

【例5-3】 已知某单位宿舍的照明负荷（荧光灯），L1相总设备容量为10kW、L2相总设备容量为11kW、L3相总设备容量为9.5kW。试用需要系数法求等效三相照明负荷。

解：

查表5-1，得：$K_d=0.6\sim0.7$（取0.7），$\cos\varphi=0.9$，$\tan\varphi=0.48$，则各相计算负荷：

L1相：$P_{mL1}=K_dP_N=0.7\times10=7\text{kW}$

L2相：$P_{mL2}=K_dP_N=0.7\times11=7.7\text{kW}$

L3相：$P_{mL3}=K_dP_N=0.7\times9.5=6.65\text{kW}$

最大负荷相为L2，所以三相等效负荷为：

$$P_{eq}=3P_{L2}=3\times7.7=23.1\text{kW}$$

2. 单相设备接于线电压

单相设备接于线电压时，负荷应按照一定比例分配到相关两相中。负荷分配的方法有两种：

（1）负荷均分法

【例5-4】 室外一条照明线路采用380V 600W高压钠灯，L1、L2两相间接有20盏，L2、L3两相间接有21盏，L3、L1两相间接有19盏。试计算这条照明线路上的等效三相计算负荷。

解：

查表5-1得：$K_d=1$，$\cos\varphi=0.5$，$\tan\varphi=1.73$，则各相间计算负荷：

L1、L2两相间计算负荷：$P_{mL12}=K_dP_N=1\times(20\times600)=12\text{kW}$

L2、L3两相间计算负荷：$P_{mL13}=K_dP_N=1\times(21\times600)=12.6\text{kW}$

L3、L1两相间计算负荷：$P_{mL31}=K_dP_N=1\times(19\times600)=11.4\text{kW}$

取两个最大负荷，得：$P_{eq}=1.5(P_{mL12}+P_{mL23})=1.5\times(12+12.6)=36.9\text{kW}$

等效三相计算无功为：$Q_{eq}=P_{eq}\tan\varphi=36.9\times1.73=63.8\text{kVar}$

等效三相视在功率、等效三相电流计算略。

(2) 换算系数法

要较为精确地分配单相线电压负荷，需用到换算系数法，公式为：

L1 相：　$P_{L1}=p_{L12-1}P_{L12}+p_{L31-1}P_{L31}$　　$Q_{L1}=q_{L12-1}P_{L12}+q_{L31-1}P_{L31}$　　(5-35)

L2 相：　$P_{L2}=p_{L12-2}P_{L12}+p_{L23-2}P_{L23}$　　$Q_{L2}=q_{L12-2}P_{L12}+q_{L23-2}P_{L23}$　　(5-36)

L3 相：　$P_{L3}=p_{L23-3}P_{L23}+p_{L31-3}P_{L31}$　　$Q_{L3}=q_{L23-3}P_{L23}+q_{L31-3}P_{L31}$　　(5-37)

式中　p_{L12-1}、q_{L12-1}——分别为接在 L1、L2 相间的单相负荷换算到 L1 相的有功、无功系数，其余的系数依此类推。

表 5-4 给出了不同 $\cos\varphi$ 下，分配到各相的换算系数。

单相线电压负荷换算为相电压负荷系数　　　　表 5-4

负荷换算系数	功率因数								
	0.35	0.4	0.5	0.6	0.65	0.7	0.8	0.9	1.0
p_{L12-1}、p_{L23-2}、p_{L31-3}	1.27	1.17	1.0	0.89	0.84	0.8	0.72	0.64	0.5
p_{L12-2}、p_{L23-3}、p_{L31-1}	−0.27	−0.17	0	0.11	0.16	0.2	0.28	0.36	0.5
q_{L12-1}、q_{L23-2}、q_{L31-3}	1.05	0.86	0.58	0.38	0.3	0.22	0.09	0.05	0.29
q_{L12-2}、q_{L23-3}、q_{L31-1}	1.63	1.44	1.16	0.96	0.88	0.8	0.67	0.53	0.29

【例 5-5】 用换算系数法，求例 5-4 的等效三相计算负荷。

解：

查表 5-1 得：$K_d=1$，$\cos\varphi=0.5$，$\tan\varphi=1.73$，则各相间计算负荷：

L1 相：　$P_{L1}=p_{L12-1}P_{L12}+p_{L31-1}P_{L31}=1\times12+0\times11.4=12\text{kW}$

　　　　$Q_{L1}=q_{L12-1}P_{L12}+q_{L31-1}P_{L31}=0.58\times12+1.16\times11.4=20.18\text{kVar}$

L2 相：　$P_{L2}=p_{L12-1}P_{L12}+p_{L23-2}P_{L23}=0\times12+1\times12.6=12.6\text{kW}$

　　　　$Q_{L2}=q_{L12-2}P_{L12}+q_{L23-2}P_{L23}=1.16\times12+0.58\times12.6=21.23\text{kVar}$

L3 相：　$P_{L3}=p_{L23-3}P_{L23}+p_{L31-3}P_{L31}=0\times12.6+1\times11.4=11.4\text{kW}$

　　　　$Q_{L13}=q_{L123-3}P_{L23}+q_{L31-3}P_{L31}=1.16\times12.6+0.58\times11.4=21.23\text{kVar}$

L2 相为最大负荷相，则，等效三相负荷为：

$P_{eq}=3\times1\times12.6=37.8\text{kW}$　　$Q_{eq}=3\times1\times21.23=63.69\text{kVar}$

5.4　尖峰电流计算

民用建筑中常见的尖峰电流，其实质是系统内单台或多台电机运行时的短时最大负荷电流，主要用于计算电压波动、电压损失、系统保护电器的选择以及校验电机自启动条件等。设备负荷的性质不同，尖峰电流计算方法也不同。

1. 单台电机尖峰电流计算

$$I_{jf}=K'I_N \tag{5-38}$$

式中　I_{jf}——尖峰电流，A；

K'——设备启动电流倍数，查表。

I_N——设备额定电流，A。

2. 多台电机尖峰电流计算

$$I_{jf}=(K'I_N)_{max}+I'_{js} \tag{5-39}$$

式中　$(K'I_N)_{max}$——最大一台设备启动电流，A；

I'_{js}——其余设备的线路计算电流，A。

3. 自启动电机尖峰电流计算

总尖峰电流为所有参与自启动设备的启动电流之和。还应考虑自启动引起的线路电压损失。

$$I_{jf} = \sum_{i=1}^{i=n} \Sigma K'_i I_{Ni} \tag{5-40}$$

4. 起重电机尖峰电流计算

$$I_{jf} = (K - K'_{max}) I_{N_{max}} + I'_{js} \tag{5-41}$$

式中　K——综合系数，与设备暂载率有关，取值范围 0.2～0.38；

K'_{max}——最大一台电机启动电流倍数；

$I_{N_{max}}$——最大一台电机额定电流，A。

5.5　功率因数补偿

根据《民用建筑电气设计规范》JGJ/T16 规定：当采用提高设备自然功率因数措施后仍不能达到要求时，应进行无功补偿；10kV 供电的用电单位，宜在配电变压器低压侧进行集中补偿，且功率因数 $\cos\varphi$ 为 0.9 以上。

采用并联电力电容器作为无功补偿装置，这是对感性负载进行无功补偿的常规做法。在方案设计时，一般可按变压器容量的 15%～30%估算；在初步阶段设计时，应按下列步骤进行计算：

（1）系统自然功率因数 $\cos\varphi_1$

$$\cos\varphi_1 = \sqrt{\frac{1}{1+\left(\frac{\beta_{av} Q_m}{\alpha_{av} P_m}\right)^2}} \tag{5-42}$$

式中　β_{av}、α_{av}——分别为年平均无功计算系数（0.76～0.82）和年平均有功计算系数（0.7～0.75）；

Q_m、P_m——分别为计算无功功率和计算有功功率。

（2）补偿容量 Q_c

$$Q_c = P_m(\tan\varphi_1 - \tan\varphi_2) \tag{5-43}$$

式中　Q_c——需补偿的电容器容量，kVar；

$\tan\varphi_1$——为补偿前功率因数 $\cos\varphi_1$ 角对应的正切值；

$\tan\varphi_2$——为补偿后功率因数 $\cos\varphi_2$ 角对应的正切值。

（3）并联电容器的数量

$$n = \frac{Q_c}{\Delta q_c} \tag{5-44}$$

式中　n——电容器总数，只；

Δq_c——单个电容器容量，kVar。

5.6　低压供电系统接地形式

根据《供配电系统设计规范》GB 50052 低压供电系统按接地形式不同，分为 IT 系统、TT 系统和 TN 系统。其中：

（1）第一个字母表示电源中性点对地的关系

I：不接地或通过阻抗与大地相连。

T：直接接地。

（2）第二个字母表示负载侧电气设备外壳与大地的关系

T：独立于电源接地点的直接接地。

N：表示直接与电源系统接地点或与该点引出的导体相连。

（3）后缀字母表示中性线与保护线之间的关系

C：表示中性线 N 与保护线 PE 合二为一，俗称 PEN 线。

S：表示中性线 N 与保护线 PE 分开。

C—S：表示在电源侧为 PEN 线，从某一点分开为中性线 N 和保护线 PE。

1. IT 系统

IT 系统属于三相三线制系统，如图 5-2 所示。其电源中性点不接地，或经高阻抗接地，所有设备的外露可导电部分，由各自的保护线 PE 分别直接接地。

一般用于不允许停电的场所，或者是要求严格地连续供电的地方，例如电力炼钢、大医院的手术室、地下矿井等，以及有易燃易爆危险的场所。

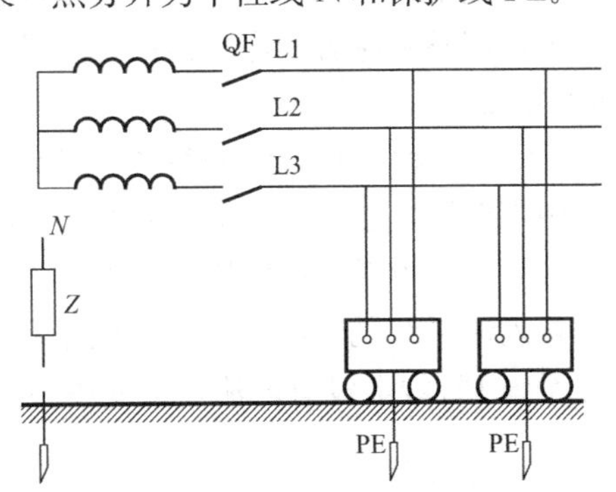

图 5-2　IT 系统示意图

2. TT 系统

TT 系统的电源中性点直接接地，从电源引出四根线，分别是 L1、L2、L3、N 线，属于三相四线制系统。设备外露可导电部分由各自的 PE 线单独接地，如图 5-3 所示。TT 系统中的 PE 线各自独立，相互无电气联系，没有电磁干扰问题。

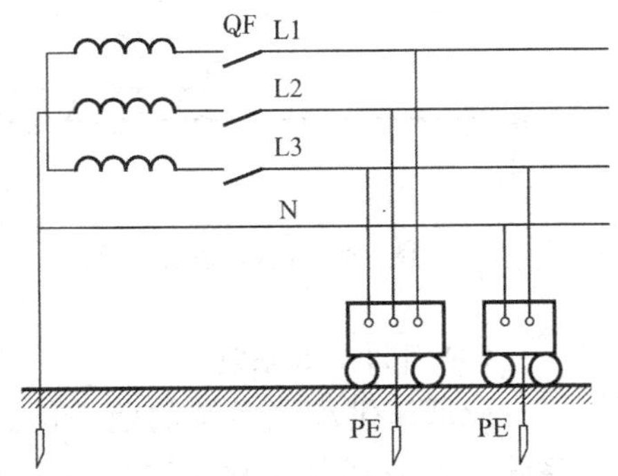

图 5-3　TT 系统示意图

该系统在发生单相接地故障时，通过故障点和工作接地构成回路形成单相短路，使线路的保护动作，切除故障。

该系统因绝缘不良而漏电时，漏电电流可能较小，无法使线路的过电流保护动作。所以，该系统需装设灵敏度较高的漏电保护装置，适用于安全要求较高，抗电磁干扰要求严格的场所。

3. TN 系统

TN 系统指变压器低压侧中性点直接接地，设备的外露可导电部分通过中性线（N 线）或保护地线（PE 线）或保护中性线（PEN 线）与接地点连接。其中，中性线（N 线）主要用于接单相用电设备，流回单相及三相不平衡电

流，减小负载中性点的电位偏移；保护线（PE线）连接正常情况下不带电，但故障下可能会带电并易被触及的外露可导电部分（例如设备金属外壳、金属构件、构架等），防止发生触电，以保障人身及设备安全；保护中性线（PEN线）将中性线（N线）与保护线（PE线）的功能合二为一。

根据中性线与保护线组合方式的不同，又分为TN-C、TN-S、TN-C-S系统。

（1）TN-C系统

如图5-4所示，又称三相四线制系统，要求设备故障时可能带电的外露金属部分，与系统的中性线连接在一起。系统中性线兼做保护线，俗称PEN线。由于该系统使单相设备和三相设备同时运行，因而PEN线中有不平衡电流通过，因此对设备仍有潜在危险，并且一旦PEN线断线，由于没有回路导通不平衡电流，负荷中性点将产生严重偏移，造成三相供电电压严重不平衡。此时，若再发生设备漏电，人体一旦触及漏电设备外壳，仍将造成人身触电，起不到应有的保护作用。现已停止推广使用。

（2）TN-S系统

如图5-5所示，又称三相五线制系统，N线自低压中性点起就与PE线完全分开直至用电点，线路中不允许合二为一。TN-S系统主要用于对安全要求高、对抗电磁干扰要求高的场所。我国民建电力系统低压用电点侧均采用这种形式，设备正常情况下不带电的外露金属部分均接入该系统的PE线。在发生单相接地短路故障时，线路的保护装置动作，切除故障。此系统PE线上没有电流，即使中性点偏移也没有对地电压。

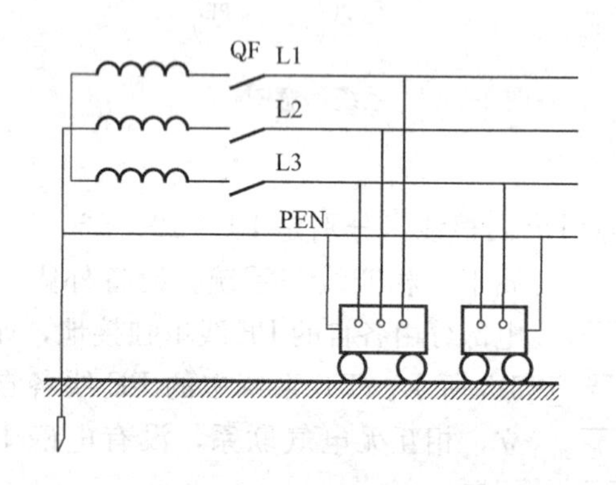

图5-4　TN-C系统示意图

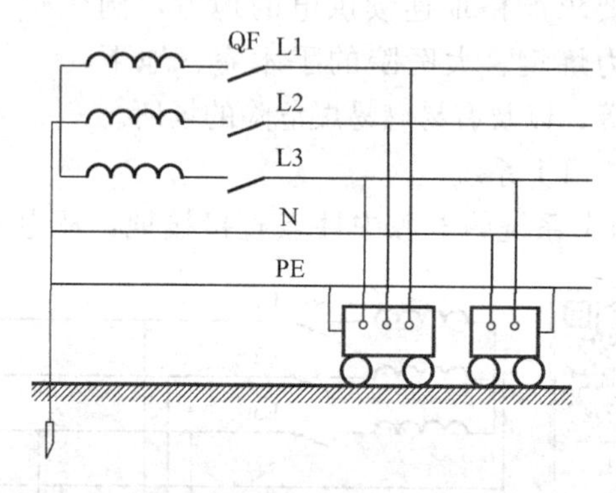

图5-5　TN-S系统示意图

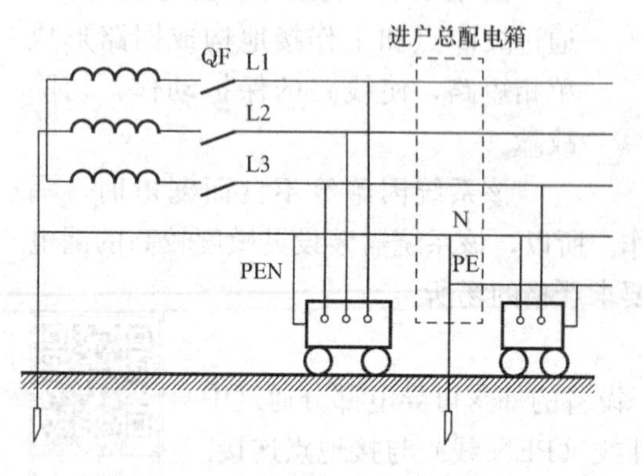

图5-6　TN-C-S系统示意图

（3）TN-C-S系统

此低压供配电系统的前一部分为TN-C系统，后一部分通常从进户总配电箱开始，PEN线完全分开为PE和N线，形成TN-S系统，如图5-6所示。该系统兼有TN-C系统和TN-S系统的特点，是广泛采用的低压供配电系统。一般场所采用TN-C系统，对安全要求和抗电磁干扰要求高的场所，则采用TN-S系统。

在民用建筑中，低压配电线路大多以

TN-C系统模式传输，在进入建筑物或总配电箱后内再变为TN-S系统。应注意的是，PEN自分开后，PE线与N线不允许再合并，否则将丧失分开后形成的TN-S系统的特点。

民用建筑的电力系统，由高压系统和低压系统两部分共同组成。我国的3～10kV电力系统，高压侧一般采用中性点非直接接地的运行方式；而低压侧，则采用中性点直接接地的TN系统。

5.7　常用低压电力配电系统接线形式

低压电力配电系统接线形式，常用的有放射式、树干式和环式。其中又因供电电源数不同，有单回路和双回路之分。

05.07.001
低压常用主结线选型

1. 放射式

（1）单回路放射式

如图5-7所示，这种供电方式的特点是每个用户由变电所（配电所）一条线路送电，供电的可靠性一般。当任意一个回路故障时，由该回路的线路首端在变电所内的保护动作，该回路用户断电，但不影响其他回路供电。

（2）双回路放射式

对于重要的用户（如一级负荷），单回路放射式不能满足供电可靠性要求，则可采用双回路放射式供电，如图5-8所示。当双回路放射式采用交叉供电时，用户得到两个电源，可保证各自内部一级负荷对供电可靠性要求。此种形式常见于中、低压供配电系统中。

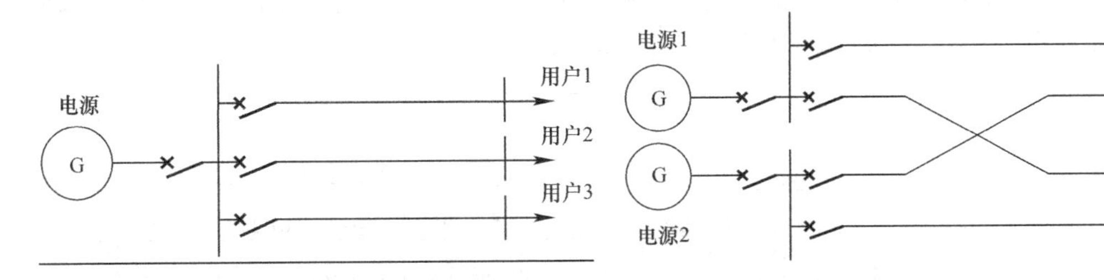

图5-7　单回路放射式接线示意图

图5-8　双回路放射式接线示意图

2. 树干式

（1）单回路树干式

树干式就是由电源端向负荷端配出干线，在干线上再引出数条支线向不同用户供电。如图5-9所示。

树干式比放射式要节省设备和导线。其不足之处在于，一旦干线发生故障，则该干线上的所有支线用户将全部受影响。所以，单回路树干式一般用于向三级负荷供电。

（2）双回路树干式

对于可靠性要求高的用户，可采用双回

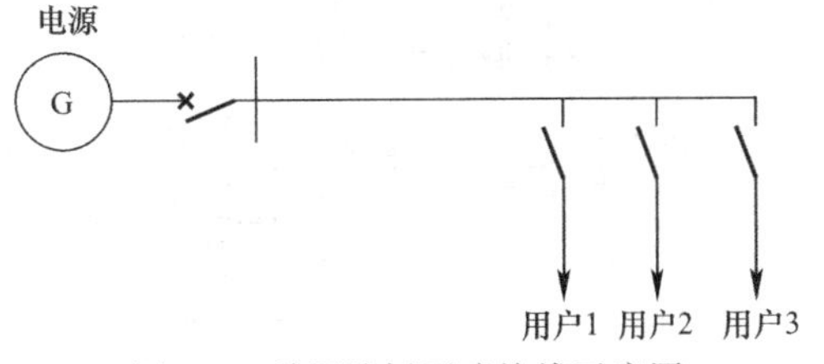

图5-9　单回路树干式接线示意图

路供电形式，如图 5-10 所示。两条干线路互为备用，可将双回路干线引自不同的电源，双回树干式结构可以向二级以上负荷供电。这种结构在中、低压系统中应用广泛。

3. 环式结构

单电源单环式的线路结构，如图 5-11 所示。单环式结构可用于对二、三级负荷供电。若电源为多个时，可采用开环接线形式；为提高供电可靠性，也可采用双环结构。

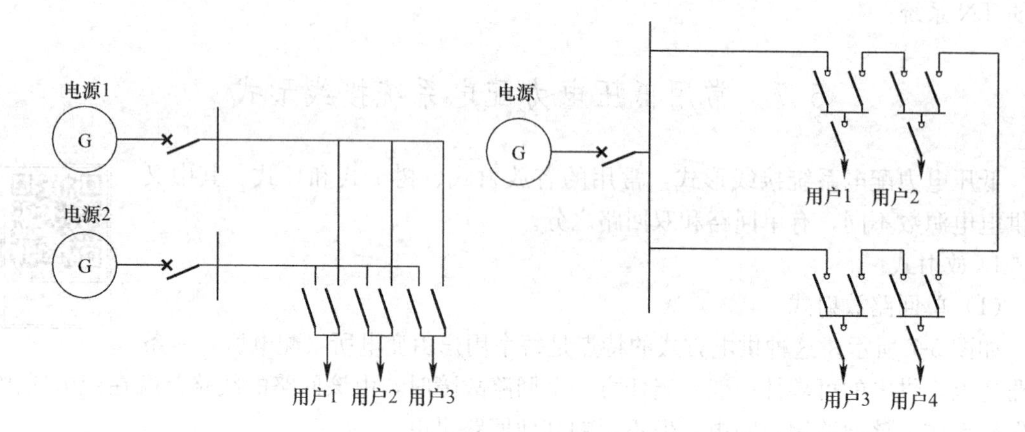

图 5-10　双电源树干式接线示意图　　　　图 5-11　单电源单环式接线示意图

5.8 计算实例

以综合楼 6F 为例，该层共有 5 个教师工作室和 1 个准备室。除照明负荷外，现每间工作室配单相 4kW 空调 2 台，准备室配单相 4kW 空调 1 台，该层空调数共 11 台，求综合楼低压配电。该层空调配电系统如图 5-12 所示。

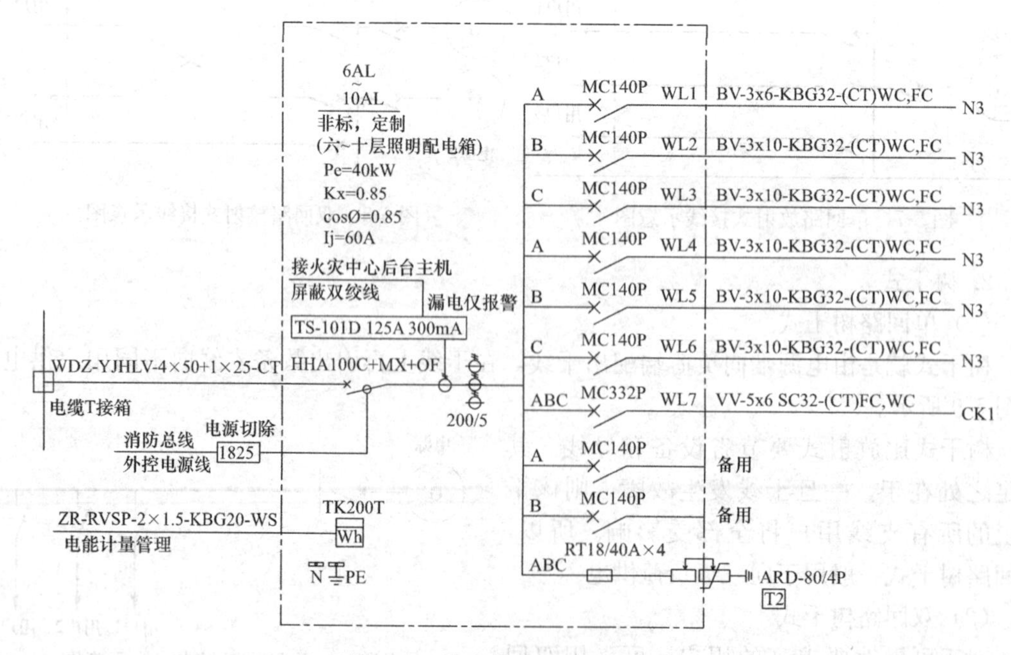

图 5-12　综合楼 6 层配电系统图

1. 求等效三相负荷

由于全为单相负荷，则该层三相计算负荷折算如下：

(1) 将单相负荷分配到三相

L1 相：P=4×4=16kW

L2 相：P=3×4=12kW

L3 相：P=4×4=16kW

(2) 计算负荷偏差

$$\Delta P=\frac{16-12}{16}\times 100\%=25\%>15\%$$

(3) 等效三相负荷

因只有单相负荷，则：

$$P_{eq}=3P_{L1}=3\times 16=48kW$$

2. 求计算负荷

查表 5-1 得：K_d=0.7～0.8，$\cos\varphi$=0.8，$\tan\varphi$=0.75，则计算负荷：

$$P_m=K_d\Sigma P_N=0.75\times 48=36kW\quad Q_m=P_m\tan\varphi=36\times 0.75=27kVar$$

$$S_m=\frac{P_m}{\cos\varphi}=\frac{36}{0.8}=45kVA\quad I_m=\frac{S_m}{\sqrt{3}U_N}=\frac{45}{1.73\times 380}\times 1000=68.5A$$

实际中，该层计算负荷按 40kW 计取。

3. 线缆校验

按电压损失校验，一般来讲，取最远负荷距计算即可。

综合楼设备层，距变压器最远，线路最大负荷距 $M=60\times 150=9000$kWm

查表 4-24、表 4-25，得 C=77、B=1.3，代入感性负载时导线截面选择公式：

$$\Delta U=\frac{BM}{C\times S\times 100}=\frac{1.3\times 9000}{77\times 120\times 100}=1.2\%<5\%$$

满足电压损失要求。

4. 电器选型

空调干线配电电器仍以断路器作为线路的控制与保护电器。线缆、断路器及其保护特性的选择方法，详见第 4 章。

干线断路器应具有自动切换功能，配互感器用于干线电能的计量与显示。

5. 系统总负荷

综合楼总负荷见表 5-5。

综合楼低压负荷统计表　　表 5-5

序号	负荷等级	用电设备组名称	设备安装容量(kW)	需要系数 K_d	功率因数 $\cos\varphi$	正切值 $\tan\varphi$	有功功率 P_j (kW)	无功功率 Q_j (kVAr)	视在功率 S_j (kVA)	计算电流 I_j (A)
1	三级	主楼 1～2 层照明干线	200	0.70	0.85	0.62	140.0	86.8	164.7	249.6
2	二级	主楼 3～4 层照明干线	195	0.70	0.85	0.62	136.5	84.6	160.6	243.3
3	三级	主楼 5～9 层照明干线	200	0.70	0.85	0.62	140.0	86.8	164.7	249.6
4	三级	主楼 10～13 层照明干线	140	0.70	0.85	0.62	98.0	60.7	115.3	174.7

续表

序号	负荷等级	用电设备组名称	设备安装容量（kW）	需要系数 K_d	功率因数 $\cos\varphi$	正切值 $\tan\varphi$	有功功率 P_j（kW）	无功功率 Q_j（kVAr）	视在功率 S_j（kVA）	计算电流 I_j（A）
5	三级	主楼14～17层照明干线	140	0.70	0.85	0.62	98.0	60.7	115.3	174.7
6	三级	主楼18～21层照明干线	140	0.70	0.85	0.62	98.0	60.7	115.3	174.7
7	三级	报告厅照明1	50	0.80	0.85	0.62	40.0	24.8	47.1	71.3
8	三级	实验室动力	50	0.80	0.8	0.75	40.0	30.0	50.0	75.8
9	三级	校史展览馆照明1	30	0.80	0.85	0.62	24.0	14.9	28.2	42.8
10	三级	报告厅照明2	50	0.80	0.85	0.62	40.0	24.8	47.1	71.3
11	三级	校史展览馆照明2	30	0.80	0.85	0.62	24.0	14.9	28.2	42.8
12	二级	弱电机房	80	0.80	0.85	0.62	64.0	39.7	75.3	114.1
13	二级	生活泵房	84	0.80	0.8	0.75	67.2	50.4	84.0	127.3
14	二级	客用电梯1	20	1.00	0.6	1.33	20.0	26.7	33.3	50.5
15	一级	办公楼消防电梯	20	1.00	0.6	1.33	20.0	26.7	33.3	50.5
16	二级	客用电梯2	60	1.00	0.6	1.33	60.0	80.0	100.0	151.5
17	一级	消防风机	22	0.80	0.8	0.75	17.6	13.2	22.0	33.3
18	二级	主楼应急照明	50	0.80	0.8	0.75	40.0	30.0	50.0	75.8
19	三级	主楼1～2层空调干线	220	0.70	0.8	0.75	154.0	115.5	192.5	291.7
20	三级	主楼3～4层空调干线	220	0.70	0.8	0.75	154.0	115.5	192.5	291.7
21	三级	主楼5～9层空调干线	200	0.70	0.8	0.75	140.0	105.0	175.0	265.2
22	三级	主楼10～13层空调干线	200	0.70	0.8	0.75	140.0	105.0	175.0	265.2
23	三级	主楼14～17层空调干线	200	0.70	0.8	0.75	140.0	105.0	175.0	265.2
24	三级	主楼18～21层空调干线	200	0.70	0.8	0.75	140.0	105.0	175.0	265.2
25	三级	报告厅空调	75	1.00	0.8	0.75	75.0	56.3	93.8	142.0
26	三级	校史展览馆空调	40	0.80	0.8	0.75	32.0	24.0	40.0	60.6
27		合计	2916				2142.3	1547.5	2642.8	

根据《民用建筑电气设计规范》JGJ/T 16 规定：电压为0.4kV时，单台容量不宜大于2500kVA。

由此，选2×1000＋630kVA共3台变压器做综合楼配电变压器，表5-5中：1～12及19～26项负荷分别由2台1000kVA提供，13～18项负荷由630kVA提供，其无功补偿则应分别计算。

6. 无功补偿

以表5-5中1~12项为例：$Q_m=610.4$kVar、$P_m=976.5$kW

（1）自然功率因数 $\cos\varphi_1$

$$\cos\varphi_1=\sqrt{\frac{1}{1+\left(\frac{\beta_{av}Q_m}{\alpha_{av}P_m}\right)^2}}=\sqrt{\frac{1}{1+\left(\frac{0.8\times610.4}{0.73\times976.5}\right)^2}}=0.82$$

（2）补偿容量

设补偿后，$\cos\varphi_2=0.92$，则

$$Q_c=976.5(\tan\cos^{-1}0.82-\tan\cos^{-1}0.92)$$
$$=976.5(0.69-0.43)=253.89\text{kVar}$$

（3）并联电容器的数量

选 $\Delta q_c=8\text{kVar}$ 电容器，则

$$n=\frac{Q_c}{\Delta q_c}=\frac{253.89}{8}\approx 31.7\text{ 只}$$

实取 32 只电容器。

思考与练习题

1. 单项选择题

（1）供电系统对一级负荷供电的要求是（　　）。

A. 要有两个电源供电　　B. 必须有两个独立电源供电

C. 一个独立电源供电　　D. 都不对

（2）对二级负荷的供电要求是（　　）。

A. 至少两个独立电源　　B. 两回输送线路

C. 一条输送线　　D. 没有要求

（3）对三级负荷的供电要求是（　　）。

A. 至少两个独立电源　　B. 两回输送线路

C. 一条输送线　　D. 没有要求

（4）一级负荷中特别重要的负荷，除由两个电源供电外，尚应增设应急电源，并（　　）将其他负荷接入应急供电系统。

A. 可以　　B. 不宜　　C. 严禁　　D. 适度

2. 多项选择题

（1）电力负荷分为（　　）。

A. 一级负荷　　B. 二级负荷　　C. 三级负荷　　D. 四级负荷

（2）负荷分类方式有（　　）。

A. 按设备用途　　B. 按设备工作制

C. 按相数　　D. 按负荷的重要性

（3）在下列哪几种情况中，用电单位宜设置自备电源（　　）。

A. 需要设置自备电源作为一级负荷中特别重要负荷电源的应急电源时

B. 所在地区偏僻、远离供电系统，设置自备电源经济合理时

C. 设置自备电源较从电力系统获得第二电源更经济时

D. 已有两路电源，为更可靠为一级负荷供电时

3. 判断题

（1）根据对供电可靠性的要求，将用电负荷分为三个等级。（　　）

（2）负荷持续率是指一个工作周期内工作时间与工作周期的百分比值。（　　）

（3）负荷率又称负荷系数，定义为平均负荷与最大负荷的比值。（　）

（4）供电系统运行的实际负荷并不等于所有用电设备额定功率之和。（　）

4. 分析与计算

（1）某车间380V线路供电给下列设备：长期工作的设备有7.5kW的电动机2台，4kW的电动机3台，3kW的电动机10台；反复短时工作的设备有42kVA的电焊机1台（$\varepsilon_N\%=60\%$，$\cos\varphi_N=0.62$，$\eta_N=0.85$）；10t吊车1台（在持续率为40%的条件下，其额定功率为39.6kW，额定功率因数为0.5），试确定它们的设备容量。

（2）已知某电器开关制造工厂用电设备的总容量为4500kW，线路电压为380V，试估算该厂的计算负荷（需要系数$K_d=0.3$、功率因数$\cos\varphi=0.75$、$\tan\varphi=0.88$）。

第6章　建筑高压供电设计

建筑供配电系统的低压负荷计算完成后，则进入建筑高压供电设计阶段。本章以10kV供电系统为主线，着重介绍高压供电设计中主要涉及的：变电所选址；变压器选型；供配电主结线形式及电器选型；高压供电方案；供配电系统施工图设计等一些基本概念及设计方法。

6.1　变电所选址

变电所兼负变电与配电的双重功能，其位置的选择决定了用电负荷的电能质量、安全与可靠性。

1. 变电所类型

(1) 独立式

指变电所为独立建筑物，变压器既可以置于室内，也可以置于室外。

(2) 户外预装式

属供配电一体化成套设备装置，安装灵活，多用于市政及部分生活小区。

06.01.001
变电所

(3) 附属式

隶属于建筑物的一部分，多用于高层建筑或大型建筑群。设置在建筑物的地下层或设备层。

2. 变电所选址原则

根据规定，变电所选址应根据以下因素综合考量：

(1) 深入或接近负荷中心

负荷中心，即电力负荷中心，是指电能消耗的集中区域或用电负荷集中区域。供电点深入或接近负荷中心，可以大大减少电能传输距离，降低电能、电压损耗，降低有色金属的消耗量，保障各用电负荷的安全与可靠性，尤其是满足低压负荷距的要求。

(2) 进出线方便

变配电所的进出线回路很多，应在周围留出足够的空间，为线缆在接入、敷设、维护、检修、更换等各方面提供便利。

(3) 接近电源侧

主要是指电能引入端应尽量靠近供电侧，以避免反向送电，优化供电路径，既可以减少建设投资，还可以保证供电的安全性。

(4) 设备吊装、运输方便

指变配电所周边一定要为供配电设备设施安装的运输、吊装等作业提供交通便利条件。

（5）环境因素

避免将变配电所设在有剧烈震动、高温、多尘、有腐蚀性气体的场所，避免有潮湿或易积水、有爆炸危险、有火灾危险的区域等。

（6）室内因素

变电所设置在建筑物内时，应在一层或地下层。选择地下层时，不宜设置在最底层，且周边应有良好的通风、散热、防潮湿环境，必要时应增加机械通风、散热设备；不应选用带可燃性油的电气设备；不应采用裸导体配线；若负荷较大，或供电半径较长，可以分设在建筑物的设备层、屋顶层、机房层等。

6.2 变压器选型

6.2.1 概述

我们知道，电能是由电厂（站）产生并发出，经远距离传输才能到达我们身边。在电能传输过程中，当传输功率恒定时，传输电压越高，传输电流越小。这是因为导线压降与电流成正比，线损与电流的平方成正比，所以用较高的输电电压可以获得较低的线路压降和线路损耗。为了使电能经济传输、合理分配以及安全使用，在源端，需专用设备将发电机端的电压升高后再输送出去；同理，在受电端也需专用设备将高电压降低到合适的值以供使用，这个专用设备就是变压器，也称电力变压器，它是电力系统（也称电网或电力网）中输配电的重要设备。

变压器是利用电磁感应原理制成的一种静止感应装置。它的功能是把一种等级的电压与电流变换成同频率的另一种等级的电压与电流，也可以进行相数、阻抗及相位的变换。变压器是变换交流电能、交流电压、电流和阻抗的专用设备（装置）。

6.2.2 变压器工作原理

以双绕组单相变压器为例。如图 6-1 所示，变压器由铁芯（或磁芯）和绕在同一个铁芯上的两个绕组组成。其中接电源的为一次绕组（也称初级绕组或原边绕组），输出电能的为二次绕组（也称或次级绕组或副边绕组）。设一、二次绕组的匝数分别为 N_1、N_2，当在一次绕组上施加一频率为 f 的交变电压 u_1 时，该绕组中便有交变电流 i_1 流过，因而在铁芯中产生一交变磁通 Φ，该磁通 Φ 不仅穿过一次绕组，同时也穿过二次绕组。根据电磁感应原理，该磁通 Φ 将分别在一、二次绕组中产生感应电势 e_1、e_2。

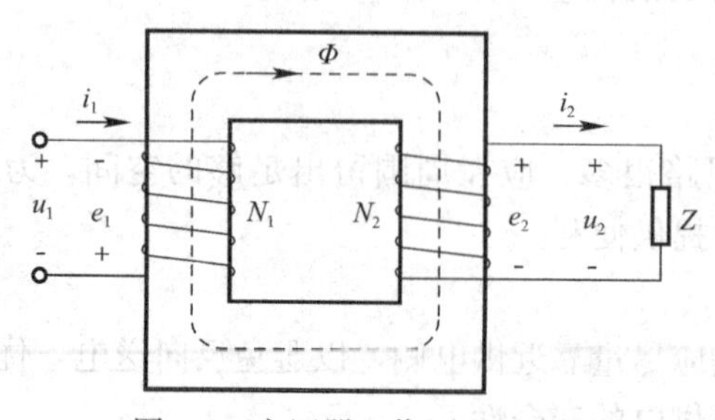

图 6-1 变压器工作原理示意图

一次绕组感应电势 e_1 为：

$$e_1 = -N_1 \frac{d\Phi}{dt} \tag{6-1}$$

式中 $d\Phi/dt$——磁通变化率。

负号表示磁通增大时，电势 e_1 的实际方向与电势的正方向相反。如果不计漏阻抗，根据回路电势平衡规律，一次侧感应电势 E_1 为：

$$E_1 = 4.44 \times f \times N_1 \times \Phi \tag{6-2}$$

同理，二次侧的感应电势 E_2 为：

$$E_2 = 4.44 \times f \times N_2 \times \Phi \tag{6-3}$$

二式之比得：

$$\frac{E_1}{E_2} = \frac{N_1}{N_2} \tag{6-4}$$

说明：一、二侧电势之比等于一、二次侧绕组匝数之比。由于绕组自身阻抗压降的存在，实际上一次侧的电压 U_1 略高于一次侧电势 E_1，而二次侧电压 U_2 略低于二次侧电势 E_2。若忽略此压降，可认为：$U_1 \approx E_1$，$U_2 \approx E_2$，则：

$$\frac{U_1}{U_2} \approx \frac{E_1}{E_2} = \frac{N_1}{N_2} \tag{6-5}$$

说明：一、二侧电压之比，近似等于一、二次侧绕组匝数之比。该比值称为变压器的变压比。设计时，只需选择适当的变压比，就可以实现把一次侧电压转变成所需要的二次侧电压。

变压器通过电磁耦合，将一次侧电能输送到二次侧。假设两侧绕组没有漏磁（指未经铁芯而闭合的那部分磁通），功率传递过程中又无损失，那么根据能量守恒定律，在电能传递过程中，变压器的二次侧电能等于一次侧电能。当二次侧接入负载时就有：

$$U_1 I_1 = U_2 I_2 \tag{6-6}$$

即：

$$\frac{U_2}{U_1} = \frac{I_1}{I_2} \tag{6-7}$$

将上式代入，得：

$$\frac{I_1}{I_1} \approx \frac{N_2}{N_1} \tag{6-8}$$

则有，变压器一、二次侧电流之比等于一、二次侧绕组匝数的反比。

上述各式既是变压器的基本工作原理，也是变压器计算的基本公式。

6.2.3 变压器分类

电力变压器一般常用的分类方法有：

1. 按相数分类

（1）单相变压器，用于单相负荷和三相变压器组。

（2）三相变压器，用于三相供配电系统。

2. 按冷却介质分类

（1）干式变压器，依靠空气对流进行冷却，分为自然空气冷却（AN）和强迫空气冷却（AF）。

（2）油浸式变压器，依靠油作冷却介质、如油浸自冷、油浸风冷、油浸水冷、强迫油循环等。

（3）充气变压器，SF6 气体绝缘的变压器，冷却方式为充气自冷式和充气风冷式。

3. 按用途分类

（1）升压变压器，用于将发电机组能产生的交流电压升高后向电网输出。

（2）降压变压器，用于降低电网电压。

（3）联络变压器，用于联络两种不同电压网络。

（4）配电变压器，用于将电压降低到电气设备工作电压。

（5）输电变压器，用于配电前用的各级电网。

（6）厂用电变压器，供发电厂自己供电使用的变压器。

4. 按绕组数量分类

（1）双绕组变压器，用于连接电力系统中的两个电压等级。

（2）三绕组变压器，一般用于电力系统区域变电站中，连接三个电压等级。

（3）自耦变电器，用于连接不同电压等级的电力系统，也可作为普通的升压或降压变压器用。

5. 按调压方式分类

（1）无励磁调压变压器，用于变压器一、二次侧均断电条件下，进行分级调压。

（2）有载调压变压器，用于变压器负载条件下，进行分级调压。

6. 按铁芯或线圈结构分类

（1）芯式变压器（插片铁芯、C 型铁芯、铁氧体铁芯），指芯式铁芯一般垂直放置，铁芯被绕组包围的结构形式。

（2）壳式变压器（插片铁芯、C 型铁芯、铁氧体铁芯），指壳式铁芯一般水平放置，铁芯柱在中间，铁轭在两旁环绕，绕组被铁芯柱和铁轭包围的结构形式。

（3）环型变压器，指铁芯是用优质冷轧硅钢片无缝地卷制而成，绕组均匀地缠绕在铁芯上的结构形式。

（4）金属箔变压器，指变压器绕组是以不同厚度的铜或铝箔为导体，以宽带状的绝缘材料为层间绝缘，以窄带状的绝缘材料为端绝缘，单层或双层缠绕制成的卷状线圈。

6.2.4 三相变压器主要技术参数

电力配电变压器均为三相变压器，其主要参数有：

1. 额定容量

表征在额定使用条件下变压器传输电能的大小，以视在功率千伏安（kVA）来表示。对三相变压器，额定容量为三个单相容量之和。

三相变压器的额定容量，是给一次绕组接入额定电压时，为保证其内部温升不超过额定值所允许输出的最大视在功率。它等于二次绕组额定电压与额定电流乘积的$\sqrt{3}$倍。

我国现采用的额定容量等级基本上是按$\sqrt[10]{10}$倍数增加的，即所谓R_{10}容量系列，容量等级见表 6-1。

现行变压器容量等级（kVA） 表 6-1

10	100	1000	10000
	125	1250	12500
	160	1600	16000
20	200	2000	20000
	250	2500	25000
（30）	315	3150	31500
	400	4000	40000

续表

50	500	5000	50000
63	630	6300	63000
80	800	8000	

注：63000kVA以上变压器容量按订货协议生产

通常，容量在630kVA及以下的称为小型变压器，800～6300kVA的称为中型变压器，8000～63000kVA的称为大型变压器，90000kVA及以上的称为特大型变压器。

2. 额定电压U_N

指处于主分接的带分接绕组的端子间或不带分接的绕组端子间，指定施加的电压或空载时感应出的电压，以伏或千伏（V或kV）来表示。如变压器额定电压为10kV/0.4kV，即表示：空载时变压器一次侧线电压为10kV、二次侧线电压为400V。在三相变压器中，如无特别说明，额定电压都是指线电压。

3. 额定电流I_N

由变压器额定容量和额定电压推导出的流经绕组线路端子的电流，以安或千安（A或kA）表示。在三相变压器中，如无特别说明，都是指线电流。

4. 空载损耗（俗称铁损）

当以额定频率的额定电压施加在一个绕组的端子上，其余绕组开路时所吸收的有功功率，以千瓦（kW）表示。

5. 空载电流

指变压器在额定电压下，二次绕组空载时，一次绕组中通过的电流。一般以额定电流的百分数表示。

6. 短路损耗（俗称铜损）

把变压器的二次绕组短路，在一次绕组额定分接位置上通入额定电流，此时变压器所消耗的功率，以千瓦（kW）表示。

7. 阻抗电压

指变压器二次绕组短路，在一次绕组慢慢升高电压至二次绕组的短路电流等于额定值时，一次绕组端子间的电压值。一般以额定电压的百分数表示。

8. 绕组联结组标号

变压器绕组联结组标号

变压器绕组的联结组标号，是用一组字母和时钟序数表示变压器一、二次绕组间的联结方式及其相位移关系的通用标识。单相变压器除绕组的内部联结外，没有绕组之间的联结。其联结组标号对于高压绕组用I表示；对于中压绕组和低压绕组分别用i表示。

三相变压器或由三个单相变压器组成的三相变压器组，同侧各绕组有星形、三角形和曲折形三种联结方式。在绕组连接中，常用大写字母A、B、C表示一次侧绕组的首端，用X、Y、Z表示末端；用小写字母a、b、c表示二次侧绕组的首端，用x、y、z表示末端。星形联结是指相绕组首尾两端中的一端结成一个公共点（中性点），另一端分别联结到相应的线端上；三角形联结是指三个相绕组首尾相连形成闭合回路，由联结处再接到相应的线端；曲折形联结是指把变压器一次侧或二次侧的相绕组分成对称的两半，将每相的上一半与另一相的下一半反向串接成相绕组后，再结成星形。

三相变压器一、二次侧绕组按一定接线方式连接时，二次侧相电压落后一次侧相电压相位有 30°、60°、90°、120°、150°、180°、210°、240°、270°、300°、330°、360°十二种。为了区分，通常采用时钟表示法，如图 6-2 所示。并规定：用一对绕组各相应端子与中性点（三角形联结为虚设的）间的相电压相量角度差表示相位移。以 A 相为基准，用分针表示高压侧绕组与中性点间的电压相量，且固定指向 12（0）点；用时针表示低压侧绕组与中性点间的电压相量，并用钟面的 0、1、2、3、4、5、6、7、8、9、10、11 数字对应前述的 12 种相位关系，则时针所指的小时数就是绕组的联结组别。即：联结组标号＝联结组＋组别。当然，也可以以一、二次绕组对应的线电压相量或线电势表示联结组标号。

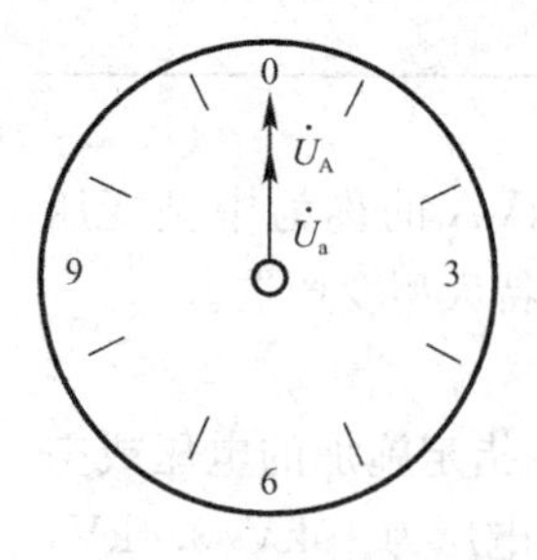

图 6-2　联结组标号时钟表示法

星形、三角形、曲折形联结，对于高压绕组分别用 Y、D、Z 表示；对于中压绕组和低压绕组分别用 y、d、z 表示。有中性点引出时，则分别用 YN、ZN 和 yn、zn 表示。联结组别标号表示方法如下：

（1）单相双绕组变压器

由于不同侧绕组有左绕和右绕之分，如图 6-3 所示。在图 6-3（*a*）中，两绕组的感应电势同相位，感应电势相位差为 0°，其联结组标号为：Ii0。而在图 6-3（*b*）中，低压绕组绕向与高压绕组相反，感应电势相位差为 180°，其联结组标号分别为：Ii6。

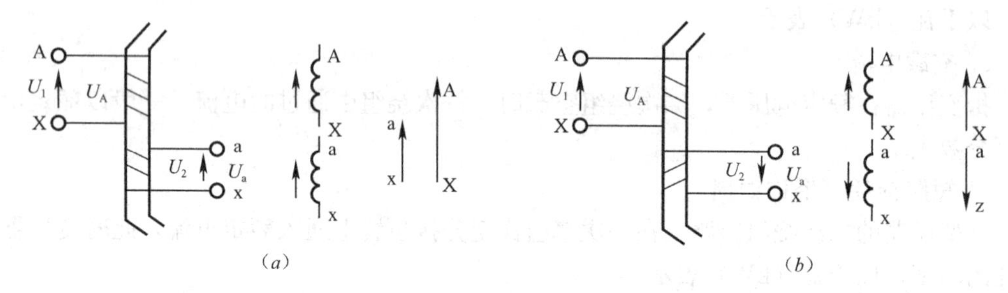

图 6-3　单相变压器联结组标号
（*a*）Ii0；（*b*）Ii6

（2）三相双绕组变压器

1）一、二次绕组的绕向相反，如图 6-4 所示。一次接线为 Y，二次接线为 yn（有中性线），联结组标号为：Yyn6。

2）一、二次绕组的绕向相同，如图 6-5 所示。一次接线为 Y，二次接线为 y，联结组标号为：Yy12。

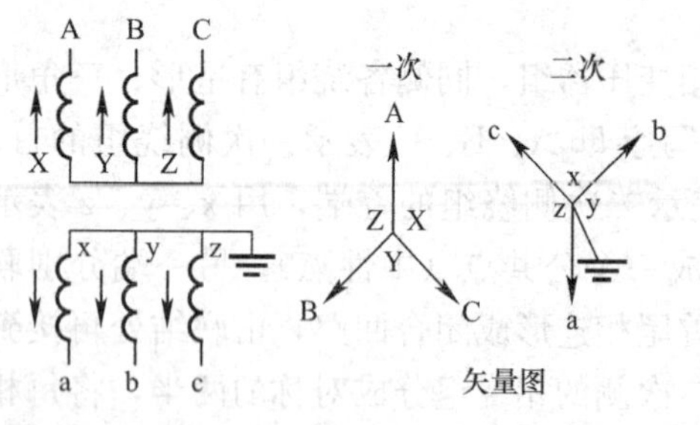

图 6-4　三相双绕组变压器联结组标号 Yyn6

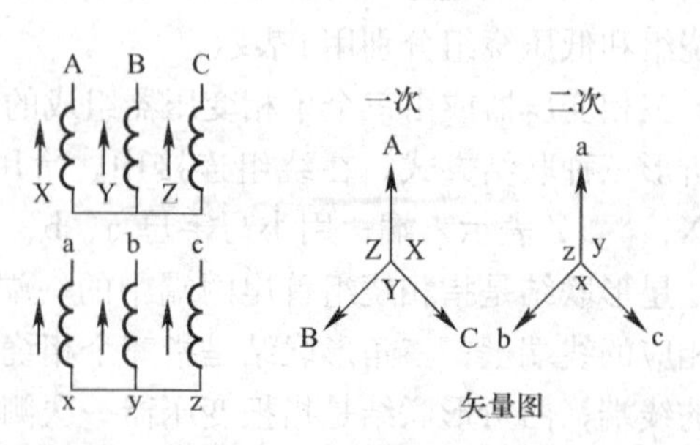

图 6-5　三相双绕组变压器联结组标号 Yy12

3）一、二次绕组的绕向相同，如图 6-6 所示。一次接线为 Y，二次接线为 d。在图 6-6（a）中，两绕组的感应电势相位差为 30°，其联结组标号为：Yd1。而在图 6-6（b）中，感应电势相位差为 330°。其联结组标号为：Yd11。

4）一、二次绕组的绕向相同，如图 6-7 所示。一次接线为 D，二次接线为 y。在图 6-7（a）中，感应电势相位差为 330°，二次侧中性点无中性线引出，其联结组标号为：Dy11。而在图 6-7（b）中，感应电势相位差为 330°，但二次侧中性点有中性线引出，其联结组标号为：Dyn11。

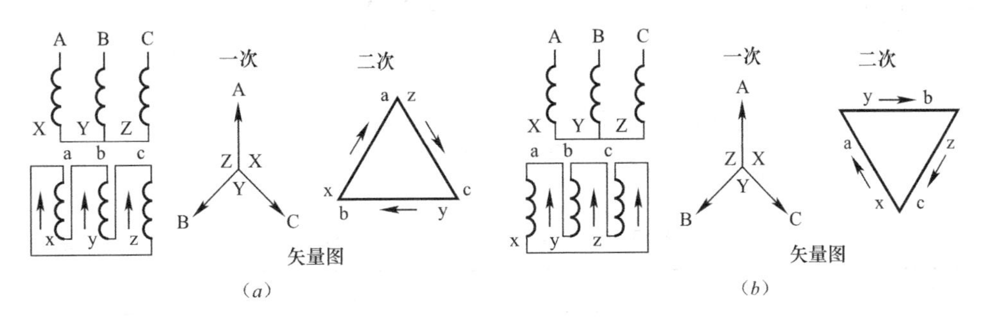

图 6-6　三相双绕组 Y/d 变压器联结组标号

（*a*）Yd1；（*b*）Yd11

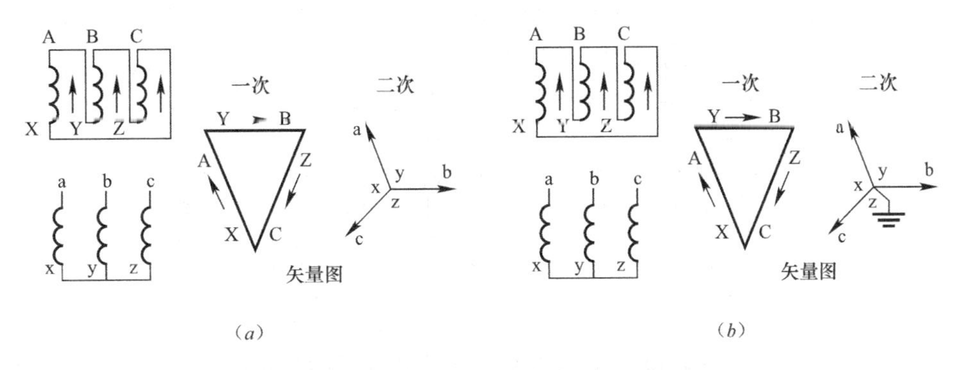

图 6-7　三相双绕组 D/y 变压器联结组标号

（*a*）Dy11；（*b*）Dyn11

5）一次绕组分成匝数相等的两部分，把同一个铁芯柱上的上半个绕组与另一铁芯柱上的下半个绕组反向串联，组成新的相绕组后，再接成星形。在相量图上，每相的相量呈曲折形，故称为曲折形（或 Z 形）接法，如图 6-8（*a*）中，一次接线为 Z，二次接线为 y。两绕组的感应电势相位差为 330°，一、二次侧中性点均有中性线引出，其联结组标号为：ZNyn11。而在图 6-8（*b*）中，一次接线为 Z，二次接线为 y。感应电势相位差为 30°，一、二次侧中性点均有中性线引出，其联结组标号对应为：ZNyn1。三相变压器二次绕组也可照此联结。

变压器的接线方法很多，《电力变压器　第 1 部分：总则》GB 1094.1 中推荐的三相双绕组变压器常用联结组共有 0、1、5、6、11 五个标号 15 种方案。

常用绕组连接特点和适用范围，见表 6-2。

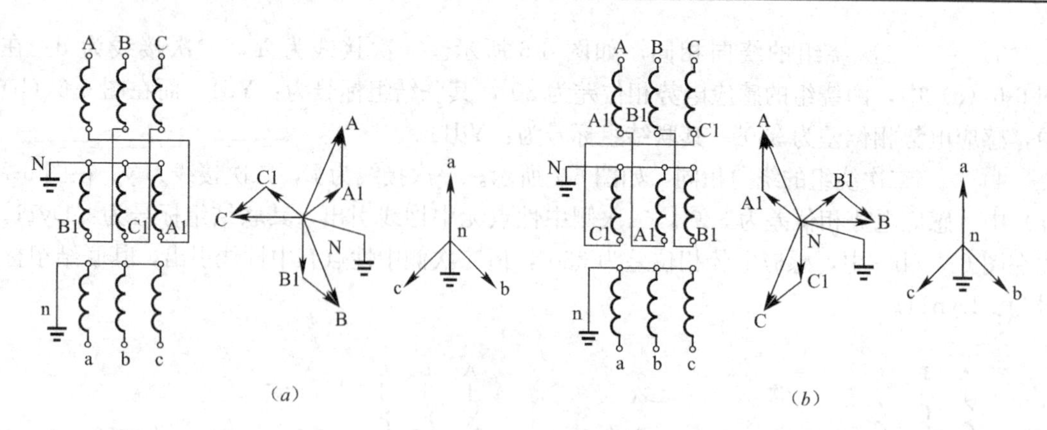

图 6-8　三相双绕组 Z/y 变压器联结组标号

（a）ZNyn11；（b）ZNyn1

常用的绕组连接的特点和适用范围　　表 6-2

连接法	特点与使用范围
Y/y	1. 绕组导线截面大，绕组的空间利用率高。适用于配电变压器，也可用联络变压器或三相负载对称的特种变压器。 2. 中性点可引出，可供三相四线制负载，但对于单相变压器组成的三相组（以下简称单相组）或三相三柱旁轭式铁芯的变压器（以下简称三柱旁轭式），其一次侧中性点必须与电源中性点连接，否则不能采用此种连接法。 3. 对于三相三柱式铁芯的变压器（以下简称三柱式），其一次侧中性点不能与电源中性点连接。而二次侧供三相四线制负载时，中线电流应加以限制
D/d	1. 绕组导线截面小，绕组的空间利用率低。只适用于低电压大电流变压器。 2. 允许三相负载不对称，一相发生故障时，其余两相按 V 接法可继续运行， 此时三相输出容量减为原来的 $1/\sqrt{3}$（对于三相变压器，故障相的绕组须与其余两相断开并开路，如故障是由于匝间短路，则不能改接成 V 接法继续运行）。 3. 无三次谐波电压，但不能供三相四线负载，也不适用于高电压变压器
Y/d 或 D/y	1. 无三次谐波电压，适用于各类大、中型变压器。D/y 连接法用于配电变压器时，允许三相负载不对称程度比 Y/z 连接法大些，中性线电流允许达到额定电流的 75%左右，但引线结构较复杂，D 接法的缺点同 D/d 连接法的第一点。 2. Y 接法的中性点可引出。 3. 任意一相的一个绕组发生故障，变压器必须停止运行
Y/z	1. 中性点可引出，可供三相四线制负载。适用于配电变压器或特种变压器，允许三相负载不对称的程度可比 Y/y 连接法大些，中性线电流允许达到额定电流的 40%左右。 2. z 接法相电压中无三次谐波分量。 3. 与 z 接法绕组比较，z 接法绕组的导线多用 15.5%，且只宜用于低压绕组
D/y	1. 同 D/y 连接法第 1 及 3 点，但只适用于配电变压器或特种变压器。 2. 同 Y/z 连接法第 3 点

9. 温升 Δt

指变压器所考虑部位的温度与外部冷却介质的温度之差。

对变压器上层油温升的限值，仅是为保证变压器油的长期使用而不致迅速老化变质所规定的值，不可直接作为运行中变压器负载能力的依据。

6.2.5　配电变压器选型基本原则

配电变压器的选择是一个全面、综合性的技术问题，没有一个简单的公式或方法可以全面概况，应根据建筑物的性质、负荷及市政电网情况，进行经济技术比较后确定。

配电变压器选型基本原则有：

1. 电压等级的确定

根据《民用建筑电气设计规范》JGJ/T 16 规定：民用建筑配电变压器为 35/10kV、35/0.4kV 和 10/0.4kV 三个电压等级。

2. 变压器容量的确定

变压器容量应根据计算负荷及变压器的负载率确定。

(1) 负载率

一般来讲，配电变压器长期工作条件下的负载率不大于 85%，如若负载谐波电流较大时，应考虑增加变压器容量，以降低其负载率。

(2) 容量

1) 若引入电压为 35kV，需要设置 35/10kV 主变压器时，单台容量不大于 31500kVA。

2) 若低压侧电压为 0.4kV 时，住宅小区单台变压器容量不大于 1250kVA；预装式变电所变压器，单台容量不大于 800kVA；其他变电所变压器，单台容量不大于 2500kVA。

3. 变压器数量的确定

变压器台数确定的原则是：保证供电的可靠性。

(1) 当符合下列条件之一时，宜装设两台及以上变压器。

1) 有大量一级负荷及二级负荷（如消防等）。

2) 季节性负荷变化较大时。

3) 集中负荷较大时。

(2) 一般三级负荷或容量不太大的动力与照明宜共用变压器。当属下列情况之一时，可设专用变压器：

1) 当照明负荷较大或动力和照明采用共用变压器严重影响照明质量及灯泡寿命时，可设照明专用变压器。

2) 单台单相负荷较大时，可设单相变压器。

3) 冲击性负荷较大，严重影响电能质量时，可设冲击负荷专用变压器。

4) 当单相负荷容量较大，由于不平衡负荷引起的中性线电流超过变压器低压绕组额定电流 25%时，或只有单相负荷且容量不是很大时，可设置单相变压器。

(3) 对大型枢纽变电所，根据工程的具体情况可以安装 2～4 台变压器。

(4) 当装设多台变压器时，宜根据负荷特点和变化，适当分组以便灵活投切相应的变压器组。变压器应按分组方式运行。变压器低压出线端的中性线和中性点接地线应分别敷设。为测试方便，在接地回路中，靠近变压器处做一可拆卸的连接装置。

4. 变压器结构形式的确定

设置在建筑物中的变压器，宜选择干式、气体绝缘或非可燃性油绝缘的变压器；设置在独立变电所的变压器可选用油浸式，但必须设置在专用变压器室内；户外预装式变电所，变压器可选用油浸式。

5. 变压器并联运行

（1）各变压器的一次和二次额定电压必分别相等。例如：一次高压均为10kV，低压均为0.4kV。其误差不应大于±5%。如果两台变压器的变压比不同，则必然在二次绕组内产生环流，很容易导致变压器过热而烧毁。

（2）并联变压器的短路电压必须相等。短路电压也称作阻抗电压。由于并联运行的变压器的负荷是按照其阻抗电压值成反比例分配的，阻抗电压小的变压器必然会因为分配的电压过高而损坏。通常允许差值为不大于±10%。

（3）并联变压器的连接组别必须相同。也就是各变压器的一次或二次电压的相序必须分别对应，否则根本不能并列运行。例如：Dyn11 与 Yyn0 两台变压器，它们对应的二次侧存在 30°的相位差，如若并联运行，则由于电位差的存在从而产生很大的环流。

（4）并联变压器的额定容量也应该尽可能地相近，通常容量之比不宜超过1∶3。这主要是因为变压器的容量相差过大会因内部阻抗不同或其他特性不同而产生环流，而影响变压器的使用寿命。

6. 其他

（1）在选择变压器损耗等级时，应综合考虑初始投资和运行费用，优先选用节能型变压器。

（2）当出现下列情况之一者，应选用连接组别为 Dyn11 的变压器：

1）三相不平衡负荷超过变压器每相额定功率 15%者。

2）需要提高单相短路电流值，确保低压单相接地保护装置动作灵敏度者。

3）需要限制三次谐波含量者。

（3）当用户系统有调压要求时，应选用有载自动调压电力变压器。对于新建的变（配）电所，宜采用有载自动调压变压器，有利于网络运行的经济性。虽然暂时投资稍高一些，但是在短时间内就可以收回所附加的投资。

（4）变压器噪声级应严格控制，必要时可采用加装减噪垫等措施，以满足国家规定的环境噪声卫生标准（相关的生活工作房间内），白天≤45dB（A），夜间≤35dB（A）。

（5）变压器的过电流保护宜采用三相保护。当高压侧采用熔断器作为变压器保护时，其熔体电流应按变压器额定电流的 1.4～2 倍选择。变压器的低压侧的总开关和母线断路器应具有选择性。变配电室的低压侧母线应装设低压避雷器。单台变压器的容量不宜大于 1600kVA，当用电设备容量较大，负荷集中且运行合理时可选用 2000kVA 及以上容量的变压器。采用干式变压器时，应配装绕组热保护装置，其主要功能应包括：温度传感器断线报警、启停风机、超温报警/跳闸、三相绕组温度巡回检测最大值显示等。

6.2.6 常用电力变压器简介

1. 油浸式变压器

油浸式变压器具有散热好、损耗低、容量大、价格低等特点。目前电网上运行的室外电力变压器大部分为油浸式变压器。

油浸式变压器主要由绕组、铁芯、油箱、油枕、冷却装置、绝缘套管、调压和保护装置等部件组成。油浸式变压器外形如图 6-9 所示。

（*a*）　　　　　　　　（*b*）

图 6-9　油浸式变压器外形

（*a*）SZ9 型三相有载调压油浸式电力变压器；（*b*）S11 节能型油浸式变压器

绕组与铁芯构成了变压器的核心——电磁部分。

变压器油是一种矿物油，具有很好的绝缘性能。变压器油的作用有两个：

（1）在变压器绕组与绕组、绕组与铁芯及油箱之间起绝缘作用。

（2）变压器油受热后产生对流，对变压器铁芯和绕组起散热作用。

油浸式变压器的绕组套装在变压器铁芯柱上，并浸没在变压器油中。变压器运行时，绕组和铁芯产生热量，受电场和热的影响，变压器油因吸收热量使之温度变化而胀缩，在箱体内形成循环，达到散热的目的。

目前油浸式变压器的主要产品有：S9 系列、S10 系列、S11 系列等。

2. 干式变压器

干式变压器主要由线圈、铁芯、器身、风冷系统、温度显示系统和保护外壳等构成，如图 6-10 所示。其基本工作原理与普通油浸变压器一样。干式变压器利用不可燃的空气、气体或其他绝缘材料绝缘，具有防火、防爆、防潮、耐腐蚀、运行可靠，不污染环境等优点，主要用于安全防火要求较高，如高层建筑的室内，地铁、矿井等场所。干式变压器按绝缘工艺分为浸渍型和树脂浇注型两大类。

图 6-10　SC9 系统环氧树脂浇注干式电力变压器

（1）浸渍绝缘干式变压器

是干式变压器中应用最早的一种，绕组的结构与油浸式类似。20 世纪 90 年代末生产的 H 级绝缘的敞开通风干式变压器，高压线圈采用绕包式结构，低压线圈采用箔式或绕包式结构，特别是采用 NOMEX（诺梅克斯）绝缘和 H 级真空压力浸渍漆技术，使绕组具有较强承受短路的能力和耐高温性能，并增强了 NOMEX 绝缘系列干式变压器的环境适应性。产品所具有的通风散热较好，过载能力强，以及 NOMEX 纸绝缘在防火、防潮、环保、安全等方面所具有诸多优点，大大提高了它的技术性能。

H 级绝缘干式变压器，适用于电厂、钢铁、化工、矿井等高温、高湿、高污秽地区供电。

（2）环氧树脂浇注绝缘干式变压器

机械强度高，耐受短路能力强，防潮及耐腐蚀性能特别好，且局部放电量小、运行寿命长、损耗低、过负荷能力强，企业设计制造经验丰富，产品具备高安全可靠性及良好的环保特性。环氧树脂浇注绝缘干式变压器按绝缘耐热等级有 H 级绝缘与 F 级绝缘之分；按树脂浇注工艺有填料树脂浇注和无填料树脂浇注两种类型。有填料树脂浇注又有厚层有填料树脂浇注和薄层有填料树脂浇注之分。

干式变压器在自然空冷时，变压器可在额定容量下长期连续运行。强迫风冷时，变压器输出容量可提高 50%。适用于断续过负荷运行，或应急事故过负荷运行；由于过负荷时负载损耗和阻抗电压增幅较大，处于非经济运行状态，故不应使其处于长时间连续过负荷运行。

主要产品有：SC（B）9 系列环氧树脂浇注干式变压器、SC（B）10 系列 F 级绝缘树脂浇注干式配电变压器、SG（B）10 系列 H 级绝缘非包封线圈干式变压器、SG10 系列 H 级绝缘干式变压器、SG（B）环保型真空浸渍干式变压器等。

3. 非晶合金变压器

非晶合金变压器因空载损耗小而具有经济运行负荷率相对较低的特点，特别适用农村乡镇、城市居民生活用电，即使在负载率达到 50%～80%实行三班制的工矿企业中，选择合适容量的非晶合金变压器仍能达到投资回收年限的要求。

非晶合金变压器为重点推广的节电产品，可分为油浸式和干式两种。非晶合金干式变压器又分环氧浇注式和敞开式两种，以环氧浇注式为多。由于铁芯材料性能和结构上的差异，环氧浇注非晶合金干式变压器与普通的环氧浇注干式变压器在结构上存在较大差异。非晶合金铁芯为矩形截面，一般为三相四框五柱结构；高低压绕组相应做成矩形，低压绕组一般为箔绕式，高压绕组为线绕式、环氧树脂浇注结构。作为一种新型的低损耗干式变压器，非晶合金干式变压器继承了传统干式变压器的难燃、阻燃、可靠性高和免维护等优点。如果能从技术上解决其噪声、受力以及成本问题，凭借其良好的节能性和经济性，非晶合金干式变压器将有着广阔的应用前景。

代表产品有：SH10 型配电变压器、SH11 型配电变压器等。

4. 预装式变电站

图 6-11　ZBW 系列组合式变电站

预装式变电站（也称箱式变电站、箱变、户外成套变电所等）是一种将高压开关设备、变压器和低压配电装置三部分按一定接线方案组成一体，并装于封闭式箱体内的一种紧凑型成套装置，如图 6-11 所示。

预装式变电站可广泛应用于多种场所，如商务中心、居民住宅小区、车站、港口、机场仓库、公园、油田、工厂、矿山、市政工程、建筑施工单位及临时性施工工地等，也适用于土地紧张或流动性大或野外作业的临时用电。它既可作为固定式变电所，也可作为移动式变电所。

预装式变电站有美式箱变、欧式箱变和国产箱变三类，按组成方式分为拼装式、组合装置式、一体型三类，按安装场所分为室内型和户外型两种。

主要产品有 ZB、YB 系列等，技术性能参数详见相关手册或厂家产品样本。

6.3 高压电器

6.3.1 概述

高压电器一般是指在AC1kV（DC1.5kV）以上的电力系统中，用于接通或断开电路、限制电路中的电压或电流以及进行电压、电流测量变换的设备。包括开关电器、量测电器和限流、限压电器，有时也可把变压器列入其内。

需要说明的是：在我国，对于“高压”这一术语因使用场合的不同，其含义有一定的出入。国标《电能质量　电压波动和闪变》GB/T 12326中，将电力系统高、中、低标称电压，划分为低压（LV）$U_N \leqslant 1kV$；中压（MV）$1kV < U_N \leqslant 35kV$；高压（HV）$35kV < U_N \leqslant 220kV$；超高压（EHV）$U_N > 220kV$以上几个等级。但在其他场合，尤其是对于电器工作电压的界定，国内大多数教科书及工程手册中，仍采用国际上公认的，按其工作电压高低进行划分的方法。其次，对于“高压电器”与“高压开关设备”两个业内专用术语所涵盖的产品范畴尚无明确界定，即使是在高压电器产品样本、手册、技术文件、使用说明书中，也没有一个统一的划分标准，往往采用的是不被混淆的习惯用语或通用语。

在此，我们采用多数人认同的习惯用语或通用语。此外，由于素材收集有限等因素，高压电器品种量多面广，即使是同类产品各厂家产品结构、规格型号也不可能完全一致。因而，在以下介绍高压电器过程中，除注明外，以10kV～35kV电压范围为重点，尽量选用一些具有通用性或规格型号命名规范，且具有明确含义的产品。

6.3.2 高压电器分类

1. 按结构形式分类

（1）单极式

又称单相分体式。如用于系统测量、保护的熔断器、电流互感器等。

（2）三极式

如用于系统控制和保护的高压断路器、交流接触器、隔离开关、负荷开关等。

2. 按安装地点分类

（1）户内式

不具有防风、雨、雪、冰和浓霜等性能，适于安装在建筑场所内使用的高压电器设备。

（2）户外式

能承受风、雨、雪、污秽、凝露、冰和浓霜等作用，适于安装在露天使用的高压电器设备。

3. 按组合方式分类

（1）元件

包括断路器、隔离开关、接地开关、重合器、分断器、负荷开关、熔断器等具有单一功能的电器件。

（2）组合电器

组合电器是将两种或两种以上的电器，按接线要求组成一个整体而各电器仍保持原性能的装置。结构紧凑，外形及安装尺寸小，使用方便，且各电器的性能可更好地协调配合。高压组合电器按绝缘结构分为开启式及全封闭式。

1）开启式

又因主体元件不同，分为以隔离开关为主体和以断路器为主体两类，将电流互感器、电压互感器、电缆头等元件与之共同组合而成。

2）全封闭式

是将各组成元件的高压带电部位密封于接地金属外壳内，壳内充以绝缘性能良好的气体、油或固体绝缘介质。各组成元件一般包括断路器、隔离开关、接地开关、电压互感器、电流互感器、母线、避雷器、电缆终端等，按接线要求，依次连接和组成一个整体。

4. 按照电流制式分类

（1）交流电器

指工作于三相或单相工频交流电的电器，极少数工作在非工频系统。

（2）直流电器

指工作于直流电的电器，常用于电气化铁路、城市轨道交通系统。

5. 按用途和功能分类

（1）开关电器

主要用来关合与开断正常电路和故障电路，或用来隔离电源、实现安全接地的高压电器设备。包括高压断路器、高压隔离开关、高压熔断器、高压负荷开关、重合器、分段器和接地短路器等。

（2）量测电器

主要用于对一次回路的高电压、大电流的转换和测量，并与二次回路实施电气隔离，以保证测量工作人员和仪表设备的安全。包括电流互感器、电压互感器。

（3）限流、限压电器

主要包括电抗器、阻波器、避雷器、限流熔断器等。

（4）成套设备

指将电器或组合电器与其他电器产品（如变压器、电流互感器、电压互感器、电容器、电抗器、避雷器、母线、进出线套管、电缆终端和二次元件等）进行合理配置，有机地组合于金属封闭外壳内，构成具有相对完整使用功能的产品。如金属封闭开关设备（开关柜）、气体绝缘金属封闭开关设备（GIS）和高/低压预装式变电站等。

6.3.3 常用主要高压电器简介

1. 高压断路器

（1）作用与功能

高压断路器

高压断路器是高压开关设备中最主要、最复杂的电器。广泛应用于电力系统的发电厂、变电所、开关站及高压供配电线路上，承担着控制和保护的双重任务。高压断路器是指不仅可以长期承受分断、关合正常情况下高压电路中的空载电流和负荷电流，还可以在系统发生故障（或其他异常运行状态、欠压、过流等）时与保护装置及自动装置相配合，迅速切断故障电流，防止事故扩大，保证系统安全运行的自动开关设备。

高压断路器主要功能有：

1）在关合状态时应为良好的导体，不仅对正常电流而且对规定的短路电流也能承受其发热和电动力的作用。

2）对地及断口间具有良好的绝缘性能。

3）在关合状态的任何时刻，应能在不发生危险过电压的条件下，在尽可能短的时间内开断额定短路电流以下的电流。

4）在开断状态的任何时刻，应能在断路器触头不发生熔焊的条件下，在短时间内安全地关合规定的短路电流。

（2）高压断路器主要技术参数

1）额定电压（标称电压）U_N

指断路器长时间运行能承受的最高工作线电压。不仅是表征断路器绝缘强度的重要参数，也是断路器长期工作的标准电压。目前，国家标准规定高压断路器的额定电压有3.6kV、7.2kV、12kV、24kV、40.5kV、72.5kV、126kV、252kV、363kV、550kV、800kV共十一个等级。

2）额定电流 I_N

指在规定条件下，脱扣器额定温升不超过允许值时，脱扣器可长期承载而不致损坏的电流有效值，是表征断路器通过长期电流能力的参数，即断路器允许连续长期通过的最大电流，以安（A）表示。

3）额定短时耐受电流 I_k

在规定的使用和性能条件下，在规定的短时间内，开关设备和控制设备在合闸位置能够承载的电流的有效值。数值上等于额定短路开断电流，以千安（kA）表示。

4）额定峰值耐受电流 I_p

在规定的使用和性能条件下，开关设备和控制设备在合闸位置能够承载的额定短时耐受电流第一个大半波的电流峰值。数值上等于额定短路关合电流，以千安（kA）表示。

5）额定短路开断电流 I_{SC}

指在额定电压以及规定使用和性能条件下，断路器所能断开的最大短路电流，以千安（kA）表示。

6）额定短路关合电流 I_{MC}

指在额定电压以及规定使用和性能条件下，开关能保证正常关合的最大短路峰值电流，以千安（kA）表示。

7）额定操作顺序

我国规定断路器可供选择的额定操作顺序有两种：

① 分—t—合分—t'—合分

其中，分，表示分闸动作；合分，表示合闸后立即分闸的动作；t、t'：表示连续操作之间的时间间隔。t=3min不用于快速自动重合闸；t=0.3s用于快速自动重合闸。t'=15s及t'=1min也可用于快速自动重合闸。

② 合分—t''—合分

其中，t''=15s不用于快速自动重合闸。

（3）常用高压断路器简介

1）油断路器

油断路器是以绝缘油为灭弧介质，可分为多油断路器和少油断路器。在多油断路器中，油不仅作为灭弧介质，而且还作为绝缘介质，因此用油量多，体积大。在少油断路器中，油只作为灭弧介质，因此用油量少、体积小，耗用钢材少。DW4-10 型户外柱上多油断路器外形，如图 6-12 所示。

主要产品有：DW4-10、DW10-12 等户外多油高压断路器以及 SN10-10、SN10-35、SW2-35 等户内外少油断路器。

2）六氟化硫（SF6）断路器

六氟化硫断路器因采用 SF6 气体灭弧而得名。按灭弧方式，分单压式和双压式；按总体结构，分落地箱式和支柱瓷套式。SF6 断路器采用具有优良灭弧能力和绝缘能力的 SF6 气体作为灭弧介质，具有开断能力强、动作快、体积小等优点，但金属消耗多，价格较贵。近年来 SF6 断路器发展很快，在高压和超高压系统中得到广泛应用。尤其以 SF6 断路器为主体的封闭式组合电器，是高压和超高压电器的重要发展方向。LW3-12 型户外 SF6 高压断路器外形，如图 6-13 所示。

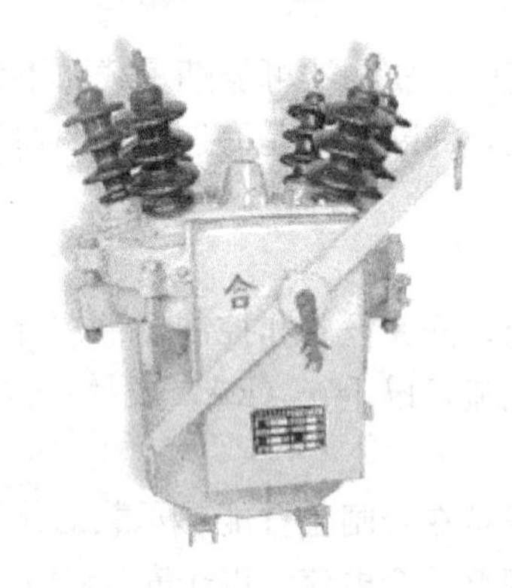

图 6-12　DW4-10 型油断路器

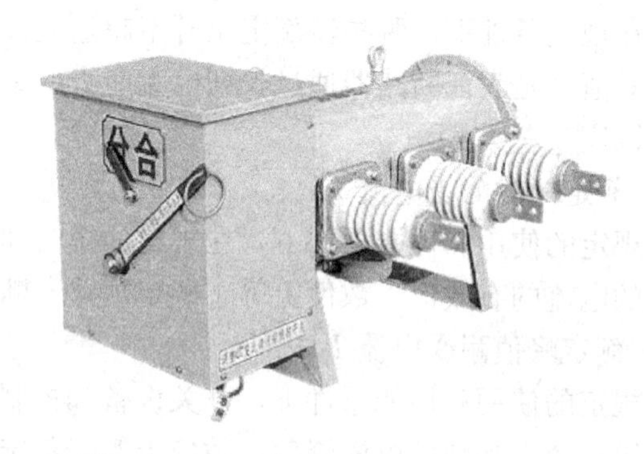

图 6-13　LW3-12 户外 SF6 高压断路器

主要产品有：LN2-12、LW3-12 等户内外 SF6 高压断路器。

3）真空断路器

真空断路器是利用真空（真空度为 10^{-4}mm 汞柱以下）、具有良好的绝缘性能和耐弧性能等特点，将断路器触头部分安装在真空灭弧室内而制成。真空中的电弧是因动静触头带电分离瞬间，由动静触头之间产生的金属蒸气，以离子和电子形态迅速向周围空间扩散而形成。在导通的电流自然经过零点时，触头间隙间的介质迅速由导电体变为绝缘体，残留在间隙中的电子和金属蒸气快速复合或凝聚，于是电弧因电弧电流被分断而迅速熄灭。

图 6-14　VD4 户内高压真空断路器

真空断路器因体积小、占用面积小、熄弧快、时间短、开断能力强、无噪声、无污染、寿命长、触头不氧化、没有变压器油的火灾危险等优点，适用于操作频繁的配电系统上。VD4 户内高压真空断路器外形，如图 6-14 所示。

主要产品有：ZN63G-12、ZN68-12、VS1-12、VD4、ZW14A-12、ZW8-12 等户内外真空高压断路器。

此外，还有磁吹断路器和自产气断路器等，它们额定电压不高，开断能力不大，可作配电用断路器。

2. 高压熔断器

（1）作用与功能

熔断器是利用易熔合金，串接于被保护的电路中，当流过易熔件的工作电流突然增大超过规定值一定时间后，易熔件因自身产生的热量过大而使其熔化，从而断开电路，以保护电气设备免受严重过负荷和短路电流损害的自动保护电器。

高压熔断器在 35kV 以下小容量电力系统中，主要用于变压器、电压互感器、电力电容器等设备的过载及短路保护。

（2）高压熔断器主要技术参数

1）额定电压 U_N

熔断器能够长期承受的正常工作电压。目前，我国高压熔断器的额定电压有 3kV、6kV、10kV、15kV、20kV、35kV 和 110kV。

2）额定电流 I_N

熔断器允许通过的长期最大工作电流，以安（A）表示。长期通过此电流时，熔断器既不会发热，也不会损坏。

3）熔体额定电流 I_{Nf}

指熔体允许长期通过而不被熔断的最大工作电流，以安（A）表示。

4）熔体熔断电流 I_{br}

是熔体熔断的最小电流，以安（A）表示。通常是额定电流的 2 倍。

5）熔断器额定断开电流 I_{Nbr}

指熔断器所能断开的最大电流，以千安（kA）表示。若故障电流大于此值，将有可能造成熔断器损坏，或因断开电流所产生的电弧不能熄灭引起相间短路而造成事故扩大化。该值也可用额定断开容量来表示。

（3）常用高压熔断器简介

1）户内熔断器

典型结构如图 6-15 所示，均为限流型，具有熄弧能力强、分断容量大、分断电路时无游离气体排出、能产生截流过电压等特点，能在短路电流未达到冲击值之前就可完全熔断。

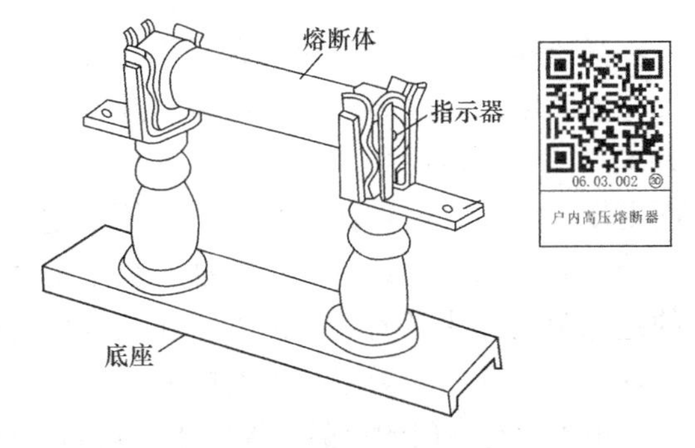

图 6-15　户内熔断器典型结构

户内熔断器多采用内充石英砂填料的密封管式结构，当有过载电流或短路电流流过时，熔体熔断，其金属蒸气与燃弧后的游离气体受高温高压的作用，喷入石英砂之间的空隙，与石英砂表面接触受到冷却凝固，减少了熔体蒸发后所留于狭沟中的游离气体与金属蒸气，从而使电流自然过零，迫使电弧熄灭。在熔体熔断时，熔断器指示弹簧的拉线也同时拉断，并从弹簧管内弹出。

主要产品有：RN 及 XRN 系列户内高压管式熔断器等。

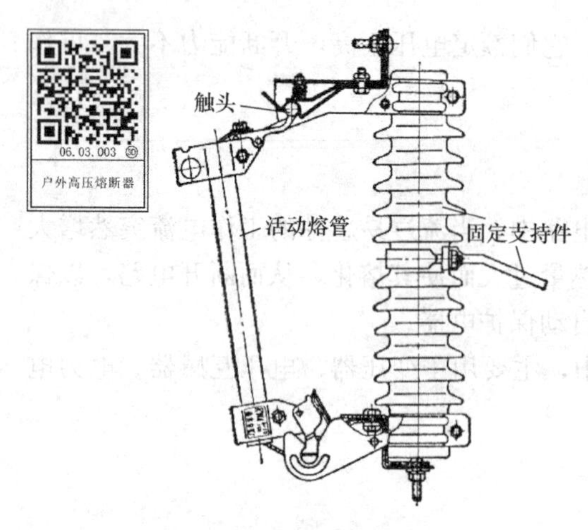

图 6-16　户外熔断器典型结构

2）户外高压熔断器

主要用于输电线路、电力变压器过载、短路保护及分、合额定负荷电流。一般为自动跌落式，也称跌落保险或跌落开关，典型结构如图 6-16 所示。户外高压熔断器主要由固定支持件、活动熔管和触头几部分组成。固定支持件为瓷或合成绝缘体，上、下端均有触头，其中上静触头又称脱扣罩，也称鸭嘴；活动熔管由绝缘套管、消弧内衬、上下动触头、紧固件等组成，主要用于固定熔体、连接电路及消弧；熔丝由熔丝管内伸出压接在上动触头上，将动触头活动关节紧固；触头分动触头和静触头两部分，位于固定支持件端为上下静触头，活动熔管端为上下动触头。

合闸时，熔丝管上动触头被紧固的活动关节，利用鸭嘴内弹簧顶压而紧锁，使熔丝管掉不下来，在上下触头间形成导电回路；当线路发生故障时，故障电流使熔体迅速熔断，在熔管内产生电弧，熔管内衬的消弧管，在电弧的热作用下分解出大量气体，在电流过零时，沿熔管产生强烈的、向下的纵向吹弧，使电弧被拉长而熄灭。同时，活动熔管上动触头失去熔丝拉力并因自重作用而从鸭嘴里滑脱、跌落，形成明显的隔离间隙，起到隔离作用。

主要产品有：RW 及 XRW 系列户外高压管式熔断器等。

3. 高压隔离开关

（1）概述

高压隔离开关是一种没有灭弧装置的开关设备，在基本无负荷电流的情况下通断电路。隔离开关与断路器配合，进行倒闸操作，可以改变系统运行方式；其可以隔离高压电源，以保证其他电气设备的安全检修；它还可以通断电压互感器、避雷器、励磁电流不超过 2A 的空载变压器、电流不超过 5A 的空载线路等。其特点是：具有一定的动、热稳定性；在分断位置时，触头间具有符合规定要求的绝缘距离和明显的断开标志；在关合位置时，能承载正常回路条件下的电流及规定时间内异常条件（如短路）下的电流。

由于没有专门的灭弧装置，不能切断负荷电流及短路电流，因此严禁带负荷操作，以免造成严重的设备和人身事故。通常与断路器配合使用，为防止误操作，隔离开关与断路器之间设有联锁装置。

带接地刀闸的隔离开关，必须装设联锁装置，以保证停电时先断开隔离开关，后闭合接地刀闸；送电时先断开接地刀闸，后闭合隔离开关的操作顺序。

高压隔离开关的联锁装置有机械联锁和电气联锁两种类型。

（2）工作原理

高压隔离开关的典型结构，如图 6-17 所示。多采用三相联动式。由底座、转轴及联动板、升降绝缘子、导电闸刀及静触头等部分组成。转轴装在底架上，轴上焊有联动板，通过升降绝缘子与刀闸相连。转轴两端伸出底架，其任何一端均可与操动机构相连。分闸时，操作转轴旋转，升降绝缘子向上升，闸刀绕触座旋转，向上移动至分闸位置，闸刀和触头分开；合闸时，操作转轴旋转，升降绝缘子拉着闸刀向下转动至合闸位置，使闸刀和触头紧密啮合。

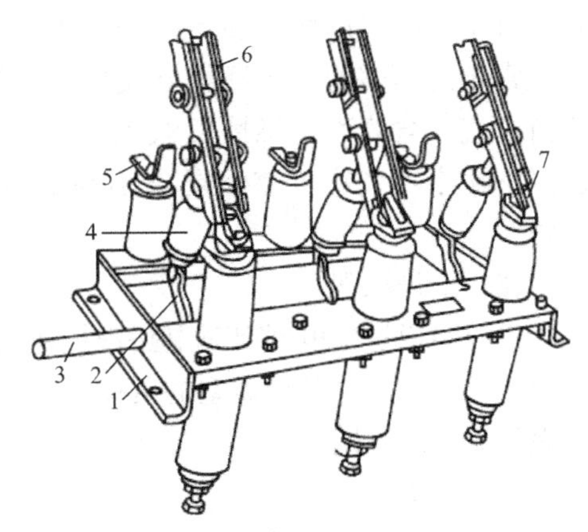

图 6-17　高压隔离开关的典型结构

1—底座；2—联动板；3—转轴；4—升降绝缘子；5—静触头；6—导电闸刀；7—轴座

高压隔离开关的操动机构，常用的有：手动杠杆操动机构、手动蜗轮操动机构、电动操动机构和液压操动机构。可根据隔离开关的容量、安装地点、自动控制等要求的不同选用。

35kV 及以下系统中，一般采用手动式，也可选用电动式。不同厂家的同类产品在结构形式、零部件、导电回路构成等方面存在差异，但动作原理基本相同。

根据使用场所，高压隔离开关分户内和户外两大类。二者主要区别在于绝缘子不同和电气距离（即相间和相对地距离）不同。户外高压隔离开关经常受到风雨、冰雪、灰尘的影响，工作环境较差，因此对户外高压隔离开关要求较高，须具有防冰冻能力和较高的机械强度。

（3）主要技术参数

1）额定电压（标称电压）U_N

指隔离开关运行时，所能承受的正常工作电压，以千伏（kV）表示。

2）最高工作电压 U_{max}

由于输电线路存在电压损失，电源端的实际电压总是高于额定电压，因此要求隔离开关能够在高于额定电压的情况下长期工作，在设计制造时就给隔离开关确定了一个最高工作电压，以千伏（kV）表示。

3）额定电流 I_N

指隔离开关在规定条件下，温升不超过允许值时，可以长期通过的最大工作电流，以安（A）表示。

4）额定动稳定电流 I_p

指隔离开关承受冲击短路电流所产生电动力的能力，由生产厂家给出，以千安（kA）表示。

5）额定热稳定电流 I_k

指隔离开关承受短路电流热效应的能力。由生产厂家给出，规定时间（1s 或 4s）内，隔离开关各部件的温度不超过短时最高允许温度时的最大短路电流，以千安（kA）表示。

高压隔离开关户内式产品有：GN1、GN2、GN6、GN8、GN9、GN10 等十多个系列；户外式产品有：GW1、GW4、GW5、GW8、GW9、GW13 等系列。产品形式及详细技术参数请参阅相关手册或产品样本。

06.03.005
高压负荷开关

4. 高压负荷开关

（1）概述

高压负荷开关主要用于通断空载、正常负载和过载状态下的电路，检修时也可用于隔离电源。在一定条件下，可以关合短路电流，但不能分断短路电流。负荷开关常与高压熔断器串联组合使用，由熔断器切断过载及短路电流，负荷开关通断正常负荷电流（含容性、感性负载电流）。高压负荷开关的优点是价格较低，通常在 35kV 及以下功率不大或可靠性要求不高的电路中替代断路器，以简化配电装置，降低设备投资。

（2）工作原理

主回路通过导电闸刀对电路进行通断切换。高压负荷开关的工作原理主要在于分闸操作时的灭弧过程。各种类型的负荷开关，主要区别在于其灭弧装置所采用的绝缘介质材料和灭弧原理的不同。

（3）分类

1）固体产气式高压负荷开关

利用开断电弧本身的能量使弧室的产气材料产生气体来吹灭电弧，其结构较为简单。

2）压气式高压负荷开关

利用开断过程中活塞的压气吹灭电弧。

3）压缩空气式高压负荷开关

利用压缩空气吹灭电弧，能开断较大的电流，其结构较为复杂。

4）油浸式负荷开关

分闸时，因操动机构脱扣，在分闸弹簧、触头弹簧及运动部件自身重力的联合作用下，动静触头迅速向下移动，二者间所产生的电弧在油中被冷却并熄灭。

5）真空负荷开关

采用专用真空灭弧室，由动静触头均在灭弧室中分断电路而灭弧。真空灭弧室，又名真空开关管，是高压真空电器的核心部件，其主要作用是，通过管内真空优良的绝缘性，使高压电路切断电源后能迅速熄弧并抑制电流，避免事故和意外的发生。

6）SF6 式高压负荷开关

采用充 SF6 气体后是永久密封的灭弧室，利用 SF6 气体分子具有很强的负电性，能吸附电子形成惰性离子，在电弧电流过零时去游离过程迅速的特性，使触头分断瞬间，弧隙带电粒子密度急剧减少从而达到灭弧目的。

（4）技术参数

高压负荷开关的主要技术参数与断路器的基本相同。

高压负荷开关的主要产品有：FN、FW、FLN、FLW、FZN、FZW 等系列，产品形式及详细技术参数请参阅相关手册或产品样本。

5. 电流互感器

（1）概述

电流互感器是一种电流变换装置，又称 CT 或仪用变流器。它可以将高压系统中的电流或低压系统中的大电流变为低压的标准小电流（5A 或 1A），给仪表或继电器供电，供系统测量、计量或保护用。电流互感器的作用是：

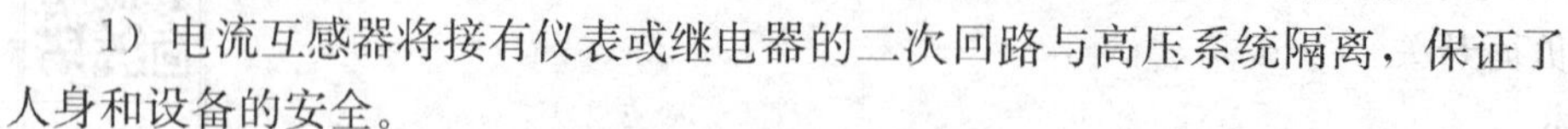
1）电流互感器将接有仪表或继电器的二次回路与高压系统隔离，保证了人身和设备的安全。

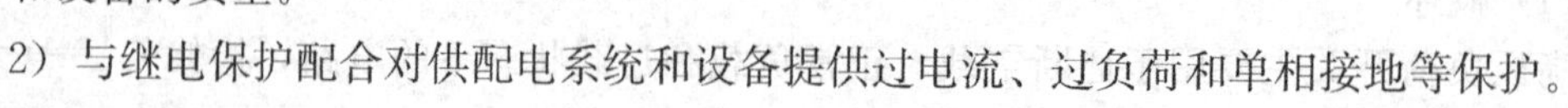
2）与继电保护配合对供配电系统和设备提供过电流、过负荷和单相接地等保护。

3）与测量仪表配合对线路的电流、电能进行测量、计量。

4）将电流变换成统一的标准值，以利于仪表或继电器的标准化。

（2）工作原理

供配电系统中广泛使用的电磁感应式电流互感器。其结构主要由铁芯、一次线圈、二次线圈、绝缘支持件及出线端子等组成。一次绕组匝数少，作用是串联连接需要测量电流、电能的线路；二次绕组匝数多，作用是将一次侧电流变成二次侧标准小电流；绝缘支持件用于电流互感器的绝缘与固定支撑；出线端子则是电流互感器的二次绕组与仪表、继电器线圈间的接线端子。

电流互感器的工作原理和变压器相似，是利用变压器在短路状态下电流与匝数成反比的原理制成的。

与变压器不同的是：

1）由于其二次所接负载为电流表和继电器的电流线圈，阻抗很小，因此电流互感器在正常运行时，相当于二次短路的变压器。

2）变压器的一次电流随二次负载的变化而变化，而电流互感器的一次电流由主回路的负载而定，它与二次电流的大小无关。

3）变压器铁芯中的主磁通由一次线圈所加电压的大小而定，当一次电压不变时，二次感应电势也不变。电流互感器铁芯中的磁通由一次电流决定，但二次回路阻抗变化时，也会影响二次电势。阻抗大时，二次电势高，阻抗小时，二次电势低。

4）变压器二次侧负载的变化对其各个参数的影响均很大。而电流互感器只要二次侧负载在额定范围内，就可以将其视为一个恒流源，也就是说，电流互感器二次侧负载对二次侧电流影响不大。电流互感器的二次额定电流一般为 5A，也有 1A 和 0.5A 的。

（3）铭牌主要技术参数

1）额定一、二次电流

用分数表示。分子表示一次线圈的额定电流（A），分母表示二次线圈的额定电流（A）。如某电流互感器为 150/5，即表示电流互感器一次额定电流为 150A，二次额定电流为 5A。若绕组有分段、多抽头或多绕组组合时，应分别标明每段、每个抽头间或每个绕组组合的性能参数及其相应端子。

2）额定输出和其相应准确级

额定输出是指电流互感器二次绕组的额定输出容量。《电力用电流互感器使用技术规范》DLT 725 中规定：当额定二次电流标准值为 1A 时，额定输出值宜小于 10VA；当额定二次电流标准值为 5A 时，额定输出值宜不大于 50VA。准确级对于测量、计量的电流互感器是用该准确级所规定的最大允许电流误差百分数来标称，有 0.1、0.2、0.5、1.0、0.2S、0.5S 及 3 七个等级；保护用电流互感器则是以额定准确限值一次电流下所规定的最大允许复合误差百分数来标称，并后缀 P。有 5P 和 10P 两个等级。使用时可根据负荷的要求选用额定输出及与之对应的准确级。

制造厂应在铭牌上同时标明互感器在该输出容量下的准确度级。如：10VA1.0。

3）设备最高电压 U_m

指一次绕组长期对地能够承受的最大电压（最大值）。它只是说明电流互感器的绝缘强度，与电流互感器额定容量没有任何关系。国产电流互感器的电压等级从 0.415kV～800kV 共十五个等级。

4）额定短时热电流 I_t 和额定动稳定电流（峰值）I_{pmax}

用分数表示，分子表示电流互感器的额定短时耐受电流，即承受 1s 内不致使电流互感器的热超过允许限度的短路电流 I_t；分母表示承受由短路电流引起的电动力效应而不致受到破坏的能力，指 1s 内电流互感器所能承受的最大电流 I_{pmax}，以千安（kA）表示。

5）极性

一般在电流互感器的一、二次线圈引出线端子上都标有极性符号，其意义与变压器的极性是相同的。电流互感器常用电流流向来表示极性，即当一次线圈一端流入电流，二次线圈一端则必有电流流出，这同一瞬间流入与流出的端子就是同极性端。通常一次侧标示为 P_1、P_2，一次侧中间端子标示为 C_1、C_2；二次侧标示为 S_1、S_2，二次侧有中间抽头时，端子序号按顺序排列，如图 6-18 所示。脚注数字相同的为同极性端，一般采用减极性标示方法。

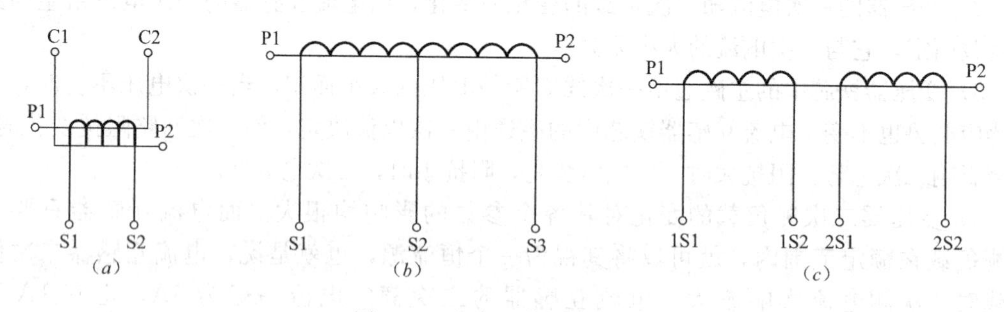

图 6-18 电流互感器端子标示

(*a*) 一次侧中间端子标示；(*b*) 二次侧中间抽头标示；(*c*) 二次侧多绕组组合标示

除上述主要技术参数外，还有额定绝缘水平；绝缘耐热等级；设备种类等。需用时，可参阅相关手册或产品样本。

(4) 常用高压电流互感器简介

1）LFC-10 型电流互感器

如图 6-19 所示，为复匝贯穿式，瓷绝缘结构，户内装置，供 10kV 交流系统中做电流、电能测量及继电保护之用。

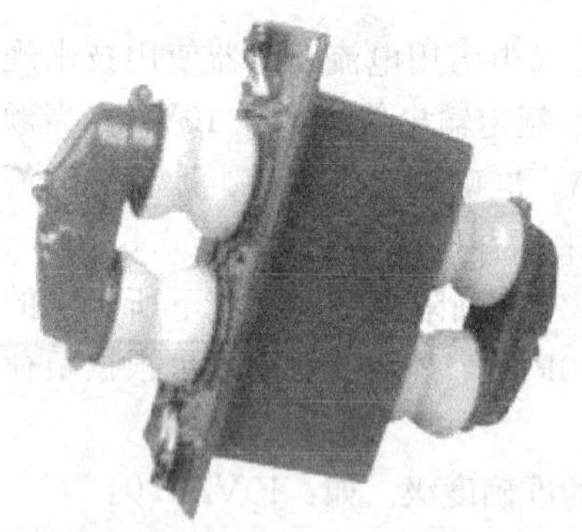

图 6-19 LFC-10 型电流互感器

2）LQJ-10 型电流互感器

如图 6-20 所示，为户外环氧树脂浇注绝缘、户内型产品，适用于交流 50Hz，额定电压 10kV 及以下交流线路中，作电流、电能测量及继电保护用。

3）LMC-10 型电流互感器

如图 6-21 所示，电流互感器为母线式、环氧树脂全浇注绝缘、户内型产品。适用于交流 50Hz、10kV 及以下线路中，供电流、电能和功率测量以及继电保护用。

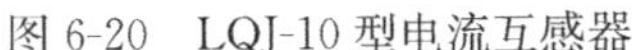

图 6-20　LQJ-10 型电流互感器　　　图 6-21　LMC-10 型电流互感器

4）LZZBJ9-10 型全封闭支柱式电流互感器

如图 6-22 所示，为树脂浇注绝缘，户内型，全封闭支柱式结构的电流互感器，适用于交流 50Hz、额定电压为 10kV 及以下电力系统中，供电流、电能测量及继电保护用。

5）LB-10 型单相油浸户外式电流互感器

如图 6-23 所示，主要用于交流系统 50Hz、10kV 网络上，作测量及保护之用，一次侧电压为 10kV、电流为 5～800A 等，二次侧电流均为 5A，用于测量系统正常工作时的电流和电能。还可与继电器配合，用于系统发生短路或其他故障时的保护。

图 6-22　LZZBJ9-10 型全封闭支柱式电流互感器

图 6-23　LB-10 型单相油浸户外式电流互感器

需要说明的是：电流互感器在正常运行时，二次电流产生的磁通势对一次电流产生的磁通势起去磁作用，励磁电流甚小，铁芯中的总磁通很小，二次绕组的感应电动势不超过几十伏。若二次发生开路，一次电流将全部用于激磁，使铁芯严重饱和。交变的磁通在二次线圈上将感应出很高的电压，其峰值可达几千伏甚至上万伏，该电压如若作用于二次线圈及回路上，将严重威胁人身和设备安全，甚至线圈绝缘因过热而烧坏，保护可能因无电流而不能反映故障，对于差动保护和零序电流保护则可能因开路时产生不平衡电流而误动作。所以《继电保护和安全自动装置技术规程》GB/T 14285 规定：电流互感器的二次回路不宜进行切换。当需要切换时，应采取防止开路的措施。电流互感器的二次侧必须有且只能有一点接地。

6. 电压互感器

（1）概述

电压互感器是一种电压变换装置，又称 PT，按用途分计量、测量和保护用三大类。

它可以将系统的高电压变成标准的电压（100V 或 $100/\sqrt{3}$V），供系统计量、测量或保护用。

采用电压互感器的主要原因是：在电力的发、输、变、配、用全过程中，线路上的电压大小不一，等级悬殊，电压低的只有几伏，高的有几千伏、十几千伏甚至数百千伏，若要直接测量，就需要从几伏到数百千伏量测范围不同的仪表，这不但给仪表制造带来困难，也不利于量测仪表的标准化；其次，若用仪表直接测量高压，不仅存在高压窜入低压，对设备造成损坏的危险，而且还危及人身安全。

（2）工作原理

电磁感应式电压互感器，其结构主要由闭合铁芯、一次线圈、二次线圈、绝缘支持件及出线端子等组成。因电压互感器将高电压变为低电压提供给仪表或继电器使用，所以它的一次线圈匝数 N_1 多，与被测电压、电能的线路并联；二次线圈匝数 N_2 少，作用是将一次侧高电压变成二次侧标准低电压，并与各种测量仪表或继电器的电压线圈并联，量测电量数值，如图 6-24 所示。绝缘支持件用于电压互感器的绝缘与固定支撑；出线端子则是电压互感器的二次绕组与仪表、继电器线圈间的接线端子。为安全起见，根据《继电保护和安全自动装置技术规程》GB/T 14285 规定：在电压互感器二次回路中，除开口三角线圈和另有规定者（例如自动调整励磁装置）外，应装设自动开关或熔断器。接有距离保护时，宜装设自动开关。电压互感器的二次回路只允许有一点接地，接地点宜设在控制室内。独立的、与其他互感器无电联系的电压互感器也可在开关场实现一点接地。为保证接地可靠，各电压互感器的中性线不得接有可能断开的开关或熔断器等。

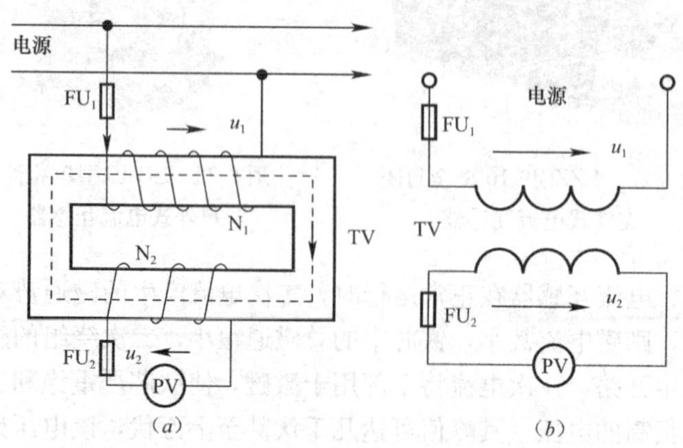

图 6-24 电压互感器的原理结构图和接线图

（a）原理结构图；（b）接线图

（3）铭牌主要技术参数

1）额定一次电压和额定二次电压 U_{1N}/U_{2N}

用分数表示。分子为额定一次电压（kV），对三相电压互感器和用于单相系统或三相系统线间的单相电压互感器，其一次侧额定电压应为接入系统的标称值。对于接在三相系统线与地之间或接在系统中性点与地之间的单相电压互感器，其一次侧额定电压应为接入系统标称电压的 $1/\sqrt{3}$。分母为额定二次电压（kV），对接到单相系统或三相系统线间的单相电压互感器和三相电压互感器，其二次侧额定电压为 100V，对接到三相系统相与地之间的单相电压互感器，当其额定一次侧电压为某一数值的 $1/\sqrt{3}$时，其额定二次侧电压为 $100/\sqrt{3}$V。

若绕组有分段、多抽头或多绕组组合时，应分别标明每段、每个抽头间或每个绕组组合的性能参数及其相应端子。

2）额定输出和其相应准确级

额定输出是指电压互感器在功率因数 $\cos\varphi$ 分别在 0.8 和 1.0（滞后）时的额定输出容量。

《电力用电磁式电压互感器使用技术规范》DLT 726 中规定：电压互感器的额定输出标准值，有 10VA、15VA、25VA、30VA、50VA、75VA、100VA 七个等级，其中 10VA、25VA、50VA 为优先级。准确级对于测量、计量的电压互感器是指在额定电压和额定负荷条件下，用该准确级所规定的最大允许电压误差百分数来标称，有 0.1、0.2、0.5、1.0 四个等级。保护用电压互感器则是在 5%额定电压到与额定电压因数对应的电压范围内的最大允许电压误差百分数来标称，并后缀 P。有 3P 和 6P 两个等级。使用时，可根据负荷的要求选用额定输出及与之对应的准确级。

制造厂应在铭牌上同时标明互感器在该输出容量下的准确度级。如：50VA 0.5。

3）最高电压 U_m

指一次绕组长期对地能够承受的最大电压（最大值）。它只是说明电压互感器的绝缘强度，与电压互感器额定容量没有任何关系。国产电压互感器的电压等级从 0.415kV～800kV 共十五个等级。

4）极性标志

为了保证测量及校验工作的接线正确，电压互感器一次及二次绕组的端子应标明极性标志。电压互感器一次绕组接线端子用大写字母 A、B、C、N 表示，二次绕组接线端子用小写字母 a、b、c、n 表示。如图 6-25 所示。

除上述主要技术参数外，还有额定绝缘水平、额定电压因数及其相应的额定时间、绝缘耐热等级、设备种类等。需用时，可参阅相关手册或产品样本。

（4）常用高压电压互感器简介

1）JDJ 系列单相油浸双绕组电压互感器

其中 JDJ-6、JDJ-10 型为户内式，JDJ-35 型为户外式。图 6-26 为 JDJ-10 型单相电压互感器内部结构示意图。其结构简单，常用来测量线电压。

2）JDZ 型电压互感器

为单相双绕组环氧树脂浇注绝缘的户内用电压互感器。优点是：体积小，重量轻，

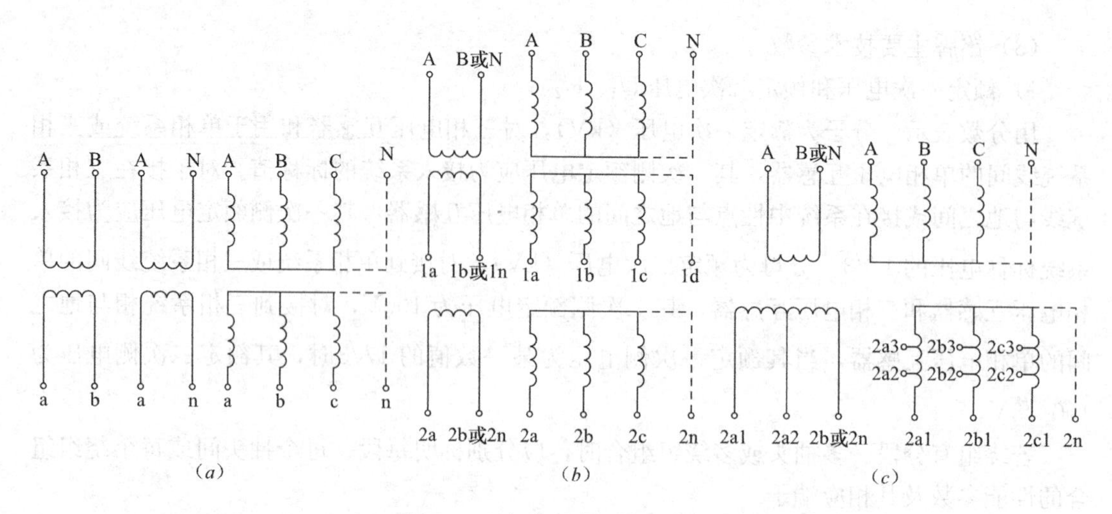

图 6-25　电压互感器端子标示

（*a*）单绕组线间、相间及三相端了标示；（*b*）多绕组线间、相间及三相端子标示；

（*c*）多绕组带抽头线间、相间及三相端子标示

节约铜和钢，能防潮、防盐雾、防霉，可用来代替 JDJ 型。

3）JDZJ 型电压互感器

为单相三绕组环氧树脂浇注绝缘的户内用电压互感器，如图 6-27 所示。可供中性点不直接接地系统测量电压、电能及单相接地保护用。构造与 JDZ 型相似，其不同之处是 JDZJ 型有辅助二次绕组。使用时一次绕组的一端接高压，另一端接地，但其一次绕组两端均为全绝缘结构。一般 3 台 JDZJ 型电压互感器可代替一台 JSJW 型电压互感器。

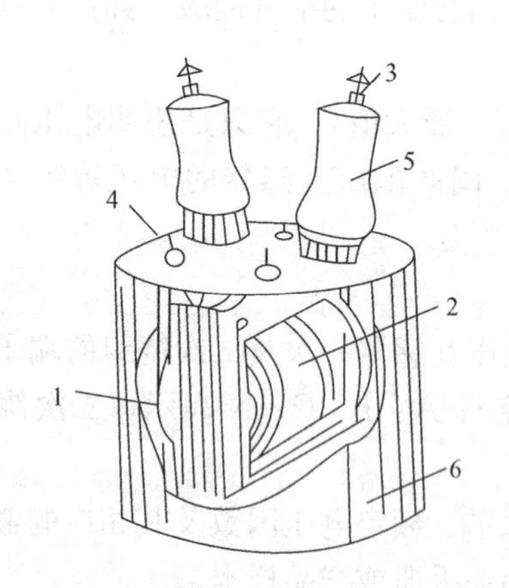

图 6-26　JDJ 型电压互感器

1—铁芯；2—绕组；3—一次绕组出线端；

4—二次绕组出线端；5—套管绝缘子；6—外壳

图 6-27　JDZJ 型电压互感器

4）JSJW 型三相三绕组五柱式油浸电压互感器

它增加了两个边柱铁芯，构成五柱式，边柱可作为零序磁通的通路，如图 6-28 所示。

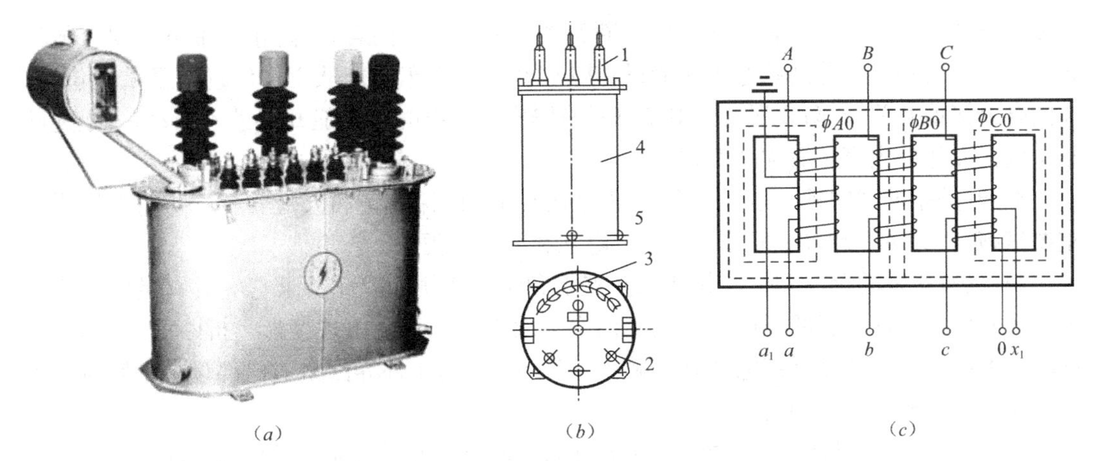

图 6-28 JSJW-10 型三相五柱式电压互感器

(a) 外形；(b) 结构；(c) 原理接线

1—套管绝缘子；2——一次绕组出线端；3—二次绕组出线端；4—外壳；5—放油阀

该型电压互感器的二次绕组有两个：一个接成星形，供测量和继电保护用；另一个又称辅助绕组，接成开口三角形，用来监视线路的绝缘情况。

正常时，开口三角形两端电压为 0V，当一相接地时，开口三角形两端电压为 100V。

需要说明的是：电压互感器容量小，自身阻抗小，负载通常是测量仪表和继电器电压线圈。当电压互感器接入线路正常运行时，电压互感器相当于一个内阻极小的电压源，由于负载阻抗很大，电压互感器二次侧的电流很小，电压互感器接近于空载运行，二次侧回路相当于开路状态。二次侧一旦短路，负载阻抗为零，电流随之剧增，将产生很大的短路电流，二次线圈烧毁；又因互感器一次侧与系统直接连接，造成二次侧出现高电压，危及仪表、继电器和人身安全，因此电压互感器的二次线圈和零序线圈的一端必须接地。其次，必须按要求的相序进行接线，防止接错极性，否则将引起某相电压升高为额定值的$\sqrt{3}$倍。第三，电压互感器二次侧严禁短路。

7. 交流金属封闭开关设备和控制设备

(1) 概述

交流金属封闭开关设备和控制设备，俗称开关柜、高压开关柜、成套开关或成套配电装置。是指根据电气一次主接线图的要求，将有关的高低压电器（包括控制电器、保护电器、测量电器）以及母线、载流导体、绝缘子等全部装配在封闭的或敞开的金属柜体内，作为电力系统中接受和分配电能的装置。

(2) 开关柜主要特点

1) 有一、二次方案，这是开关柜具体的功能标志，包括电能汇集、分配、计量和保护功能电气线路。一个开关柜有一个确定的主回路（一次回路）方案和一个辅助回路（二次回路）方案，当设计的高压电路用一个开关柜不能实现时，可以用几个开关柜组合实现。

2) 开关柜具有一定的操作程序及机械或电气联锁机构，以防止带负荷分、合隔离开关（断路器、负荷开关、接触器合闸状态不能操作隔离开关）；防止误分、误合断路器、负荷开关、接触器（只有操作指令与操作设备对应才能对被操作设备操作）；防止接地开关处于闭合位置时关合断路器、负荷开关（只有当接地开关处于分闸状态，才能合隔离开关或手车才能进至工作位置，才能操作断路器、分荷开关闭合）；防止在带电时误合接地开关（只有在断路器分闸状态，才能操作隔离开关或手车才能从工作位置退至试验位置，才能合上接地开关）；防止误入带电室（只有隔室不带电时，才能开门进入隔室）。上述防止电气误操作的内容，简称“五防”。

3）开关柜的“联锁”是保证电力网安全运行、确保设备和人身安全、防止误操作的重要措施，“五防”装置一般分为机械、电气和综合三类。

4）具有接地的金属外壳，其外壳有支承和防护作用。因此要求它应具有足够的机械强度和刚度，保证装置的稳固性，当柜内产生故障时，不会出现变形，折断等外部效应。同时也可以防止人体接近带电部分和触及运动部件，防止外界因素对内部设施的影响，以及防止设备受到意外的冲击。

5）具有抑制内部故障的功能，“内部故障”是指开关柜内部电弧短路引起的故障，一旦发生内部故障，要求把电弧故障限制在隔室以内。

（3）开关柜的主要技术参数

1）额定电压U_N

为开关柜所在系统的最高电压上限，以千伏（kV）表示。对于开关柜的各组成元件，可按其有关标准具有各自的额定电压值。

2）额定绝缘水平

开关柜的额定绝缘水平应满足相关标准的规定。

3）额定频率f_N

开关柜额定频率的标准值为50Hz。

4）额定温升Δt_N

开关柜的各组成元件的额定温升，不得超过该元件标准规定的限值。

母线额定温升，应根据工作情况，按触头连接及与绝缘材料接触的金属部件的最高允许温度或温升确定。

可触及的外壳和盖板的温升不应超过30K，对可触及而在正常运行时无需触及的外壳与盖板，如果公众不可触及，则其温升极限还可增加10K。

5）主回路额定电流I_N

可按开关柜的各组成元件，确定各自的额定电流。而某些主回路如母线、配电线路等，可有不同的额定电流，以安（A）表示。

6）额定短时耐受电流（主回路和接地回路）I_k

主回路额定短时耐受电流按开关柜的各组成元件的额定短时耐受电流确定；接地回路的额定短时耐受电流，其数值可与主回路不同，以千安（kA）表示。

7）额定峰值耐受电流（主回路和接地回路）I_p

主回路额定峰值耐受电流按开关柜的各组成元件的额定峰值耐受电流确定；接地回路也应规定额定峰值耐受电流，其数值可与主回路不同，以千安（kA）表示。

8）额定短时持续时间（主回路和接地回路）t_t

主回路额定短时持续时间按开关柜的各组成元件的额定短时持续时间确定；接地回路也应规定额定短时持续时间，其数值可与主回路不同。

9）开关柜中各元件（包括操动装置和辅助设备）的额定值由所选用的电气元件决定。

10）额定充入水平

制造厂规定的在投入运行前充入隔室的充气压力或充入液体的质量。

（4）常用高压开关柜简介

高压开关柜主要产品有：KYN1 铠装移开式交流金属封闭开关设备，如图 6-29（*a*）所示；JYN2 型金属封闭移开式开关设备，如图 6-29（*b*）所示；KYN28A 型铠装移开中置式金属封闭开关设备，分三层结构，上层为母线和仪表室（相互隔离），中间层为断路器室，下层为电缆室。因断路器在中间层，故简称中置柜，如图 6-29（*c*）所示。

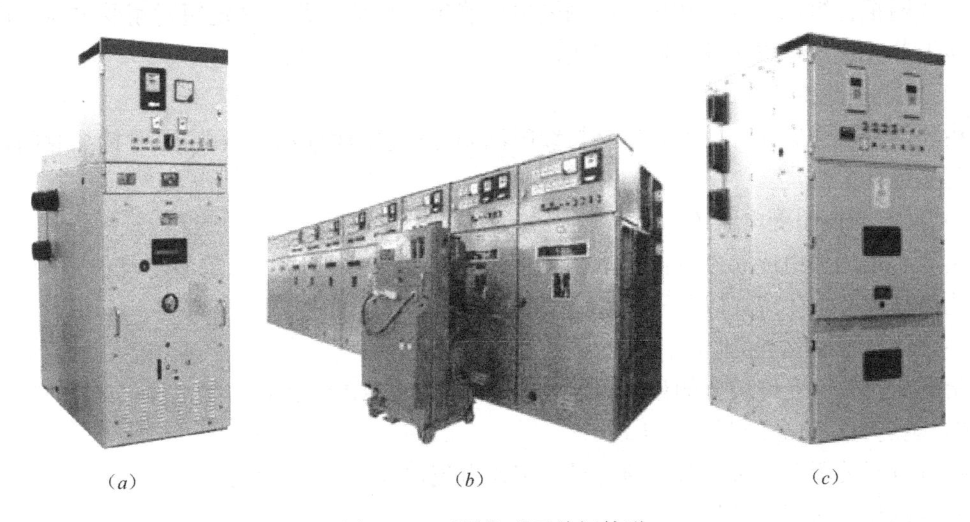

（*a*）　（*b*）　（*c*）

图 6-29　不同类型开关柜外形

（*a*）KYN1 铠装移开式；（*b*）JYN2 型金属封闭移开式；（*c*）KYN28A 型铠装移开中置式

8. 环网柜

（1）概述

环网柜是用于环形配电网中，用户可以从两个方向获得电源的高压开关柜，属于输配电气设备。其高压回路通常采用负荷开关或真空接触器控制，并配有高压熔断器保护。具有结构简单、体积小、价格低、可提高供电参数和性能以及供电安全等优点。它被广泛使用于城市住宅小区、高层建筑、大型公共建筑、工厂企业等负荷中心的配电站以及箱式变电站中。

环网柜分空气绝缘、固体绝缘和 SF6 绝缘三种。用于分合负荷电流、开断短路电流及变压器空载电流，对一定距离架空线路、电缆线路的充电电流起控制和保护作用。柜体中，配空气绝缘的负荷开关主要有产气式、压气式、真空式；固体绝缘是以环氧树脂固封作为带电体对地及相间绝缘；SF6 绝缘是选用的负荷开关为 SF6 式。由于 SF6 气体封闭在壳体内，它形成的隔断断口不可见。环网柜中的负荷开关，一般要求三工位，即切断负荷、隔离电路、可靠接地。产气式、压气式和 SF6 式负荷开关易实现三工位，而真空灭弧室只能开断，不能隔离，所以一般真空负荷环网开关柜在负荷开关前再加上一个隔离开关，以形成隔离断口。

(2) 环网柜主要技术参数

1) 额定电压/最高工作电压 U_N/U_{max}

指负荷开关所在配电系统的额定电压或开关所能承受最高电压，以千伏（kV）表示。

2) 额定电流 I_N

指负荷开关所允许的额定工作电流，以安（A）表示。

3) 主母线电流

指环网柜母线上所允许的额定工作电流，以安（A）表示。

4) 额定短时耐受电流 I_k

由环网柜各组成元件的额定短时耐受电流确定；接地回路的额定短时耐受电流，由选用的接地开关决定，以千安（kA）表示。

5) 额定短路持续时间 t_t

由环网柜各组成元件的额定短路持续时间确定；接地回路规定额定短时持续时间，由选用的接地开关决定。

6) 额定峰值耐受电流 I_p

由环网柜的各组成元件的额定峰值耐受电流确定；接地回路规定额定峰值耐受电流，由选用的接地开关决定，以千安（kA）表示。

7) 额定短路关合电流 I_{MC}

指负荷开关所允许关合的最大短路电流，以千安（kA）表示。

8) 额定有功负载开断电流 I_{Nbr}

指负荷开关所允许带负载切断的最大工作电流，以安（A）表示。

9) 额定工频耐受电压

指负荷开关相间、相对地开关断口的额定工频电压，以千伏（kV）表示。

10) 额定雷电冲击耐受电压

指负荷开关相间、相对地开关断口的额定雷电冲击耐受电压，以千伏（kV）表示。

(3) 常用环网柜简介

1) HXGN-10 系列空气环网柜

如图 6-30（*a*）所示。HXGN-10 系列空气环网柜具有 15 种方案。金属全封闭结构。环网柜中安装的负荷开关多为产气式，无油无毒；配备的手动、电动操作机构为扭力弹簧储能机构，结构简单，操作力小。负荷开关、接地开关及正面板之间设有机械联锁装置。

2) GE 系列气体绝缘环网柜

如图 6-30（*b*）所示。系美国通用公司引进产品。采用 SF6 气体绝缘。操作机构为弹簧储能式，具有快合快分装置，全封闭，模块化，可扩展，可任意组合，被广泛应用于城乡电缆化改造、配电站、风能发电、钢铁石化、公路码头等工业企业，以及市政建设、商务大楼、民用小区等建筑领域。

3) HXGN-15 系列环网柜

如图 6-30（*c*）所示。由 SF6 负荷开关、真空断路器、真空负荷开关作为主开关，整柜金属铠装封闭式，采用空气绝缘，具有结构简单、操作灵活、联锁可靠等特点，具有终端变电站接线及适应环网供电的接线。适用于三相交流 50Hz，额定电压 12kV 工业及民用电缆环网及供电末端的户内配电及小型二次配电站、开闭所、工矿企业、城市居民生活小区、机场、铁路、隧道、高层建筑等电力系统的受电和配电。

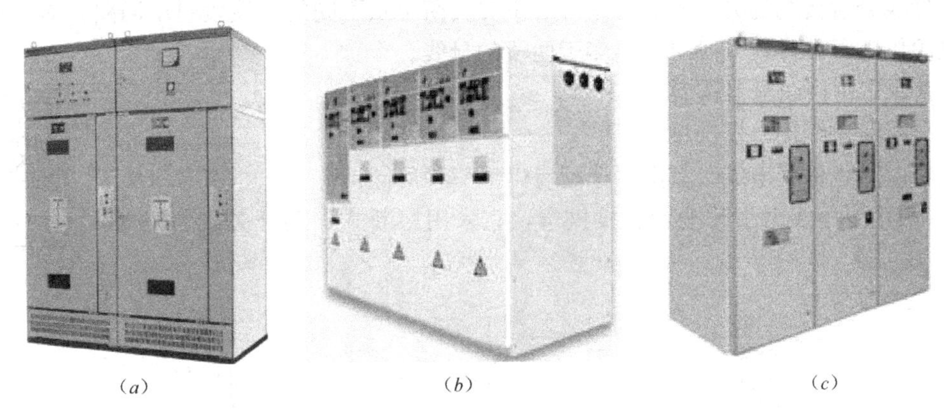
(a)　(b)　(c)

图 6-30　不同系列环网柜外形
(a) HXGN-10 系列；(b) GE 系列；(c) HXGN-15 系列

6.4　10kV 变（配）电所主接线形式及电器选型

电力系统中，习惯上将实现电能输送和分配的回路称为主回路或一次回路。因而，该回路的接线就称为主接线或一次接线。

1. 10kV 变（配）常用主接线形式

(1) 单母线不分段

单母线不分段接线是一种最简单的接线方式，使用设备较少，扩建较为方便。但可靠性较差。当母线或母线侧隔离开关（或其他开关）发生故障及检修时，就会造成全部负荷停电。

图 6-31 所示为一用一备单母线不分段接线，采用自动切换或手动切换，平时只能一路接在母线上。

(2) 单母线分段

单母线分段，如图 6-32 所示，它的每个母线段接有一个或两个电源。在相邻母线段之间用断路器或隔离开关来联络。

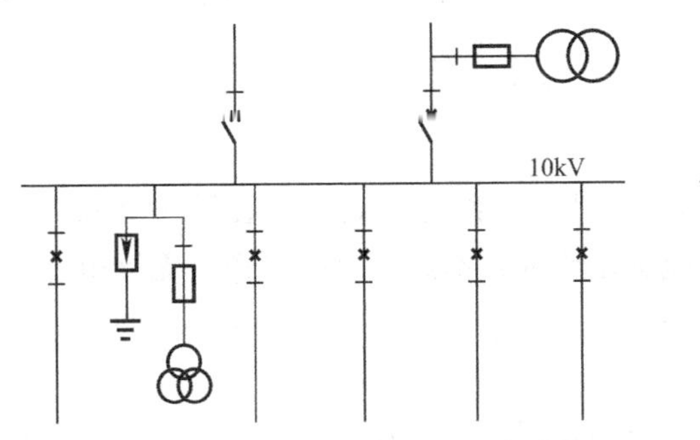

图 6-31　一用一备单母线不分段接线

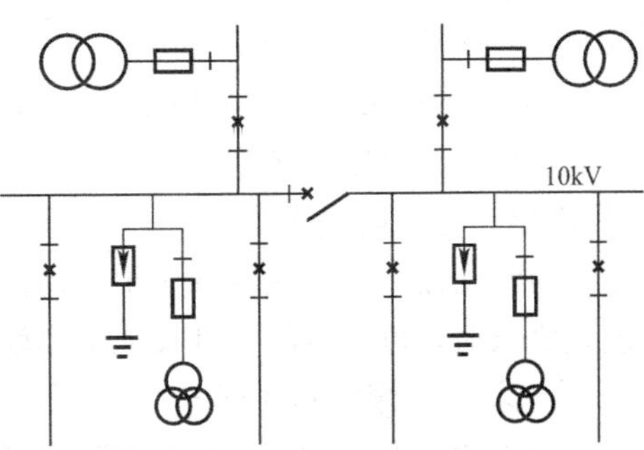

图 6-32　双电源单母线分段接线

单母线分段接线，可靠性高于单母线不分段接线。当某段母线发生故障时，仅停一半负荷。某段母线失电时，可经分段联络开关操作，维持失电母线上负荷的继续供电。

单母线分段接线的另一个好处是，对重要负荷可从不同的母线段引出回路，对它们进行多电源供电。单母线分段可分出多于两段的母线。

2. 10kV 主接线电器选型

（1）母线进线端电器选型

进线端，也称受电端。其电器选配有以下三种可能：

1）采用专用线由市政电网直接供电，宜采用熔断式隔离开关或断路器，见图 6-33（*a*）。

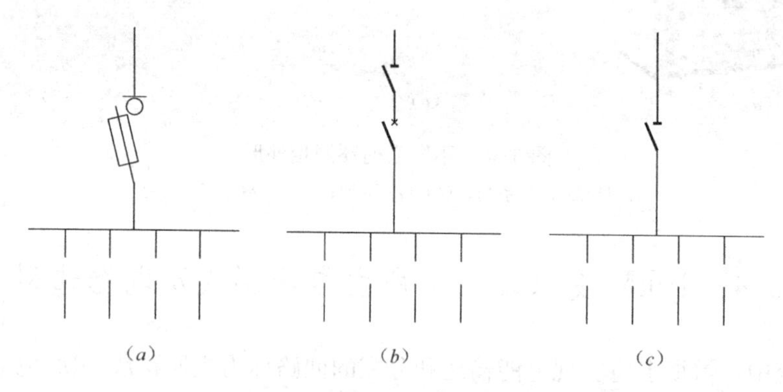

图 6-33　进线端电器选配示意图

（*a*）熔断式隔离开关；（*b*）带隔离功能断路器；（*c*）隔离开关

2）采用专用线由用电单位内部总变电所供电，且有带负荷操作或继电保护自动装置要求时，宜采用断路器，见图 6-33（*b*）。

3）若无带负荷操作或继电保护自动装置要求，无论电源引自何处，宜采用隔离开关或隔离触头组，见图 6-33（*c*）。

（2）母线出线端电器选型

出线端，又称馈线端。其电器选配有以下三种可能：

1）满足保护和操作要求，或容量小于 500kVA 变压器，或容量小于 400kVar 电容器组时，宜采用熔断式隔离开关，见图 6-34（*a*）。

2）固定式配电装置的出线侧，架空线出线回路或有反馈可能的电缆出线回路，宜采用隔离开关，见图 6-34（*b*）。

3）除上述两种情形外，均应采用断路器，见图 6-34（*c*）。

（3）母线分段处电器选型

《民用建筑电气设计规范》JGJ/T 16 规定：10kV 母线分段处，宜装设与电源进线开关同型号的断路器，只有在故障时手动切换能满足要求、不需带负荷操作且无继电保护和自动装置要求时，可装设隔离开关或隔离触头。

3. 变压器高压侧电器选型

（1）树干式供电，宜采用熔断式隔离开关或断路器，见图 6-35（*a*）。

（2）容量小于 500kVA 的室内变压器，可采用熔断式隔离开关，见图 6-35（*a*）；容量小于630kVA的室外变压器，可采用跌落式熔断隔离开关，见图6-35（*b*）。

（3）放射式供电，宜采用隔离开关，见图6-35（*c*）。

4. 典型主接线简介

一个典型完整的10kV/0.4kV高、低压主接线如图6-36所示。图中由上到下依次是：1　电源引入线；2　电缆转接；3　隔离开关；4　熔断器；5　熔断式隔离开关；6　断路器；7　高压母线；8　低压侧总断路器；9　总低压侧隔离器；10　低压侧总熔断器或熔断式隔离开关；11　低压侧总电流互感器；12　低压母线。

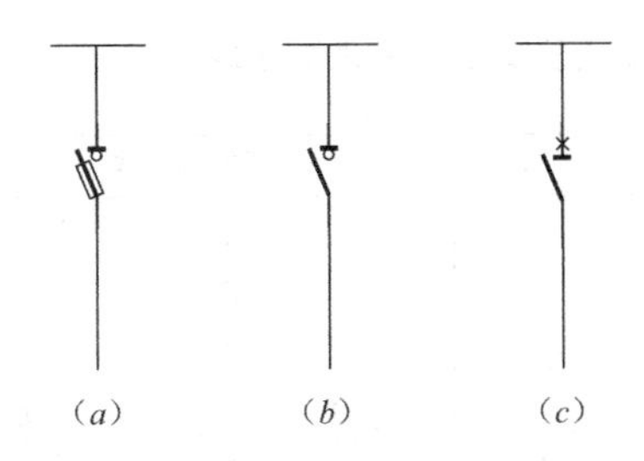

图6-34　出线端电器先配示意图

（*a*）熔断式隔离开关；（*b*）隔离开关；（*c*）带隔离功能断路器

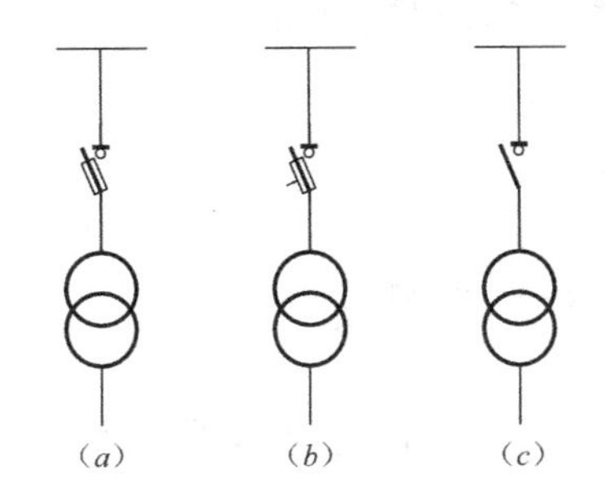

图6-35　变压器高压侧电器选配示意图

（*a*）熔断式隔离开关；（*b*）跌落式断隔离开关；（*c*）隔离开关

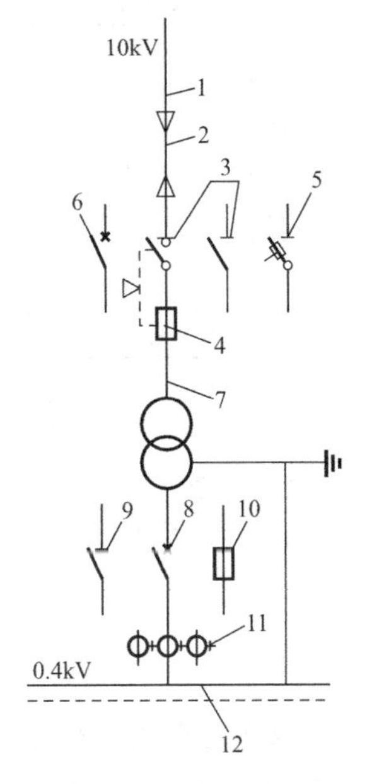

图6-36　变压器主接线典型线路示意图

6.5　高压供电方案

1. 自选方案

10kV/0.4kV高压供电方案因室内外配电所，或因电源由架空、电缆引入方式的不同而不同。室内配电所供电方案，如图6-37所示。电缆引入时，变压器的保护电器一般装在线路送电端的高压配电装置上；架空引入再接电缆时，保护应采用隔离开关或熔断式隔离开关方案；架空引入时，隔离开关或跌落式熔断式开关的安装位置，视具体情况确定。室外配电所供电方案，如图6-38所示。电缆引入时，若变压器容量小于630kVA，跌落式熔断隔离开关可以改为隔离开关。

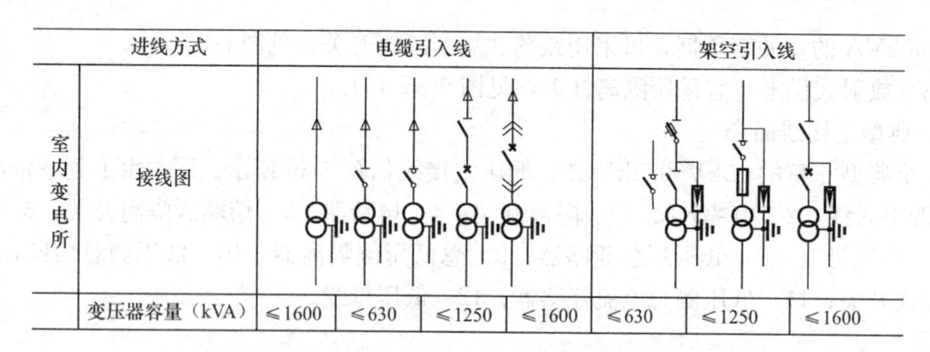

图 6-37　10kV/0.4kV 室内配电所高压供电典型方案

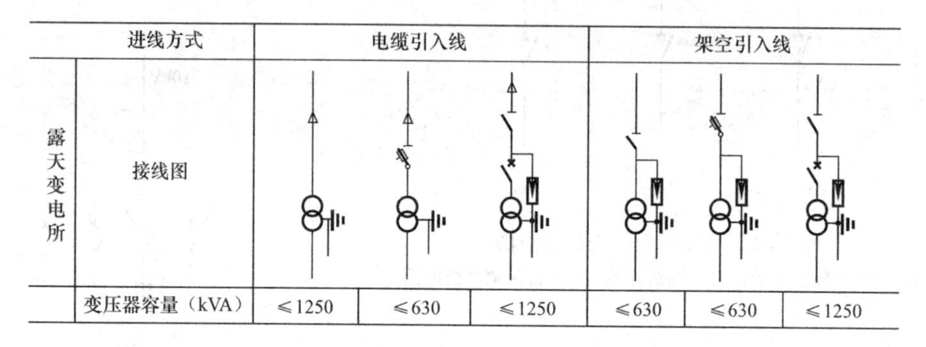

图 6-38　10kV/0.4kV 室外配电所高压供电典型方案

2. 成套方案

可参阅相关手册、产品样本或向生产厂家提出咨询。

6.6　供配电系统施工图设计

在完成低压配电负荷计算、变压器选择、高压供电方案及其电器选型之后，便可进行建筑供配电系统的施工图设计。

1. 高压供电采用自选方案

这种情况下，为保障系统的安全性，必须对已选型确定的高压电器依据《3～110kV 高压配电装置设计规程》GB 50060、《20kV 及以下变电所设计规范》GB 50053、《并联电容器装置设计规范》GB 50227 等进行计算和校验，以便最终确定所选电器型号、参数及保护特性。

2. 高压供电采用成套方案

届时，用户只需提供计算负荷、变压器容量、供电方案基础数据资料后，由厂家提供的成套装置已完成了所配电器型号、参数及保护特性的计算与校验，并提供相关检测报告做备案。

3. 供配电系统图绘制、标注及相关信息的完整性

供配电系统施工图一般采用“图＋网格化表格”形式绘制。其中图用以直观表示系统中各电器间的关联关系；网格化表格用以说明柜体编号、柜体功能、出线负荷、提供系统所选用电器的主要技术参数等。

综合楼高压供电系统，如图 6-39 所示；综合楼部分低压配电系统，如图 6-40 所示。

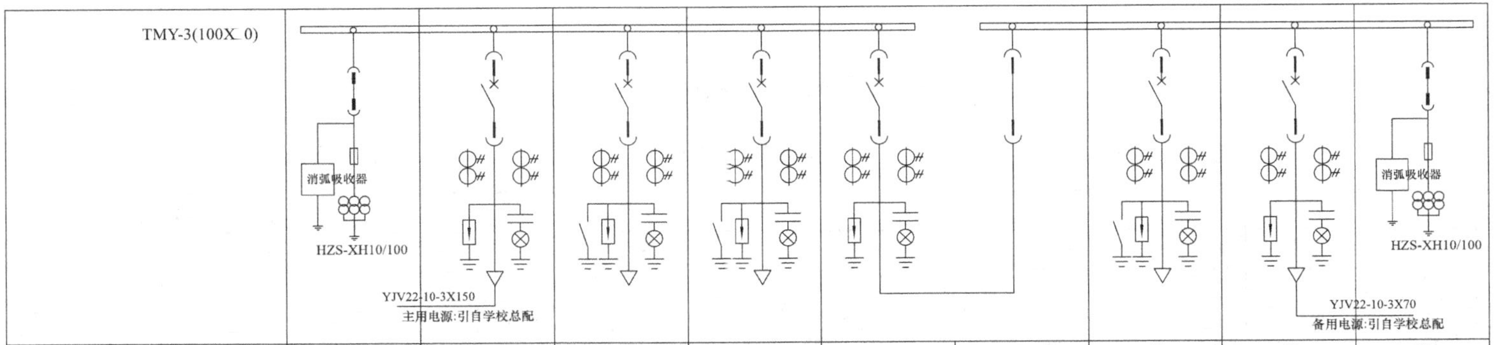

TMY-3(100X_0)

消弧吸收器 HZS-XH10/100

YJV22-10-3X150 主用电源:引自学校总配

YJV22-10-3X70 备用电源:引自学校总配

消弧吸收器 HZS-XH10/100

高压开关柜编号		G1	G2	G3	G4	G5	G6	G7	G8	G9
高压开关柜名称		1#PT消弧柜	总配进线	1#主变	3#主变	分段	分段隔离	2#主变	总配进线	2# PT消弧柜
高压开关型号		KYN28A1-12	KYN28A1-12	KYN28A1-12	KYN28A1-12	KYN28A1-12	KYN28A1-12	KYN28A1-12	KYN28A1-12	KYN28A1-12
主要设备	断路器 VA-630/25-_/型	隔离手车VS1	VA-630/25-A 1250A/31.5kA	VA-630/25-A 630A/31.5kA	VA-630/25-A 630A/31.5kA	VA-630/25-A 1250A/31.5kA	Ie=1250A	VA-630/25-A 630A/31.5kA	VA-630/25-A 1250A/31.5kA	隔离手车VS1
	电流互感器（LZHYBM_-10）		200/5	75/5	75/5	50/5		50/5	50/5	
	电压互感器及熔断器	JDZJ-10Q							JN10-10	JDZJ-10Q
	避雷器及接地刀	HZS-XH10	HY5WS2-17/50 3只	HY5WS2-17/50 3只 JN10-10	HY5WS2-17/50 3只 JN10-10	HY5WS2-17/50 3只		HY5WS2-17/50 3只 JN10-10	HY5WS2-17/50 3只	HZS-XH10
	微机综合保护/PT切换装置	YZ310-PTB	TK28-ZBX	TK28-ZBB	TK28-ZBB	TK28-ZBX		TK28-ZBB	TK28-ZBX	
	表　计	CZ96E-S3	CZ96E-S3	CZ96E-S3	CZ96E-S3	CZ96E-S3		CZ96E-S3	CZ96E-S3	CZ96E-S3
	状态指示仪	CZ815-A	CZ815-A	CZ815-A	CZ815-A	CZ815-A		CZ815-A	CZ815-A	CZ815-A
	CT开路保护		YH-CTB-6	YH-CTB-6	YH-CTB-6	YH-CTB-6		YH-CTB-6	YH-CTB-6	
	高压无线测温装置		CZ815-W	CZ815-W	CZ815-W	CZ815-W		CZ815-W	CZ815-W	
	微机消谐装置									
	主变容量			1000kVA	1000kVA			630kVA		
	电缆型号		YJV22-10-3X150	YJV22-10-3X70	YJV22-10-3X70			YJV22-10-3X50	YJV22-10-3X70	
KSL100ARC弧光保护系统	主控单元		KSL101ARC							
	弧光单元									
	弧光传感器	KSL127ARC	KSL127ARC	KSL127ARC	KSL127ARC	KSL127ARC	KSL127ARC	KSL127ARC	KSL127ARC	KSL127ARC
高压开关柜外形尺寸(宽X深X高)		800X1500X2300	800X1500X2300	800X1500X2300	800X1500X2300	800X1500X2300	800X1500X2300	800X1500X2300	800X1500X2300	800X1500X2300

注：1.两路进线，一用一备。当主进线供电时，G2，G5断路器合闸，G8断路器分闸，当备用进线供电时，G2，G5断路器分闸，G8断路器合闸，在断路器室及电缆室内分别装设电加热装置，高压配电设计采用微机保护装置。
2.采用微机保护，直流220V操作。设一台65AH直流屏，直流屏配信号输出回路。
3.主用容量为2630KVA,备用为630KVA。备用容量仅为电梯及消防等一、二级负荷。备用回路投入时，仅II段母线带电。
4.10kV母线系统采用KSL100ARC系列电弧光保护系统，实现母线侧发生弧光故障时快速跳闸。
5.本套图纸须经当地供电部门审核批准后方可实施。

10KV配电系统图

图6-39　综合楼高压供电系统图

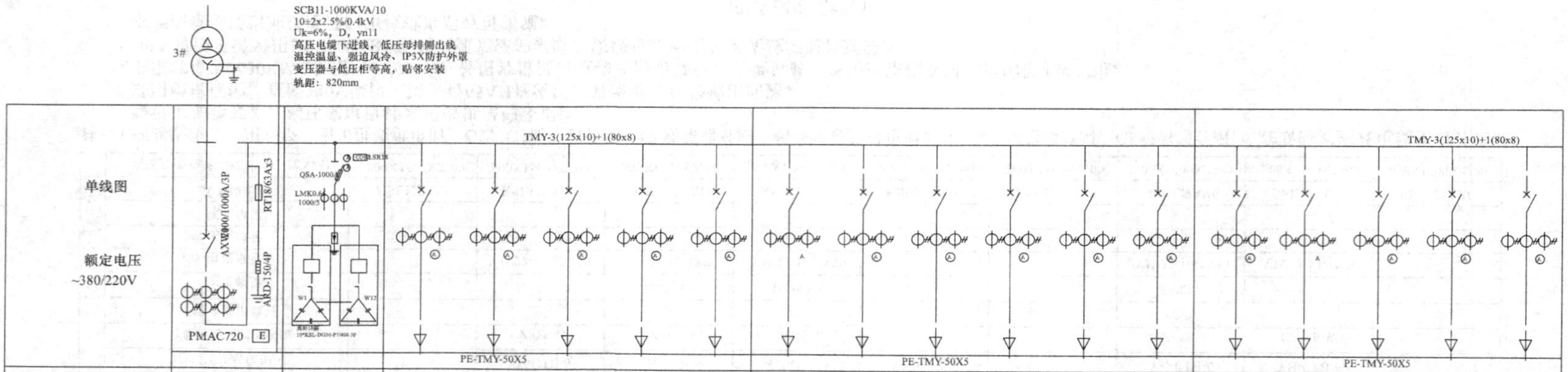

3#

SCB11-1000KVA/10
10±2x2.5%/0.4kV
Uk=6%，D，yn11
高压电缆下进线，低压母排侧出线
温控温显、强迫风冷、IP3X防护外罩
变压器与低压柜等高，贴邻安装
轨距：820mm

TMY-3(125x10)+1(80x8)

AXW2000/1000A/3P　RT18/63Ax3　ARD-150/4P　PMAC720 E

QSA-1000　LMK0.66 1000/5　W1　W12　10*KSL-DG300-P7/400-3P

PE-TMY-50X5

单线图 / 额定电压 ~380/220V																	
低压开关柜型号/编号	GCK/D14	GCK/D15	GCK/D16					GCK/D17						GCK/D18			
低压开关柜尺寸(mm)(宽×深×高)	800×1000×2200	1000×1000×2200	800×1000×2200					800×1000×2200						800×1000×2200			
小室占用高度(mm)	1760	1760	400	200	400	400	400	200	400	400	400	200	200	200	400	400	400	400
柜内主要设备 断路器AXM1-			400/350A	160/100A	400/350A	400/350A	400/350A	160/125A	400/350A	400/350A	400/350A	250/200A	250/200A	160/100A	400/350A	400/350A	400/350A	400/350A
电流互感器YHBH-0.66/0.5	6　2000/5A	1000/5A　3	350/5　3	100/5　3	300/5　3	300/5　3	300/5　3	200/5　3	400/5　3	400/5　3	400/5　3	200/5　3	200/5　3	100/5　3	400/5　3	400/5　3	400/5　3	350/5　3
三相电流表CZ96I-A3		1	CZ96I-A3　1								CZ96I-A3　1							CZ96I-A3　1
三相电压表CZ96U-V3		1																
多功能仪表CZ96E-S3	1　CZ96E-S3			CZ96E-S3　1	CZ96E-S3　1	CZ96E-S3　1	CZ96E-S3　1	CZ96E-S3　1	CZ96E-S3　1	CZ96E-S3　1		CZ96E-S3　1	CZ96E-S3　1	CZ96E-S3　1	CZ96E-S3　1	CZ96E-S3　1	CZ96E-S3　1	
设备容量 (kW)	1190	KSL-DG300-P7/400			200	200		75	200	200				40		220	220	
需要系数 Kx	0.7				0.7	0.7		0.8	0.7	0.7				0.8		0.7	0.7	
功率因数 cosϕ	0.92				0.8	0.8		0.8	0.8	0.8				0.8		0.8	0.8	
计算电流 (A)	1371				249	249		133	249	249				60		274	274	
用电设备名称	电源进线	无功功率补偿	预留	预留	主楼18~21层空调干线	主楼14~17层空调干线	预留	报告厅空调	主楼10~13层空调干线	主楼5~9层空调干线	预留	预留	预留	校史展览馆空调	预留	主楼3~4层空调干线	主楼1~2层空调干线	预留
					18KT~21KT	14KT~17KT		2KT3	10KT~13KT	5KT~9KT				1KT2		3KT1~4KT	1KT1~2KT2	
电缆规格	YJV-10KV-3X70				NH-YJV-	NH-YJV-		WDZ-YJHLV	WDZ-YJHLV	WDZ-YJHLV				WDZ-YJHLV		WDZ-YJHLV	WDZ-YJHLV	
	SC100				4x185+1x95	4x185+1x95		4x150+1x95	4x185+1x95	4x185+1x95				4x50+1x25		4x240+1x120	4x240+1x120	
敷设方式																		
出线回路编号																		
备　注	配电操,分励脱口器	柜内其他元器件按标准配置																

0.4kV配电系统图(四)

图6-40　综合楼部分低压配电系统图

思考与练习题

1. 单项选择题

(1) 下列条件中，(　　) 不是选择变压器容量的依据。

A. 负荷电流　　B. 视在功率　　C. 无功功率　　D. 负载电压

(2) (　　) 是指当以额定频率的额定电压施加在一个绕组的端子上，其余绕组开路时所吸取的有功功率。

A. 空载损耗　　B. 短路损耗　　C. 铜损　　D. 铁损

(3) 10kV 及以下变电所设计中，一般情况下，动力和照明宜共用变压器，在下列关于设置照明专用变压器的表述中 (　　) 是正确的。

A. 在 TN 系统的低压电网中，照明负荷应设专用变压器

B. 当单台变压器的容量小于 1250kVA 时，可设照明专用变压器

C. 当照明负荷较大或动力和照明采用共用变压器严重影响照明质量及灯泡寿命时，可设照明专用变压器

D. 负荷随季节性变化不大时，宜设照明专用变压器

(4) 变电所内电缆隧道设置安全孔，下列 (　　) 符合规定。

A. 安全孔间距不大于 75m，且不少于 2 个

B. 安全孔间距不大于 100m，且不少于 2 个

C. 安全孔间距不大于 150m，且不少于 2 个

D. 安全孔间距不大于 200m，且不少于 2 个

2. 多项选择题

(1) 常见的变电所类型有 (　　)。

A. 独立式　　B. 户外预装式　　C. 附属式　　D. 单元式

(2) 根据规定，变电所选址应根据 (　　) 因素，综合考量。

A. 深入或接近负荷中心　　B. 进出线方便

C. 接近电源侧　　D. 设备吊装、运输方便

(3) 10kV 高压变电所由 (　　) 组成。

A. 高压配电室　　B. 变压器室　　C. 低压配电室　　D. 负载

(4) 下列 10kV 变电所所址选择条件中，(　　) 不符合规范的要求。

A. 装有可燃性油浸式变压器的 10kV 车间变电所，不应设在四级耐火等级的建筑物内，当设在三级耐火等级的建筑物内时，建筑物应采取局部防火措施

B. 多层建筑中，装有可燃性油的电气设备的 10kV 变电所应设置在底层，靠内墙部位

C. 高层主体建筑物不宜设装有可燃性油的电气设备变电所，当条件受限制时，可设置在底层靠外墙部位疏散出口处

D. 附近有棉、粮集中的露天堆场，不宜设置露天或半露天的变电所

3. 判断题

(1) 决定总降压变电所和车间变电所通用的原则，其中靠近负荷中心是最基本原则。(　　)

（2）变电所设置在建筑物内时，应在一层或地下层。（　　）

（3）变电所设置在建筑物内时，宜选用带可燃性油的电气设备。（　　）

（4）变电所设置在建筑物内时，不应选用带可燃性油的电气设备，不应采用裸导体配线。（　　）

4. 分析与计算

（1）试确定下图中的供电系统中变压器 T1、T2 和线路 WL1、WL2 的额定电压。

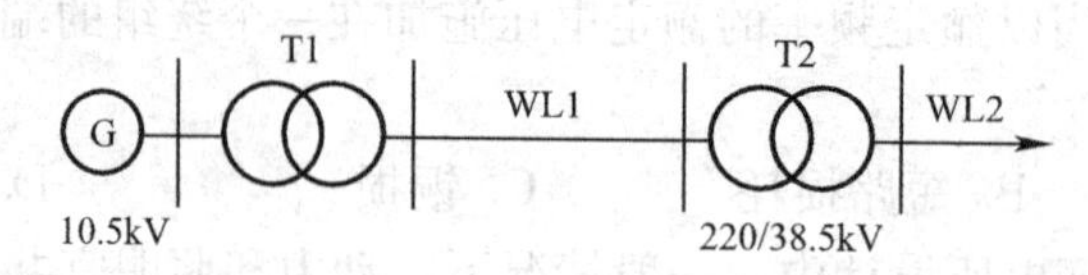

（2）计算下图中的供电系统中变压器 T1、T2、T3 一、二次侧的额定电压。

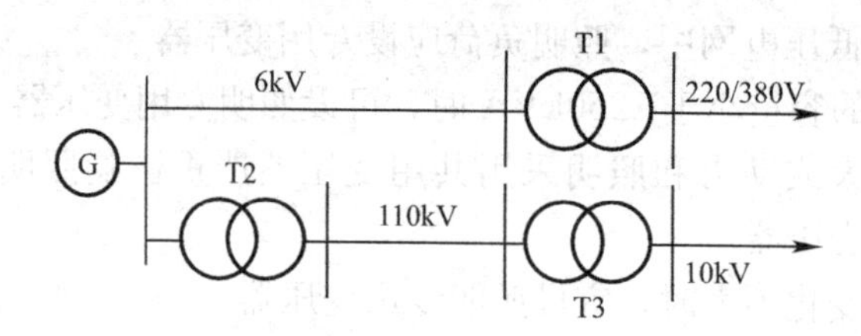

第7章　继电保护与测量

所谓继电保护，是指研究电力系统故障和危及安全运行的异常工况，以探讨其对策的反事故自动化措施。其基本任务是：当电力系统发生故障或异常工况时，在可能实现的最短时间和最小区域内，自动将故障设备从系统中切除，或发出信号由值班人员根除异常工况根源，以减轻或避免设备的损坏和对相邻地区供电的影响。

因在其发展过程中曾主要使用有触点的继电器来保护电力系统及其元件（发电机、变压器、输电线路、母线等）使之免遭损害，所以简称继电保护。

近年来，随着计算机技术的飞速发展，以及计算机在电力系统继电保护领域中的普遍应用，传统的继电保护技术正在向计算机化，网络化，智能化，保护、控制、测量和数据通信一体化发展。

本章着重介绍传统继电保护中主要涉及的一些基本概念及计算方法。

7.1　短路电流计算基础

1. 短路因素

在电气系统中，将正常电路中不同电位的两个或两个以上点之间，通过一个比较低的电阻或阻抗构成的电气连接，称为短路。短路有工作短路和故障短路之分。所谓故障短路，是指系统中各种非正常的相与相之间或相与地之间的电气连接。供配电系统在运行过程中会出现各种故障，使正常运行状态遭到破坏。短路是系统严重的故障。系统发生短路的原因很多，主要有以下几点：

（1）电气设备绝缘破坏

例如：电气设备长期运行绝缘自然老化，设备质量低劣绝缘本身有缺陷，安装、防护不当造成绝缘机械性损伤，非正常的超过绝缘耐压水平的电压等，都能使绝缘击穿而造成短路事故。

（2）自然原因

例如：由于大风、下雪导致导线覆冰，直接雷击等引起架空线倒杆断线，鸟兽跨越在裸露的相与相或相与地之间，树枝碰到高压线，户外变配电设备遭受直接雷击等造成的短路事故。

（3）人为因素

例如：运行人员违反操作规程带负荷拉闸，违反电业安全工作规程带接地刀闸合闸，人为疏忽接错线，野蛮施工挖断电缆、挂断架空线，运行管理不善造成小动物进入高压带电体内等，形成的短路事故。

2. 短路类型

07.01.002
短路类型

在三相系统中，可能发生的短路故障有：三相短路 $k^{(3)}$，两相短路 $k^{(2)}$，单相短路 $k^{(1)}$ 和两相接地短路 $k^{(1-1)}$。各种短路类型，如图 7-1 所示。

三相短路是对称短路，其他均为非对称短路。供配电系统中，单相短路的可能性最大，三相短路的机会最少。通常，三相短路电流最大，造成的后果也最严重。但当短路发生在发电机附近时，两相短路电流可能大于三相短路电流；当短路点靠近中性点直接接地的变压器时，单相短路电流也可能大于三相短路电流。

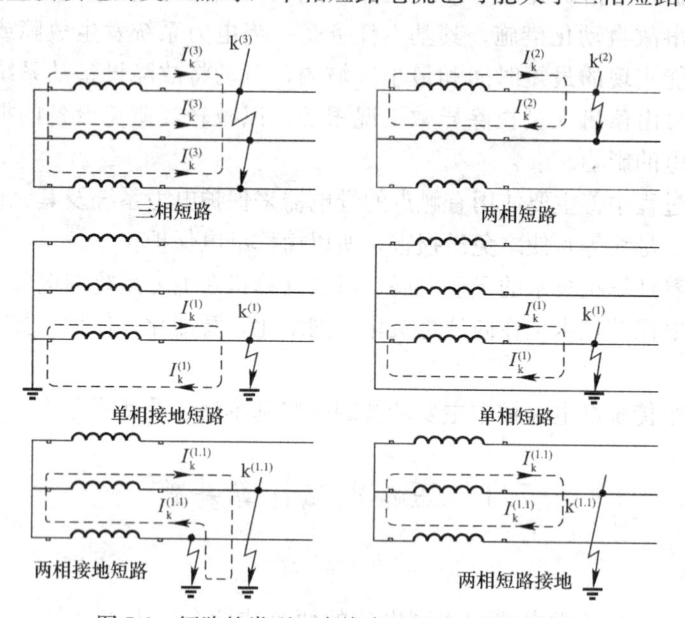

图 7-1　短路的类型（虚线表示短路电流的路径）

3. 短路后果

供配电系统发生短路时，系统总阻抗比正常运行时小很多，短路电流超过正常工作电流许多倍，可高达数十千安培，会带来下列严重的后果：

（1）巨大的短路电流通过设备，能将载流导体短时间内加热到很高温度，极易造成设备过热、导体熔化而损坏。

（2）载流导体间将产生很大的电动力冲击，可能引起电气设备机械变形以至损坏。

（3）短路时系统电压骤然下降，严重影响电气设备的正常运行，给用户带来很大影响。

（4）保护装置动作切除故障，会造成一定范围的停电。并且短路点越靠近电源，停电波及的范围越大。

（5）当系统发生不对称短路时，短路电流的电磁效应能在邻近电路感应出很强的电动势，对附近的通信线路、铁路信号系统及其他电子设备、自动控制系统等可能产生强烈干扰。

（6）短路引起系统震荡，使并列运行的各发电机组之间失去同步，破坏系统稳定，最终造成系统解列，形成地区性或区域性大面积停电。

4. 短路电流计算目的

（1）为选择和校验电气设备

其中包括计算三相短路电流峰值（冲击电流）、电路电流最大有效值，以校验电气设备的电动力的稳定性；计算三相短路电流稳态有效值，以校验电气设备及载流导体的热稳定性；计算三相短路容量，以校验开关的开断能力等。

（2）为继电保护装置的整定与校验

计算系统可能出现的最大短路电流值，为继电保护整定提供依据；计算电路可能出现的最小短路电流值，用于继电保护的灵敏度校验。不仅要计算三相短路电流而且也要计算两相短路电流或单相接地电流。

（3）为技术方案的确定与实施

可为不同供电方案进行技术性比较，以及确定是否采取限制短路电流措施等提供依据。

5. 短路电流计算内容

短路电流计算一般需要计算下列短路电流值：

（1）i_p 短路电流峰值（短路冲击电流或短路全电流最大瞬时值）。

（2）I''_k或 I''对称短路电流初始值或超瞬态短路电流值。

（3）$I_{0.2}$短路后 0.2s 的短路电流交流分量（周期分量）有效值。

（4）I_k 稳态短路电流有效值。

短路过程中，短路电流变化的情况取决于系统电源容量的大小和短路点离电源的远近。在工程计算中，若以供电电源容量为基准的短路电路计算电抗不小于 3，短路时即认为电源母线电压维持不变，不考虑短路电流交流分量（周期分量）的衰减，可按短路电流不含衰减交流分量的系统，即按无限大电源容量的系统或远离发电机端短路进行计算（也称远端短路）。否则，按短路电流含衰减交流分量的系统，即按有限电源容量的系统或靠近发电机端短路进行计算（也称近端短路）。

7.2　电路元件参数换算及网络变换

进行短路电流计算，首先要知道短路电路的参数，如：元件阻抗、电路电压、电源容量等；其次进行网络变换求得短路点到电源之间的等效阻抗；最后按公式或运算曲线求得短路电流值。

短路电参数的计算方法，可以用有名单位制计算，也可以用标幺制计算。一般来讲，前者用于 1000V 以下低压系统的短路电流计算，后者则广泛用于高压系统。

7.2.1　有名单位制

该法计算短路点的等效阻抗时，需将各电压等级元件阻抗的相对值和欧姆值，要折算成短路点所在电压等级平均电压下的欧姆值。

三相短路周期性分量有效值的计算公式为：

$$I_p^{(3)} = \frac{U_{av}}{\sqrt{3}\sqrt{R_{k\Sigma}^2 + X_{k\Sigma}^2}} \tag{7-1}$$

式中 $I_p^{(3)}$——三相短路电流周期性分量有效值，kA；

$R_{k\Sigma}$、$X_{k\Sigma}$——短路回路的总电阻、总电抗值，Ω；

U_{av}——短路计算的电网平均标称电压，$U_{av}=\frac{1.1+1}{2}U_N=1.05U_N$，kV。

三相短路容量为：

$$S_k^{(3)} = \sqrt{3}U_{av}I_p^{(3)} \tag{7-2}$$

式中　$S_k^{(3)}$——三相短路容量，kVA；

$I_p^{(3)}$——三相短路电流周期性分量有效值，kA；

U_{av}——短路计算的电网平均标称电压，kV。

1. 发电机电抗有名值

短路计算时，发电机电抗一般采用的是产品说明或手册上提供的短路次暂态电抗百分数 $x''\%$。发电机电抗有名值 X_G 的计算公式为：

$$X_G \approx \frac{x''\%}{100} \times \frac{U_{av}^2}{S_N} = \frac{x''\%}{100} \times \frac{U_{av}^2}{P_N/\cos\varphi} \tag{7-3}$$

式中　X_G——发电机电抗有名值，Ω；

S_N——发电机额定容量，kVA；

P_N——发电机额定功率，kW；

$\cos\varphi$——发电机功率因数；

U_{av}——发电机平均标称电压，kV。

2. 变压器电抗有名值

变压器电抗有名值 X_T，可根据其技术数据中给出的短路电压（阻抗电压）百分值 $u_K\%$算出，计算公式：

$$X_T \approx \frac{u_K\%}{100} \times \frac{U_{av}^2}{S_{NT}} \tag{7-4}$$

式中　S_{NT}——变压器的额定容量，kVA。

变压器电阻有名值 R_T 可根据技术数据中给出的变压器短路损耗（铜耗）ΔP_{Cu}近似算出：

$$R_T \approx \Delta P_{Cu} \times \left(\frac{U_{av}}{S_{NT}}\right)^2 \tag{7-5}$$

3. 电抗器电抗有名值

系统中的电抗器相当于一个大的空芯电感线圈，主要用于限制短路电流、维持电压水平，电抗器的电抗有名值可用其电抗百分值 $x_H\%$算出：

$$X_H = \frac{x_H\%}{100} \times \frac{U_{NH}}{\sqrt{3}I_{NH}} \tag{7-6}$$

式中　U_{NH}——电抗器额定电压，V 或 kV；

I_{NH}——电抗器额定电流，A 或 kA。

4. 线路电抗、电阻有名值

（1）线路电抗有名值

$$X_L = x_0 l \tag{7-7}$$

式中　x_0——线路单位长度电抗值，Ω/km；

l——线路计算长度，km。

（2）线路电阻有名值

$$R_L = r_0 l \tag{7-8}$$

式中　r_0——线路单位长度电阻值，Ω/km。

5. 系统电源电抗有名值

对实际供配电系统而言，由于系统电源容量的有限性，必须把它看作为短路回路中的一个元件。考虑到电抗值对短路电流的影响，系统电源电抗有名值 X_G 通常由下式确定：

$$X_{G}=\frac{U_{av}^{2}}{S_{G}} \tag{7-9}$$

式中　X_G——系统电源电抗，Ω；

S_G——系统电源的容量，kVA；

U_{av}——平均标称电压，kV。

如无法获得系统电源容量 S_G 的确切数值，则可用电源出口处断路器的开断容量 S_K 代替，即：

$$X_{G}=\frac{U_{av}^{2}}{S_{K}} \tag{7-10}$$

6. 计算短路电流

在算出各元件的阻抗后，依据各元件阻抗连接关系（等效网络），再求出短路回路的等值总阻抗，就可以计算短路电流了。

需要注意的是：用有名值法计算短路总阻抗时，如回路中有电力变压器，各元件处于不同的电压等级时，各元件的阻抗应按统一的短路计算电压换算。阻抗等效换算的原则是元件的功率损耗不变。由 $\Delta P=U_{av}^{2}/R=U_{av}'^{2}/R'$，$\Delta Q=U_{av}^{2}/X=U_{av}'^{2}/X'$，得到阻抗等效换算公式：

$$R'=R\left(\frac{U_{av}'}{U_{av}}\right)^{2} \tag{7-11}$$

$$X'=X\left(\frac{U_{av}'}{U_{av}}\right)^{2} \tag{7-12}$$

式中　R——为换算前元件的电阻，Ω；

X——为换算前元件的电抗，Ω；

U_{av}——为换算前元件安装处的平均标称电压，V 或 kV；

R'——为换算后元件的电阻，Ω；

X'——为换算后元件的电抗，Ω；

U_{av}'——为换算后短路计算所需的平均标称电压，V 或 kV。

选取短路计算所需的平均标称电压的原则是：要计算的短路电流处于哪个电压等级，就用该级电压等级的平均标称电压换算。

【例 7-1】 用有名值法计算图 7-2 所示系统 k1 点三相短路时的总电抗值。

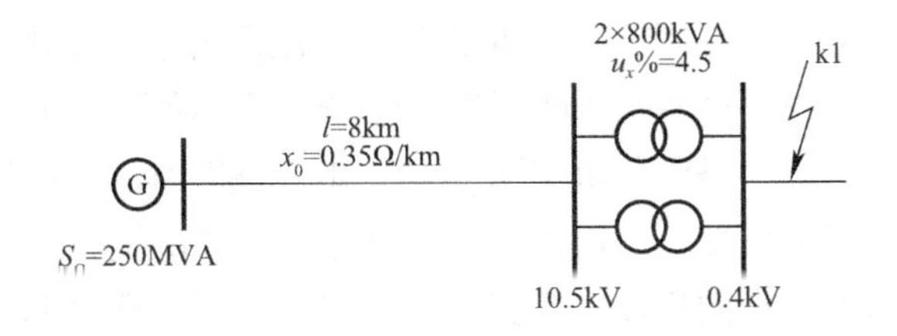

图 7-2　系统三相短路的计算电路图

解：

k1 点位于 380V 电压等级的线路，所以 U_{av1} 取 0.4kV。则：

（1）系统电源电抗值

$$X_{G}=\frac{U_{av1}^{2}}{S_{G}}=\frac{(0.4)^{2}}{250}=6.4\times10^{-4}\,\Omega$$

（2）架空线路的电抗值

$$X_L = x_0 l \times \left(\frac{U_{av1}^2}{U_{av2}^2}\right) = 0.35 \times 8 \frac{(0.4)^2}{(10.5)^2} = 4.06 \times 10^{-3}\Omega$$

（3）变压器电抗值

$$X_T \approx \frac{u_K\%}{100} \times \frac{U_{av}^2}{S_{NT}} = \frac{4.5}{100} \times \frac{(0.4)^2}{800} = 9 \times 10^{-3}\Omega$$

（4）绘制 k1 点短路的等效电路图，如图 7-3 所示。等效电路图反映短路回路中各元件的电气连接关系，图上应标出各元件的序号（分子）和电抗值（分母）。

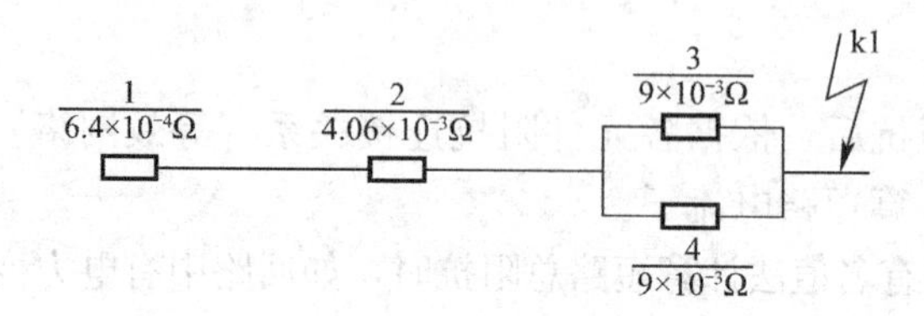

图 7-3　系统三相短路的电抗有名值计算等值电路

（5）k1 点短路的总电抗值

$$X_{(k-1)\Sigma} = X_G + X_L + (X_r // X_r) = 6.4 \times 10^{-4} + 4.06 \times 10^{-3} + \frac{9 \times 10^{-3}}{2} = 9.2 \times 10^{-3}\Omega$$

7.2.2　标幺制

标幺制是一种相对单位制。各电气参数的标幺值为其有名值与基准值的比值：

电压标幺值　$$U^* = \frac{U}{U_d} \tag{7-13}$$

电流标幺值　$$I^* = \frac{I}{I_d} \tag{7-14}$$

容量标幺值　$$S^* = \frac{S}{S_d} \tag{7-15}$$

电抗标幺值　$$X^* = \frac{X}{X_d} \tag{7-16}$$

式中　U^*、I^*、S^*、X^*——分别为电压标幺值、电流标幺值、容量标幺值和电抗标幺值；

U、I、S、X——分别为电压有名值、电流有名值、容量有名值和电抗有名值；

U_d、I_d、S_d、X_d——分别为电压基准值、电流基准值、容量基准值和电抗基准值。

三相供电系统中，线电压 U、线电流 I、三相功率 S 和电抗 X（忽略电阻）存在的关系，对标幺值中四个基准值也同样成立。因此，只需确定其中两个基准值，其他两个即可根据约束条件算出。通常，确定的基准值是基准容量 S_d 和基准电压 U_d。

基准值原则上可以任意选择，但为计算方便起见，基准容量 S_d 通常选取 10MVA、100MVA、1000MVA 或者选取短路回路中某元件容量的额定值（基准容量一般供配电系统取 100MVA）。基准容量确定以后，在计算过程中不允许再变。基准电压 U_d 通常选取各电压等级电网的平均标称电压 U_{av} 为其基准值。在基准容量 S_d 和基准电压 U_d 确定后，回路中的电流、电抗标幺值可通过与基准容量 S_d 和基准电压 U_d 间的计算得出：

$$I^{*}=\frac{I}{I_{d}}=I\times\frac{\sqrt{3}U_{d}}{S_{d}} \tag{7-17}$$

$$X^{*}=\frac{X}{X_{d}}=X\times\frac{S_{d}}{U_{d}^{2}} \tag{7-18}$$

1. 发电机电抗标幺值

发电机电抗标幺值计算也可用次暂态电抗百分数 $x''\%$表示。发电机电抗标幺值 X_{G}^{*} 的计算公式为：

$$X_{G}^{*}=\frac{x''\%}{100}\times\frac{S_{d}}{S_{N}}=\frac{x''\%}{100}\times\frac{S_{d}}{P_{N}/\cos\varphi} \tag{7-19}$$

式中　S_{N}——发电机额定容量，kVA；

P_{N}——发电机额定功率，kW；

$\cos\varphi$——发电机功率因数。

2. 变压器电抗标幺值

变压器电抗标幺值 X_{T}^{*} 由短路电压（阻抗电压）百分值 $u_{K}\%$算出，计算公式：

$$X_{T}^{*}=\frac{u_{K}\%}{100}\times\frac{S_{d}}{S_{NT}} \tag{7-20}$$

式中　S_{NT}——变压器额定容量，kVA。

3. 电抗器电抗标幺值

电抗器的电抗标幺值用其电抗百分值 $x_{H}\%$折算：

$$X_{H}^{*}=\frac{x_{H}\%}{100}\times\frac{U_{NH}}{\sqrt{3}I_{NH}}\times\frac{S_{d}}{U_{d}^{2}} \tag{7-21}$$

式中　U_{NH}——电抗器额定电压，V 或 kV；

I_{NH}——电抗器额定电流，A 或 kA；

U_{d}——取电抗器安装处所在的那一级平均标称电压，V 或 kV。

4. 线路电抗、电阻标幺值

（1）线路电抗标幺值

$$X_{L}^{*}=X_{L}\times\frac{S_{d}}{U_{d}^{2}}=x_{0}l\times\frac{S_{d}}{U_{d}^{2}} \tag{7-22}$$

式中　x_{0}——线路单位长度电抗值，Ω/km；

l——线路的计算长度，km；

U_{d}——取本线路段所处那一级电网的平均标称电压值，V 或 kV。

（2）线路电阻标幺值

$$R_{L}^{*}=R_{L}\times\frac{S_{d}}{U_{d}^{2}}=r_{0}l\times\frac{S_{d}}{U_{d}^{2}} \tag{7-23}$$

式中　r_{0}——线路单位长度电阻值，Ω/km；

U_{d}——取本线路段所处那一级电网的平均标称电压值，V 或 kV。

5. 系统电源电抗标幺值

系统电源电抗标幺值 X_{G}^{*} 通常由下式确定：

$$X_{G}^{*}=\frac{S_{d}}{S_{G}} \tag{7-24}$$

式中　S_G——系统电源的容量，kVA。

系统电源容量 S_G 未知时，用电源出口处断路器的开断容量 S_{oc} 代替之，即：

$$X_G^* = \frac{S_d}{S_{oc}} \tag{7-25}$$

【例 7-2】 用标幺制计算图 7-2 所示系统 k1 点三相短路时的总电抗值。

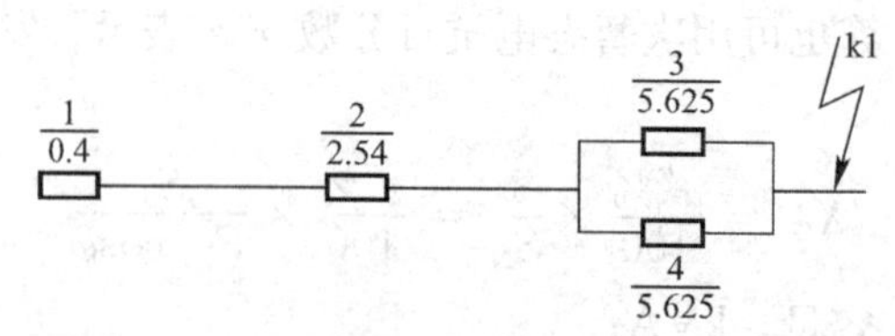

图 7-4　系统三相短路电抗标幺值计算等值电路

解：

设 S_d=100MVA，U_d=U_{av}（10.5kV、0.4kV）。

（1）元件标幺值计算

1）电源电抗标幺值：$X_G^* = \frac{S_d}{S_G} = \frac{100}{250} = 0.4$

2）线路电抗标幺值：$X_L^* = x_0 l \times \frac{S_d}{U_d^2} = 0.35 \times 8 \times \frac{100}{(10.5)^2} = 2.54$

3）变压器电抗标幺值：$X_T^* = \frac{u_K\%}{100} \times \frac{S_d}{S_{NT}} = \frac{4.5}{100} \times \frac{100}{0.8} = 5.625$

（2）系统总电抗标幺值：$X_\Sigma^* = X_G^* + X_L^* +（X_T^* // X_T^*）= 0.4 + 2.5 + \frac{5.625}{2} = 5.7525$

7.3　短路电流计算

1. 无限大容量电源系统三相短路电流计算

（1）有名制计算短路电流

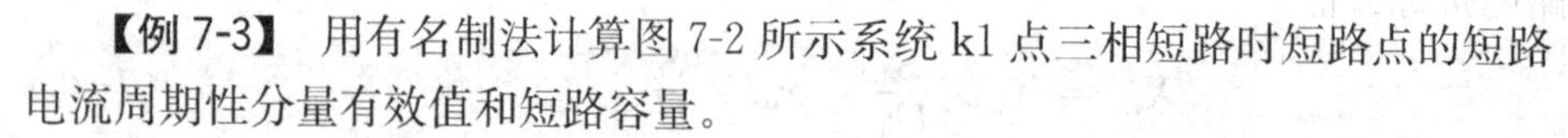

【例 7-3】 用有名制法计算图 7-2 所示系统 k1 点三相短路时短路点的短路电流周期性分量有效值和短路容量。

解：

带入例 7-1 计算数据，得：

$$I_p^{(3)} = \frac{U_{av1}}{\sqrt{3}X_{(k-1)\Sigma}} = \frac{0.4}{\sqrt{3} \times 9.2 \times 10^{-3}} = 25.1\text{kA}$$

$$S_k^{(3)} = \sqrt{3}U_{av1}I_p^{(3)} = \sqrt{3} \times 0.4 \times 25.1 = 17.39\text{kVA}$$

（2）标幺制计算短路电流

采用标幺值计算时，三相短路，周期性电流分量有效值的标幺值为：

$$I_p^* = \frac{I_p^{(3)}}{I_d} = \frac{U_{av}/\sqrt{3}X_\Sigma}{U_d/\sqrt{3}Z_d} = \frac{1}{X_\Sigma^*} \tag{7-26}$$

短路电流周期性分量有效值为：

$$I_p^{(3)} = I_p^* \times I_d = \frac{1}{X_\Sigma^*} \times I_d \tag{7-27}$$

三相短路电流的稳态值 $I_{\infty}^{(3)}$ 是短路电流非周期性分量衰减完毕，短路进入稳态后的短路电流值，也就是短路电流的周期性分量。在无限大电源系统中短路电流周期性分量幅值始终不变，所以：

$$I_{\infty}^{(3)} = I_{pt}^{(3)} = I_{p}^{(3)} \tag{7-28}$$

式中　$I_{pt}^{(3)}$——短路后任意时刻的短路电流周期性分量的有效值，A 或 kA。

三相短路容量 $S^{(3)}$ 采用标幺制时：

$$S_{k}^{(3)*} = \frac{S_{k}^{(3)}}{S_{d}} = \frac{\sqrt{3}U_{av}I_{p}^{(3)}}{\sqrt{3}U_{d}I_{d}} = I_{p}^{*} = \frac{1}{X_{\Sigma}^{*}} \tag{7-29}$$

$$S_{k}^{(3)} = S_{k}^{(3)*} \times S_{d} = \frac{1}{X_{\Sigma}^{*}} \times S_{d} \tag{7-30}$$

【例 7-4】 用标幺制计算图 7-2 所示系统中 k1 点短路时，通过短路点的电流 $I_{\infty}^{(3)}$、短路容量 $S_{k}^{(3)}$。

解：

短路电流基准值：$I_{d}=\dfrac{S_{d}}{\sqrt{3}U_{d}}=\dfrac{100\times10^{3}}{\sqrt{3}\times0.4}=144.34\text{kA}$

由上题算得的系统总电抗标幺值，可得：

$$I_{\infty}^{(3)} = I_{p}^{(3)} = I_{p}^{*} \times I_{d} = \frac{1}{X_{\Sigma}^{*}} \times I_{d} = \frac{1}{5.7525} \times 144.34 = 25.09\text{kA}$$

$$S_{k}^{(3)} = \frac{1}{X_{\Sigma}^{*}} \times S_{d} = \frac{1}{5.7525} \times 100 = 17.38\text{MVA}$$

如果要计算 k1 点短路，通过 10kV 高压线路的短路电流时，则：

短路电流基准值：$I_{d}=\dfrac{S_{d}}{\sqrt{3}U_{d}}=\dfrac{100\times10^{3}}{\sqrt{3}\times10.5}=15.5\text{kA}$，余计算类同。

2. 无限大容量电源系统两相短路电流计算与低压单相短路计算

(1) 两相短路电流计算

无限大容量电源系统发生两相短路时，两相短路电流 $I_{k}^{(2)}$ 由图 7-5 可得出：

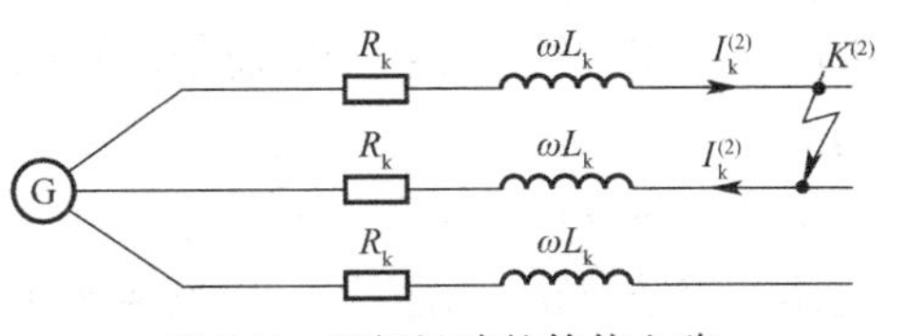

图 7-5　两相短路的等值电路

$$I_{k}^{(2)} = \frac{U_{av}}{2\sqrt{(R_{k}+\omega L_{k})}} \tag{7-31}$$

式中　$I_{k}^{(2)}$——两相短路电流，A 或 kA；

R_{k}——短路点电阻，Ω；

ωL_{k}——短路点电抗，Ω；

U_{av}——短路点的平均标称电压，V 或 kV。

因三相短路电流为：$I_{k}^{(3)}=\dfrac{U_{av}}{\sqrt{3}(R_{k}+\omega L_{k})}$，通过比较两式可以得出：

$$I_{k}^{(2)} = \frac{\sqrt{3}}{2}I_{k}^{(3)} \approx 0.87I_{k}^{(3)} \tag{7-32}$$

一般用户供配电系统短路，三相短路电流要大于两相短路电流。通常对电气设备的动稳定及热稳定的校验按其最大短路电流值，即三相短路电流值考虑。对继电保护动作灵敏度校验时，用其最小短路电流值即两相短路电流进行。

（2）低压单相短路计算

低压220/380V的TN系统中，常会发生相线与零线之间的单相短路。单相短路电流可以直接按照单相短路时相线、零线构成的回路引入“相—零”回路阻抗进行计算，公式为：

$$I_{\mathrm{p}}^{(1)}=\frac{U_{\mathrm{p}}}{\sqrt{(\Sigma R_{0})^{2}+(\Sigma X_{0})^{2}}} \tag{7-33}$$

式中 $I_{\mathrm{p}}^{(1)}$——单相短路电流周期性分量，A或kA；

ΣR_0——“相—零”回路中电阻之和，Ω；

ΣX_0——“相—零”回路中电抗之和，Ω；

U_{p}——电源相电压，V或kV。

“相—零”回路中的阻抗应包括：变压器的单相阻抗、供配电回路载流导体的阻抗、开关电器设备的接触电阻，零线回路阻抗等。

由于课时关系，具体计算请查阅《三相交流系统短路电流计算》GB/T 15544及相关设计手册、规范。

7.4 变电所二次回路

1. 二次回路概念

由对一次回路设备的监测、控制、调节和保护的辅助电气设备，通过导线连接构成的回路，称为二次回路或二次系统。典型的二次回路如图7-6所示。图中电流互感器TA不仅向监测、电能计量回路提供一次回路的电压电流运行参数，还可用于系统的保护。当线路故障时，电流互感器二次侧有较大电流，相应继电保护的电流继电器动作，保护回路做出相应动作：一方面，保护回路中的中间继电器接通断路器控制回路中的跳闸回路，使断路器跳闸，断路器辅助触点启动信号系统回路发出声响和灯光信号；另一方面，保护回路中的相应的故障动作回路的信号继电器向信号回路发出信号，如光字牌和信号掉牌。

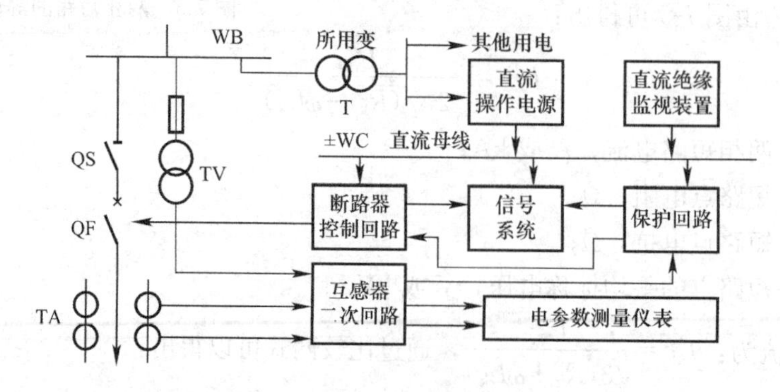

图7-6 典型二次回路示意图

显见，二次回路不仅反映一次回路工作状态及控制、调整一次设备，且当一次回路发生故障时，二次回路立即作出相应反应，使故障部分退出运行。二次回路电路图，分为原理图和接线图。原理图又有归总式和展开式之分；接线图又有屏面布置图、屏后安装接线图和端子排图三种。通常原理图采用展开式，按二次回路功能分开绘制。

2. 二次回路分类

二次回路按用途分为控制回路、信号回路、测量回路、调节回路、继电保护和自动装置回路及操作电源。

3. 二次回路保护功能与原理

(1) 控制回路

由控制开关和控制对象（如断路器、隔离开关等）的传送机构及执行机构组成。主要功能是对控制对象进行“通”“断”操作。按自动化程度，分手动操作和自动操作；按控制距离，分就地操作和远控操作；按控制方式，分集中操作和分散操作；按电源性质，分直流操作和交流操作。

(2) 信号回路

又称中央信号系统。由信号发送机构、传送机构和信号显示装置组成。作用是反映系统及主要一、二次设备运行状态。按操作电源，分直流和交流；按信号性质，分正常信号（运行、切除）、事故信号、预告信号、指挥信号、位置信号等；按显示方式，分灯光信号和声响信号；按复位方式，分就地复位和中央复位；按重复性，分可重复动作和不重复动作。

1）信号用途与功能

① 正常信号

一次设备运行“通”、“断”、待运行、维修等在线状态显示。

② 事故信号

如断路器发生故障跳闸，一方面启动蜂鸣器（或电笛）发出声响报警，同时断路器位置指示灯闪烁，事故类型光字牌亮，指示故障位置与类型。

③ 预告信号

当出现不正常运行状态，如变压器过负荷、控制回路断线等，启动警铃发出声响报警信号，同时标有故障性质的光字牌亮，指示不正常运行状态的类型。

④ 位置信号

包括断路器位置（如灯光指示或操作机构的分合闸位置指示器）和隔离开关位置信号等。

⑤ 指挥联系信号

用于主控室与其他控制室及其相关人员发出指示与联系。

2）信号要求

① 对中央事故信号装置，当任一事故发生时，均能准确发出灯光和声响报警信号。

② 对中央预告信号装置，应保证在任一电路故障时，能按要求（瞬动或延时）发出灯光和声响报警信号。

③ 事故信号与预告信号应当有明显区别。

④ 中央信号装置发出的声响信号，应当可以收到或自动解除，但灯光和位置信号必须在事故处理完成后方可消除。

⑤ 中央信号回路应接线简单、清晰、显示正确、准确、应保证监测回路的完好性。

⑥ 应能对中央信号装置进行离线检测。

⑦ 中央信号装置一般采用重复动作的信号装置，若主接线较为简单时，也可采用不重复动作的中央信号装置。

（3）电参数测量回路

1）组成、用途与功能

由各种测量仪表及相应回路组成。主要作用是指示或记录系统运行参数，以便了解和掌握系统运行情况；分析电能质量、进行电能计量，核算经济指标。按量测电量，分电压、电流、有功、无功等；按电量参数属性，分模拟量和数字量；按仪器仪表显示方式，分指针式和数显式。

2）配置要求

① 系统中每一条进出线都应在相应位置装设监测仪表，若需在高压侧计量时，还应设置专用计量柜。

② 对于10kV高压侧每一段母线上，应设置四只电压表，三只测量相电压，一只测量线电压。

③ 对10kV/0.4kV配电变压器，应在高压侧或低压侧设置一只电流表，一只有功电度表；若需单独计量考核，再增设一只无功电度表。

④ 对3～10kV配电线路应装设电流表、有功电度表、无功电度表各一只，无需单独核算的，无功电度表可省略；当线路负荷超过5000kVA及以上时，应设有功功率表一只。

⑤ 低压动力负荷应设电流表一只，电能计量的，还应设三相四线有功电度表一只；对照明动力混合线路，若照明负荷超过总负荷的15%～20%以上时，应设三只电流表。

⑥ 电容补偿柜应每相设电流表一只，三相四线无功电度表一只。

3）对仪表精度要求

电参数测量回路，对所选用的各种计量电器、仪表精度要求，见表7-1。

常用电测仪表精确度配置 表7-1

测量要求	互感器精度	电度表精度	配置说明
计费计量	0.2级	0.5级有功电度表 0.5级专用电能计量仪表	月平均电量在10^6kWh以上
	0.5级	1.0级有功电度表 1.0级专用电能计量仪表 2.0级无功电度表	月平均电量在10^6kWh以下； 315kVA以上变压器高压侧计量
计费计量及一般计量	1.0级	2.0级有功电度表 3.0级无功电度表	315kVA以下变压器低压侧计量； 75kW及以上电动机电能计量； 企业内部技术经济考核（不计费）
一般测量	1.0级	1.5级和0.5级测量仪表	
	3.0级	2.5级测量仪表	非重要回路

（4）绝缘监视装置

绝缘监视主要用于监视小接地电流系统对地绝缘情况。由于这类系统在发生一相对地短路时，线电压不变，系统依然可以运行尚不致造成危害而形成隐患，但这种隐患不允许长期存在。否则，当系统另一相再接地时，便形成两相接地短路，造成停电事故。为防止两相接地短路故障的发生，必须在小接地电流系统中装设连续运行的绝缘监视装置，以便及时发现系统接地或绝缘降低。

根据工作电压的不同，绝缘监视装置有交、直流之分。

（5）操作电源

二次回路的操作电源是指为保证控制、信号、监测及继电保护和自动装置等回路正常工作所提供的电源。因此，操作电源首先必须安全可靠，不受供电系统运行情况的影响，能保持不间断供电；其次容量要足够大，应能满足供电系统正常运行和事故处理所需的容量。

1）直流电源

直流操作电源通常用于大中型变电所。通常采用蓄电池组、复式整流装置或带电容器储能的硅整流装置供电。目前常用的直流操作电源有两种：

① 带镉镍电池的硅整流直流电源，由镉镍电池组、硅整流设备、直流配电设备组成。

② 带电容储能装置的硅整流直流电源，正常运行时直流系统由硅整流器供电。当系统故障，即交流电压降低或消失时，有电容储能装置放电从而使得保护跳闸。优点是投资少，运行维护方便；缺点是可靠性不如蓄电池。

2）交流电源

交流操作电源用于小型变电所。采用所用变压器、电流互感器及电压互感器供电。交流操作电源又有电流源和电压源之分。

① 电流源取自电流互感器，主要供电给继电保护和跳闸回路。

② 电压源取自所用变压器或电压互感器。通常前者作为正常工作电源，后者因容量小，仅用于油浸式变压器瓦斯保护的操作电源。

采用交流操作电源可简化二次回路，投资少，维护方便。因此，在中小型变电所中应用极为广泛，缺点是不适用于比较复杂的二次回路。

3）对二次回路工作电源的要求

① 正常情况下，提供对所有二次回路的信号、保护、自动装置、断路器通断等操作必需的操控电源。

② 故障时，能提供继电保护操作、应急照明等电源，避免事故扩大化。

③ 电源选择，应根据变电所容量及断路器操作方式确定。特别重要负荷或变压器容量超过 5000kVA 的变电所，宜选用直流操作电源。

④ 小型变电所宜采用弹簧储能合闸和去分流分闸的全交流操控方式，或 UPS 电源供电的交流操控方式。

必要时，可查阅相关手册或向订货厂家咨询。

4. 实例简介

以综合楼供配电系统的二次回路为例。

图 7-7 左侧为直流柜屏布置图，右侧为监控中心接线图及综合楼供配电系统的二次回路直流电源原理图。

监控中心（JK）为中央信号控制、显示一体机，负责柜体内所有信号收集、处理、显示与输出等。

电源由两路交流独立源，以一用一备形式给硅整流装置供电，直流采用电池组硅整流系统，分别向控制回路（WC）和合闸回路（WCL）供电。

图 7-8 是综合楼供配电系统 3＃馈线柜的二次回路电路图。该二次回路选用了专用的变压器保护装置、通用操作单元及电力系统监测仪并配辅助电路，实现对所在柜一次系统的监测、控制、保护等全部功能。

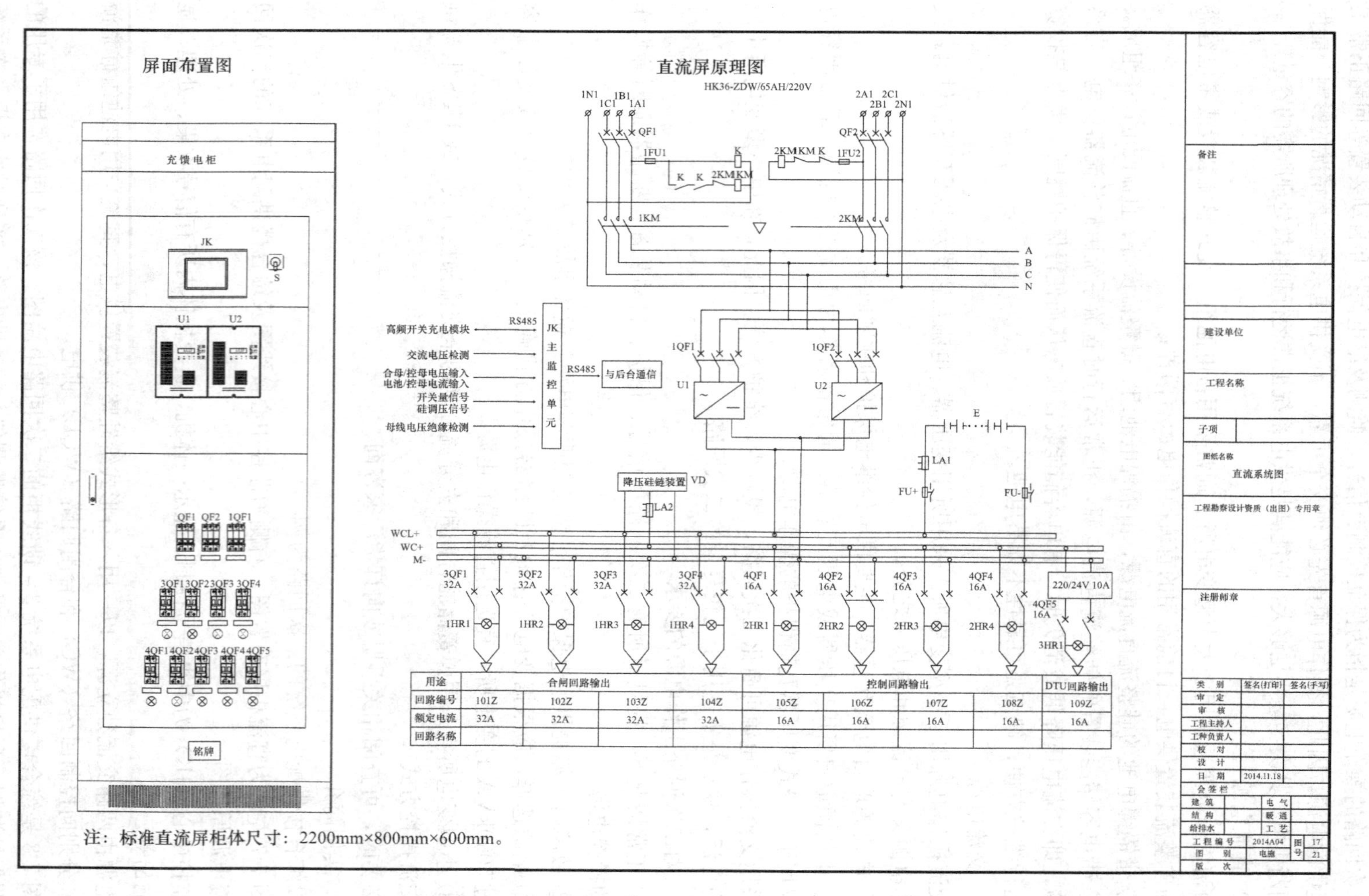

用途	合闸回路输出				控制回路输出				DTU回路输出
回路编号	101Z	102Z	103Z	104Z	105Z	106Z	107Z	108Z	109Z
额定电流	32A	32A	32A	32A	16A	16A	16A	16A	16A
回路名称									

注：标准直流屏柜体尺寸：2200mm×800mm×600mm。

图7-7　综合楼供配电系统二次回路直流电源系统原理图

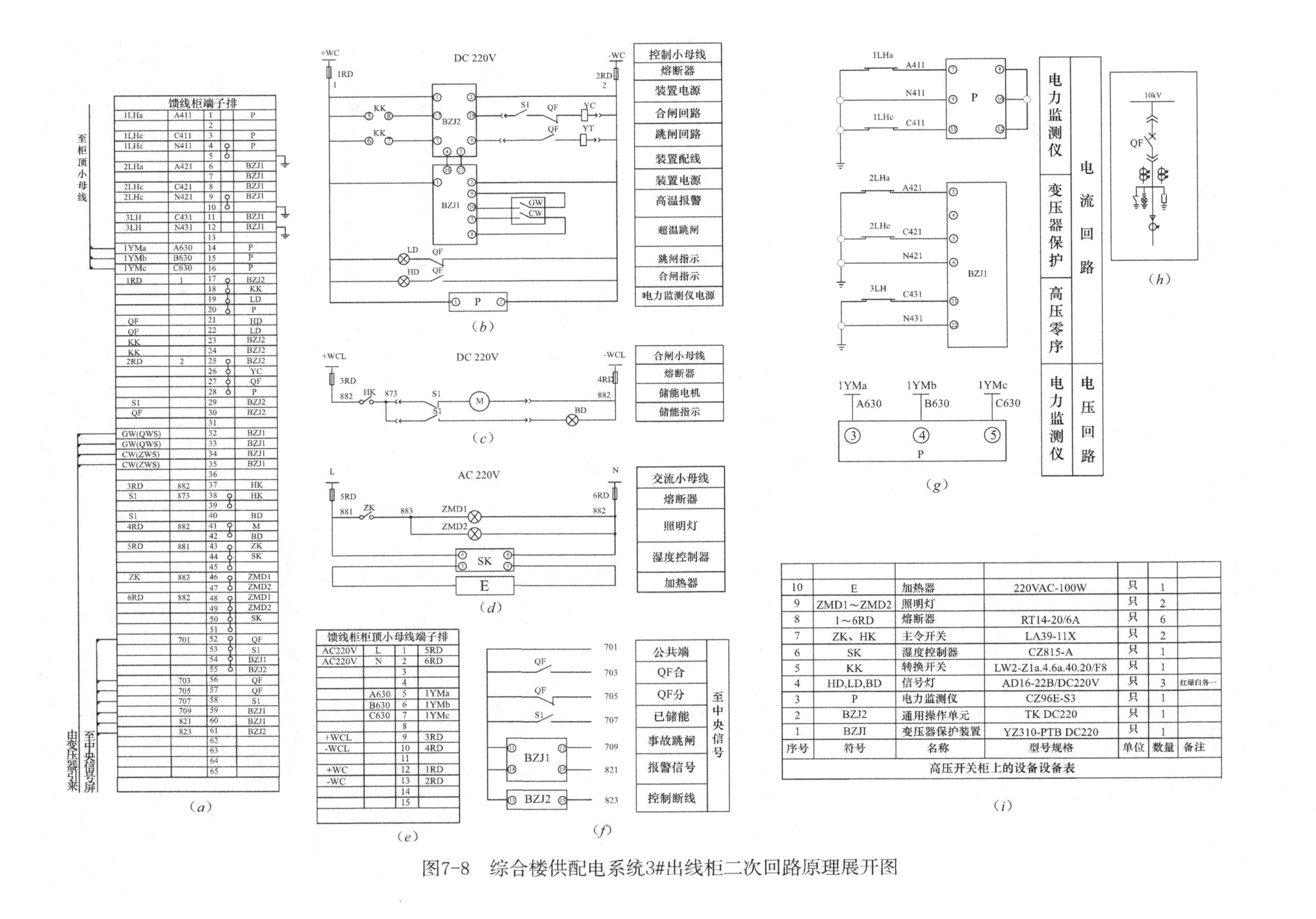

馈线柜端子排

1LHa	A411	1		P
		2		
1LHc	C411	3		P
1LHc	N411	4	○	P
		5	○	
2LHa	A421	6		BZJ1
		7		BZJ1
2LHc	C421	8		BZJ1
2LHc	N421	9	○	BZJ1
		10	○	
3LH	C431	11		BZJ1
3LH	N431	12		BZJ1
		13		
1YMa	A630	14		P
1YMb	B630	15		P
1YMc	C630	16		P
1RD	1	17	○	BZJ2
		18	○	KK
		19	○	LD
		20	○	P
QF		21		HD
QF		22		LD
KK		23		BZJ2
KK		24		BZJ2
2RD	2	25	○	BZJ2
		26	○	YC
		27	○	QF
		28	○	P
S1		29		BZJ2
QF		30		BZJ2
		31		
GW(QWS)		32		BZJ1
GW(QWS)		33		BZJ1
CW(ZWS)		34		BZJ1
CW(ZWS)		35		BZJ1
		36		
3RD	882	37		HK
S1	873	38	○	HK
		39	○	
S1		40		BD
4RD	882	41	○	M
		42	○	BD
5RD	881	43	○	ZK
		44	○	SK
		45	○	
ZK	883	46	○	ZMD1
		47	○	ZMD2
6RD	882	48	○	ZMD1
		49	○	ZMD2
		50	○	SK
		51	○	
	701	52	○	QF
		53	○	S1
		54	○	BZJ1
		55	○	BZJ2
	703	56		QF
	705	57		QF
	707	58		S1
	709	59		BZJ1
	821	60		BZJ1
	823	61		BZJ2
		62		
		63		
		64		
		65		

馈线柜柜顶小母线端子排

AC220V	L	1	5RD
AC220V	N	2	6RD
		3	
		4	
	A630	5	1YMa
	B630	6	1YMb
	C630	7	1YMc
		8	
+WCL		9	3RD
-WCL		10	4RD
		11	
+WC		12	1RD
-WC		13	2RD
		14	
		15	

序号	符号	名称	型号规格	单位	数量	备注
10	E	加热器	220VAC-100W	只	1	
9	ZMD1～ZMD2	照明灯		只	2	
8	1～6RD	熔断器	RT14-20/6A	只	6	
7	ZK、HK	主令开关	LA39-11X	只	2	
6	SK	湿度控制器	CZ815-A	只	1	
5	KK	转换开关	LW2-Z1a.4.6a.40.20/F8	只	1	
4	HD,LD,BD	信号灯	AD16-22B/DC220V	只	3	红绿白各一
3	P	电力监测仪	CZ96E-S3	只	1	
2	BZJ2	通用操作单元	TK DC220	只	1	
1	BZJ1	变压器保护装置	YZ310-PTB DC220	只	1	

高压开关柜上的设备设备表

图7-8　综合楼供配电系统3#出线柜二次回路原理展开图

在图 7-8 中：

(a) 为二次回路端子排图，告知柜体内各器件与端子排之间连接线的对应关系及其端子位置。方式左进左出，由引导线告知从哪里来，到哪里去。

(b) 由交流电源供电的控制回路展开图，右边告知了每一条支路的功能。

(c) 由交流电源供电的断路器储能操作及显示电路展开图。

(d) 由交流电源供电的馈线柜照明、防潮加热电路展开图。

(e) 为柜顶小母线端子排图。

(f) 为去中央信号系统的线路编号。

(g) 分电流回路和电压回路，是系统变压器、高压零序分量及运行电量监测的继电保护。

(h) 为对应的一次线路图。

(i) 为二次回路电器设备表。

7.5 继电保护

7.5.1 概述

供配电系统在运行中出现的各种故障以及不正常运行状态，可能会破坏电能用户的正常工作，影响产品质量或缩短设备使用寿命；严重的会损坏设备，造成人身伤亡，甚至造成整个电力系统的瓦解。

为避免造成事故，防止事故进一步扩大，系统内必须有一套或能迅速有选择地将故障设备切除，或能发出反映电气设备不正常运行状态信号的自动装置，这个装置被称为继电保护。

早期的保护是以机电式继电器为主，故称为继电保护。如今的保护尽管已发展到以微机或可编程序控制器为主，但在术语中仍然沿用了“继电保护”一词。

继电保护装置的基本任务是：

(1) 迅速、有选择性地将故障设备从系统中切除，使其免于继续遭受破坏，并保证切除故障后的系统仍能正常运行。

(2) 反映不正常运行状态，发出相应信号，由运行人员进一步处理或自动进行调整，也可以通过延时，切除若持续运行可能会引起事故的设备。

(3) 与供配电系统中其他自动化装置（如重合闸）配合，采取预定措施，尽快恢复供电，缩短事故停电时间，提高系统运行可靠性。

7.5.2 继电保护工作原理及分类

1. 继电保护工作原理

供配电系统发生故障或运行状态不正常时，系统参数会改变，引起电流的增加和电压的降低，以及电流、电压间相位角的变化，出现负序和零序分量等。因此，利用系统正常运行与故障运行时电参数的差别，就可以构成相应的继电保护装置。例如：反映电流增大的电流速断、带时限的过电流保护；反映电压改变的低电压或过电压保护；根据故障时被保护元件两端电流相位和大小的变化，可构成差动保护；既反映电流又反映电流与电压间相角改变的，有方向过电流保护；根据接地故障出现的零序分量，可构成零序电流保护等。

继电保护装置除利用各种电参数而动作外，还可利用非电参数动作，如电力变压器的气体（瓦斯）保护、温度保护等。

传统的模拟型继电保护一般工作原理如图 7-9 所示。它由测量部分、逻辑部分和执行部分组成。

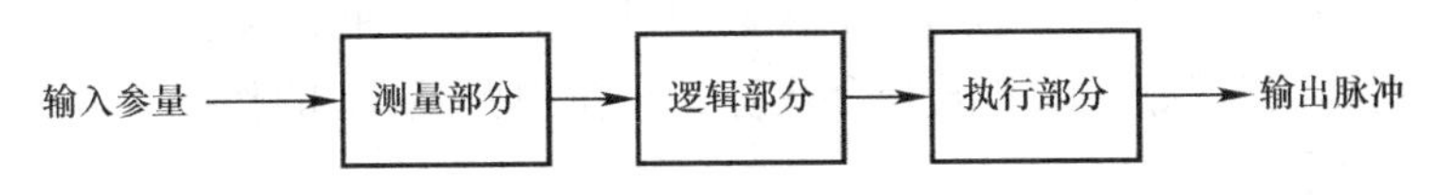

图 7-9　模拟型继电保护的工作原理框图

这种传统的模拟型继电保护装置，截止到目前在我国工业与民用建筑的中、小型供配电系统中仍得到普遍应用。按结构分为电磁式和感应式，其工作原理各不相同。主要有：

（1）DL 系列电磁式电流继电器

电磁式电流继电器在继电保护装置中，通常用作启动元件，因此又称启动继电器。

常用的 DL-10 内部结构如图 7-10 所示。当继电器线圈 1 通过电流时，电磁铁 2 中产生磁通，使 Z 形钢舌片 3 向凸出磁极偏转。与此同时，轴 4 上的弹簧 5 又力图阻止钢舌簧片偏转。当继电器线圈中的电流增大到使钢舌簧片所受到的电磁转矩大于弹簧的反作用力矩时，钢舌簧片迅速偏转，使触点 7、8 中的常开触点闭合，常闭触点断开。

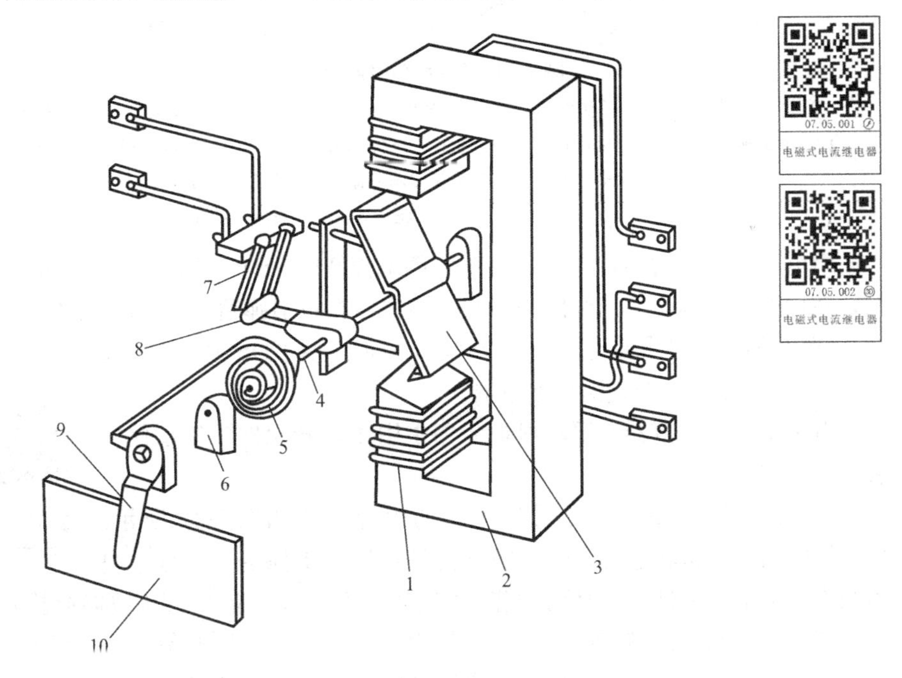

图 7-10　DL-10 系列电磁式电流继电器的内部结构

1—线圈；2—电磁铁；3—钢舌片；4—轴；5—弹簧；6—轴承；7—静触点；8—动触点；9—启动电流调节转杆；10—标度盘（铭牌）

当通入继电器线圈的电流减小到一定值时，钢舌簧片在弹簧作用下反向偏转，使常开触点断开，常闭触点闭合，继电器复位。

电磁式电流继电器的动作电流调节有两种方法：一种是平滑调节，通过电流调节转杆 9 来改变弹簧 5 的反作用力矩；另一种是级进调节，通过改变线圈联结方式，当线圈并联时，动作电流将比线圈串联时增大一倍。

（2）DS系列电磁式时间继电器

电磁式时间继电器在继电保护装置中用作时限元件，使保护装置动作获得一定延时。供电系统中常用的DS系列电磁式时间继电器的基本结构如图7-11所示。由图可知，当继电器的线圈1通电时，动铁芯3被吸入，压杆9失去支持，使被卡住的一套钟表机构23、24启动，同时切换瞬时触点5、6的开合状态。在拉引弹簧17的作用下，经过整定延时，使主触点14、15闭合。

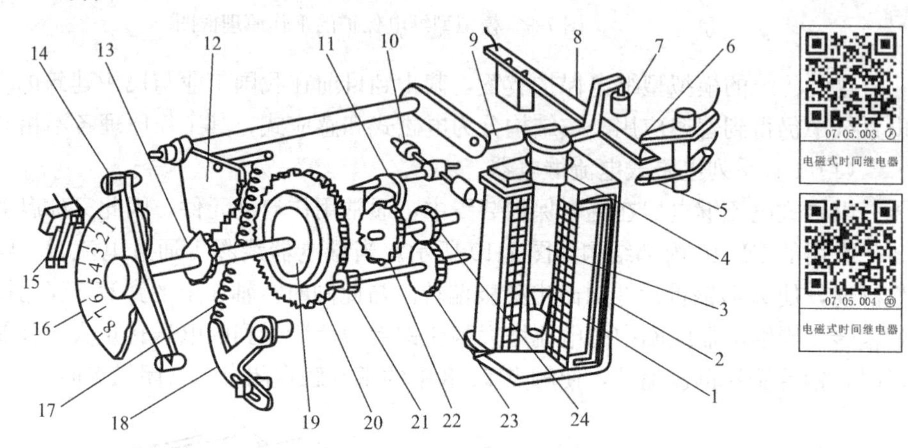

图7-11　DS系列时间继电器的内部结构

1—线圈；2—电磁铁；3—可动铁芯；4—返回弹簧；5、6—瞬时触点；7—绝缘杆；8—瞬时动触点；9—压杆；10—平衡锤；11—摆动卡板；12—扇型齿轮；13—传动齿轮；14—主动触点；15—主静触点；16—标度盘；17—拉引弹簧；18—弹簧拉力调节器；19—摩擦离合器；20—主齿轮；21—小齿轮；22—掣轮；23、24—钟表机构传动齿轮

继电器的延时时间，是通过改变主静触点14、15的相对位置获得的。调整的时间范围，在标度盘上标出。当线圈失电后，继电器在拉引弹簧17的作用下复位。

DS系列时间继电器有两种：DS-110为直流型，DS-120为交流型。

（3）DX系列电磁式信号继电器

电磁式信号继电器在继电保护装置中用作信号元件，显示保护装置动作与否。

常用的DX-11电磁式信号继电器的内部结构如图7-12所示。信号继电器在正常状态时，信号牌5是被衔铁4支撑的。一旦继电器线圈1得电，衔铁4被吸向铁芯，信号牌5失去支撑掉下（从玻璃窗孔6内可直接看到信号指示），同时带动转轴旋转90°，使固定在转轴上的导电条（动触点8）与静触点9接通，从而接通信号回路，发出音响或灯光信号。要使信号停止，可旋动复位旋钮7，断开信号回路，同时使信号牌5复位。

（4）DZ系列电磁式中间继电器

电磁式中间继电器主要用于各种保护和自动装置中，以增加保护和控制回路的触点数量和触点的容量。它通常用在保护装置的出口回路中用来接通断路器的跳闸回路，故又称为出口继电器。供配电系统中常用的DZ-10系列中间继电器的基本结构如图7-13所示，

它一般采用吸引衔铁式结构。

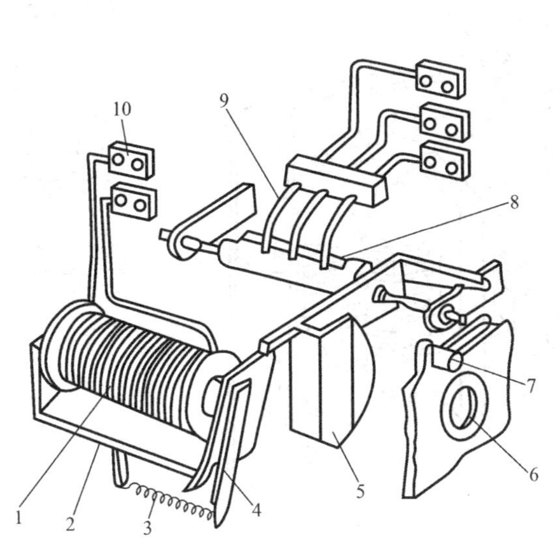

图 7-12　DX-11 型信号继电器的内部结构

1—线圈；2—电磁铁；3—弹簧；4—衔铁；5—信号牌；6—玻璃窗孔；7—复位旋钮；8—动触点；9—静触点；10—接线端子

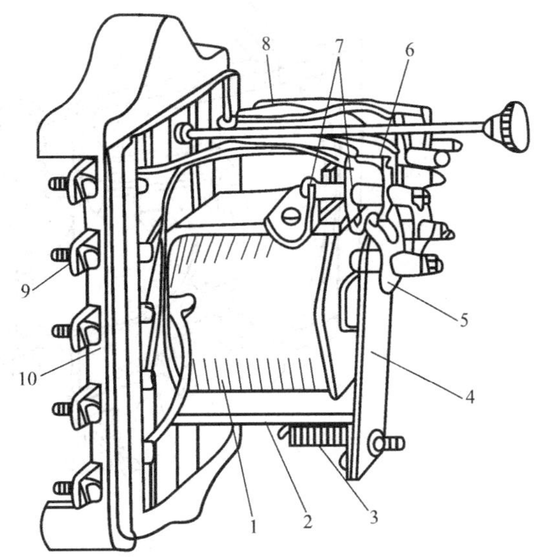

图 7-13　DZ-10 系列中间继电器的内部结构

1—线圈；2—电磁铁；3—弹簧；4—衔铁；5—动触点；6、7—静触点；8—连接线；9—接线端子；10—底座

当线圈 1 通电时，衔铁 4 被快速吸合，触点 5、6、7 中，常闭触点断开，常开触点闭合。当线圈 1 断电时，衔铁 4 被快速释放，触点全部返回起始位置。

（5）GL 感应式电流继电器

感应式电流继电器同时具备上述各种电磁式继电器的功能，即：它在继电保护装置中既能作为启动元件，又能实现延时，并能给出信号和直接接通跳闸回路；既能实现带时限的过电流保护，又能同时实现电流速断保护，从而使保护装置大大简化。此外，感应式电流继电器应用交流操作电源，可减少投资，简化二次接线。因此在中小型建筑供电系统中，感应式电流继电器应用较为普遍。

供配电系统中常用 GL 系列感应式电流继电器的结构如图 7-14 所示。由感应系统和电磁系统两大部分组成。感应系统主要包括线圈 1、带有短路环 3 的电磁铁 2 及装在铝框架 6 上的转动铝盘 4 等元件。电磁系统主要包括线圈 1、电磁铁 2 和衔铁 15 等元件。线圈 1 和电磁铁 2 是感应和电磁系统共用的。

当线圈 1 有电流通过时，电磁铁 2 在短路环 3 的作用下，产生在时间和空间位置上不相同的两个磁通 Φ_1 和 Φ_2，且 Φ_1 超前于 Φ_2。这两个磁通均穿过铝盘 4，根据电磁感应原理，这两个磁通在铝盘上产生一个始终由超前磁通 Φ_1 向落后磁通 Φ_2 方向的转动力矩 M_1；在对应于电磁铁的另一侧装有一个产生制动力矩的永久磁铁 8，铝盘在转动力矩 M_1 作用下转动后，铝盘切割永久磁铁的磁通，在铝盘上产生涡流，涡流又与永久磁铁磁通作用，产生一个与 M_1 反向的制动力矩 M_2 且与铝盘的转速 n 成正比。这个制动力矩 M_2 在某一转速下，与电磁铁产生的转动力矩 M_1 相平衡，因而在一定的电流下保持铝盘匀速旋转。

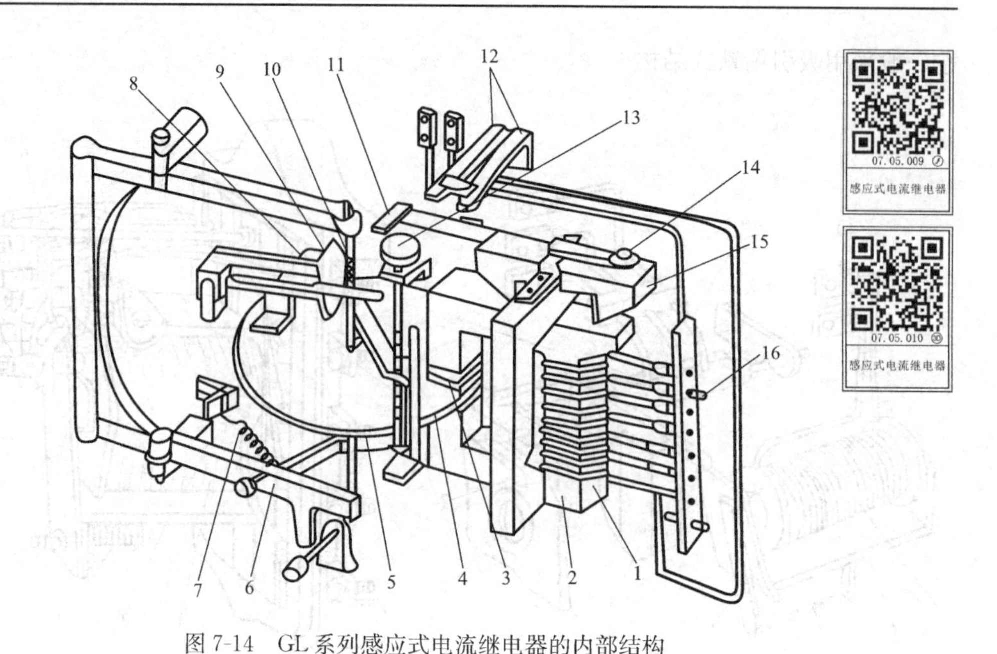

图 7-14　GL 系列感应式电流继电器的内部结构

1—线圈；2—电磁铁；3—短路环；4—铝盘；5—钢片；6—铝框架；7—调节弹簧；8—制动永久磁铁；9—扇形齿轮；10—蜗杆；11—扁杆；12—触点；13—时限调节螺杆；14—速断电流调节螺钉；15—衔铁；16—动作电流调节插销

当继电器线圈的电流增大到继电器的动作电流时，由电磁铁产生的转动力矩 M_1 随之增大，并使铝盘转速 n 随之增大，永久磁铁产生的制动力矩 M_2 也随之增大。这两个力克服弹簧 7 的反作用力而将框架及铝盘推出来，使蜗杆 10 与扇形齿轮 9 啮合，使继电器动作；由于铝盘的转动，扇形齿轮就沿着蜗杆上升，最后使继电器触点 12 切换，同时使信号牌掉下，从观察孔内可直接看到红色或白色的信号指示。

GL 系列感应式电流继电器的电流速断是由调节螺钉 14 调节电磁铁 2 与衔铁 15 之间的气隙距离实现；而动作电流则利用插销 16 选择插孔位置进行调节；动作时间是利用螺杆 13 实现。需要说明的是：该继电器时限调节螺杆的标度尺，是以 10 倍动作电流的动作时间来刻度的，即标度尺上标出的动作时间，是继电器线圈通过的电流为其动作电流 10 倍时的动作时间，而继电器实际的动作时间与通过继电器线圈的电流大小有关，需从相应的动作特性曲线上查得。

现在的继电保护大多采用微机实现。把被保护设备输入的模拟量经过数据采集系统（DAS）变换成数字量，利用微机进行处理和判断。微机继电保护装置包括硬件和软件两部分。硬件框图，如图 7-15 所示。

进入该系统的输入信号，是被保护元件通过电流/电压互感器变换的交流电流、电压模拟量。经电量变换器、模拟量低通滤波器（ALF）、采样保持电路（S/H）、多路转换开关（MPX），最后送到 A/D 转换器将模拟量转换为数字量，供微机系统使用。

数字型微机继电保护具有两大功能：一是实现具体的继电保护功能，不同的保护功能可由不同的软件模块实现；二是管理功能，主要实现人机对话。

外部继电器、操作手柄接点等信号，可以通过开关量信号通道输入。微机保护系统通过开关量输出通道驱动继电器动作，完成跳闸、发信号等任务。

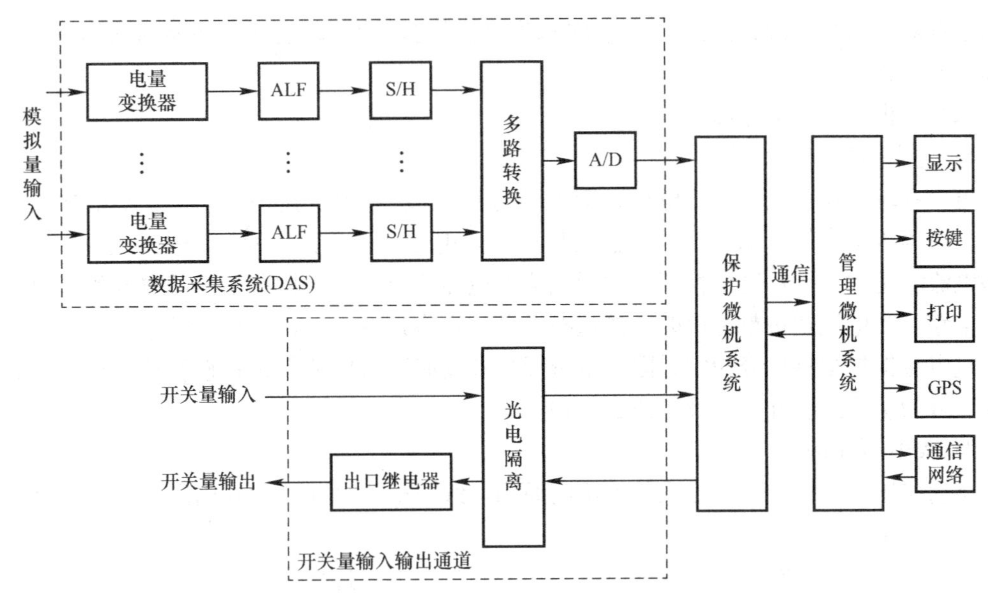

图 7-15 微机继电保护硬件构成框图

微机继电保护装置中运行的程序是其软件部分，它按照保护的动作原理和整定要求编写。程序不同，可得到不同原理的保护，硬件及附属设备可以通用。

微机保护具有自适应能力，可按系统运行状态自动改变动作的整定值；微机保护还有自检能力，可以自动记录，通过网络与计算机进行信息交换等。微机继电保护维护调试方便、可靠、精度高、保护性能好，可以更好地保证继电保护的选择性、速动性、灵敏性、可靠性。

微机继电保护装置与传统的继电保护相比，硬件配置差别巨大，但保护整定计算的原则是一致的，微机继电保护对返回系数、可靠系数、灵敏系数、动作时限等参数做了改进。

2. 继电保护分类

供配电系统继电保护常见的分类方法如下：

（1）根据被保护对象分

1）输配电线路保护

根据电压等级不同，电网中性点接地方式不同，输电线路以及电缆或架空线长度不同，对运行中的输电线路，由于大风、冰雪、雷击、外力破坏、绝缘损坏，及外绝缘污闪等原因，可能引起输电线路发生相间短路、单相接地短路、单相接地、过负荷等各种故障时，能快速并有选择性地切除故障线路，以减轻或避免设备的损坏和对相邻区域供电的影响而设置的保护，即为输配电线路的保护。

2）主设备元件保护（如发电机、变压器、电动机、母线、电容器等保护）

当电力系统的主设备元件（如发电机、变压器、电动机、母线、电容器等）发生故障或出现异常运行状态时，能迅速、自动、有选择地将故障元件从电力系统中切除，以保证无故障部分迅速恢复正常运行，并使故障元件避免持续遭受损害；或能及时反应，并根据运行维护条件而发出信号、减负荷或跳闸。对主元件的保护，一般不要求速动保护，而是采用根据对电力系统及其元件的危害程度动作的延时保护，以避免不必要的动作或由于干扰而引起的误动。

（2）根据保护的动作原理分

1）过电流保护

电力系统的输电线路、发电机、变压器等元件发生相间短路故障或者非正常负载增加，绝缘等级下降等情况下，电流会突然增大，电压突然下降，且故障点距电源点越近，短路电流就越大。针对这个特点，利用电流继电器、时间继电器和信号继电器组成过电流保护电路，当电流超过整定值时，按选择性要求，有选择性地切断故障线路。

过电流保护按特性分为定时限过电流保护和反时限过电流保护；按在线路中的位置与距离又分为Ⅰ段式、Ⅱ段式及Ⅲ段式保护。

2）欠电压保护

所谓欠压，是指由于故障或其他不明原因，线路电压会在短时间内出现大幅度降低甚至消失的现象。

通常电气设备是在一定电压范围内工作的。如果电压过低，就会给线路和设备带来损伤。因此，当电力系统中出现电压低于整定值时，按选择性要求，有选择性地切断故障线路，从而保护线路和设备安全。

3）差动保护

差动保护是利用基尔霍夫电流定律工作的。差动保护把被保护的电气设备看成是一个节点，正常情况下，流进被保护设备的电流和流出的电流相等，差动电流等于零。当设备出现故障时，流进被保护设备的电流和流出的电流不等，此时若差值小于整定值，保护装置不动作；当差值大于整定值时，保护装置动作，立即切除被保护设备的电源。根据被保护对象不同，分线路差动保护、变压器差动保护、母线差动保护等；根据保护方式不同，分纵联差动保护和横联差动保护。

4）功率方向保护

对于双电源、多电源或环形电网，利用电压和电流的乘积判明电流流向（或相位）的继电保护。由电流互感器、电压互感器及功率继电器组成，以判明短路故障位于保护装置的正向或反向。功率方向继电器的接入必须注意电流、电压接线端子的极性，以免造成系统继电保护的大面积误动或拒动。

（3）按保护作用分

1）主保护

在保护范围内发生各种类型的故障，都能以最快速度有选择地切除故障的保护。

2）后备保护

当主保护动作失败后，用以切除故障的保护。又有近后备、远后备保护之分。

① 近后备保护，是指当主保护拒动时，由本设备或线路的另一套保护实现的后备保护；或当断路器拒动时，由断路器失灵保护来实现的后备保护。

② 远后备保护，是指当保护切除故障失败，由相邻设备或线路的保护来实现的后备保护。

3）辅助保护

考虑到主保护和后备保护退出运行，或为补充主保护及后备保护的性能而设置的保护。

4）异常运行保护

因被保护对象（输配电线路或电力设备）异常运行状态而动作的保护。

（4）按保护装置进行比较和运算处理的信号属性分

1）模拟式保护

一切机电型、整流型、晶体管型和集成电路型（运算放大器）保护装置，它们直接反映输入信号的连续模拟量，均属模拟式保护。

2）数字式保护

采用微处理机和微型计算机的保护装置，它们反映的是将模拟量经采样和模/数转换后的离散数字量，属数字式保护。

7.5.3　互感器接线

1. 电流互感器接线

指电流互感器二次线圈与电流继电器线圈之间的电气连接方式。为了表示实际流入继电器线圈的电流 I_j 与电流互感器二次侧电流 I_2 的关系，引入接线系数 K_j 的概念。K_j 定义为实际流入继电器的电流 I_j 与电流互感器二次侧电流 I_2 的比值，即：

$$K_j = \frac{I_j}{I_2} \tag{7-34}$$

电流互感器二次线圈与电流继电器线圈之间的电气连接方式不同，K_j 值不同。

（1）三相三继电器完全星形接法

如图 7-16 所示，此接线由接成星形的三只电流互感器和三只电流继电器构成。由于每相都装有电流互感器，并且每个电流互感器回路均有电流继电器，因此可以反映出三相、两相和单相短路以及中性点直接接地电网中的单相接地短路故障。三相三继电器完全星形接法，其接线系数 $K_j=1$。

（2）两相两继电器不完全星形接法

接线方法如图 7-17 所示。两相两继电器不完全星形接法又称为“V”形接法，可以提供三相、两相短路保护，其接线系数 $K_j=1$。

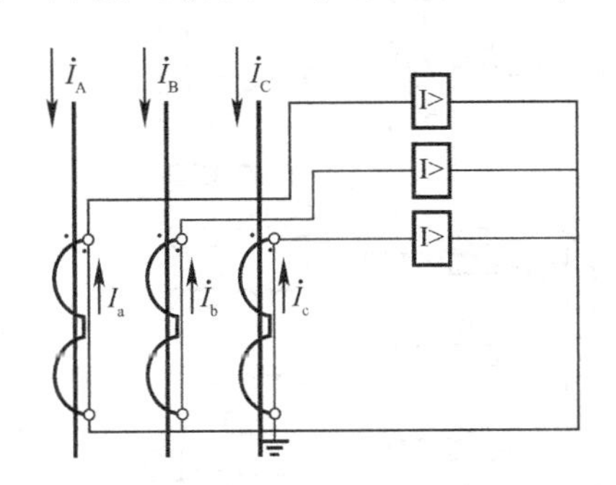

图 7-16　电流互感器三相完全星形接法

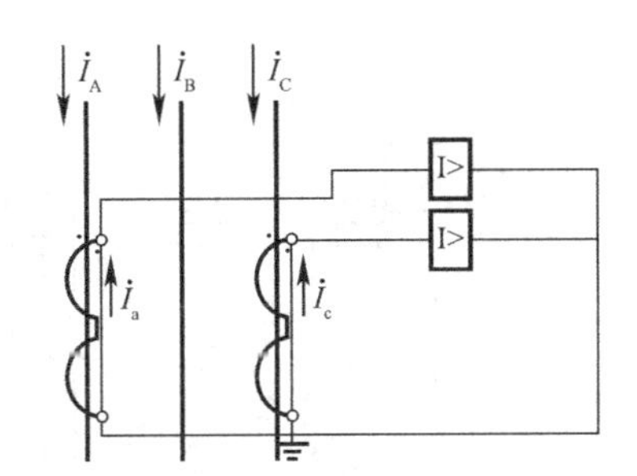

图 7-17　电流互感器两相不完全星形接法

中相（B 相）不装设电流互感器，当 B 相发生单相短路或单相接地故障时不能起保护作用。

6kV～35kV 电压等级的供配电网络，常采用中性点非直接接地方式。当单相接地故障时，线电压的对称性没有遭受破坏，接地电流较小，可不立即跳闸，由绝缘监视装置发母线接地信号。两相两继电器不完全星形接法作为过电流保护应用于此电压等级的供配电网

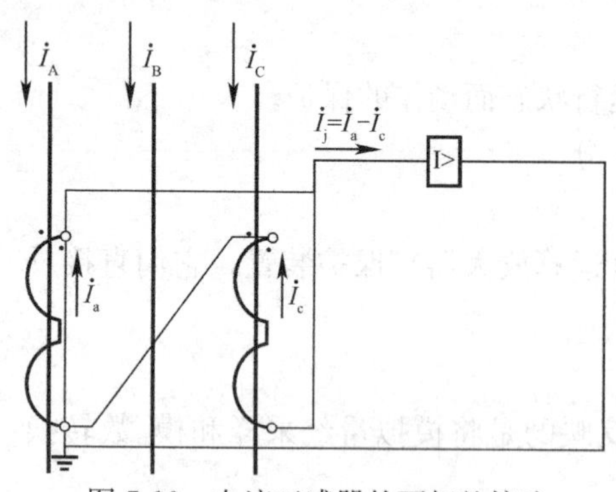

图 7-18　电流互感器的两相差接法

络较为合适。

（3）两相一继电器差接法

如图 7-18 所示，此接法流过电流继电器的电流 $\dot{I}_j$ 是两个互感器二次电流的相量差。

正常工作和三相短路时，三相电流对称。A、C 两相的电流互感器二次侧电流大小相等，相位差 120°，流过电流继电器的电流 $\dot{I}_j$ 数值上等于电流互感器二次电流的$\sqrt{3}$倍，接线系数 $K_j=\sqrt{3}$。

A、B 两相或 C、B 两相短路时，仅一只电流互感器二次侧有短路电流，接线系数$K_j=1$；A、C 两相短路时，两只电流互感器的二次侧短路电流 $\dot{I}_{ka}$与$\dot{I}_{kc}$在数值上相等，相位差 180°，接线系数 $K_j=2$。

两相一继电器差接法，可构成三相、两相短路保护，但其保护灵敏度会随相间短路类型而变。因其接线简单，价格便宜，目前仍得到普遍应用。

2. 电压互感器接线

电压互感器常用的几种接线方案，如图 7-19 所示，图（*a*）为单台单相电压互感器的接线，可提供一个线电压；图（*b*）为两台单相电压互感器接成不完全星形的“V”形，能提供三相线电压；图（*c*）为三台单相电压互感器接成的星形接线，既可以提供三相线电压，又可以提供相电压；图（*d*）接线由三绕组电压互感器构成，二次绕组一组接成星形以提供三相线电压；另一组接成开口三角形，与接在其中的电压继电器一起构成单相接地绝缘监视回路。正常运行时三相电压对称，开口三角两端电压接近于零。当某一相接地时，开口三角形两端将出现 100V 左右的零序电压，使电压继电器动作发出接地预告信号。

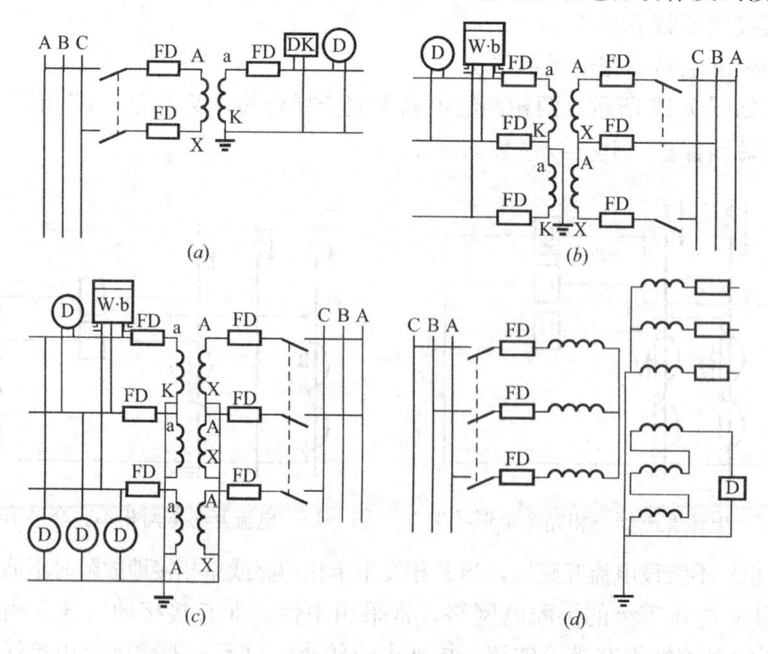

图 7-19　电压互感器的接线方案

（*a*）单台单相；（*b*）两台单相；（*c*）三台单相；（*d*）单台三相五柱

7.5.4　高压线路继电保护

发生短路故障时，高压供配电线路上在电流急剧增大的同时电压在降低，利用这个特点可以构成电流电压保护，当线路电流大于启动电流值或低于启动电压值时保护动作。

高压供配电线路上的保护主要有：不带时限的电流速断保护、带时限的电流速断保护、定时限过流保护、Ⅲ段式电流保护、供配电线路过负荷保护及供配电线路单相接地保护等。

1. 不带时限电流速断保护

不带时限电流速断保护属于瞬动保护，如图 7-20 所示 KA1，又称为Ⅰ段电流保护。它的动作不带时限（仅由继电器本身固有动作时间），用最短的时间切除故障，以满足继电保护的速动性要求。为保证其选择性，动作电流按躲过被保护线路末端最大短路电流来整定。这种保护称为不带时限的电流速断保护。

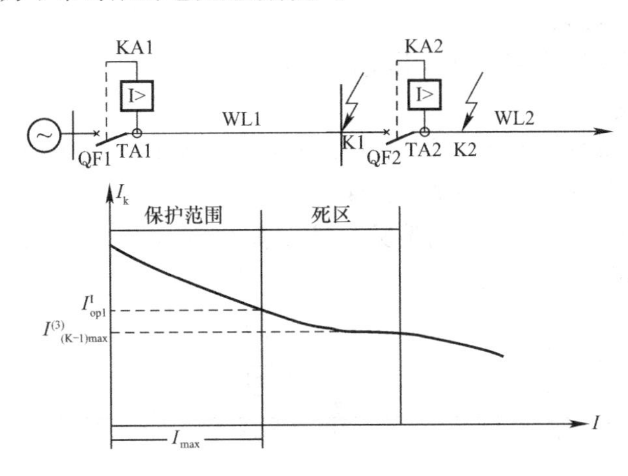

图 7-20　不带定时电流速断保护整定原理图

图 7-20 是单侧电源供电线路，不带时限电流速断保护 KA1 设在线路电源侧，其动作电流按躲开相邻下一级线路出口处 K2 点短路条件来整定。因保护范围末端 K1 点短路的电流值与相邻下一段线路首端 K2 点的短路电流值几乎相等，所以不带时限电流速断保护的动作电流值也可按躲开本线路末端 K1 点短路来整定。

所谓“躲开”的意思是指：速断保护 KA1 的一次动作电流 I^{I}_{op1} 大于在最大运行方式下 K1 点三相短路时流过被保护元件的短路电流，即：

$$I^{I}_{op1} = K^{I}_{rel} I^{(3)}_{k1max} \tag{7-35}$$

式中　I^{I}_{op1}——Ⅰ段电流保护的一次动作电流，A 或 kA；

K^{I}_{rel}——Ⅰ段电流保护可靠系数，当采用 DL 型电磁式电流继电器时，取 1.2～1.3，当采用 GL 型感应式电流继电器时，取 1.4～1.5；对过电流脱扣器取 1.8～2；

$I^{(3)}_{k1max}$——最大运行方式下，线路末端 K1 点三相短路时，一次侧短路电流周期分量有效值，A 或 kA。

Ⅰ段电流保护的二次整定电流，按下式计算：

$$I^{I}_{op2} = \frac{K^{I}_{rel} K_j}{K_i} I^{(3)}_{k1max} \tag{7-36}$$

式中　I^{I}_{op2}——Ⅰ段电流保护的二次整定电流，A；

K_i——电流互感器变比。

从图 7-20 中可看出：从电源侧开始，短路电流的数值沿着线路呈递减分布。因不带时限电流速断保护的动作电流值是在末端最大短路电流基础上乘上大于 1 的系数得到，所以保护的最大范围小于线路 WL1 的全长。若在线路末端发生短路，保护将不动作，被称为死区。死区的范围会随着运行方式、短路类型的不同而变化。

由于不带时限电流速断保护不能保护线路的全长，所以其灵敏度 S_p^I 按保护安装处（即线路首端）最小运行方式下两相短路电流进行校验。

$$S_p^I = \frac{I_{k1min}^{(2)}}{I_{op1}^I} \geqslant 1.2 \tag{7-37}$$

式中 S_p^I——速断电流保护灵敏度；

$I_{k1min}^{(2)}$——最小运行方式下，线路末端（K－1 点）两相短路时短路电流周期分量有效值，A 或 kA；

I_{op1}^I——Ⅰ段电流保护的一次动作电流，A 或 kA。

2. 带时限电流速断保护

不带时限电流速断保护不能切除死区内的故障，必须由另外的保护来负责。因此，线路须考虑增设第二套保护即Ⅱ段电流速断保护。

第Ⅱ段电流速断保护要求在任何情况下都能保护线路全长，其保护范围必然延伸到相邻下一段线路中，如图 7-21 所示。

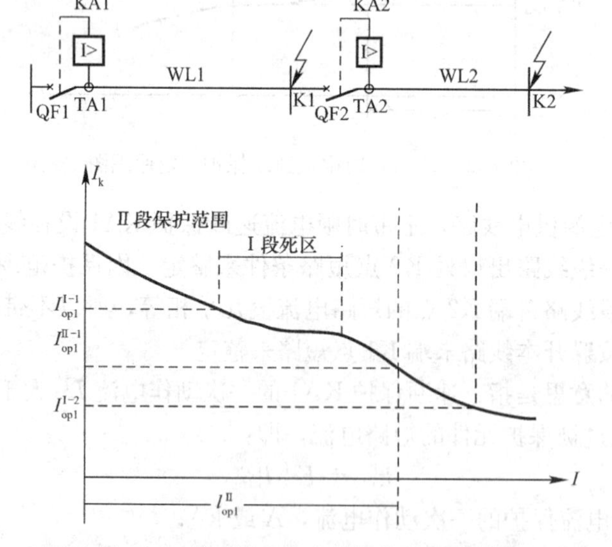

图 7-21 带时限电流速断保护整定原理图

图 7-21 中 WL1 线路的第Ⅱ段电流速断保护的一次电流动作值 I_{op1}^{II-1} 是在下一段 WL2 不带时限电流速断保护（即Ⅰ段）的一次电流动作值 I_{op2}^{I-2} 基础上再乘上Ⅱ段可靠系数 K_{rel}^{II} 得到的，即：

$$I_{op1}^{II-1} = K_{rel}^{II} I_{op1}^{I-2} \tag{7-38}$$

第Ⅱ段电流速断保护的二次电流整定值 I_{op2}^{II-1} 为：

$$I_{op2}^{II-1} = \frac{K_{rel}^{II} K_j}{K_i} I_{op1}^{I-2} \tag{7-39}$$

WL1 线路的第Ⅱ段电流速断保护，其保护范围延伸到下一段相邻线路前端，与下一段 WL2 线路不带时限电流速断保护范围有重叠。

第Ⅱ段电流速断保护为了具有选择性，必须带有时限。当下一段相邻线路前端短路时，下一段Ⅰ段电流速断保护先于本段第Ⅱ段电流速断保护动作切除故障，同时为了保证速动性的要求，通常所带时限只比不带时限电流速断保护多一个时限的级差 Δt，所以称它为带时限电流速断保护。

在图 7-21 中，WL1 线路的带时限电流速断保护的动作时限 $t^{\text{Ⅱ}-1}$ 高于下一段线路 WL2 不带时限电流速断保护动作时限 $t^{\text{Ⅰ}-2}$ 一个 Δt，即：

$$t^{\text{Ⅱ}-1}=t^{\text{Ⅰ}-2}+\Delta t \tag{7-40}$$

时限级差 Δt 原则上应尽量短，一般在 0.3～0.7s，可取 0.5s。

带时限电流速断保护能够保护线路全长，校验Ⅱ段灵敏度 $S_{\text{p}}^{\text{Ⅱ}}$ 要用本段线路末端发生短路故障时的最小两相短路电流 $I_{\text{k1min}}^{(2)}$，即系统最小运行方式下，线路末端发生两相短路电流。

$$S_{\text{p}}^{\text{Ⅱ}}=\frac{I_{\text{k1min}}^{(2)}}{I_{\text{op1}}^{\text{Ⅱ}-1}}\geqslant 1.3\sim 1.5 \tag{7-41}$$

该值在《继电保护及安全自动装置技术规程》GB/T 14285 中规定，当线路长度小于 50km 时，$S_{\text{p}}^{\text{Ⅱ}}\geqslant 1.5$；在 50～200km 时，$S_{\text{p}}^{\text{Ⅱ}}\geqslant 1.4$；当线路长度大于 200km 时，$S_{\text{p}}^{\text{Ⅱ}}\geqslant 1.3$。

3. 带时限过电流保护

带时限的过电流保护，包括定时限和反时限过电流保护。其动作电流值按躲过线路最大负荷电流整定。并且考虑到线路最大负荷电流通过保护装置可能引起的误动作，还要求其返回电流也要大于线路最大负荷电流。带时限的过电流保护以时限来保证动作的选择性。因启动电流相对较小，当电网发生短路故障时，它不仅能保护本条线路全长，而且也能保护相邻下一级线路的全部，既可作近后备保护，也可作远后备保护。

(1) 定时限过流保护

定时限过流保护是电流保护的第Ⅲ段，简称过流保护。其启动以后的动作时限是固定的，不随通过电流的大小而变。

单侧电源电网中过流保护的配置，如图 7-22 所示。图中，KA1、KA2、KA3 假定全为过流保护，分别安置在线路 WL1、WL2 和 WL3 的电源侧。若在线路 WL3 上 K3 点发生短路，短路电流将由电源经过线路 WLl、WL2、WL3 流至 K3 点。短路电流大于各级

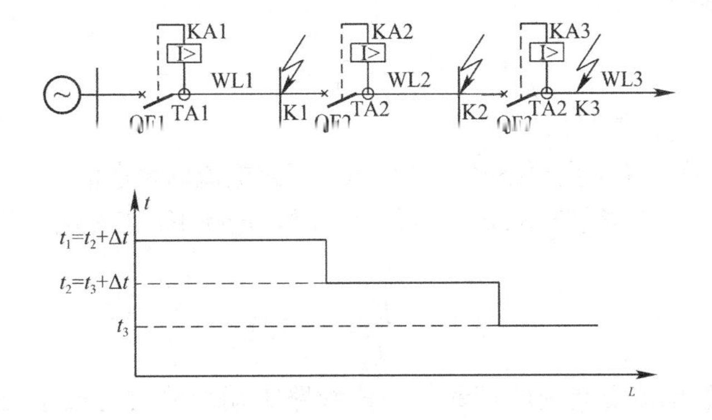

图 7-22　单侧电源电网中定时限过流保护的配置和时限特性

保护装置的动作电流时，三套保护装置将同时启动。但是根据保护装置选择性的要求，应该由距 k3 故障点最近的保护装置 KA3 动作，使断路器 QF3 跳闸，切除故障。而保护装置 KA1、KA2 则应在故障切除后立即返回。所以要求各保护装置整定时限不同，越靠近电源侧时限越长，即：

$$t_1 > t_2 > t_3 \tag{7-42}$$

$$t_2 = t_3 + \Delta t \tag{7-43}$$

$$t_1 = t_2 + \Delta t = t_3 + 2\Delta t \tag{7-44}$$

图 7-22 表明：定时限过流保护之间动作时限的配合曲线为阶梯形状。从线路末端到电源侧逐级增加，越靠近电源，过电流保护的动作时限越长。各段保护的动作时限固定，与通过电流的大小无关。

定时限过流保护的动作电流值，是按其返回电流躲开通过最大负荷电流整定的，即：

$$I_{rel}^{Ⅲ} > I_{lmax} \tag{7-45}$$

$$I_{rel}^{Ⅲ} = K_{rel}^{Ⅲ} I_{lmax} \tag{7-46}$$

式中 $K_{rel}^{Ⅲ}$——过电流保护的可靠系数。

由于动作电流与返回电流之间的关系是：

$$I_{re} = K_{re} I_{op} \tag{7-47}$$

式中 I_{re}——电流继电器的返回电流，A 或 kA；

K_{re}——电流继电器的返回系数；

I_{op}——电流继电器的启动电流，A 或 kA。

所以过电流保护的一次动作电流值为：

$$I_{op1}^{Ⅲ} = \frac{I_{rel}^{Ⅲ}}{K_{re}} = \frac{K_{rel}^{Ⅲ}}{K_{re}} I_{lmax} \tag{7-48}$$

式中 $I_{op1}^{Ⅲ}$——过电流保护一次动作电流值，A 或 kA。

过电流保护的二次动作电流整定值为：

$$I_{op2}^{Ⅲ} = \frac{K_{rel}^{Ⅲ} K_j}{K_{re} K_i} I_{lmax} \tag{7-49}$$

式中 $I_{op2}^{Ⅲ}$——过电流保护二次动作电流整定值，A 或 kA。

过电流保护按其保护范围末端最小短路电流进行灵敏度校验，如图 7-22 所示。当 WL1 线路首端的过流保护 KA1 作为近后备保护时，选择末端 K1 点短路作为校验点，其近后备保护灵敏系数为：

$$S_S^{Ⅲ} = \frac{I_{k1min}^{(2)}}{I_{op1}^{Ⅲ}} \tag{7-50}$$

式中 $S_S^{Ⅲ}$——近后备保护灵敏系数；

$I_{k1min}^{(2)}$——本线路末端发生短路时，最小两相短路电流的稳态值，A 或 kA。

当过流保护 KA1 作为线路 WL2 远后备保护时，选择 K2 点短路作为校验点，其远后备保护灵敏系数为：

$$S_s^{Ⅲ\prime} = \frac{I_{klmin}^{(2)\prime}}{I_{op1}^{Ⅲ}} > 1.2 \tag{7-51}$$

式中 $I_{klmin}^{(2)\prime}$——流经保护安装处的相邻下一段线路末端短路时的最小两相短路电流稳态值，A 或 kA。

（2）反时限过电流保护

反时限过电流保护，可由传统的 GL 系列感应型过电流继电器构成，也可由 LL 系列半导体器件的反时限过流继电器，或 JGL 系列集成电路反时限过流继电器等构成。

GL 系列感应型反时限过电流保护的原理，如图 7-23 所示。反时限过电流保护的动作时限与线路通过电流的大小成反比，当通过的故障电流越大时动作时限越小。

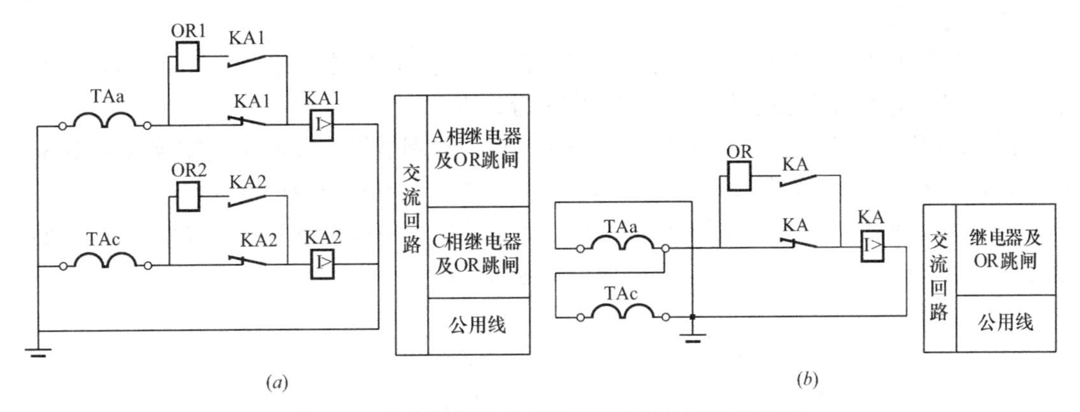

图 7-23　交流操作的反时限过电流保护原理接线图

（a）采用两相不完全星形接法；（b）采用两相一继电器差流式接法

图中 KA1、KA2 为反时限过电流继电器。正常时，常闭触点闭合，常开触点打开。当一次回路相间短路时，KA 按反时限特性动作，其常开触点闭合，常闭触点打开；断路器的交流脱扣器 OR1、OR2 被串入电流互感器二次回路，因分流而跳闸。

反时限过电流保护的动作时限随电流大小变化的情况，可用反时限动作特性曲线分析，如图 7-24 所示。

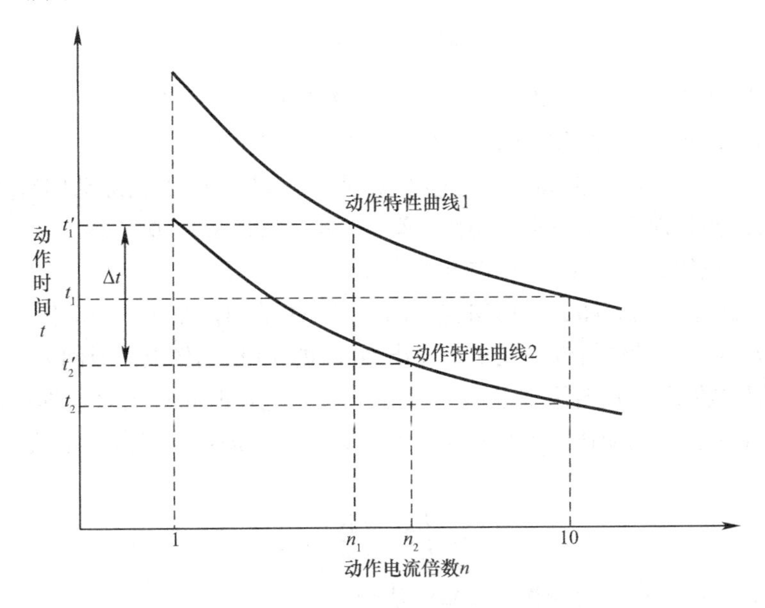

图 7-24　反时限过流保护的动作时限特性

反时限过电流保护的动作时限特性曲线，实际上是由诸多特性曲线构成的曲线族。动作时限不同，其对应的特性曲线也不同。比如，在 10 倍动作电流的条件下把保护的动作

时间整定为 t_1，那么动作特性曲线 1 将被选中；动作时间调整为 t_2 时，动作特性曲线 2 被选中。

反时限过电流保护之间的时限配合，从选择性的角度仍然要满足由负载端到电源端按 Δt 逐级增大的原则。因反时限过电流保护的动作时限与电流大小有关，在给定的电流范围内，上下级保护间的时限配合均要满足选择性的要求才行，所以时限配合实际上是动作曲线之间的配合。

反时限过电流保护的动作曲线是按照 10 倍动作电流时间来整定的。下面举例说明上下级反时限过电流保护之间动作曲线的整定配合过程。

图 7-25 所示的线路中，假定线路 WL1 和 WL2 分别装设有反时限过电流保护 KA1、KA2，并且最后一级线路的反时限电流保护 KA2 的 10 倍动作电流时间已经整定为 t_2，如图 7-24 所示。KA2 的动作时限特性因此被定为曲线 2。KA1 的动作特性曲线，需要通过整定 10 倍动作电流的动作时间 t_1 而得到。步骤如下：

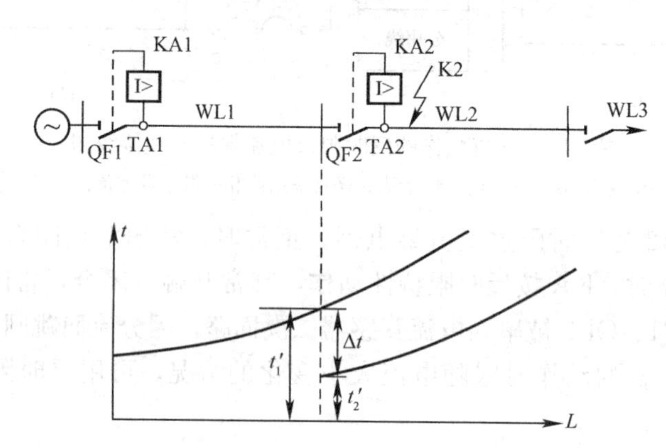

图 7-25　反时限过流保护的动作时限配合

1）设置 WL2 首端短路点 K2，计算出 K2 点短路的电流值 I_{k2}。

2）计算出 K2 点短路时 KA2 的动作电流倍数 $n_2=I_{k2}/I_{op2}$。

3）在图 7-24 中，KA2 的曲线上确定出 K2 点短路时 KA2 的实际动作时间 t_2'。

4）计算 K2 点短路 KA1 的实际动作时间 $t_1'=t_2'+\Delta t$，Δt 可取 0.7s。

5）计算 K2 点短路时 KA1 的动作电流倍数 $n_1=I_{K-2}/I_{op1}$。

6）在图 7-24 中，由 t_1' 和 n_1 的交汇点确定出 KA1 的动作曲线（即动作特性曲线 1）。

7）在图 7-24 中，动作特性曲线 1 上找出 KA1 的 10 倍动作电流时间 t_1。

8）最后把保护 KA1 反时限继电器上的 10 倍动作电流时间整定为 t_1 即可。

反时限过电流保护的动作电流仍可按下述原则整定，即：反时限过电流保护的一次动作电流值为：

$$I_{op1}=\frac{I_{rel}}{K_{re}}=\frac{K_{rel}}{K_{re}}I_{lmax} \tag{7-52}$$

反时限过电流保护的二次动作电流整定值为：

$$I_{op2}=\frac{K_{rel}K_j}{K_{re}K_i}I_{lmax} \tag{7-53}$$

反时限过电流保护的灵敏系数按前式计算。

4. 三段式电流保护

(1) 三段式电流保护组成

上面介绍的不带时限电流速断保护，带时限电流速断保护，定时限过流保护分别是供配电线路的第Ⅰ段、第Ⅱ段、第Ⅲ段保护，合在一起构成一套完整保护称为三段式电流保护。

如图 7-26 所示，第Ⅰ、Ⅱ段电流保护合起来构成线路的主保护。第Ⅰ段电流保护的保护范围为本线路段中前端一部分，动作时限为保护装置无延时的固有动作时间。第二段电流保护一直延伸到下一段线路中，动作时限为本线路段第Ⅰ段电流保护动作时限再加 Δt。第Ⅲ段电流保护作为本线路段主保护的近后备保护和下一段线路的远后备保护。其保护范围为本线路段和下一段线路的全部，其动作时限按照阶梯原则与下一段定时限过电流保护配合。

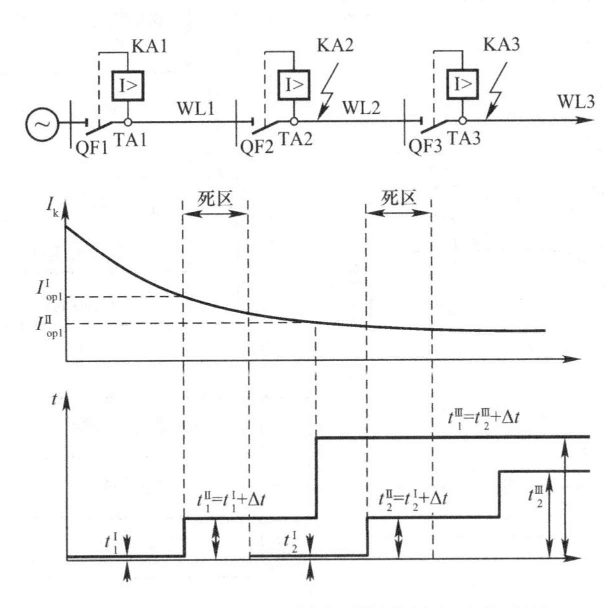

图 7-26　三段式电流保护时限特性与动作范围

三段式电流保护虽然很完整，但也应根据具体的情况灵活设置。有些情况下可只设第Ⅰ、Ⅲ段电流保护或第Ⅱ、Ⅲ段电流保护。

(2) 三段式电流保护装置的展开式原理图

展开式原理图属于电力系统的二次接线图，它将二次接线中的每个电流回路全部展示出来。各个回路从上到下按行排列，回路中的元件一般沿电流通过的方向按动作的先后顺序从左向右排列，各回路中属于同一元件的要采用相同的文字符号。

图 7-27 为传统电磁式继电器构成的三段式电流保护的展开式原理图，包括交流回路、直流保护回路、信号回路三个部分。

交流回路是电流互感器的二次侧部分，a、c 相分别接有 KA1～KA6 六个继电器线圈，它们两两成对构成Ⅲ段式保护的电流测量回路。

直流保护回路中有Ⅲ段式电流保护的启动回路、KT 延时回路和 KM 中间继电器启动的跳闸出口回路。

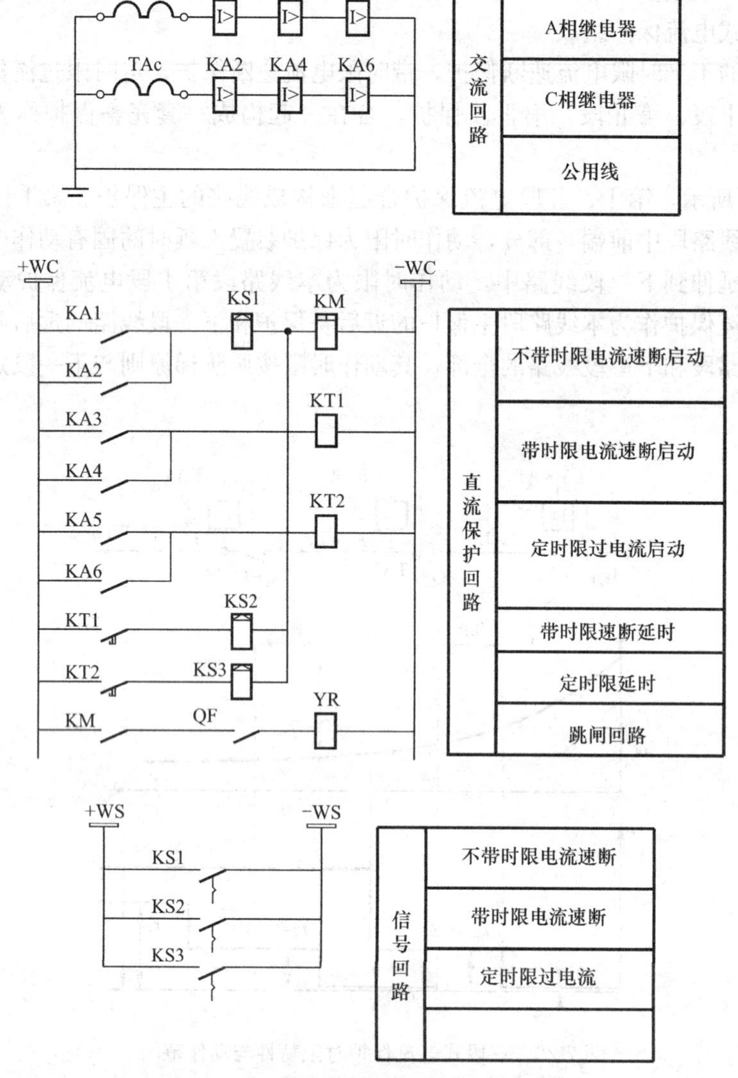

图 7-27　三段式电流保护的展开式原理图

信号回路有Ⅲ段式电流保护的KS信号继电器触点，当它们闭合后向中央信号装置发事故信号。信号继电器的触点是手动复位的。

5. 供配电线路过负荷保护

在经常过负荷的电缆或电缆与架空线混合的3kV～35kV线路上，可以装设线路的过负荷保护。由于过负荷是对称的，因此只需在线路的一相上设置过负荷保护即可。过负荷保护一般为延时保护，必要时也可采用速断保护，动作时间取10～15s。

过负荷保护的动作电流值应按躲过线路的最大负荷电流整定。过负荷保护的二次动作电流的整定值为：

$$I_{op2}^{(ol)} = \frac{1.2 \sim 1.3}{K_i} I_{lmax} \tag{7-54}$$

式中　K_i——电流互感器变比；

I_{lmax}——最大负荷电流，A或kA。

6. 供配电线路单相接地保护

中性点非直接接地系统在发生单相接地时，不构成短路，接地电流很小；并且三相线电压的对称性也没有遭受破坏，对负荷供电不受影响，允许继续运行 1～2 个小时。

但是此系统单相接地后，非故障相对地电压将升高$\sqrt{3}$倍，为了避免非故障相绝缘薄弱而损坏，进一步造成接地短路事故，保护应及时发出信号，以便值班运行人员采取措施及时消除故障。当对人身和设备的安全造成危险时，应有选择性地动作于跳闸。

(1) 绝缘监视装置

中性点非直接接地系统在发生单相接地时，系统中会出现零序电压分量，利用它可构成无选择性的电压型接地保护，即绝缘监视装置。

绝缘监视装置可采用一只三相五柱式三绕组电压互感器或三只单相三绕组电压互感器构成，接线如图 7-19（*d*）所示。电压互感器接成开口三角形的二次绕组，构成了零序电压过滤器，开口端接有一只过电压继电器。

当系统中任意一相发生单相接地时，都将在开口三角形的开口处出现 100V 左右的零序电压，使继电器动作，发出灯光与音响的报警信号。不过，绝缘监视装置发出的是无选择性信号。为了要找出故障线路，值班人员可以依次断开各条线路；当断开某条线路，零序电压消失，说明该线路即是故障线路。

(2) 零序电流保护

单相接地时会产生零序电流分量，并且故障线路零序电流与非故障线路零序电流的大小方向各不相同，借此可以区分出故障线路和非故障线路，构成有选择性的零序电流保护（或零序功率方向保护），根据需要发信号或动作于跳闸。

电缆引出线路（包括电缆线路和电缆改架空线路）可以采用零序电流互感器构成零序电流保护接线，如图 7-28（*a*）所示；当由架空线路引出线路，则需要采用三只相同的电流互感器同极性并联构成，如图 7-28（*b*）。在中性点非直接接地系统中发生单相接地时，由母线向非故障线路流过本线路的电容性零序电流，由故障线路向母线流回所有非故障线路的电容性零序电流之和，一般数值较大。因此，零序电流保护的动作电流按躲开非故障线路上的电容性零序电流进行整定。

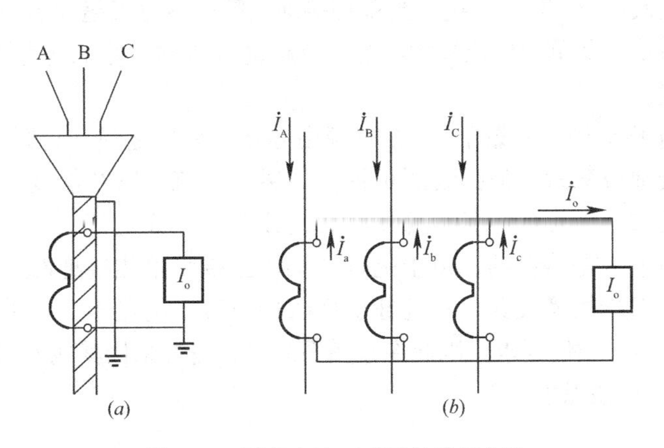

图 7-28　零序电流互感器的接线方法

（*a*）零序电流互感器接线；（*b*）三只电流互感器接线

在安装零序电流互感器的电缆引出线路上，其二次动作电流 $I_{op2}^{(0)}$ 整定为：

$$I_{op2}^{(0)} = \frac{K_{rel}^{(0)}}{K_i} 3I_{C0} \tag{7-55}$$

式中 $K_{rel}^{(0)}$——零序电流保护的可靠系数，不带时限动作取 4～5，带时限动作取 1.5～2；

K_i——电流互感器变比；

$3I_{C0}$——3 倍本线路每相的正常对地电容电流（单相接地时，非故障线路的电容性零序电流为正常时本线路每相对地电容电流的三倍），A。

I_{C0} 很难通过接地电容来精确计算，实际应用中使用经验公式：

$$3I_{C0} = \frac{U_N(L_{(oh)} + 35L_{(cab)})}{350} \tag{7-56}$$

式中 U_N——系统额定电压，kV；

$L_{(oh)}$——架空线路的长度，km；

$L_{(cab)}$——电缆线路的长度，km。

采用零序电流滤过器的架空线路，其零序保护的动作电流为：

$$I_{op2}^{(0)} = K_{rel}^{(0)}\left(I_{uc2} + \frac{3I_{C0}}{K_i}\right) \tag{7-57}$$

式中 I_{uc2}——滤过器二次侧正常运行时的不平衡电流，A。

零序电流保护灵敏度校验公式：

$$S_s^{(0)} = \frac{\Sigma 3I_{C0}/K_i}{I_{op2}^{(0)}} > 1.25 \sim 1.5 \tag{7-58}$$

式中 $\Sigma 3I_{C0}$——单相接地时，所有非故障线路，每相正常对地电容电流的 3 倍之和，A。

中性点非直接接地系统中，如果出线回路少，故障线路与非故障线路零序电流差别较小，零序电流保护可能不满足灵敏度的要求，这时可采用判断故障线路与非故障线路首端零序电流流向的零序功率方向保护。

中性点非直接接地系统，发生单相接地时，如果接地电流较大，会在接地点形成间歇性放电电弧，引起 3～5 倍于相电压的或更高的弧光过电压。过电压使系统中的绝缘薄弱环节击穿，对整个电网系统都有很大的危害。因此，3kV～10kV 铁塔或钢筋混凝土杆的架空线路构成系统及所有 35kV 系统，当单相接地故障电容电流超过 10A，或 3kV～10kV 电缆线路构成的系统，其单相接地故障电容电流超过 30A 时，它们的电源中性点应采取经消弧线圈接地方式。

消弧线圈相当于一个电感线圈，接在电源中心点与大地之间。其原理是：当系统发生单相接地故障时，消弧线圈可提供一感性电流，以补偿接地电容电流，使接地电流减小。通常，消弧线圈采取过补偿的方式运行，即补偿到接地点的残余接地电流是感性的。由于是过补偿，当线路单相接地时，零序功率方向保护无法选择故障线路；并且补偿后的接地残余电流不大，采用零序电流保护很难满足灵敏性要求。因此在这类系统中，需要采用其他方式构成接地保护。

配电变压器电量型的综合保护

7.5.5 电力变压器保护

1. 概述

电力变压器作为用电负荷的电源在供配电系统中大量使用，其安全运行关系到供配电系统工作的可靠性。电力变压器在实际运行中也可能会发生各种故障和异常的运行状态。

电力变压器的故障状态有：绕组及其引出线的相间短路；绕组的匝间短路；中性点直接接地或经小电阻接地侧的接地短路。

异常运行状态有：外部相间短路引起的过电流；中性点直接接地或经小电阻接地电力网中外部接地短路引起的过电流及中性点过电压；过负荷；过励磁；中性点非直接接地侧的单相接地故障；油面降低；变压器油温、绕组温度过高及油箱压力过高和冷却系统故障。

根据《继电保护和安全自动装置技术规程》GB/T 14285 的规定，对升压、降压、联络变压器的故障和异常运行状态应装设相应的保护装置。

0.4MVA 及以上车间内油浸式变压器和 0.8MVA 及以上油浸式变压器，均应装设瓦斯保护。轻瓦斯速断保护用于信号；重瓦斯速断保护用于断开变压器各侧断路器。

变压器的内部、套管及引出线的短路故障，电压在 10kV 及以下、容量在 10MVA 及以下的变压器，采用电流速断保护；电压在 10kV 以上、容量在 10MVA 及以上的变压器，采用纵差保护；对于电压为 10kV 的重要变压器，当电流速断保护灵敏度不符合要求时，也可采用纵差保护。

对外部相间短路引起的变压器过电流，可选用过电流保护、复合电压启动的过电流保护或复合电流保护，作为变压器带延时的相间短路后备保护。

一次侧接入 10kV 及以下非有效接地系统，绕组为 Y-Y 接线，低压侧中性点直接接地的变压器，对低压侧单相接地短路应装设零序过电流保护。

0.4MVA 及以上多台并列运行的变压器或作为备用电源的单台运行变压器，可能会出现过负荷的，应装设过负荷保护。

对变压器油温、绕组温度过高及油箱内压力过高和冷却系统故障的，应装设用于信号或跳闸的装置。

2. 电力变压器电流速断保护

变压器电流速断保护的构成原理与线路的电流速断保护大同小异，保护动作电流的整定原理如图 7-29 所示。

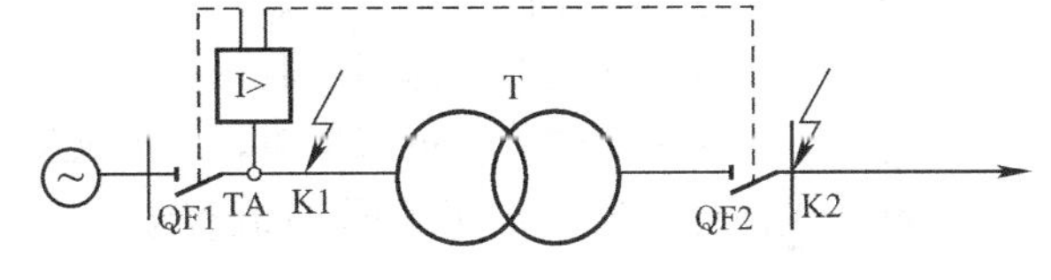

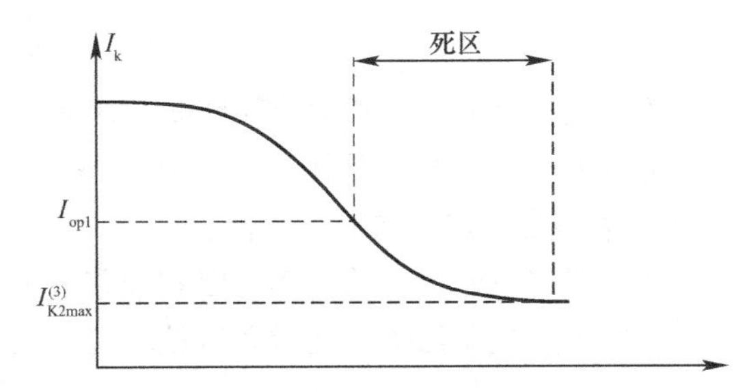

图 7-29　变压器电流速断保护整定原理

变压器电流速断保护动作电流按躲过变压器负荷侧母线 K2 点短路时，流过电源侧保护的最大短路电流计算，即：

$$I_{op1}=K_{rel}I^{(3)}_{k2max} \tag{7-59}$$

式中　I_{op1}——变压器电流速断保护一次整定电流，A 或 kA；

K_{rel}——变压器电流速断保护可靠系数，采用 DL 型电磁电流继电器时，取 1.3～1.4；

$I^{(3)}_{k2max}$——最大运行方式下，变压器负荷侧母线 K2 点短路时，流过电源侧短路电流周期分量有效值。

变压器电流速断保护的二次整定电流，按下式计算：

$$I_{op2}=\frac{K_{rel}K_j}{K_i}I^{(3)}_{k2max} \tag{7-60}$$

式中 I_{op2}——变压器电流速断保护的二次整定电流，A 或 kA；

K_j——接线系数；

K_i——电流互感器变比。

变压器电流速断保护动作电流的整定，还要躲过变压器空载投入或突然恢复电压时出现的励磁涌流。

变压器电流速断保护的灵敏系数，按保护安装处 K1 点最小运行方式下两相短路电流 $I_{k1min}^{(2)}$ 校验，即：

$$S_p = \frac{I_{k1min}^{(2)}}{I_{op1}} \geqslant 1.5 \tag{7-61}$$

变压器的电流速断保护也有“死区”，因此不能单独作为主保护使用，需要与别的保护配合使用。

3. 电力变压器过电流保护

过电流保护作为变压器相间短路的后备保护使用，既可以是变压器主保护的后备，又可以是相邻母线或线路的后备。变压器过电流保护的构成原理与线路过电流保护相同。其动作电流按躲开变压器最大负荷电流整定，即：

$$I_{op1} = \frac{K_{rel}}{K_{re}} I_{Tmax} \tag{7-62}$$

式中 I_{op1}——过电流保护的一次动作电流值，A 或 kA；

K_{rel}——过电流保护的可靠系数；

K_{re}——电流继电器的返回系数；

I_{Tmax}——变压器的最大负荷电流，A 或 kA。

变压器过电流保护的二次动作电流整定值为：

$$I_{op2} = \frac{K_{rel} K_j}{K_{re} K_i} I_{Tmax} \tag{7-63}$$

确定变压器的最大负荷电流时要考虑到，对并列运行的变压器，切除一台变压器后的负荷电流大小；以及对降压变压器应考虑负荷中电动机自启动时的最大电流。I_{Tmax} 可取 1.5～3 倍的变压器一次额定电流。

变压器过电流保护的动作时限和线路过电流保护相同，仍然按阶梯原则整定。

变压器过电流保护的灵敏系数校验公式为：

$$S_p = \frac{I_{k1min}^{(2)}}{I_{op1}} \tag{7-64}$$

式中 $I_{k1min}^{(2)}$——保护范围末端发生短路时，流过保护安装处的最小两相短路电流的稳态值，A 或 kA；

S_p——变压器过电流灵敏系数，近后备保护取 1.3，远后备保护取 1.2。

如变压器过电流保护的灵敏度不满足要求，可采用复合电压启动的过电流保护等。

4. 电力变压器过负荷保护

电力变压器过负荷保护的构成、整定原则等与线路的相同。只要把线路最大负荷电流 I_{lmax} 改为变压器的一次额定电流 I_{1NT} 即可。保护延时 10～15s 动作于信号。

5. 电力变压器瓦斯保护

电力变压器的瓦斯保护属于非电参数保护，其主要元件是安装在油箱与油枕之间联通管道上的瓦斯继电器（气体继电器），如图 7-30 所示。

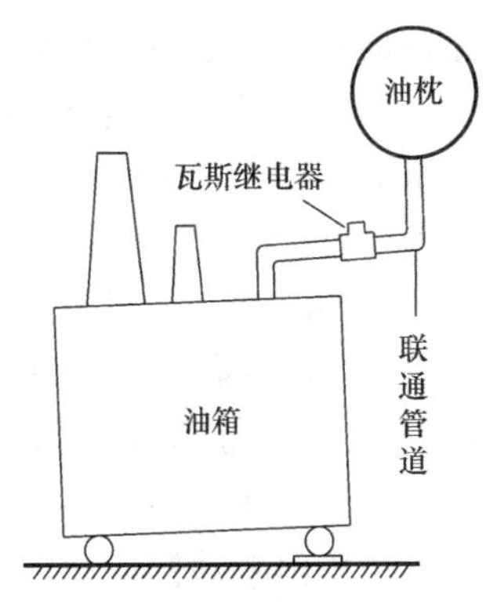

图 7-30 瓦斯继电器安装位置示意图

瓦斯保护可以对油浸式变压器内部如变压器的匝间、层间短路，铁芯故障，套管内部故障，油面下降等故障提供保护。当油浸式变压器的油箱内部发生故障时，电弧烧灼变压器油或者绝缘材料，分解并产生大量的气体，故障越严重，产生的气体越多。瓦斯保护分为轻瓦斯和重瓦斯两种。当变压器油箱内部发生轻微故障时，少量气体慢慢上升，进入瓦斯继电器内部，汇集于顶部。气体慢慢增多，不断降低继电器内部的油面，最终使轻瓦斯动作。轻瓦斯动作后发出灯光和音响的预告信号。

当变压器油箱内部发生严重故障时，产生的大量气体，带动油流迅猛地通过联通管道，使重瓦斯动作。重瓦斯动作于跳闸，同时发出灯光和音响的事故信号。

瓦斯保护动作迅速、灵敏可靠而且结构简单，但它只能反映油箱内部故障，不能保护油箱的外部电路，因此瓦斯保护不能单独作为变压器的主保护使用。

07.05.015 变压器瓦斯保护

6. 电力变压器差动保护

差动保护分为纵联差动保护和横联差动保护。纵联差动保护比较被保护元件两端的电流幅值与相位，用于单回路；横联差动保护比较两个平行回路的电流幅值与方向。

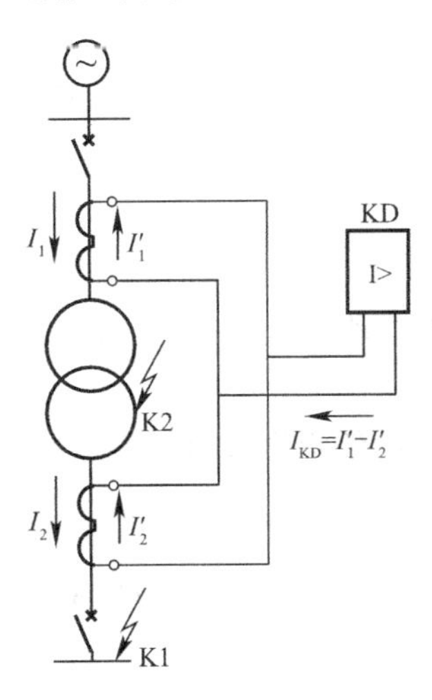

图 7-31 变压器差动保护接线原理图

变压器差动保护为纵联差动保护，用于保护变压器的内部、套管及引出线的各种短路，是大容量或重要变压器的主保护。变压器差动保护的接线原理如图 7-31 所示。

（1）变压器差动保护动作原理

在变压器正常工作和保护区外部 K1 点短路时，流入差动继电器 KD 的是变压器一、二次侧电流互感器二次电流的差值 $I_{KD}=I'_1-I'_2$。因 I'_1 与 I'_2 差别很小，所以差动继电器 KD 不动作。当保护区内部 K2 点短路时，进入差动继电器 KD 的电流 $I_{KD}=I'_1$，超过保护的动作电流值 $I_{\infty}^{(d)}$，KD 瞬时动作于断路器跳闸。

（2）变压器差动保护不平衡电流产生与减少

1）建筑物内设置的变电所常采用 Yd11 型连接组别的变压器，绕组两侧电流有 30°的相位差。如果两侧电流互感器采用相同接线，即使调整变比让互感器二次电流相等，差动回路的不平衡电流仍可达到互感器二次电流的 0.518 倍。为了减小 Yd11 型连接组别变压器差动回路的不平衡电流，将变压器 Y 型接线侧的电流互感器接成 d 连接，d 型接线侧的电流互感器接成 Y 连接，这样可以使变压器两侧电流互感器二次电流相位一致。

2）差动保护电流互感器变比的计算值与标准变比系列不一致，两侧电流互感器采用的型号不同，都会引起差动回路的不平衡电流。可在保护回路中接入自耦变流器来变换某一个电流互感器的二次电流，以使两电流互感器二次电流达到一致；或者采用带速饱和变流器的差动继电器的平衡线圈来实现平衡等。

3）变压器在空载投入运行，以及外部故障切除恢复电压时，短时将产生相当大的励磁电流，称为励磁涌流。励磁涌流只通过变压器一次绕组，会在差动回路中产生很大的不平衡电流。为此，可采用具有速饱和铁芯的差动继电器以减小励磁涌流对差动保护的影响。

此外，变压器调压时，变压器变压比改变而电流互感器变流比没变，会造成不平衡电流；保护范围外短路，暂态过程中会产生不平衡电流；正常情况下变压器的励磁电流也会产生不平衡电流。不平衡电流产生的因素很多，完全消除很难，实际中应尽可能将其限制在最小水平。

（3）变压器差动保护动作电流整定

变压器差动保护动作电流 $I_{op}^{(d)}$ 的整定应满足以下几个条件：

1）应躲开变压器的励磁涌流

$$I_{op1}^{(d)} = K_{rel} I_{1NT} \tag{7-65}$$

式中 $I_{op1}^{(d)}$——变压器差动保护一次动作电流，A 或 kA；

K_{rel}——可靠系数，可取 1.3～1.5；

I_{1NT}——变压器一次额定电流，A 或 kA。

2）应躲开电流互感器二次断线的不平衡电流

$$I_{op1}^{(d)} = K_{rel} I_{lmax} \tag{7-66}$$

式中 $I_{op1}^{(d)}$——变压器差动保护一次动作电流，A 或 kA；

K_{rel}——可靠系数，可取 1.3；

I_{lmax}——变压器最大负荷电流，A 或 kA。

3）应躲开保护区外部短路的最大不平衡电流

$$I_{op1}^{(d)} = K_{rel} I_{kbmax} \tag{7-67}$$

式中 $I_{op1}^{(d)}$——变压器差动保护一次动作电流，A 或 kA；

K_{rel}——可靠系数，可取 1.3；

I_{kbmax}——外部短路造成的最大不平衡电流，A 或 kA。

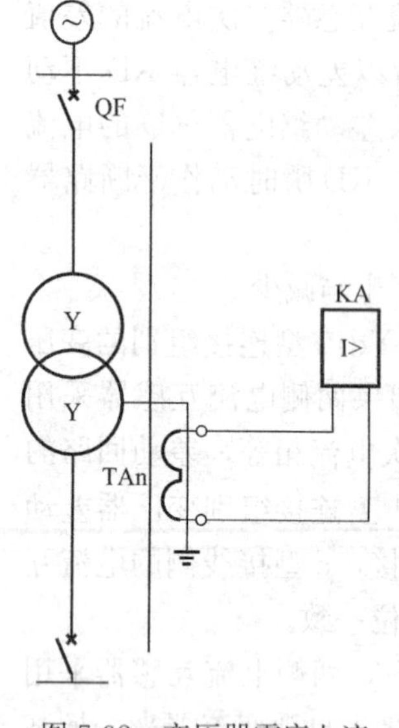

图 7-32 变压器零序电流保护原理图

选取上述条件中最大值作为变压器差动保护一次动作电流整定值。

差动保护的灵敏度 $K_p^{(d)}$ 按变压器二次绕组出线侧最小运行方式下两相短路 $I_{k2min}^{(2)}$ 条件校验，即：

$$K_p^{(d)} = \frac{I_{k2min}^{(2)}}{I_{op1}^{(d)}} > 2 \tag{7-68}$$

7. 电力变压器单相短路保护

建筑供配电系统中的降压变压器，一次侧接在 10kV 及以下非有效接地系统中，绕组为 Yyn0 接线。低压侧的单相短路保护可以采取以下措施：

变压器低压中性点装设零序电流保护如图 7-32 所示，变压器的零序电流保护，按躲开变压器低压侧最大不平衡电流来整定，即：

$$I_{op1}^{(0)} = K_{rel}^{(0)} K_{bph} I_{2NT} \tag{7-69}$$

式中　$I_{op1}^{(0)}$——变压器零序电流保护一次动作电流，A或kA；

$K_{rel}^{(0)}$——变压器零序电流保护可靠系数，可取1.3；

K_{bph}——不平衡系数，可取0.25；

I_{2NT}——变压器二次侧额定电流，A或kA。

变压器零序电流保护的动作时限可取0.5～0.7s。

变压器零序电流保护的灵敏度 $K_p^{(0)}$ 按低压主干线末端单相短路 $I_{k2min}^{(1)}$ 条件进行校验。

$$K_p^{(0)}=\frac{I_{k2min}^{(1)}}{I_{op1}^{(0)}}>1.25\sim1.5 \tag{7-70}$$

思考与练习题

1. 单项选择题

(1) 在三相系统中，(　　) 是对称短路，其他均为非对称短路。

A. 三相短路　　B. 两相短路　　C. 单相短路　　D. 两相接地短路

(2) 出现概率最多的短路是 (　　)。

A. 单相短路接地　　B. 两相短路　　C. 两相短路接地　　D. 三相短路

(3) 出现概率最少的短路是 (　　)。

A. 单相短路接地　　B. 两相短路　　C. 两相短路接地　　D. 三相短路

(4) 下列选项中不属于计算短路电流的是 (　　)。

A. 校验保护电器（断路器，熔断器）的分断能力

B. 校验保护装置灵敏度

C. 确定断路器的整定值

D. 校验开关电器或线路的动稳定和热稳定

2. 多项选择题

(1) 由于 (　　)，电力系统会出现短路故障。

A. 电力设备绝缘损坏　　B. 自然原因

C. 人为事故误操作　　D. 以上都不对

(2) 短路计算的目的有 (　　)。

A. 选择电气设备和载流导体时，校验其热、动稳定

B. 选择、整定继保装置，使之能正确切除短路故障

C. 选择合理的主接线、运行方式

D. 选择限流措施，当短路电流过大造成设备选择困难或不够经济时，可采取限制短路电流的措施

(3) 在三相系统中，可能发生的短路故障有 (　　)。

A. 三相短路　　B. 两相短路　　C. 单相短路　　D. 两相接地短路

(4) 短路电流计算一般需要计算下列短路电流值 (　　)。

A. 短路电流峰值（短路冲击电流或短路全电流最大瞬时值）

B. 对称短路电流初始值或超瞬态短路电流值

C. 短路后0.2s的短路电流交流分量（周期分量）有效值

D. 稳态短路电流有效值

3. 判断题

（1）短路的后果很严重，只要加强平时的检查就可以避免。（　）

（2）导体通过短路电流时产生的热量全部用于使导体温度升高。（　）

（3）短路是指相相之间、相地之间的不正常接触。（　）

（4）电力系统中最常见、最危险的故障是各种类型的短路故障。（　）

4. 分析与计算

（1）在图示的供配电电系统中，用标幺值法计算 K1 点短路时，通过短路点的电流 $I_{\infty}^{(3)}$、i_{sh}，短路容量 $S_k^{(3)}$。

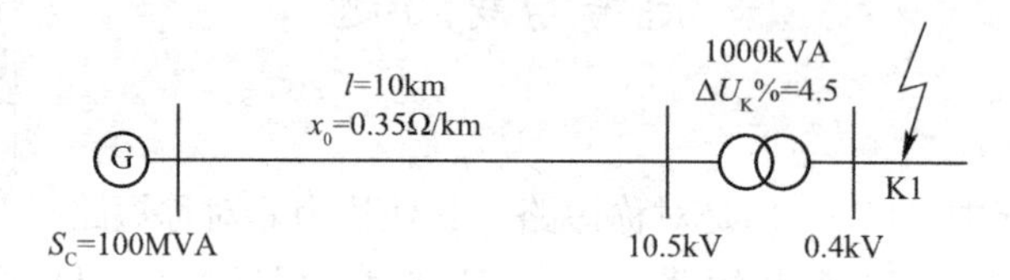

（2）在图示的供配电电系统中，用标幺值法计算 K1 点短路时，通过短路点的电流 $I_{\infty}^{(3)}$、短路容量 $S_k^{(3)}$。

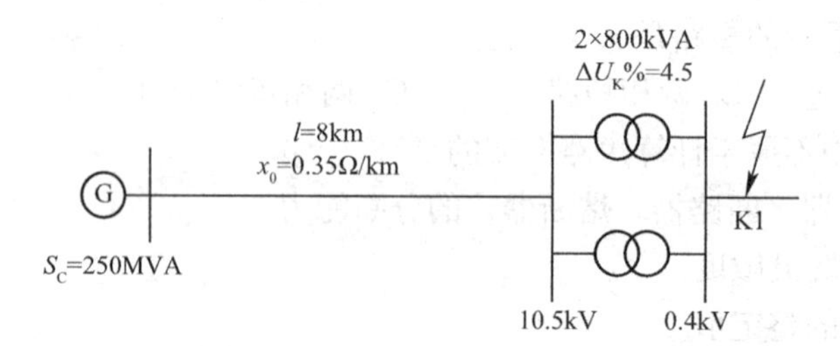

第 8 章　自备应急电源

自备应急电源作为常规电源的补充与完善，已成为现今建筑电气设计中不可或缺的重要一环。自备应急电源是在建筑物发生紧急情况下，对疏散照明或紧急状态急需的各种用电设备供电的电源。由其供电目的可以看出，自备应急电源应当具备：高可靠、可监视、免维护和系统简单、操控方便的特点。

建筑电气工程设计表明：理想的自备应急电源种类并不是单一的，而应是采用多个电源的组合方案。其供电范围和容量，一般是由建筑负荷等级、供电质量、应急负荷数量和分布、负荷特性等因素来决定的。本章介绍了应急电源的基本概念、自备应急电源种类、自备应急电源特点、自备应急电源分类、自备应急电源选配、自备应急电源计算等。

8.1　自备应急电源概念

《民用建筑电气设计规范》JGJ/T 16 明确规定：一级负荷应由两个电源供电，当一个电源发生故障时，另一个电源应不致受到损坏；一级负荷的电源形式有二路高压电源、一路高压电源及一路低压电源、柴油发电机组或蓄电池组。一级负荷中的特别重要负荷除上述两个电源外，还必须增设自备应急电源。

自备应急电源，广义上是泛指正常供电电源中断时，可以向用户的重要负荷进行短时供电的独立电源，包括了 EPS、UPS 不间断电源、柴油发电机组、燃汽油机、光伏发电等所有独立的供电装置。

在建筑电气中，EPS 专指采用电力电子技术静止型逆变电源系统（简称 EPS 电源）。

8.2　常用自备应急电源的种类

1. EPS 电源

如图 8-1 所示，由充电器、逆变器、蓄电池、隔离变压器、切换开关等装置组成的一种把直流电能逆变成交流电能的电源。EPS 电源适用于切换时间在 0.1s 及以上的电机、水泵、电梯、应急照明等电感性负荷以及电感、电容、电阻混合性负荷。

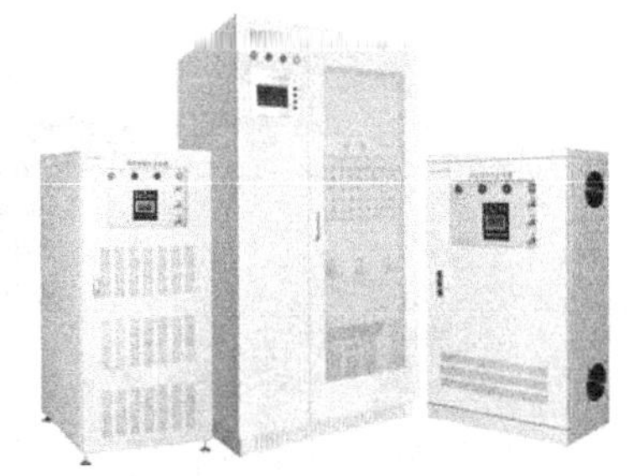

图 8-1　EPS 电源

2. UPS 不间断电源

它主要以电力变流器储能装置（蓄电池）和开关（电子和机械式）构成的保证供电连续性的静止型交流不间断电源装置。UPS 电源适用于切换时间为 ms 级的实时性计算机等电容性负荷，如图 8-2 所示。

3. 柴油发电机组

它是以柴油机为动力，拖动工频交流同步发电机组成的可快速自启动的发电机组，如图 8-3 所示。适用于允许中断供电时间为 15s 以上的负荷。其工作时间可按生产技术上允许的停电时间考虑，当与自动启动的发电机组配合使用时，不宜小于 10min。

图 8-2　UPS 电源　　图 8-3　柴油发电机

4. 有自动投入装置的独立于正常电源的专用馈电线路

适用于自投装置的动作时间能满足允许中断供电时间 1.5s 或 0.6s 以上的负荷。凡允许停电时间为 ms 级，且容量不大的特别重要负荷，若有可能采用直流电源者，应采用蓄电池组作为应急电源。

5. 燃气轮发电机组

与柴油机组类似，它是以燃气轮机为动力，拖动工频交流同步发电机组成的发电设备。

6. 光伏发电系统

光伏发电系统是由太阳能电池方阵、蓄电池组、充放电控制器、逆变器、交流配电柜、太阳跟踪控制系统等设备组成的发电装置，如图 8-4 所示。光伏发电的主要原理是半导体的光电效应，即：光照使不均匀半导体或半导体与金属结合的不同部位之间产生电位差，由光子（光波）转化为电子，将光能转化为电能，进而形成电压的过程。

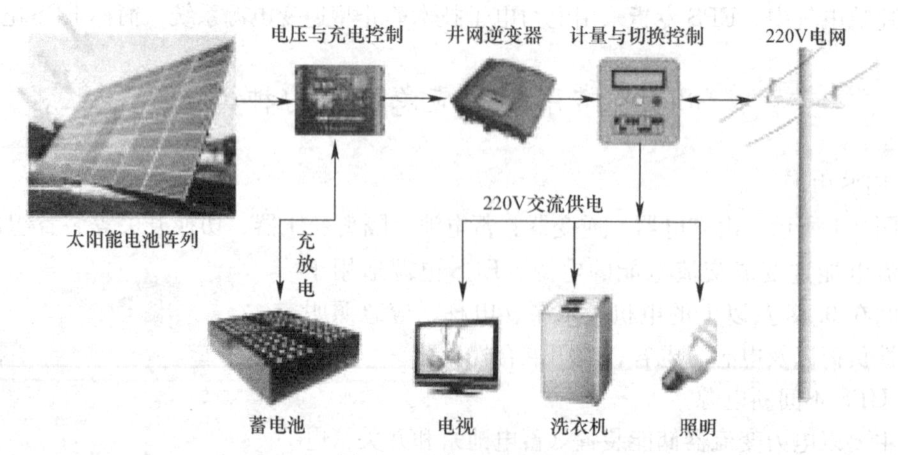

图 8-4　光伏发电系统

与常规发电系统相比，光伏发电的优点主要体现在：

(1) 无枯竭危险。

（2）安全可靠，无噪声。

（3）不受资源分布地域的限制，可利用自然地理或建筑屋面的优势安装。

（4）无需消耗燃料和架设输电线路即可就地发电供电。

（5）能源质量高。

（6）建设周期短，获取能源花费的时间短。

作为基本国策之一，目前光伏发电系统在我国的各行各业、各个领域都已有广泛应用。

8.3　自备应急电源特点

在建筑物发生火情或其他紧急情况下，对疏散照明或其他消防、紧急状态急需的各种用电设备供电的应急电源，应当具备以下特点：

1. 高可靠性

高可靠性是指电源在紧急状态下能可靠供电。保证供电是应急电源的唯一目的。只要元器件可以运行而不致损坏，供电就不能停止。当然，此时元器件的工作状态可能相当严酷，电源的某些电气参数（如频率、谐波率）在特殊状态时可能不理想，但只要用电负荷在这些参数状态下可以工作，电源就不能停止供电。

2. 可监视性

应急电源是特殊场合与环境下使用的电源，正常情况下始终处于待运行状态。因此，应急电源必须处于随时可监视状态，尤其是柴油发电机组和燃气机组还应定期进行试车。对于静态不停电电源，一是可利用电源自身带的RS232接口，把信号送到主机，由计算机进行监视；二是平时就可以用应急电源对正常负载供电，作实时监视。

3. 免维护性

免维护性主要针对采用的蓄电池组而言，体现在三个方面：一是电池的充放电是利用设备自带的智能集成芯片完成的；二是采用了免维护电池；三是设备可发出状态警告信号。

4. 系统简单、操控方便

建筑电气工程设计表明，在一个特定的防火对象物中，应急电源种类并不是单一的，而是采用多种电源的组合方案。其供电范围和容量，一般是由建筑负荷等级、供电质量、应急负荷数量和分布、负荷特性等因素来决定的。因而，系统组合简单、操控方便是保证应急电源随时可靠运行的必要条件。

8.4　自备应急电源的分类

自备应急电源主要分类方法有：

（1）按输出电源性质，分为直流型和交流型两种。

（2）按交流输出方式，分为单相、三相及单、三相混合输出。

（3）按安装形式，分为落地式、壁挂式和嵌入式三种。

（4）按电源容量，分为0.5kW～800kW各个级别。

（5）按服务对象，分为动力与照明两种。

（6）按供电时间，分为90～120min等。

总之，各种应急电源对一般工程需求均能满足。

8.5 自备应急电源选配

1. 基本原则

任何一种应急电源其容量是有限的，因而在实际选配中，应根据建筑及其负荷重要性进行有条件选择，基本原则是：

（1）工程设计时，对建筑重要负荷要认真甄别，尽可能减少特别重要负荷的负荷量，但必须保障有双重安保要求的负荷。

（2）除必须接入应急电源的负荷外，其他负荷一律不得接入应急电源。

（3）对不需要应急电源供电的回路，系统故障停电时，均应自动切除。

（4）应急电源与正常电源之间必须采取可靠措施防止它们并联运行，或向系统反送电。

（5）建筑安全系统中重要负荷的双回路供电，应在最末一级配电箱处自动切换。

2. 应急电源选择

根据规范规定，当符合下列情形之一时，应设置应急电源：为保证一级负荷中特别重要的负荷用电时；有一级负荷、消防负荷，但从市电取得第二电源有困难或不经济合理时；大、中型商业大厦等公共建筑，当市电断电，将会造成经济效益有较大损失时。

（1）EPS电源

1）规格化成品有60、90、120分钟（min）三种，也可定制。

2）对风机、水泵等电机供电时，由于EPS有足够裕量，其额定输出功率不应小于电机额定容量。

3）对消防电梯供电时，可采取一对一，也可采取一台EPS对多台电梯，其额定输出功率不应小于所连接电梯负荷的总容量。

4）当EPS给混合负荷供电时，其额定输出功率不应小于所连接应急负荷的总容量。

5）应具有过压、过流保护装置，还宜设有通信接口。

6）配套的整流器装置，应不小于需要容量与蓄电池直供的应急负荷之和。

7）电网正常供电时，EPS电源应静止无噪声，电网断电由EPS电源供电时，其噪声应低于55dB。

（2）UPS不间断电源

1）旁路开关应具备与市政电网的自动切换，以及与市政电网的锁相同步功能。

2）三相输出负荷不平衡度不应超过UPS电源额定电流的25%，且最大线电流不应超过UPS电源的额定值。

3）三相输出的电压不平衡系数不应超过5%，电压波形总失真度不应超过5%，单相时不应超过10%。

4）给计算机供电时，单台容量应大于计算机及所有设备功率总和的1.5倍；其他设备时，为最大计算负荷的1.3倍。

5）负荷的最大冲击电流不应大于UPS电源额定电流的150%。

6）台数有单台式、单台冗余式、多台并联及多台并联冗余式选择。

7）应具有过压、过流保护装置，还宜设有通信接口。

8）配套的整流器装置，应不小于需要容量与蓄电池直供的应急负荷之和。

9）本体噪声正常运行时，不应超过80dB，小型设备不应超过85dB。

（3）柴油发电机组

1）应满足《自动化内燃机电站通用技术条件》GB 12786要求。

2）台数不宜超过2台。

3）容量在方案和初步设计阶段，一般采用估算法。

4）在施工图设计阶段，可根据负荷性质按下述方法计算，选择其最大者：

① 按稳定负荷计算发电机容量；

② 按最大的单台电动机或成组电动机启动的需要，计算发电机容量；

③ 按启动电动机时，发电机母线允许电压降计算发电机容量。

5）柴油机的额定功率是指外界大气压100kPa（760mmHg），环境温度45℃，空气相对湿度为50%的情况下，能以额定方式连续运行12h的功率（包括超负荷10%运行1h）。如若连续运行12h，则应按额定功率90%使用，如若气压、温湿度等环境条件不满足，则应对柴油机功率进行适当修正。

6）全压启动最大额定容量鼠笼式电动机时，发电机母线电压不应低于额定值的80%；当无电梯负荷时，其母线电压不应低于额定值的75%，或通过计算确定；为减小发电机装机容量，条件允许时，鼠笼电动机可采用降压启动。

7）多台机组时，应选用规格、型号和特性相同，燃油性质一致的成套设备。

8）宜选用高速柴油发电机组和无刷励磁交流同步发电机，配电压自动调节装置。选用机组应装设快速自启动及电源自动切换装置。

（4）太阳能光伏电源系统

1）当主体工程设有太阳能光伏电源系统时，宜选用太阳能光伏电源系统做应急电源。

2）太阳能光伏电源系统宜与市政电网并联运行，既可向一般负荷供电，也可向应急负荷供电。当火灾发生时，还应具有自动接通应急负荷，切除一般负荷的功能。

3）太阳能光伏电池组件的额定输出功率与负荷功率之比，主要根据每天所需供电时间及连续阴雨天数等因素确定，一般选2∶1～4∶1。

4）太阳能光伏蓄电池宜选用铅酸蓄电池，只有在高寒地区的户外系统选用镉镍蓄电池。

8.6 自备应急电源计算方法

8.6.1 柴油发电机组容量计算

1. 柴油发电机组容量计算方法

（1）按稳定负荷计算

$$S_{N1}=\frac{P_{\Sigma}}{\eta_{\Sigma}\cos\varphi_{N}} \tag{8-1}$$

式中 S_{N1}——按稳定负荷计算的发电机视在容量，kVA；

η_{Σ}——所带负荷综合效率，一般取 0.82～0.88；

$\cos\varphi_{N}$——发电机额定功率因数，一般取 0.8。

（2）按尖峰负荷计算

$$S_{N2}=\frac{K_j}{K_{N2}}S_{max}=\frac{K_j}{K_{N2}}\sqrt{P_{max}^2+Q_{max}^2} \tag{8-2}$$

式中 S_{N2}——按尖峰负荷计算的发电机视在容量，kVA；

K_j——因尖峰负荷造成电压、频率下降而导致的发电机功率下降系数，一般取 0.9～0.95；

K_{N2}——发电机允许短时过载系数，一般取 1.4～1.6；

S_{max}——最大的单台电动机或成组电动机的启动容量，kVA；

P_{max}——S_{max}的有功功率，kW；

Q_{max}——S_{max}的无功功率，kvar。

（3）按发电机母线允许压降计算

$$S_{N3}=\frac{1-\Delta U}{\Delta U}x_{\Delta}S_{maxN} \tag{8-3}$$

式中 S_{N3}——按发电机母线允许压降计算的发电机视在容量，kVA；

ΔU——发动机母线允许压降，一般取 0.2；

x_{Δ}——发电机暂态电抗，一般取 0.2；

S_{maxN}——导致发电机母线最大压降的电动机的最大启动容量，kVA。

2. 发电机组容量的确定

$$S_N \geqslant S_{Ni} \tag{8-4}$$

式中 S_N——发电机待选额定视在容量，kVA；

S_{Ni}——S_{N1}、S_{N2}、S_{N3}中的最大者。

需要说明的是：应用上述计算方法，最终确定发电机组容量 S_N 时，不考虑机组长时间过载情况。出现特殊情况发生短时过载时，其过载能力不能超过机组连续运行 12h 功率的 10%，时间不得超过 1h。

柴油发电机组容量还可以按同时满足以下三个条件进行计算：

1）发电机连续运行额定功率大于等于稳定负荷计算功率。

2）发电机备用运行额定功率大于等于尖峰负荷功率。

3）最大电动机启动时，发电机瞬时压降不大于 15%～20%。

具体计算方法请查阅相关手册或资料。

8.6.2 柴油发电机组容量估算

1. 按建筑面积估算

（1）建筑面积超过 10000m² 的，按 15～20W/m² 估算。

（2）等于 10000m² 及以下的，按 10～15W/m² 估算。

2. 按变压器容量估算

按电源变压器容量的 10%～20%估算。

3. 按电动机启动容量估算

在允许发电机输出端瞬时压降 20%时，发电机按全压启动电动机能力估算，一般按 1kW 电机功率配 5kW 柴油发动机功率；若采用降压启动或软启动，由于启动电流减小，发电机功率也应按比例相应减小，按电动机功率规整后，再按柴油发动机的 1.5～2 倍估算柴油发电机功率。

8.6.3　EPS 电源容量计算

EPS 电源容量计算方法，因负载类型不同而异。

1. 应急照明

（1）当负载为电子镇流器日光灯，EPS 容量计算方法：

$$P_{EPS}=1.1\times\sum_{N=1}^{i}(P_1+P_2) \tag{8-5}$$

式中　P_{EPS}——EPS 电源容量，W 或 kW；

P_1——电子镇流器功率，W 或 kW；

P_2——荧光灯管功率，W 或 kW。

（2）当负载为电感镇流器日光灯，EPS 容量计算方法：

$$P_{EPS}=1.5\times\sum_{N=1}^{i}(P'_1+P_2) \tag{8-6}$$

式中　P_{EPS}——EPS 电源容量，W 或 kW；

P'_1——电感镇流器功率，W 或 kW；

P_2——荧光灯管功率，W 或 kW。

（3）当负载为金属卤化物灯或金属钠灯，EPS 容量计算方法：

$$P_{EPS}=1.6\times\sum_{N=1}^{i}P_i \tag{8-7}$$

式中　P_{EPS}——EPS 电源容量，W 或 kW；

P_i——金属卤化物灯或金属钠灯功率，W 或 kW。

2. 混合负载

（1）当 EPS 带多台电动机且都同时启动时，EPS 容量计算方法：

$$P_{EPS}=\sum_{n=1}^{i}P_1+2.5\times\sum_{n=1}^{i}P_2+3\times\sum_{n=1}^{i}P_3+5\times\sum_{n=1}^{i}P_4 \tag{8-8}$$

式中　P_{EPS}——EPS 电源容量，kW；

P_1——变频启动电动机功率，kW；

P_2——软启动电动机功率，kW；

P_3——Y-D 启动电动机功率，kW；

P_4——直接启动电动机功率，kW。

（2）当 EPS 带多台电动机且都分别单台启动时，EPS 容量计算方法：

$$P_{EPS}=\sum_{N=1}^{i}P'_i \tag{8-9}$$

式中　P_{EPS}——EPS 电源容量，kW；

P'_i——单台电动机功率，kW。

但必须满足以下条件：

1）上述电动机中直接启动的最大的单台电动机功率是EPS容量的1/7。

2）Y-D启动的最大的单台电动机功率是EPS容量的1/4。

3）软启动的最大的单台电动机功率是EPS容量的1/3。

4）变频启动的最大的单台电动机功率不大于EPS的容量。

5）如果不满足上述条件，则应按上述条件中的最大数调整EPS的容量，电动机启动时的顺序为直接启动，其次是Y-D启动，再次是软启动，最后是变频启动。

（3）当EPS带混合负载时，EPS容量计算方法：

$$P_{\mathrm{EPS}} = \sum_{\mathrm{N}=1}^{i} P_i \tag{8-10}$$

式中 P_{EPS}——EPS电源容量，kW；

P_i——任一负载功率，kW。

但必须满足以下条件：

1）负载中直接同时启动的电动机功率之和是EPS容量的1/7。

2）负载中Y-D同时启动电动机功率之和是EPS容量的1/4。

3）负载中软启动同时启动的电动机功率之和是EPS容量的1/3。

4）负载中变频启动同时启动电动机功率之和不大于EPS的容量。

5）同时启动的电动机当量功率之和不大于EPS的容量，见（8-8）式。

6）同时启动的所有负载（含非电动机负载）的当量功率之和不大于EPS的容量。即：

同时启动的所有负载的功率之和＝同时启动的非电动机容量×功率因数＋电动机当量总功率。

若不满足上述条件，应按照上述条件中的最大数调整EPS容量。

3. 变频动力型EPS电源带负载

$$P_{\mathrm{EPS}} = \sum_{n=1}^{i} P_i \tag{8-11}$$

式中 P_{EPS}——EPS电源容量，kW；

P_i——变频启动电动机功率，kW。

8.6.4 光伏系统容量计算

1. 光伏系统电池组件功率

$$W_{\mathrm{p}} = \frac{PmK}{t} \tag{8-12}$$

式中 W_{p}——电池组件功率，kW；

P——照明与应急负荷总和，kW；

m——每天持续供电时间，h；

K——冗余系数，一般取1.6～2；

t——当地平均日照时间，h。

2. 光伏系统电池组件面积

光伏系统电池组件面积由光伏系统电池组件单位面积发电量决定：

$$A_{\mathrm{e}} = \frac{W_{\mathrm{p}}}{E} \tag{8-13}$$

式中 A_{e}——电池组件面积，m^2；

W_p——电池组件总功率，kW；

E——电池组件单位面积发电量，W/m²，一般取 120W/m²。

3. 蓄电池容量

$$S_B = \frac{PmnK}{U} \tag{8-14}$$

式中　S_B——蓄电池总容量，Ah；

P——照明与应急负荷总和，kW；

m——每天持续供电时间，h；

n——持续阴雨天数，d；

K——冗余系数，一般取 1.6～2；

U——蓄电池组电压，V。

思考与练习题

1. 单项选择题

(1) 应急电源工作时间，应按生产技术上要求的停车时间考虑，当与自启动的发电机组配合使用时，不宜少于下列哪项数值（　　）。

A. 5s　　B. 10s　　C. 15s　　D. 30s

(2) 允许停电时间为毫秒级，且容量不大的特别重要负荷，若有可能采用直流电源者，应采用（　　）作为应急电源。

A. 柴油发电机组　　B. 燃汽油机　　C. 蓄电池组　　D. 光伏发电

(3)（　　）是应急电源的唯一目的。

A. 保证供电　　B. 操作方便　　C. 应用广泛　　D. 减小短路危险

(4) 下列哪一项不能采用快速自启动柴油发电机作为应急电源（　　）。

A. 变电所直流电源充电装置　　B. 应急照明和计算机控制与监视系统

C. 给水泵电动机　　D. 风机用润滑油泵电动机

2. 多项选择题

(1) 应急电源包括了（　　）等所有独立的供电装置。

A. 柴油发电机组　　B. 燃汽油机　　C. 不间断电源　　D. 光伏发电

(2) 当应急电源装置（EPS）用作应急照明系统备用电源时，关于应急电源装置（EPS）的选择，下列哪些项表述符合规定（　　）。

A. EPS 装置应按负荷性质、负荷容量及备用供电时间等要求选择

B. EPS 装置可分为交流制式及直流制式，电感性和混合性的照明负荷选用交流制式；纯电阻及交直流共用的照明负荷宜选用直流制式

C. EPS 的额定输出功率不应小于所连接的应急照明负荷总容量的 1.2 倍

D. EPS 的蓄电池初装容量应保证备用时间不小于 90min

(3) 民用建筑中，关于负荷计算下列哪些项表述符合规定（　　）。

A. 当应急发电机仅为一级负荷中特别重要负荷供电时，应以一级负荷的计算容量，作为选用应急发电机容量的依据

B. 当应急发电机为消防用电负荷及一级负荷供电时，应将两者计算负荷之和作为选用应急发电机容量的依据

C. 当自备发电机作为第二电源，且尚有第三电源为一级负荷中特别重要负荷供电时，以及当向消防负荷、非消防负荷及一级负荷中特别重要负荷供电时，应以三者的计算负荷之和作为选用发电机容量的依据

D. 当消防设备的计算负荷大于火灾时切除的非消防设备的计算负荷时，可不计入计算负荷

（4）下列有关应急电源装置的说法正确的是（　　）。

A. EPS 电源适用于切换时间在 0.1s 及以上的电机、水泵、电梯、应急照明等电感性负荷以及电感、电容、电阻混合性负荷

B. UPS 电源适用于切换时间为毫秒级的实时性计算机等电容性负荷

C. 柴油发电机组适用于允许中断供电时间为 15s 以上的负荷

D. 有自动投入装置的独立于正常电源的专用馈电线路，适用于自投装置的动作时间能满足允许中断供电时间 1.5s 或 0.6s 以上的负荷

3. 判断题

（1）应急电源与正常电源之间必须采取可靠措施，防止它们并联运行，或向系统反送电。（　　）

（2）建筑安全系统中的重要负荷的双回路供电应在最末一级配电箱处自动切换。（　　）

（3）给计算机供电时，单台 UPS 容量应大于计算机内所有设备功率总和的 1.3 倍。（　　）

（4）太阳能光伏蓄电池一般采用镉镍蓄电池。（　　）

4. 分析与计算

某变电站拟设置一台柴油发电机作为应急电源为一级负荷供电，一级负荷计算功率为 250kW，其中最大一台发电机的启动容量为 300kVA，负荷综合效率 0.88，计算柴油发电机视在功率最小是多少？

第9章　建筑防雷设计

根据规范要求，为防止或减少雷击建筑物所发生的人身伤亡和财产损失，以及雷击电磁脉冲引发的电气和电子系统损坏或错误运行，必须对建筑物进行防雷设计，并因地制宜地采取相应防雷措施。本章就建筑防雷的相关基础知识、建筑物防雷分类、防雷设备、防雷措施、接闪器选择与布置、接地装置计算及敷设要求等作基本介绍，并举例说明建筑外部防雷设计计算过程。

9.1　基础知识

9.1.1　雷电的形成与危害

1. 雷电的形成

带有不同电荷雷云之间，或在雷云及其感应而生的不同电荷之间的击穿放电现象，称为雷电。

2. 雷电的危害

(1) 雷电种类

1) 直击雷

雷云与大地物体直接放电。

2) 感应雷

① 静电感应

雷云接近地面时，在地面凸出物顶部感应出等量的异性束缚电荷，当雷云放电时，凸出物顶部电荷顿时失去约束，立刻呈现出高电压，雷电流在其周围空间生成迅速变化的强磁场，因而可在强磁场附近的金属物上感应出高电压。在雷云电荷没有泄放之前，其被束缚住，如图9-1 (*a*)。当雷云放电后，感应出的电荷就变成了自由电荷，以波的形式向两边传，其过电压幅值可达到几十到数百千伏，如图9-1 (*b*) 所示。

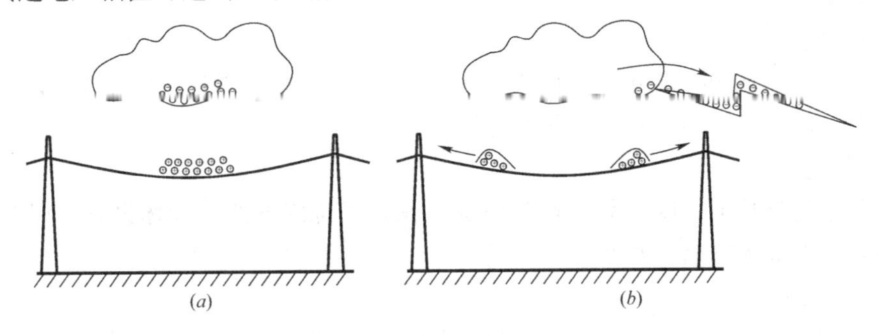

图9-1　静电感应过电压示意图

(*a*) 雷电静电感应束缚状态；(*b*) 雷电静电感应泄放状态

② 电磁感应

指雷击后，雷电流在周围空间迅速产生的强大而变化的电磁场，从而在金属物上感应出的较大电动势和感应电流，图 9-2 所示。

3）雷电侵入波

由于雷击，室外金属管道或架空线路上聚集的大量静电荷被释放，并沿管道或线路侵入室内，如图 9-3 所示。

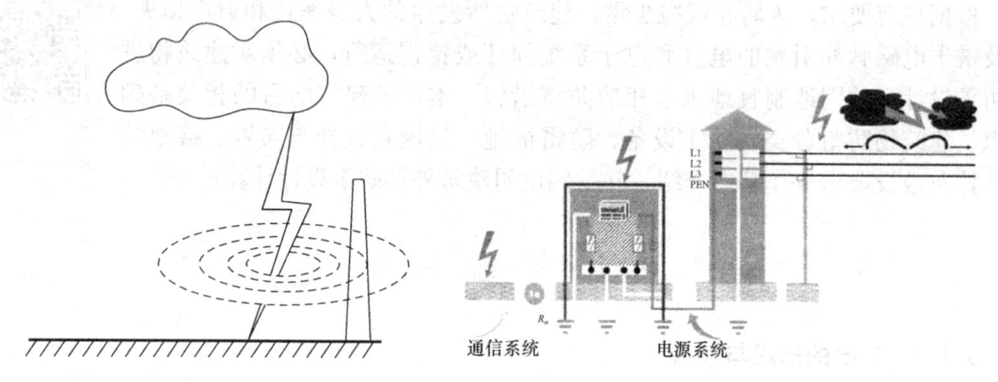

图 9-2　电磁感应过电压示意图　　图 9-3　雷电波入侵示意图

（2）雷电特点

1）幅值大

雷击瞬间电压可达数十到数百千伏，冲击电流最大可达 300kA。直击雷的雷电电流峰值一般都在 200kA 以上，且在瞬间、局部产生的高温可达 5000℃以上；感应雷相对直击雷来讲，雷电电流峰值较小，一般的电流峰值等级在 20kA 以内。

2）持续时间短

主放电作用时间约在 50～100μs。

3）连续放电

间隔时间约 600～800μs；放电平均次数 2～3 个，总持续时间在 0.3～1s 之间。

4）危害性严重

雷击可以沿传输线、金属管道、电力线侵入或干扰设备系统，甚至给人的生命造成严重威胁。

（3）雷电危害

1）机械效应

雷电流流经建筑物时，可使被击建筑物缝隙中的气体剧烈膨胀，水分气化，导致被击建筑物遭到破坏、炸裂甚至击毁，伤及人畜或设备。

2）热效应

雷电流经过导体时，瞬间就能产生巨大热量，可烧断导线，烧坏设备，引起金属熔化、飞溅，而造成火灾或停电事故。

3）电气效应

雷电引起大气过电压，使得电气设备绝缘损坏，产生闪烁放电，造成线路跳闸，线路停电，甚至高压窜入低压，造成人身伤亡事故。

9.1.2　建筑防雷标准与规范

09.01.003
建筑防雷标准与规范

建筑防雷设计的主要标准与规范有：

(1)《建筑物防雷设计规范》GB 50057。

(2)《建筑物防雷工程施工与质量验收规范》GB 50601。

(3)《建筑物电子信息系统防雷技术规范》GB 50343。

(4)《建筑物电气装置 第 5-53 部分：电气设备的选择和安装 隔离、开关和控制设备 第 534 节：过电压保护电器》GB 16895.22。

(5)《低压配电系统的电涌保护器第 12 部分：选择和使用导则》GB/T 18802.12。

(6)《建筑物防雷装置检测技术规范》GB/T 21431。

(7)《雷电防护》GB/T 21714。

9.1.3　防雷相关名词

09.01.004
短时雷击波形

1. 雷电流

是指流入雷击点的电流，短时首次雷击是一个幅值很大、陡度很高的冲击波电流，典型波形如图 9-4 所示。

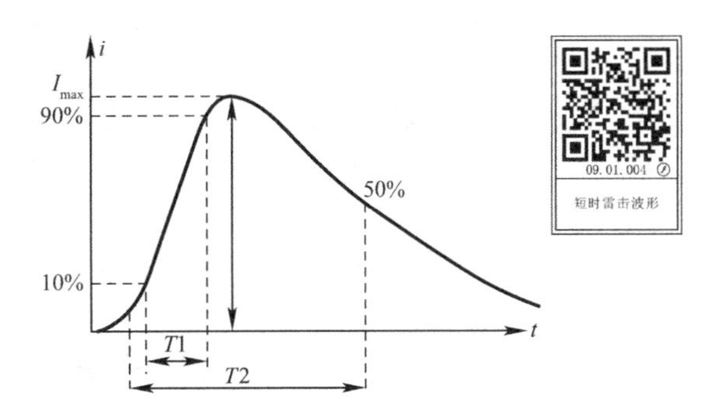

图 9-4　短时雷击波形

从图 9-4 可以看出，短时雷电流幅值从 0 到峰值电流 I_{max}的上升时间很短，在达到峰值后，雷电流以较长时间逐步衰减。国际电工委员会 IEC 采用了波头时间 $T1$、半值时间 $T2$ 和平均陡度 $I/T1$ 来描述雷电波波形。

波头时间 $T1$ 是雷电流达到 10%和 90%幅值电流之间的时间间隔乘以 1.25。半值时间 $T2$ 是雷电流由幅值 10%之前的 $0.1T1$ 处开始上升到峰值然后逐渐下降到幅值 50%时所需要的时间。通常，用 $T1/T2$ 表示雷电流波形，如：雷电计算中 10/350μs 表示波头时间 $T1$ 为 10μs，半值时间 $T2$ 为 350μs 的首次正极性雷击波形；同理，首次负极性雷击为 1/200μs，0.25/100μs 则代表了首次负极性以后雷击的波形。雷电流的陡度 d_i/d_t，定义为：

$$d_i/d_t = \frac{i_{T2} - i_{T1}}{T2 - T1} \tag{9-1}$$

式中　d_i/d_t——为雷电流的陡度；

i_{T2}——半值时间对应的雷电流值，kA；

i_{T1}——波头时间对应的雷电流值，kA；

$T2$——半值时间，μs；

$T1$——波头时间，μs。

常用雷电流峰值 I_{max}与波头时间 $T1$ 的比值来表示，即：$I/T1$。

2. 雷暴日

指某地区一年中有雷电放电的天数，在一天中只要听到一次以上的雷声就记录成一个雷暴日，它反映了各地区雷电活动的频繁程度，是防雷设计的重要依据。各地的气象台、观测站将多年统计的雷暴日资料进行年平均，则得到年平均雷暴日数。我国把年平均雷暴日数不超过 15 天的地区称为少雷区；年平均雷暴日数在 15 天至 40 天之间的称为中雷区；

年平均雷暴日数超过 40 天的地区称为多雷区；年平均雷暴日数超过 90 天的地区称为强雷区。年平均雷暴日数越多，说明该地区雷电活动越频繁，防雷要求越高。

3. 年预计雷击次数

反映某建筑物一年时间内可能会遭受雷击的次数，与建筑物等效面积、当地雷暴日及建筑物地况有关。公式由《建筑物防雷设计规范》GB 50057 确定：

$$N = 0.1 \times K \times T_d \times A_e \tag{9-2}$$

式中 N——建筑物的年预计雷击次数，次/a；

K——校正系数，在一般正常情况下取 1；位于河边、湖边、山坡下或山地中土壤电阻率较小处、地下水露头地、土山顶部、山谷风口等处的建筑物，以及特别潮湿的建筑物取 1.5；金属屋面的砖木结构建筑物取 1.7；处于旷野的孤立建筑物取 2；

T_d——年平均雷暴日，d/a，其根据各地气象台、站提供的资料确定，我国主要城市年平均雷暴日数参考值，请查阅相关手册；

A_e——与建筑物截收相同雷击次数的等效面积，km^2 是建筑物实际占地面积再向外扩大后的面积，其计算方法详见《建筑物防雷设计规范 附录一》GB 50057。

9.2 建筑物防雷分类

建筑物按其重要程度、使用性质，以及发生雷电事故的可能性和发生雷电事故的后果，分为三类。

1. 有下列情况之一者，应属于第一类防雷建筑物

（1）凡制造、使用或贮存火药、炸药及其制品的危险建筑物，因电火花而引起爆炸、爆轰，会造成巨大破坏和人身伤亡者。

（2）具有 0 区或 20 区爆炸危险场所的建筑物。

（3）具有 1 区或 21 区爆炸危险场所的建筑物，因电火花而引起爆炸，会造成巨大破坏和人身伤亡者。

注：爆炸危险场所的分类和分级如下：

0 区是指在正常情况下，爆炸性气体混合物长时间存在或连续出现的场所。

1 区是指在正常情况下，爆炸性气体混合物有可能会出现的场所。

2 区是指在正常情况下，爆炸性气体混合物不会出现，仅在不正常情况下偶尔会短时间出现的场所。

20 区是指在正常情况下，可燃性粉尘连续或经常出现，其数量足以形成可燃性粉尘与空气混合物和/或可能形成无法控制和极厚的粉尘层的场所及容器内部。

21 区是指在正常情况下，可能出现粉尘数量足以形成可燃性粉尘与空气混合物但未划入 20 区的场所。

2. 下列民用建筑物，应划为第二类防雷建筑物

（1）国家级的会堂、档案馆、大型博览和展览建筑物、办公建筑物；国宾馆、大型旅游建筑物；国际港口客运站；大型铁路旅客站和航空港（不含停放飞机的露天场所和跑道）；大型城市的重要给水泵房等特别重要的建筑物。

（2）国家级计算中心、国际通信枢纽等对国民经济有重要意义的建筑物。

（3）国家级重点文物保护建筑物。

（4）高度超过 100m 的建筑物。

（5）建筑物的年预计雷击次数 $N>0.05$ 的部、省级办公建筑物及其他重要或人员密集的公共建筑物。

（6）建筑物的年预计雷击次数 $N>0.25$ 的住宅、办公楼等一般民用建筑物。

（7）国家特级和甲级大型体育馆。

09.02.002
第三类防雷建筑物

3. 下列民用建筑物，应划为第三类防雷建筑物

（1）省级重点文物保护建筑和省级档案馆。

（2）省级大型计算中心与装有重要电子设备的建筑物。

（3）19 层及以上的住宅建筑和高度超过 50m 的其他民用建筑物。

（4）年预计雷击次数，在 $0.01 \leqslant N \leqslant 0.05$ 之间的部、省级办公建筑物及其他重要的或人员密集的公共建筑物。

（5）年预计雷击次数，在 $0.05 \leqslant N \leqslant 0.25$ 之间的住宅、办公楼等一般民用建筑物。

（6）建筑群中最高的建筑物或位于建筑群边缘高度超过 20m 的建筑物。

（7）通过调查确认当地遭受过雷击灾害的类似建筑物；历史上雷害事故严重地区或雷害事故较多地区的较重要建筑物。

（8）在年平均雷暴日 $T_d>15d/a$ 的地区，高度≥15m 的烟囱、水塔等孤立的高耸构筑物；以及在年平均雷暴日 $T_d \leqslant 15d/a$ 的地区，高度≥20m 的烟囱、水塔等孤立的高耸构筑物。

9.3 防 雷 设 备

防雷保护包括外部防雷保护和内部防雷保护两部分。

外部防雷装置（即传统的常规避雷装置）根据保护对象不同，又分为建筑物外部防雷保护装置和电力设备设施用避雷器两类。

建筑物外部防雷保护装置由接闪器、引下线和接地装置三部分组成。接闪器（也叫接闪装置）有三种形式：接闪杆、接闪线和接闪网（带），它位于建筑物的顶部，其作用是引雷或称截获闪电，即把雷电流引下；引下线，上与接闪器连接，下与接地装置连接，它的作用是把接闪器截获的雷电流引至接地装置；接地装置位于地下一定深度之处，它的作用是使雷电流顺利迅速流散到大地中去。

内部防雷装置的作用是减少建筑物内的雷电流和所产生的电磁效应以及防止反击、接触电压、跨步电压等二次雷害。除外部防雷装置外，所有为达到此目的所采用的设施、手段和措施均为内部防雷装置，它包括等电位联结设备（施）、屏蔽设施、加装的避雷器以及合理布线和良好接地等措施。

9.3.1 外部防雷装置

1. 建筑物外部防雷装置

如图 9-5 所示，主要由接闪器、引下线、接地装置三部分组成。

（1）接闪器

接闪器有多种形式。常见的有接闪杆、接闪线、接闪网（带）等。

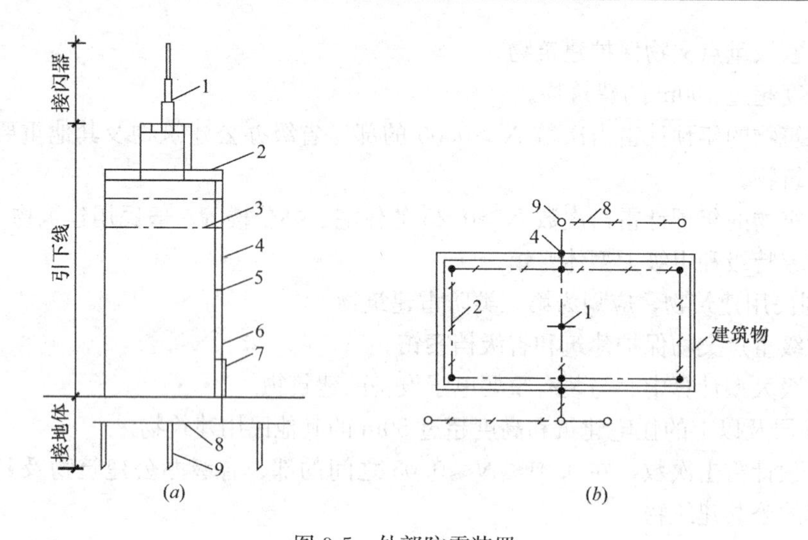

图 9-5　外部防雷装置

(a) 立面示意图；(b) 平面示意图

1—接闪杆；2—接闪带；3—均压环；4—引下线；5—引下线线夹；6—引下线检查口；7—引下线护管；8—接地线母；9—接地极

1）接闪杆

由金属材料制成的棒状接闪器，俗称避雷针。一般采用镀锌圆钢（针长 1m 以下时直径不小于 12mm、针长 1～2m 时直径不小于 16mm、烟囱顶上的针直径不小于 20mm）或镀锌焊接钢管（针长 1m 以下时内径不小于 20mm、针长 1～2m 时内径不小于 25mm、烟囱顶上的针直径不小于 40mm）制成。它既可以附设安装又可以独立安装，各式如图 9-6 所示。

2）接闪线

俗称架空地线、避雷线。常架设在杆塔顶部，保护下面的架空电力线路等狭长物体。其保护原理与接闪杆相似。接闪线截面宜采用不小于 $50mm^2$ 的热镀锌钢绞线或铜绞线，高压架空线接闪线如图 9-7 所示。

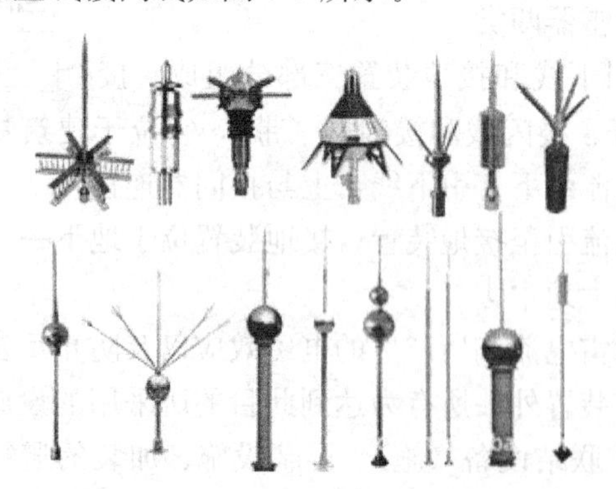

图 9-6　各式接闪杆

图 9-7　高压架空线接闪线

架空地线是高压输电线路结构的重要组成部分，是保护架空输电线路免遭雷闪袭击的装置。架空地线架设在被保护导线的上方，当线路上方出现雷云对地面放电时，雷闪通道首先击中架空地线，使雷电流进入大地，以保护导线正常送电。同时，架空地线还有电磁屏蔽作用，当线路附近雷云对地面放电时，可以降低在导线上引起的雷电感应过电压。架空地线须与杆塔接地装置牢固相连，以保证遭受雷击后能将雷电流可靠地导入大地，并且避免雷击点电位突然升高而造成反击。

架空地线由于不具有输送电流的功能，所以不要求具有与导线相同的导电率和导线截面，通常多采用钢绞线。线路正常送电时，架空地线中会受到三相电流的电磁感应而出现电流，因而增加线路功率损耗并且影响输电性能。有些输电线路也使用良导体地线，即用铝合金或铝包钢导线制成的架空地线。这种地线导电性能较好，可以改善线路输电性能，减轻对邻近通信线的干扰。

3）接闪网（带）

俗称避雷网（带）。接闪带是指沿建筑物檐角、屋角、屋脊、屋檐、女儿墙等最可能受雷击的地方敷设的防直击雷的金属导体。当屋顶面积较大时，需增加敷设金属导体，呈网格状，就形成了接闪网，如图9-8所示。接闪网的网格尺寸不大于8～10m。接闪带和接闪网宜采用圆钢或扁钢，圆钢直径不应小于8mm；扁钢截面不应小于50mm^2，厚度不应小于4mm。接闪带每隔1m用支架固定在墙上或固定在现浇混凝土支座上。

(a)

(b)

图9-8　屋面接闪带接闪网示意图

(a) 接闪带；(b) 接闪网

(2) 引下线

是指连接接闪器与接地装置的金属导体，有明敷设与暗敷设之分，如图9-9所示。作用是将由接闪器接收到的雷电流引入接地装置，因而引下线应能满足机械强度、热稳定以及耐腐蚀的要求。

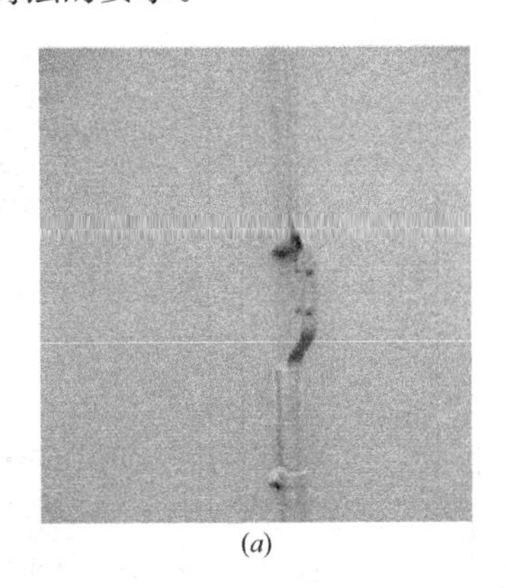

(a)

(b)

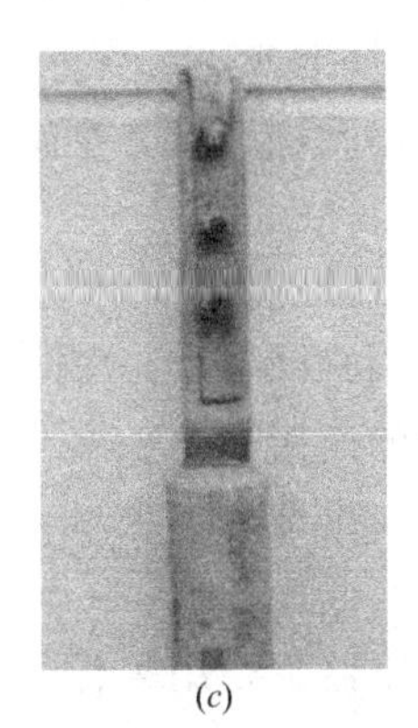

(c)

图9-9　引下线示意图

(a) 明敷设引下；(b) 暗敷设建筑主筋引下；(c) 暗敷设明检查断口

引下线不应少于2根，并应沿着建筑物四周均匀或对称布置，其间距如表9-1所示。

引下线间距 表9-1

建筑类型	间距（m）
一类防雷建筑物	12
二类防雷建筑物	18
三类防雷建筑物	25

根据规定：建筑物防雷引下线宜利用建筑物钢筋混凝土内的钢筋暗敷设，或采用圆钢、扁钢明敷设。作为防雷引下线的钢筋，当钢筋直径≥16mm时，应将两根钢筋绑扎或焊接在一起，作为一组引下线；当钢筋直径≥10mm且＜16mm时，应利用四根钢筋绑扎或焊接作为一组引下线。当采用圆钢作引下线时，直径不应＜8mm。当采用镀锌扁钢时，截面不应＜$50mm^2$，厚度不应＜2.5mm。装设在烟囱上的引下线，圆钢直径要求不应＜12mm，扁钢截面不应＜$100mm^2$且厚度不应＜4mm。

（3）接地装置

建筑物外部防雷的接地装置，是由接地体、接地线和接地引线共同组成的网络状整体（又称接地网），如图9-10所示。

09.03.002 接地与接地装置

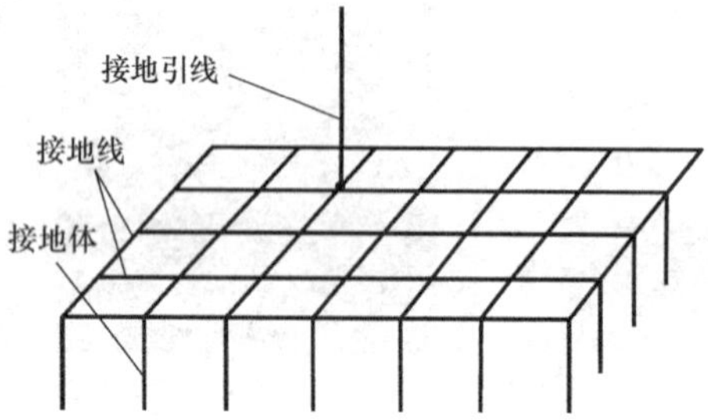

图9-10 接地装置示意图

1）接地体

可以是自然接地体，也可以是人工接地体。

① 自然接地体

已有与大地良好接触的金属导体，除危险介质管道外，均可作为自然接地体，但电厂、变电所（站、室）等除外。

② 人工接地体

利用钢管、角钢、圆钢、扁钢等金属导体人工制作的接地体。钢管和角钢制作的接地体几何尺寸，如图9-11所示；常见的布置方式有一字形、三角形、菱形、多边形等多种形式，如图9-12所示；接地体埋设深度，接地体上沿距地面−0.7～−1.05m，间距3～5m左右为宜，如图9-13所示。

2）接地线

采用圆钢、扁钢等金属导体用于接地体之间的连接。

3）接地引线

采用绝缘导线、扁钢等导体用于引下线与接地装置的连接。

2. 避雷器

（1）概述

避雷器主要用来保护电力设备和电力线路，也用作防止高电压侵入室内的安全措施。避雷器并联在被保护设备或设施上，如图9-14所示。

图9-11 接地体常见几何尺寸

09.03.003 避雷器

09.03.004 避雷器

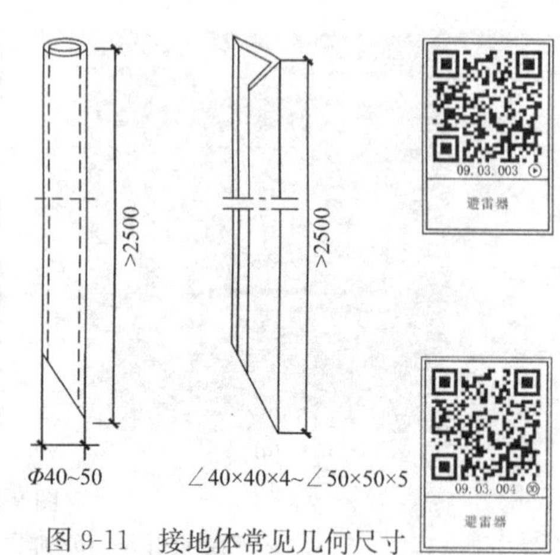

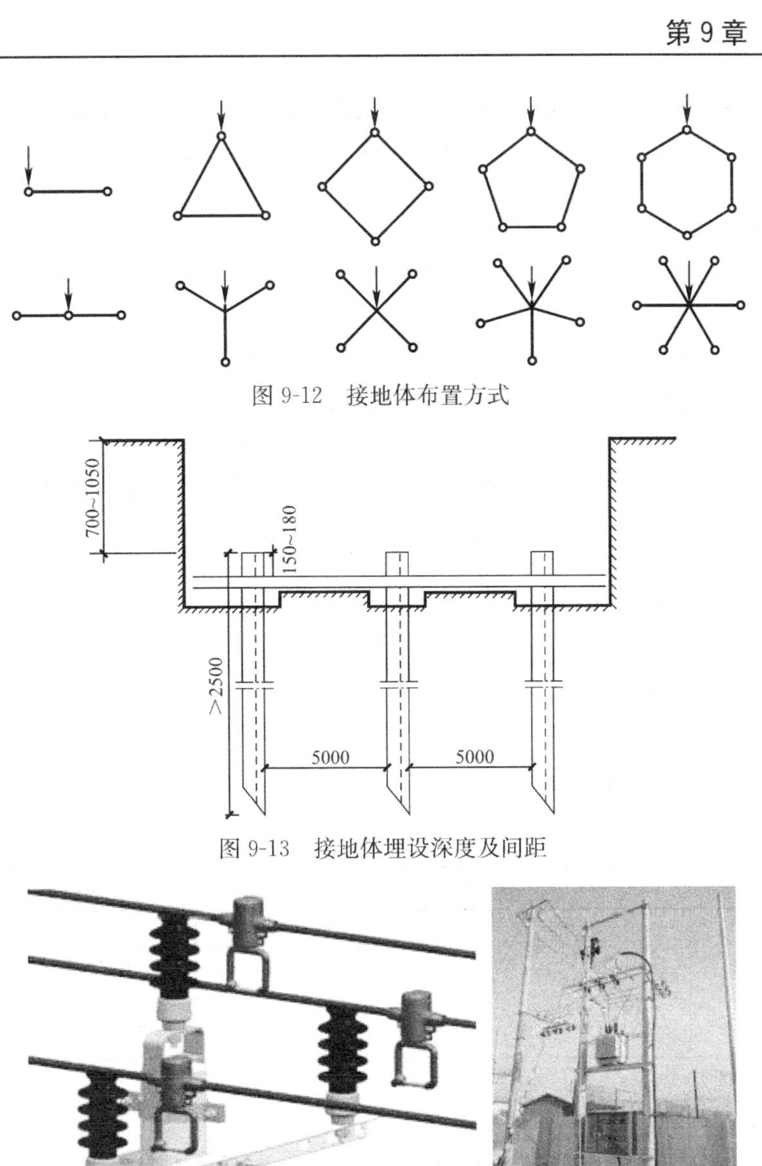

图 9-12　接地体布置方式

图 9-13　接地体埋设深度及间距

(*a*)　(*b*)

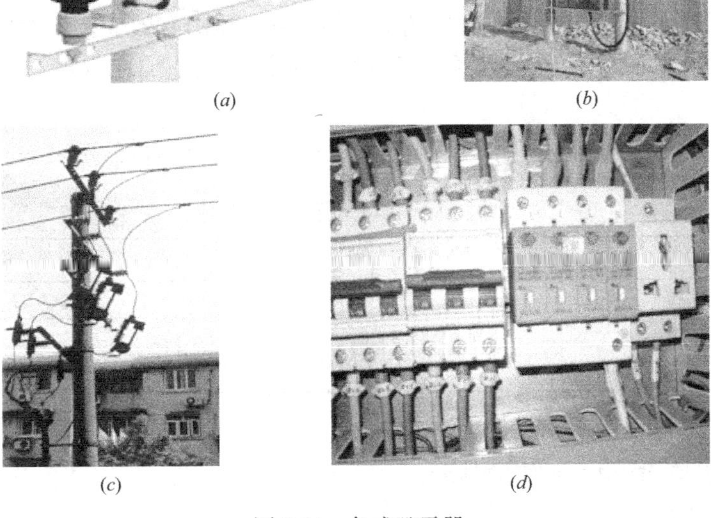

(*c*)　(*d*)

图 9-14　各式避雷器

(*a*) 架空线避雷；(*b*) 变压器避雷；(*c*) 架空线转电缆避雷；(*d*) 室内低压避雷

正常时装置与地绝缘，当出现雷击过电压时，装置与地由绝缘变成导通，并击穿放电，将雷电流或过电压引入大地，起到保护作用。过电压终止后，避雷器迅速恢复不通状态，恢复正常工作。

（2）主要技术参数

避雷器主要技术参数因结构而异，现以交流无间隙金属氧化物避雷器（MOA）为例。

1）额定电压 U_N

指施加到避雷器端子间最大允许工频电压有效值。按照此电压设计的避雷器能在所规定的动作负载试验中确定的暂态过电压下正确地工作，它是表明避雷器运行特性的一个重要参数，也是衡量避雷器耐受工频电压的能力指标，但它不等于系统额定电压。

按 IEC 及国家标准规定，避雷器在注入标准规定的能量后，必须能耐受相当于额定电压数值的暂时过电压至少 10s。避雷器额定电压可按下式选择：

$$U_N \geqslant KU_t \tag{9-3}$$

式中 U_N——避雷器额定电压，kV；

U_t——暂时过电压有效值，kV；

K——切除短路故障时间系数，10s 及以内切除故障时 $K=1.0$，10s 以上切除故障时 $K=1.25 \sim 1.3$。

暂时过电压 U_t 推荐值见表 9-2。

暂时过电压 U_t 推荐值 表 9-2

接地方式	非直接接地系统		直接接地系统		
系统标称电压（kV）	3～10	35～66	110～220	330～500	
				母线	线路
U_t	$1.1U_m$	U_m	$1.4\frac{U_m}{\sqrt{3}}$	$1.3\frac{U_m}{\sqrt{3}}$	$1.4\frac{U_m}{\sqrt{3}}$

注：U_m 指系统最高工作电压，kV。

2）持续运行电压 U_c

在运行中允许持久地施加于避雷器端子间的工频电压的有效值。该参数对避雷器的运行可靠性影响很大，它应覆盖电力系统运行中可能持续地施加在避雷器上的工频电压最高值。

一般情况下，避雷器最大持续运行电压 $U_c \geqslant 0.8U_N$，且不得低于表 9-3 中的规定值。

避雷器最大持续运行电压规定值 表 9-3

适用范围	切除故障时间	最大持续运行电压 U_c
直接接地系统	—	$U_c \geqslant U_m/\sqrt{3}$
非直接接地系统	10s 及以内切除故障时	$U_c \geqslant U_m/\sqrt{3}$
	10s 以上切除故障时	$U_c \geqslant U_m$（35～66kV）

3）额定频率 f_N

能使用该避雷器的电力系统的频率。

4）持续电流 I_c

在持续运行电压下通过避雷器的持续电流（有效值或峰值）应不超过规定值，由制造厂规定和提供。

5）标称放电电流 I_N

具有 8/20μs 波形的冲击放电电流的幅值，用来划分避雷器等级的，我国避雷器的标称放电电流分别为：1kA、1.5kA、2.5kA、5kA、10kA、20kA 共 6 级。

6）陡波电流冲击下残压

指波幅等于 I_N，视在波前时间为 1μs 而视在半波幅值时间不大于 20μs 的冲击电流下的最大残压，是表征避雷器防雷保护功能完全的重要参数。

其他技术参数还有：雷电冲击电流下残压；操作冲击电流下残压；4/10μs 大电流冲击耐受峰值等。

（3）常用避雷器简介

常用避雷器主要产品有：Y 系列瓷外套式金属氧化物避雷器，如图 9-15 所示，YH5W 系列复合外套交流无间隙金属氧化物避雷器，如图 9-16 所示；HY5WS 型跌落式（又称可投式、可卸式）避雷器，如图 9-17 所示。

图 9-15　Y 系列瓷外套避雷器

图 9-16　YH5W 系列复合外套避雷器

图 9-17　HY5WS 型跌落式避雷器

9.3.2　内部防雷产品（电涌保护器）

1. 概述

所谓电涌，也称浪涌，是指超过正常工作电压的瞬间过电压。

电涌保护器，又称浪涌保护器、SPD、防雷器等。主要用于室内为低压配电系统及各种电子设备、仪器仪表、通信线路等提供安全防护的电子装置。当电气回路或者通信线路中因为外界的干扰突然产生尖峰电流或者电压时，电涌保护器能在极短的时间内导通分流，从而避免浪涌对回路中其他设备的损害。

2. 应用电涌保护器（SPD）抑制过电压的种类

（1）雷击过电压

雷云直接对设备、装置放电时，设备装置所承受的是“直击雷过电压”，这种情况发生概率小，而通常所说的雷击过电压是指“感应过电压”。当雷击对地面某一点放电时，通常在它周边 1.5km² 范围内的导线、导体中都会有一定幅值的瞬态电压产生，而产生这种冲击电压的主要机理如下：

1）雷云对附近地面的物体放电，或在附近云层中放电，产生的电磁场会在供电系统的线路导体中产生感应电压。

2）附近云—地之间放电所产生的入地电流，耦合到接地网的公共接地阻抗上，在接地网的长度和宽度方向上产生电压差。

3）若雷击时，变压器一次侧的避雷器动作，一次侧电压快速跌落。这种快速跌落通过变压器的电容耦合传送到二次侧，叠加在通过正常变压器耦合的电压上，形成二次侧冲击电压。

4）雷电直接击中高压一次侧线路，向一次侧线路注入极大的电流，这种大电流流过接地电阻或一次侧导体的冲击阻抗，都会产生高电压。一次侧的这种高电压又可通过电容耦合和正常的变压器耦合，在低压电源线路中出现。

5）雷电直接击中二次侧线路，极大的电流和由这种电流所产生的极高电压远远超过设备本身和接在二次侧线路中的保护器件的承受能力。

为模拟雷电冲击，国际上规定"1.2/50μs"电压波为标准雷电压波（其波前时间为1.2μs，波尾下降到半峰值的时间为50μs）；"10/350μs"电流波为经传导衰减的直击雷电流波；"8/20μs"电流波为经传导衰减的感应雷电流波。雷电冲击波的特点是持续时间短，但峰值高。

（2）操作过电压

是指电路中的断路器、隔离开关、继电器、可控硅开关等通断转接时，在系统电路中、电路对地以及开关两端所产生的过电压。

产生操作过电压的原因是由于线路及其中的元器件都带有电感和电容，储存在电感中的磁能和储存在电容中的静电场能量，在电路状态突变时产生的能量转换，过渡的振荡过程，由振荡而出现过电压。

操作过电压的持续时间比雷击过电压长，比暂态过电压短，在数百微秒到100ms之间，并且衰减很快。

（3）静电过电压

在天气干燥的冬天，人体与衣服间的摩擦会使人体带电，当带电的人与电子产品接触时，就会对电子产品（如手机）放电，这是一种典型的静电放电，静电放电的特点是电压很高，但时间很短，为纳秒（ns）级。

IEC 61000.4-2规定的模拟接触静电放电的电压，等级为2kV～8kV，相应的电流峰值为（7.5～30）A。

（4）暂态过电压

是指当电力系统发生接地故障，切断负荷或谐振时所产生的相-地或相-相间的电压升高，它的特点是持续时间比较长（0.1s～60s，与系统的保护方式有关）。暂态过电压的幅值随供电系统的接地方式而异，接地电阻大的系统，暂态过电压倍数就大。

表9-4给出了一组供电系统内部过电压倍数 K 的统计数字。过电压倍数 K 的定义是内部过电压的峰值与系统的最高运行相电压峰值的比值。

供电系统内部过电压倍数 K　　表9-4

暂态过电压		操作过电压	
过电压名称	K	过电压名称	K
单相接地故障	1.1～1.3	切断电感性负载	1～4.0
甩负荷	1.2～1.3	合闸空载线路（包括重合闸）	1～3.5
电弧接地	1～3.5	切断空载线路	1～3.5
谐振	1～3.5	合空载变压器	1～2.0

在实用中，还可能碰到所谓“错电”事故，即设计用于 110V 电源的设备错误地接入 220V 的系统中，或设计用于 220V 电源的设备错误地加上 380V 电压等，这样所引起的过电压，不仅是接入电压的峰值，还有过渡过程的振荡性电压。

总之，过电压成因复杂，持续时间和电压、电流的强度差异极大，因此防护过电压是个复杂而困难的任务。一般来说压敏电阻器是防护持续时间较短的静电过电压；电涌保护器是防护雷击过电压和瞬态操作过电压的；对于持续时间较长的暂态过电压只能用熔断器，断路器等器件来防护。

3. 电涌保护器分类

（1）按工作原理分类

1）开关型 SPD

这种 SPD 在正常时为高阻抗，一旦响应电涌过电压时，其阻抗就突变为低值，这种非线性装置的组件可采用放电间隙、气体放电管、闸流管及三端双向可控硅开关等构成。这类 SPD 又称为克罗巴型 SPD。

2）限压型 SPD

这种 SPD 在无电涌时为高阻抗，随着电涌电流和电压的增加，其阻抗会随着不断非线性减小。可用作这类 SPD 组件的是压敏电阻和抑制二极管等。这类 SPD 有时也称为箝压型 SPD。

3）开关、限压组合型 SPD

这种 SPD 由开关型组件和限压型组件组合而成，根据二者的组合参数以及所加电压的特性，可组装成具有电压开关、限压或这两种特性兼有的 SPD。

4）分流型或扼流型 SPD

分流型与被保护元件并联，扼流型与被保护元件串联，正常工作频率为高阻抗，电涌脉冲时呈现为低阻抗。可用作此类 SPD 的组件有：高通滤波器、低通滤波器、扼流线圈、1/4 波长短路器等。

（2）按用途分类

1）电源电涌保护器

又称为电源防雷器、电源避雷器、电源 SPD、电源浪涌保护器等。主要是针对电源系统所选用的浪涌保护，采用电源防雷能在最短时间内将电路上因雷击感应而产生的大量脉冲能量短路泄放到大地，降低设备各接口间的电位差，从而保护电路上的设备。

2）信号电涌保护器

又称信号线路 SPD、信号避雷器、信号防雷器等。一般安装在设备前端，主要用于沿各种信号线路侵入设备的雷电（过电压）防护，广泛应用于金融、电信、通信、交通运输、石化工控等设备，如网络设备（网络交换机、服务器、路由器、MODEM、网络终端等）、控制信号设备（各种并口、串口、控制信号等）、视频监控设备（摄像机、视频监控器、云台、光端机、显示器、有线电视、家用电视等）、音频设备（程控交换机、传真设备、应急电话、中继线等）、天馈信号设备（GSM、CDMA、WCDMA、CDMA2000、TD-SCDMA 等移动通信设备和有线电视等）。

4. 电涌保护器的基本元器件及其工作原理

（1）放电间隙

又称保护间隙，一般由暴露在空气中的两根相隔一定间隙的金属棒组成，其中一根金属棒与所需保护设备的电源相线 L1 或零线（N）相连，另一根金属棒与接地线（PE）相连接，当瞬时过电压袭来时，间隙被击穿，把一部分过电压的电荷引入大地，避免了被保护设备上的电压升高。这种放电间隙的两金属棒之间的距离可按需要调整，结构较简单，其缺点是灭弧性能差。改进型的放电间隙为角型间隙，它的灭弧功能较前者为好，是靠回路的电动力 F 作用以及热气流的上升作用而使电弧熄灭的。

（2）气体放电管

它是由相互离开的一对冷阴板封装在充有一定惰性气体氩（Ar）的玻璃管或陶瓷管内组成的。为了提高放电管的触发概率，在放电管内还有助触发剂。这种充气放电管有二极型的，也有三极型的。

（3）压敏电阻

它是以 ZnO 为主要成分的金属氧化物半导体非线性电阻，当作用在其两端的电压达到一定数值后，电阻对电压十分敏感。它的工作原理相当于多个半导体 P-N 的串并联。压敏电阻的特点是非线性特性好、通流容量大、常态泄漏电流小、残压低、对瞬时过电压响应时间快、无续流。

（4）抑制二极管

抑制二极管具有箝位限压功能，工作在反向击穿区，由于具有箝位电压低和动作响应快的优点，特别适合用作多级保护电路中的最末几级保护元件。

（5）扼流线圈

扼流线圈是一个以铁氧体为磁芯的共模干扰抑制器件，它由两个尺寸相同、匝数相同的线圈对称地绕制在同一个铁氧体环形磁芯上，形成一个四端器件，对共模信号呈现出高阻抗具有抑制作用，而对差模信号呈现出很小的漏阻抗几乎不起作用。扼流线圈使用在平衡线路中能有效地抑制共模干扰信号（如雷电干扰），而对线路正常传输的差模信号无影响。

（6）1/4 波长短路器

1/4 波长短路器是根据雷电波的频谱分析和天馈线的驻波理论所制作的微波信号浪涌保护器，这种保护器中的金属短路棒长度是根据工作信号频率（如 900MHz 或 1800MHz）的 1/4 波长的大小来确定的。此并联的短路棒长度对于该工作信号频率来说，其阻抗无穷大，相当于开路，不影响该信号的传输，但对于雷电波来说，由于雷电能量主要分布在$n+k$Hz 以下，此短路棒对于雷电波阻抗很小，相当于短路，雷电能量即被泄放入地。

5. 电源电涌保护器特点

（1）电源电涌保护器的作用

把侵入电力电源线路的雷击电磁感应瞬时过电压限制在设备或系统所能承受的电压范围内，或将强大的雷电流泄流入地，使被保护的设备或系统不受雷击电涌冲击而损坏。

（2）电源电涌保护器的分类

1）电源电涌保护器按用途分

① 交流电源电涌保护器

适用于交流 50/60Hz，额定电压 220V～380V 的供电系统（或通信系统）中，对间接雷电和直接雷电影响或其他瞬时过压的电涌进行保护，广泛用于家庭住宅、第三产业以及工业领域，具有相对相（L-L）、相对地（L-PE）、相对中线（L-N）、中线对地（N-PE）及其组合等保护模式。特点是：保护通流量大，残压极低，响应时间快，结构严谨，工作稳定可靠。

② 直流电涌保护器

适用于各种直流电源系统，如：直流配电屏、直流供电设备、直流配电箱、电子信息系统柜、二次电源设备的输出端等。

2）电源电涌保护器按工作原理分

① 开关型电涌保护器

其工作原理是当没有瞬时过电压时呈现为高阻抗，但一旦响应雷电瞬时过电压时，其阻抗就突变为低值，允许雷电流通过。

② 限压型电涌保护器

其工作原理是当没有瞬时过电压时为高阻抗，但随电涌电流和电压的增加其阻抗会不断减小，其电流电压特性为强烈非线性。

③ 分流型或扼流型电涌保护器

分流型，与被保护的设备并联，对雷电脉冲呈现为低阻抗，而对正常工作频率呈现为高阻抗。

扼流型，与被保护的设备串联，对雷电脉冲呈现为高阻抗，而对正常的工作频率呈现为低阻抗。

3）电源电涌保护器按防雷电及抗浪涌能力大小分

依据电源电涌保护器防雷电及抗浪涌能力大小，电源电涌保护器分为B、C、D三类。当设备电源或抗浪涌水平要求较高时，必须同时设计安装多类电源电涌保护器，实施多级电源线路防雷及抗浪涌保护。

① B类电源电涌保护器

采用10/350μs Ⅰ类波形冲击试验，最大冲击释放电流几十千安，B类电源电涌保护器以间歇式放电元件为核心，释放雷电及浪涌能力较强。通常情况下，安装在低压配电线路的LPZ0与LPZ1界面处，相当于低压配电的总输出端。

② C类电源电涌保护器

采用8/20μs Ⅱ类波形冲击试验，最大冲击释放电流几十千安，C类电源电涌保护器以压敏电阻元件为核心，释放雷电及浪涌能力弱于B类电源电涌保护器。通常情况下，安装在低压配电线路的LPZ1与LPZ2界面处，相当于低压配电的单元输出端。

③ D类电源电涌保护器

采用8/20μs及1.2/50μs混合波形冲击试验，最大冲击释放电流几千安，D类电源电涌保护器以压敏电阻、气体放电管元件为核心，释放雷电及浪涌能力较弱。通常情况下，安装在终端电源设备的供电线路的前端。

6. 电源SPD的主要技术参数

（1）最大持续工作电压U_c

指可持续加于电子系统SPD端子或电气系统SPD保护模式，且不致引起SPD传输特性减低的最大均方根电压或直流电压。

（2）持续工作电流 I_c

在最大持续工作电压 U_c 下，流过 SPD 的电流。

实际上是各保护元件及与其并联的内部辅助电路流过的电流之和。为避免过电流保护设备或其他保护设备（如剩余电流动作保护器 RCD）不必要动作，I_c 值的选择非常有用。在正常状态下，I_c 应不会造成任何人身安全危害（非直接接触）或设备故障（如 RCD）。一般情况下对 RCD，I_c 应小于额定残压电流值（$I_{\Delta n}$）的 1/3。

（3）标称放电电流 I_n

指 SPD 通过规定次数 8/20μs 冲击电流，且 SPD 特性变化不超过允许范围的最大值。

（4）雷电最大通流量 I_{max}

也称最大放电电流 I_{max}，是电压限制型 SPD 的一个重要参数，指保护器通过波形为 8/20μs 的标准雷电波冲击 1 次时的电流峰值。

（5）最大冲击电流 I_{imp}

也称冲击放电电流 I_{imp}，表征 SPD 的耐直击雷能力，是电压开关型 SPD 的一个重要参数，指保护器通过波形为 10/350μs 的标准雷电波冲击 1 次时的电流峰值。

（6）电压保护水平 U_p

表征 SPD 抑制电涌的能力。指 SPD 限制接线端子间电压的性能参数，其值可从优先值得列表（如 0.08、0.09、……1、1.2、1.5、1.8、2、……8、10kV 等）中选择。该值应大于所测量的限制电压的最高值。

（7）启动电压 U_{as}

又称箝位电压 U_{as}，当浪涌电压达到 U_{as} 值时，SPD 进入箝位状态。过去认为箝位电压即标称压敏电压，即 SPD 上通过 1mA 电流时在其两端测得的电压。

（8）残压 U_{res}

由制造商提供的表征 SPD 限制电压的性能参数。指冲击放电电流流过电压限制型 SPD 时，在其端子上所呈现的最大电压峰值。该值与冲击电流的波形和峰值电流有关。

7. 常用电源 SPD 简介

常用的交流电源电涌保护器如图 9-18 所示。其中图 9-18（*a*）可接于 L-N 或L-PE 或 PE-N；图 9-18（*b*）接于 L-N+PE；图 9-18（*c*）接于 3P-PE；图 9-18（*d*）接于 3P-N+PE。

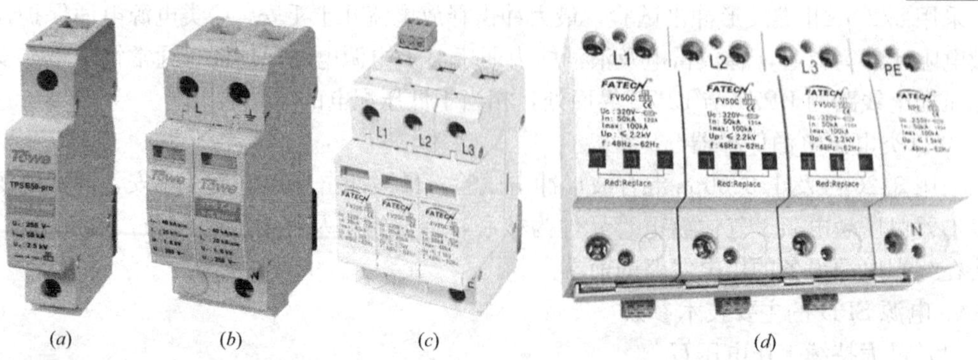

（*a*）　（*b*）　（*c*）　（*d*）

图 9-18　交流电源电涌保护器

（*a*）1P；（*b*）L-N+PE；（*c*）3P-PE；（*d*）3P-N+PE

9.4 防雷措施

9.4.1 建筑物防雷

根据规范，各类防雷建筑物都应采取防直击雷和防雷电电涌侵入的措施。并且在装有防雷装置的建筑物，防雷装置如果与其他设施和建筑物内的人员无法隔离，应采取等电位联结。

1. 第一类防雷建筑物防雷措施

(1) 直击雷防护

防直击雷时，应装设独立接闪杆或架空接闪线（网），使被保护建筑物及突出屋面的物体均处于接闪器的保护范围内。架空接闪网的网格尺寸大小符合第一类防雷的要求。

要求独立接闪杆和架空接闪线（网）的支柱及其接地装置至被保护建筑物及与其有联系的管道、电缆等金属物之间的距离，架空接闪线（网）至被保护建筑物屋面和各种突出屋面物体之间的距离，均不应小于3m。

独立接闪杆、架空接闪线（网）应设置独立的接地装置，并且每一引下线的冲击接地电阻不宜大于10Ω，在高土壤电阻率的地区，可适当增大。

(2) 侧击雷防护

当一类防雷建筑物高于30m时，应采取防侧击雷措施：

1) 从30m起，每隔不大于6m沿建筑物四周设水平接闪带并与引下线相连。

2) 30m以上外墙门窗、栏杆等较大金属物应与防雷装置相连接。

(3) 雷电电涌侵入和雷电感应防护

架空线路或裸露的金属管道等遭遇雷雨时，即使不遭受直接雷击，但也因与雷电发生感应，产生的雷电波会沿着管线侵入建筑物内，危及人身与设备的安全，这种现象称为雷电电涌侵入。

第一类防雷建筑物防雷电电涌侵入时，低压线路宜全线采用电缆直接埋地敷设，并在入户端，应将电缆的金属外皮、所穿钢管接到等电位联结带或防雷电感应的接地装置上。

如果全线采用电缆有困难，可采用铁横担和钢筋水泥电杆的架空线，并应使用一段埋地长度不小于15m的金属铠装电缆或护套电缆穿钢管直接埋地引入。在电缆与架空线连接处，还应装设避雷器（电涌保护器）。避雷器（电涌保护器）、电缆金属外皮、钢管及绝缘子铁脚、金具等均应连在一起接地，其冲击接地电阻≤30Ω，连接如图9-19所示。

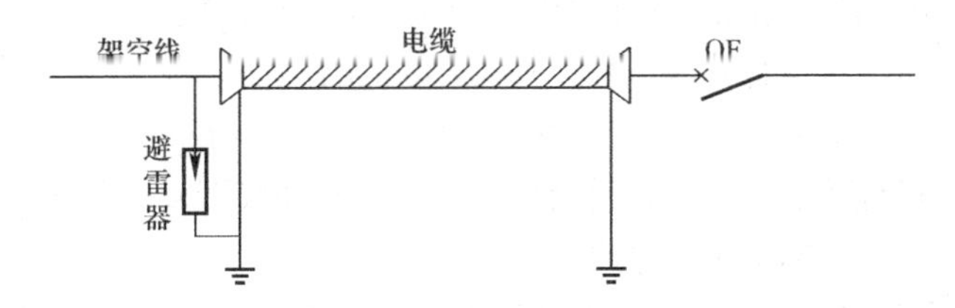

图9-19 架空线防闪电电涌侵入示意

建筑物内的设备、管道、构架等较大金属物和凸出屋面的金属物，均应接到防雷电感应的接地装置上。金属屋面周围每隔18～24m应采用引下线接地一次，钢筋混凝土屋面的钢筋网的交叉点应焊接或绑扎，并应每隔 18～24m 采用引下线接地一次。

平行敷设且净距小于 100mm 的长金属物，如管道、构架和电缆的金属外皮等，应采用金属线跨接，跨接点的间距不应大于 30m；交叉净距小于 100mm 时，交叉处也应跨接。

进出建筑物的架空金属管道，应与防雷电感应的接地装置相连。距离建筑物 100m 以内的，应每隔 25m 接地一次，其冲击接地电阻不应大于 30Ω。

金属管道直接埋地或地沟内敷设的，在进出建筑物处应连接到防雷电感应的接地装置或等电位联结带上。

防雷电感应的接地装置应和电气设备接地装置共用，其工频接地电阻不应大于 10Ω。室内等电位联结的接地干线与防雷电感应接地装置的连接，不应少于 2 处。

2. 第二类防雷建筑物防雷措施

（1）直击雷防护

在建筑物上宜采取装设接闪网（带）或接闪杆或由其两者混合组成的接闪器，使被保护的建筑物及突出屋面的物体均处于接闪器的保护范围中。在整个屋面上装设接闪网的网格尺寸大小，应符合第二类建筑物防雷的要求。当建筑物高度超过 45m 时，屋顶四周应首先敷设接闪带，并且接闪带要设在外墙外表面或屋檐边垂直面上，也可以设在上述表面之外。

防直击雷的引下线应采用建筑物钢筋混凝土中的钢筋或钢结构柱，其根数可不限，间距沿周长计算不应大于 18m，但建筑外廓易受雷击的拐角柱钢筋，应优先选用，每根引下线的冲击接地电阻可不作规定。接闪器专设接地引下线时的冲击接地电阻不大于 10Ω，其根数不应少于 2 根。

（2）侧击雷防护

1）当建筑物高于 45m 时，对水平突出外墙的物体，以滚球半径为 45m 的假想球体从屋顶四周接闪带开始，向地面垂直滚落，接触到突出外墙的物体时，应采取相应的防雷措施。

2）高于 60m 的建筑物，其上部占高度 20%并超过 60m 的部位应作侧击雷防护：

① 在建筑物上部占高度 20%并超过 60m 的部位，各表面上的尖物、墙角、边缘、设备以及显著突出的物体，应按屋顶保护措施考虑。

② 在建筑物上部占高度 20%并超过 60m 的部位，布置接闪器应符合对本类防雷建筑物的要求，接闪器应重点布置在墙角、边缘和显著突出的物体上。

③ 外部金属物，当其最小尺寸符合《建筑物防雷设计规范》GB 50057 规定时，可作为接闪器，还可利用布置在建筑物垂直边缘处的外部引下线作接闪器。

④ 符合《建筑物防雷设计规范》GB 50057 规定的钢筋混凝土内钢筋及建筑物金属框架，当作为引下线或与引下线连接时，均可利用其作为接闪器。

3）外墙内、外竖直敷设的金属管道及金属物的顶端和底端，应与防雷装置等电位联结。

（3）雷电电涌侵入和雷电感应防护

进入建筑物的各种线路及金属管道宜采用全线埋地引入，在入户端应将电缆金属外皮、金属管道等接地。当有困难时，可采用一段埋地长度不小于 15m 的铠装电缆或穿钢管的电缆直接埋地引入。

在电气接地装置与防雷接地装置共用或相连的情况下，应在低压电源线路引入的总配电箱（柜）处装设电涌保护器。安装在建筑物内部或附设于外墙处，联结组标号为 Yyn0、Dyn11 的配电变压器，应在其高压侧装设避雷器；在低压侧母线上，当有出线回路自本建筑物引至其他独自敷设接地装置的配电装置时，应装设Ⅰ级试验的电涌保护器，当本建筑物无线路引出时，应在母线上装设Ⅱ级试验的电涌保护器。

在第二类防雷建筑物中，凡制造、使用或贮存火炸药及其制品的危险建筑物以及具有爆炸危险场所的建筑物，内部的设备、管道、构架等主要金属物，应就近接到防雷装置或共用接地装置上；平行敷设的管道、构架和电缆金属外皮等长金属物，在具有 1 区或 21 区爆炸危险场所和火炸药制造、使用或贮存的危险建筑物中，应按第一类防雷建筑物的要求处置；建筑物内防雷电感应的接地干线，与接地装置的连接不应少于 2 处。

外部防雷装置、内部防雷装置、防雷电感应以及电气和电子系统等的接地应共用接地装置，并应与进出的金属管线做等电位联结。

3. 第三类防雷建筑物防雷措施

（1）直击雷防护

宜采取在建筑物上装设接闪网（带）或接闪杆或由其两者混合组成的接闪器。接闪带应装设在屋脊、屋檐、屋角、女儿墙等易受雷击部位，整个屋面上网格尺寸大小应符合第三类建筑物防雷的要求。

建筑物当利用其构造柱中的钢筋作防雷引下线时，其间距不应大于 25m，引下线数量可不受限制。建筑物外廓易受雷击的各拐角柱的主钢筋也可用于引下线。每根引下线的冲击接地电阻值可不作规定。为防雷专设的引下线，其数量不应少于两根，间距沿周长计算不应大于 25m，每根引下线的冲击接地电阻不宜大于 30Ω；年预计雷击次数大于等于 0.012 且小于等于 0.06 的部、省级办公建筑物及其他重要或人员密集的公共建筑物则不宜大于 10Ω。

（2）侧击雷防护

1）当建筑物高于 60m 时，对水平突出外墙的物体，以滚球半径为 60m 的假想球体从屋顶四周接闪带开始，向地面垂直滚落，接触到突出外墙的物体时，应采取相应的防雷措施。

2）高于 60m 的建筑物，其上部占高度 20%并超过 60m 的部位应作侧击雷防护：

① 在建筑物上部占高度 20%并超过 60m 的部位，各表面上的尖物、墙角、边缘、设备以及显著突出的物体，应按屋顶保护措施考虑。

② 在建筑物上部占高度 20%并超过 60m 的部位，布置接闪器应符合对本类防雷建筑物的要求，接闪器应重点布置在墙角、边缘和显著突出的物体上。

③ 外部金属物，当其最小尺寸符合《建筑物防雷设计规范》GB 50057 规定时，可作为接闪器，还可利用布置在建筑物垂直边缘处的外部引下线作接闪器。

④ 符合《建筑物防雷设计规范》GB 50057 规定的钢筋混凝土内钢筋及建筑物金属框架，当作为引下线或与引下线连接时，均可利用其作为接闪器。

3）外墙内、外竖直敷设的金属管道及金属物的顶端和底端，应与防雷装置等电位联结。

（3）雷电电涌侵入和雷电感应防护

对电缆进出线的，应在进出端将电缆的金属外皮、金属导管等与电气设备接地相连。

架空线转换为电缆时，电缆长度不宜小于 15m，应在转换处装设避雷器。电缆金属外皮和架空线的绝缘子铁脚、金具等应连在一起接地，其冲击接地电阻不宜大于 30Ω。采用低压架空进出线的，应在进出处装设避雷器（电涌保护器），并应与绝缘子铁脚、金具连在一起接地，如图 9-20 所示。低压电源线路引入总配电箱（柜）处装设的电涌保护器，配电变压器设在建筑物内部或附设于外墙处并在低压侧母线上装设的电涌保护器，其每一保护模式的冲击电流值应按防雷设计规范确定。防雷装置以及电气和电子系统等的接地应共用接地装置，并应与进出的金属管线做等电位联结。

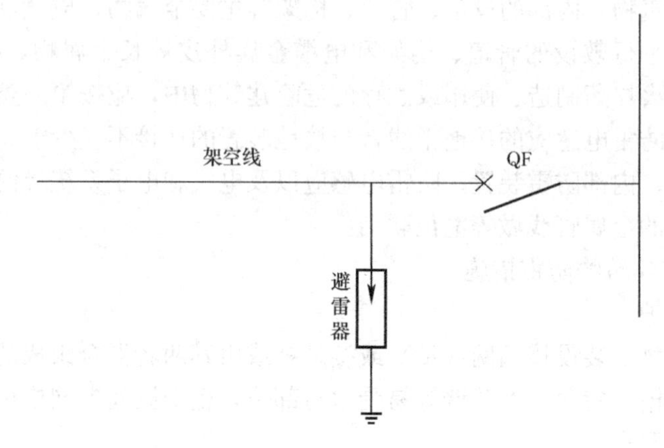

图 9-20　架空进线防闪电电涌侵入示意图

9.4.2　机电设备设施雷电电磁脉冲防护

当今智能化、信息化的时代，各种类型的电子信息装置包括计算机、电信设备、控制系统等应用广泛。这些高精度、高灵敏度的产品中使用着大量的固态半导体元件，因耐压很低而极易受到电磁冲击而出现故障或损坏。因此，要保证现在渗透到各个领域的电子信息、控制系统的正常运行，就必须采取防雷电电磁脉冲措施。

雷电电磁脉冲（LEMP）的防护可以采取：屏蔽、等电位联结、接地及装设电涌保护器等措施。

建筑物本身抗 LEMP 干扰的典型思路是格栅形的笼式屏蔽系统。即利用法拉第笼的原理，将建筑物所属的金属部件，包括金属框架、支架、钢筋以及非可燃可爆的金属管线等进行多重联结后共同接地，从而形成一个三维的、格栅型金属屏蔽网络，使建筑物内的电子设备得到屏蔽保护，如图 9-21 所示。建筑物形成的格栅型金属屏蔽网络，除了能有效防护空间电磁脉冲外，还是等电位网络。将设备金属外壳和金属机柜、机架等并入此网络，可以限制设施和设备任意两点之间的电位差。另外，格栅型金属网络为雷电及感应电流提供多条并联通路，可使建筑物内部的分流达到最佳效果。

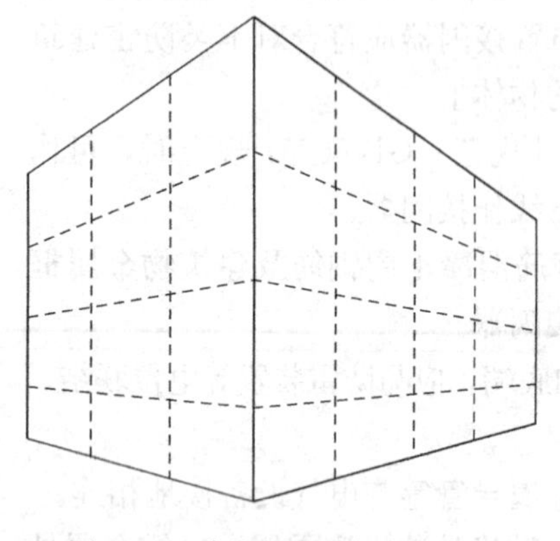

图 9-21　建筑物金属部件联结成格栅型网络示意图

利用建筑物的自然屏蔽物和各种金属物体与安装的设备之间相互联结成等电位网络，已是现在工程中的通用做法。

1. 防雷区

依据雷电电磁脉冲的强度等，可把建筑物或构筑物由外到内分为不同的雷电防护区（LPZ），简称防雷区，如图 9-22 所示。不同空间区域采取与之相适应的防雷措施。

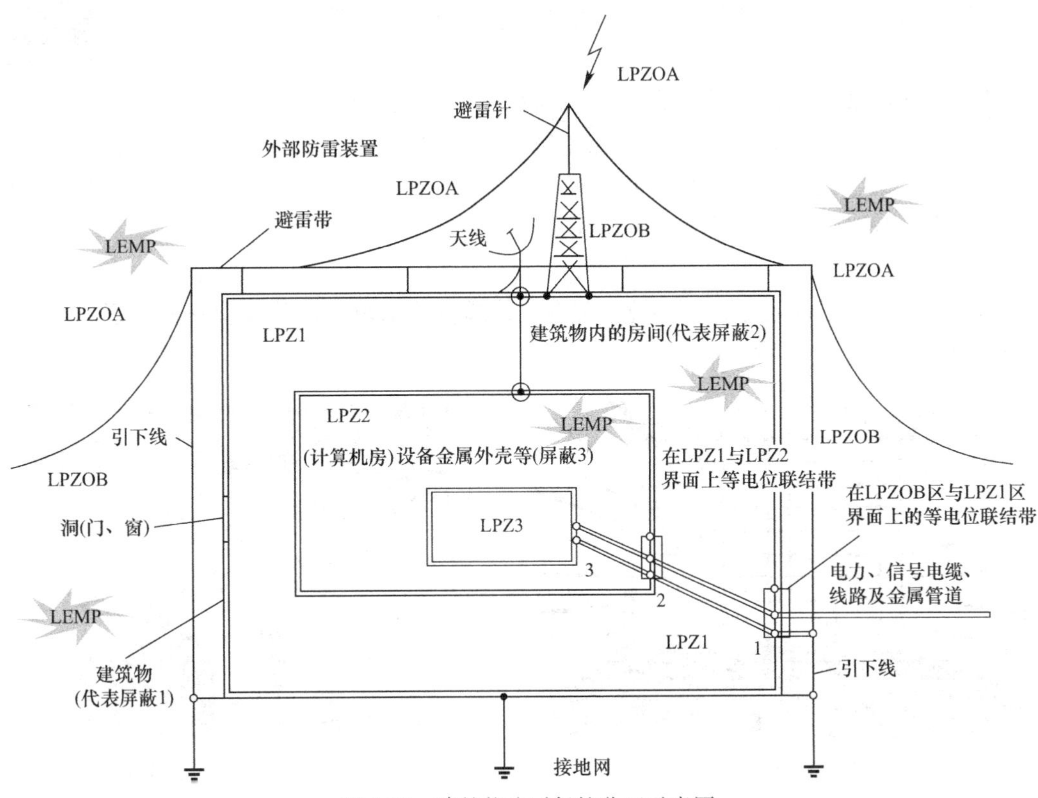

图 9-22　建筑物防雷保护分区示意图

防雷区可分为：

(1) LPZ0A 区

为直击雷的非防护区，区内各物体处于防雷保护范围之外，有可能遭到直接雷击和接受全部雷电流；本区内的电磁场无衰减。例如大厦外面没有被接闪杆、接闪带保护到的空间。

(2) LPZ0B 区

为暴露的直击雷防护区，区内各物体处于防雷保护范围之内，不可能遭到大于所选滚球半径对应雷电流的直接雷击，但本区内的电磁场仍然无任何屏蔽衰减。例如大厦顶部、侧面处于接闪带、接闪杆保护范围之内的空间以及无屏蔽措施的大厦内部或有屏蔽措施大厦的窗洞附近。

(3) LPZ1 区

为建筑物内第一雷电防护区，区内各物体不可能遭受直接雷击，流经各导体的雷电流比 LPZ0B 区进一步减小；并且由于建筑物的屏蔽作用，区内的电磁场可能得到初步衰减。例如有屏蔽措施大厦的内部（不包括窗、洞附近）。

(4) LPZ2 区

为进一步减小导体部件上的雷电流和电磁场而引入的后续防护区。

(5) LPZn 区

为保护高灵敏度仪器设备，更进一步减小所导入的电流或电磁场而增设的后续防护区。

2. 防雷电电磁脉冲屏蔽措施

09.04.003 防雷屏蔽措施

屏蔽是减小电磁干扰的基本措施，可从以下几个方面入手：

(1) 外部屏蔽

将建筑物的混凝土内钢筋、金属框架与构架、金属屋顶、金属立面等所有大尺寸金属部件连接在一起形成网孔宽度为几十厘米的金属屏蔽网络，并且与防雷系统等电位联结。典型的金属网格式屏蔽，如图 9-23 所示。穿入这类金属屏蔽网的导电金属物也应就近与其做等电位联结。

(2) 合理布线

对于强弱电线缆同时敷设的环境，强弱电线缆应分别敷设，并保持一定间距，以减少电磁感应，如图 9-24 所示。

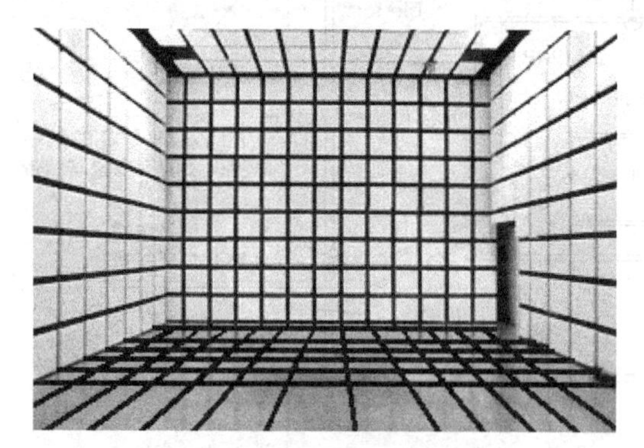

图 9-23　金属网格式屏蔽图

图 9-24　合理布线减小电磁感应

(3) 采用屏蔽线缆

对于电力、通信线路根据需要可以采用屏蔽电缆，如图 9-25 所示。但其屏蔽层如果要防 LEMP 的话至少应在两端进行等电位联结。当系统有防静电感应等要求只在一端做等电位联结时，应采用双层屏蔽电缆，其外层屏蔽按防 LEMP 要求在两端做等电位联结。电缆经过防雷区时，按规定还应在分区界面处再作等电位联结处理。

(*a*)

(*b*)

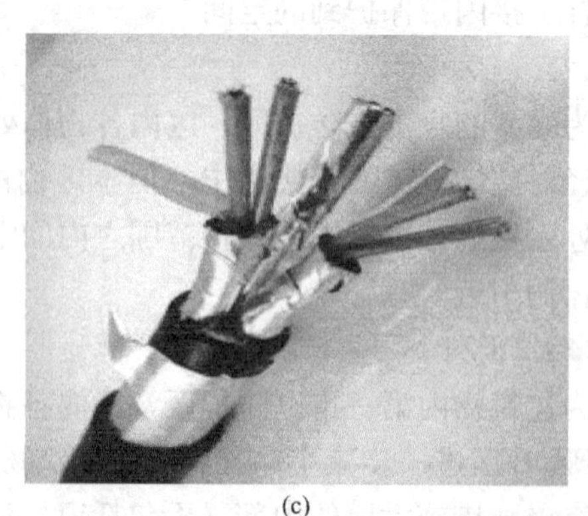

(c)

图 9-25　屏蔽线缆

(*a*) 编织屏蔽；(*b*) 泊式屏蔽；(*c*) 双屏蔽

3. 等电位联结

前面讲述的建筑物内通过多重联结而形成的三维格栅型金属网络，既是屏蔽网络也是等电位联结网络。电气装置的保护地线 PE 应按照环型或星型方式接入等电位联结网络中。

（1）建筑物等电位联结要求

1）进入防雷区界面的所有导电物体和电力线、通信线都应在界面处做等电位联结。可采用局部等电位联结带完成此任务。设备外壳与各种屏蔽结构等局部金属物体也连到该带上。当外来导电物体与电力、通信线路在不同地点进入建筑物时，可以设置多个等电位联结带，并就近连到环形接地体或内部环形导体上，如图 9-26 所示。要求它们在电气上贯通地并联到接地体。环形接地体和内部环形导体应连到钢筋或金属立面等屏蔽构件上，典型的连接间距为每隔 5m 一次。

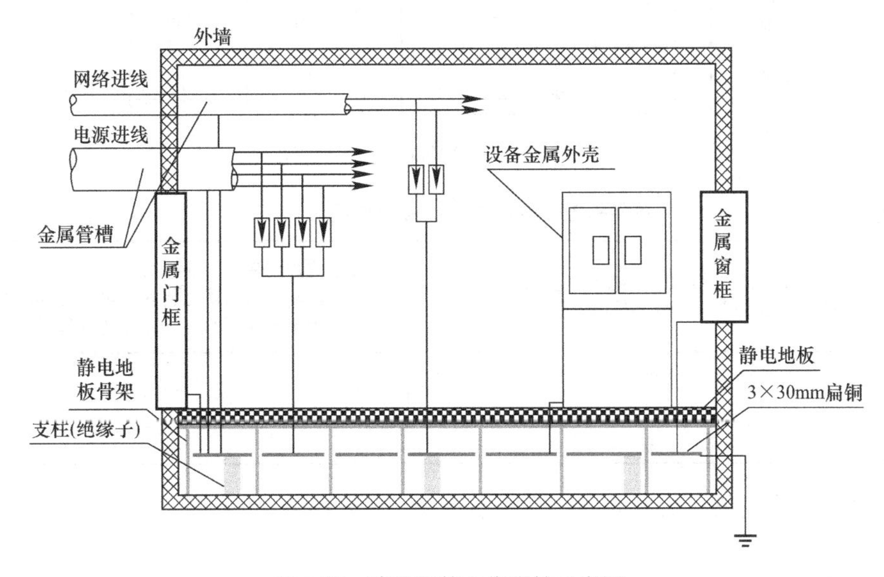

图 9-26　建筑物等电位联结示意图

2）建筑物内部大尺寸导电物体，包括所有金属框架、金属桥架、金属地板、金属管线、轨道等，应以最短路径连到就近的等电位联结带或已有等电位联结的金属物体，各导电物体之间宜附加多重互联。

3）信息系统的外壳、机架等所有外露导电部分应建立等电位联结网络。信息系统的外露金属部件与建筑物的公共接地系统的等电位联结有两种方法，即 S 型（星形）结构和 M 型（网格形）结构，如图 9-27 所示。S 型等电位联结网络用于相对较小的、限定于局部的系统，并应使除等电位联结点外的所有金属部件与公共接地系统隔离（或绝缘）。当 S 型网络以一点接入公共接地系统时，构成 S_S 型等电位联结网络。因为单点连接，所以与雷电相关的低频电流不会进入信息系统中，并且信息系统内部的低频干扰源也不能产生地电流。M 型网络通常用于设备间有许多线路联络的开环系统，此系统的金属部件不应与公共接地系统绝缘。当 M 型网络多点连接到公共接地系统时，则构成 M_m 型等电位联结网络。

4）对各类防雷建筑物，各种等电位联结导体的截面不应小于表 9-5 的规定。

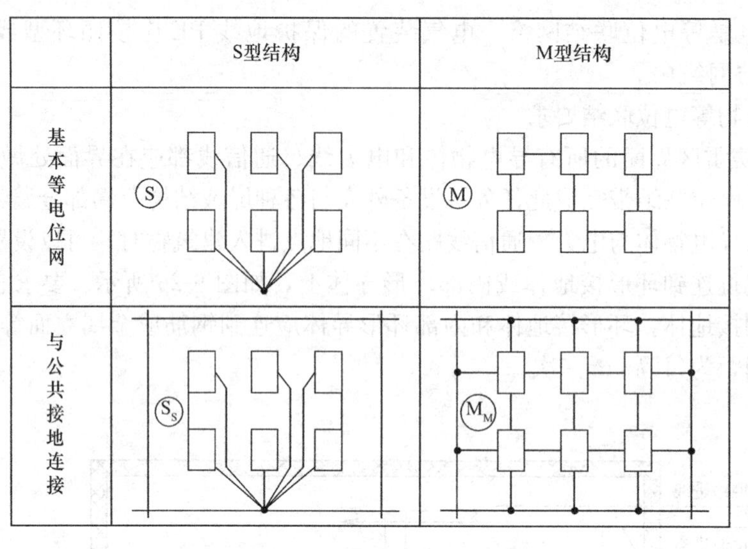

图 9-27　信息系统等电位联结方法

各种等电位联结导体的最小截面（mm^2）　　　　**表 9-5**

	1. 内部金属装置与等电位联结带之间的连接导体 2. 通过小于 25%总雷电流的等电位联结导体	1. 等电位联结带之间的联结导体 2. 等电位联结带与接地装置之间的联结导体 3. 通过大于 25%总雷电流的等电位联结导体
铜	6	16
铝	10	25
铁	16	50

镀锌钢或铜等电位联结带的截面不应小于 $50mm^2$。

（2）等电位联结种类

等电位联结可分为总等电位联结（MEB），局部等电位联结（LEB）和辅助等电位联结。

1）总等电位联结（MEB）

如图 9-28 所示。总等电位联结作用于全建筑物，它在一定程度上可降低建筑物内间

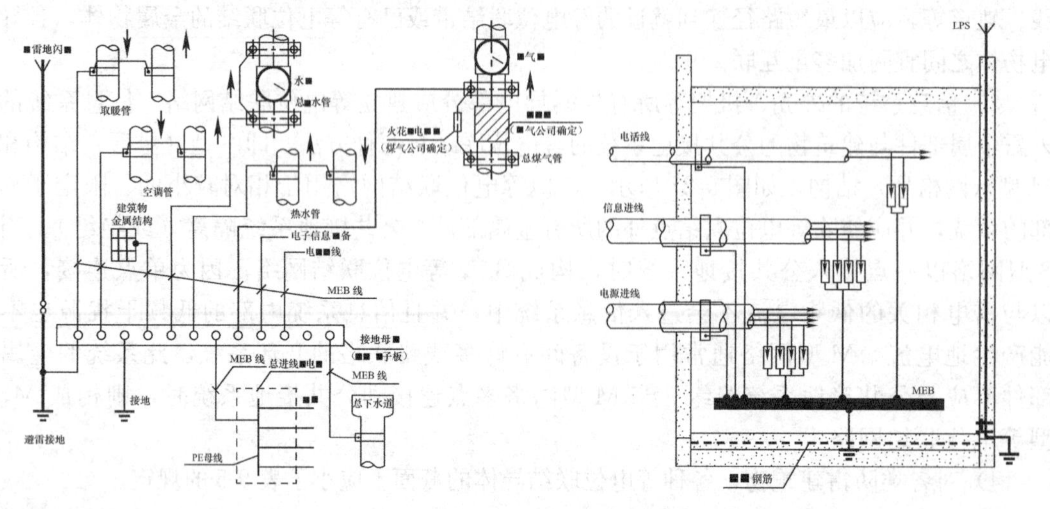

图 9-28　总等电位联结示意图

接接触电击的接触电压和不同金属部件间的电位差，并消除来自建筑物外经电气线路和各种金属管道引入的危险故障电压的危害。它应通过进线配电箱近旁的接地母排（总等电位联结端子板）将下列可导电部分互相连通：

① 进线配电箱的 PE（PEN）母排。

② 公用设施的金属管道，如上、下水、热力、燃气等管道。

③ 建筑物金属结构。

④ 如果设置有人工接地，也包括其接地极引线。

2）局部等电位联结（LEB）

在一局部场所范围内，将各可导电部分连通，称作局部等电位联结，如图 9-29 所示。它可通过局部等电位联结端子板将下列部分互相连通：

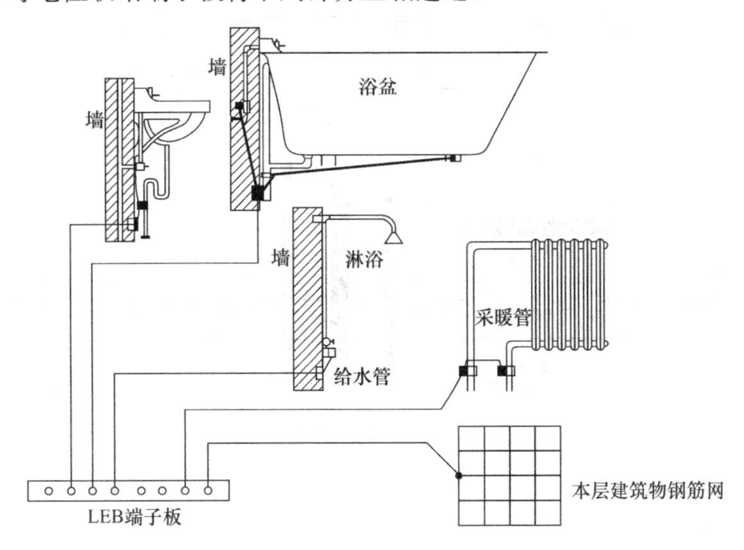

图 9-29　局部等电位联结示意图

① PE 母线或 PE 干线。

② 公用设施的金属管道。

③ 建筑物金属结构。

工程中，可淋浴的卫生间以及安全要求极高的胸腔手术室等地，均应作局部等电位联结。

3）辅助等电位联结（SEB）

在建筑物做了等电位联结之后，在伸臂范围内的某些外露可导电部分与装置外可导电部分之间，再用导线附加连接，以使其间的电位相等或更接近，称为辅助等电位联结，如图 9-30 所示。

4. 电源电涌保护器（SPD）应用

按照 IEC131221（LPZ）的概念，当电气线路穿越相邻防雷区交界处时，须安装浪涌保护器。根据设备的不同位置和耐压水平，可将保护级别分为三级或更多。但保护器之间必须很好地配合，以便按照它们各自耐能量的能力及在各浪涌保护器之间分配可接受的承受值和原始的雷电威胁值，有效地减至需要保护的设备的耐电涌能力。

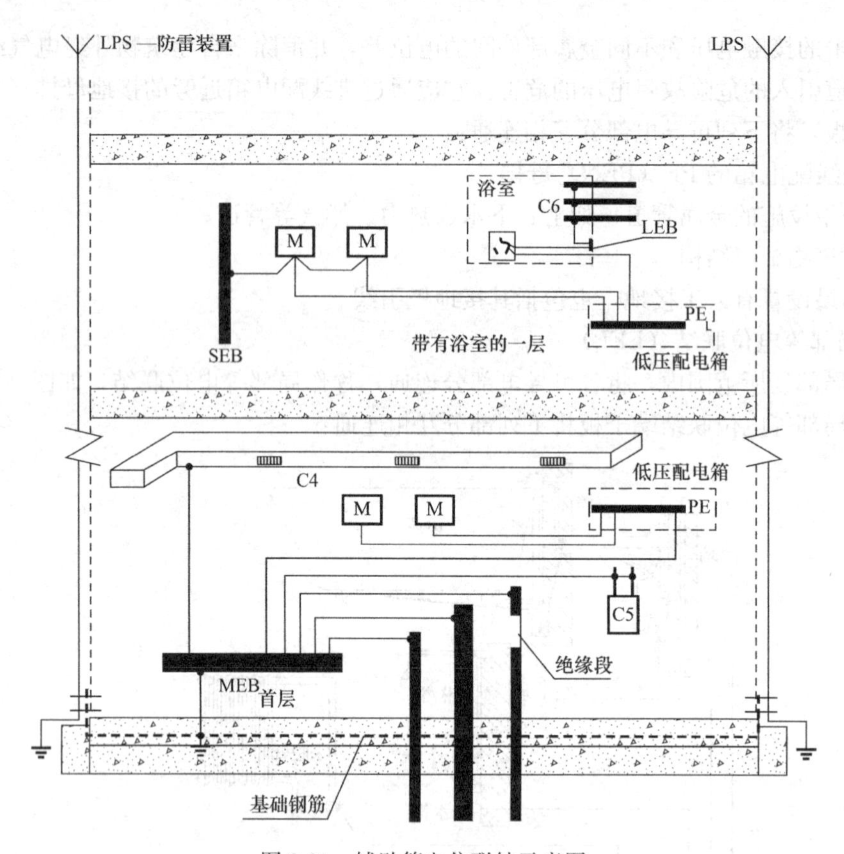

图 9-30　辅助等电位联结示意图

（1）安装位置

以图 9-22 为例：

1）在 LPZ0 与 LPZ1 区的交界处连续穿越的电源线路上，应安装符合Ⅰ级试验的 B 类 SPD。通过对建筑物的防雷类别确定雷电流的幅值及雷电流直击在该建筑后在各种管道、线路上的能量分配来确定其通流量的取值。如：总电源进线配电柜内、配电变压器低压侧主受电柜内、引出至本建筑物防直击雷装置保护范围以外的电源线路配电箱内。

2）在 LPZ1 区与 LPZ2 区交界面处穿越的电源线路上，应安装符合Ⅱ级试验的 C 类 SPD。如：楼层配电箱、计算机中心、电信机房、电梯控制室、有线电视机房、楼宇自控室、保安监控中心、消防中心、工业自控室、变频设备控制室、医院手术室、监护室及装有电子医疗设备的场所的配电箱等。

3）在重要的终端设备或精密敏感设备处，宜安装符合Ⅲ级试验的 D 类 SPD。其位置一般设在 LPZ2 与其后续防雷区交界面处最近的配电箱或插座箱内。如：计算机设备、信息设备、电子设备及控制设备等。

（2）选型

1）电源防雷的选型，严格依据使用环境的电网类型而定，如 TN、TT 等电网制式。

2）根据不同的电源制式及现场的实际情况选择 U_C 值。

3）根据 SPD 的保护距离确定其安装位置。

4）安装的 SPD 在正常情况下不会对设备产生故障，故障情况下不会对设备产生干扰。

5）根据SPD的具体安装位置和被保护设备的电压耐受水平选择合适的SPD。

6）考虑各级SPD之间的能量配合。

（3）级间配置

配置原则：首先应在任意两个防雷区的交接处设置，然后再考虑同一防雷区中电源线路是否过长以至需在该区中再加一级。

1）在重要的设备电源端口设置电涌保护器。

2）在建筑物供电的变压器低压侧应配置低压电涌保护器。如果变压器和总配电柜距离小于20m，此电涌保护器可以和建筑物内部第一级电涌保护器合并。

3）在安装SPD时要考虑两级之间的能量匹配问题，在一般情况下，当在线路上多处安装SPD且无准确数据时，电压开关型SPD与限压型SPD之间的线路长度不宜小于10m，限压型SPD之间的线路长度不宜小于5m。

9.5 防雷元件选择

1. 接闪杆

根据《建筑物防雷设计规范》GB 50057规定，接闪杆保护范围采用“滚球法”确定。

所谓“滚球法”就是选择一个半径为h_r（滚球半径）的假想球体，沿水平地面起开始，连续滚动，直至遇到高度为h_r接闪杆，翻过其顶部后继续滚动，再回到地面为止，如图9-31（*a*）所示。由于是以接闪杆为轴滚动形成的，则令该球外圆运动轨迹形成的包络线轴向旋转所得到的锥形体，就是接闪杆实际保护范围，为从地面（或屋面）到保护最高点逐渐缩小的锥形体，如图9-31（*b*）所示。

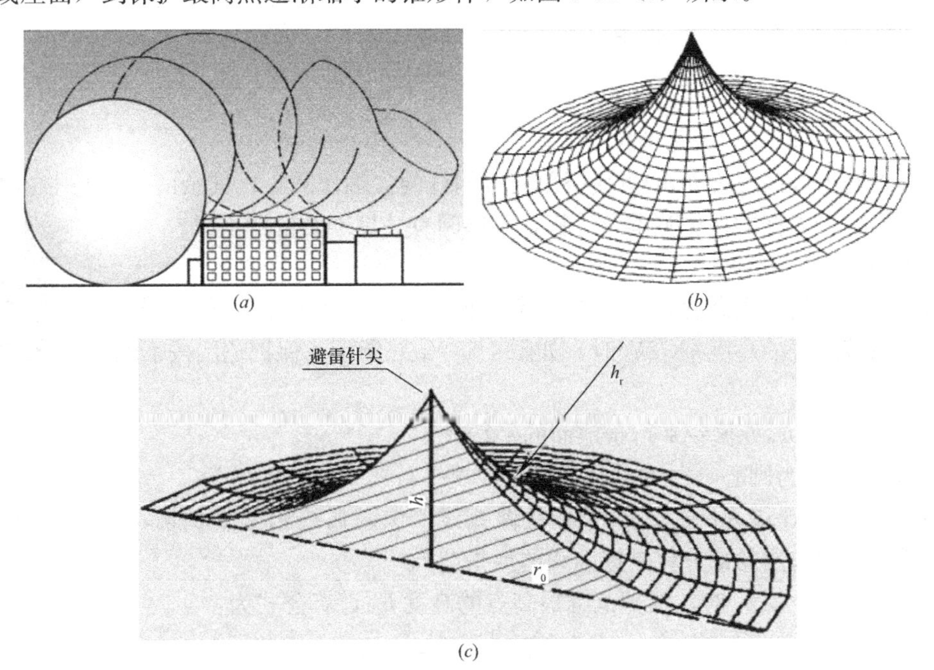

图9-31　滚球法确定避雷针保护范围示意图

（*a*）滚球轨迹示意；（*b*）滚球轨迹包络线轴向旋转锥体；（*c*）有效保护范围剖面图

由于保护范围具有完全轴向对称，如图 9-31（c）所示。可以认为，若被保护的建筑物完全在该锥体所包围的范围内，则保护是有效的，否则就没有被完全保护。

滚球半径 h_r 的大小由防雷类别决定。《建筑物防雷设计规范》GB 50057 规定了其大小，见表 9-6。

接闪器按防雷类别的布置尺寸（m） 表 9-6

建筑物防雷类别	滚球半径 h_r	避雷网网格尺寸
第一类防雷建筑物	20～30	≤5×5 或≤6×4
第二类防雷建筑物	45	≤10×10 或≤12×8
第三类防雷建筑物	60	≤20×20 或≤24×16

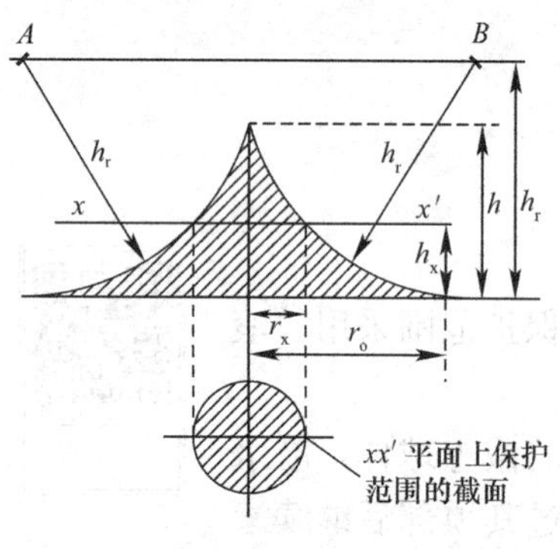

图 9-32　单支避雷针的保护范围

（1）当接闪杆高度 h 小于或等于滚球半径 h_r，即 $h \leqslant h_r$ 时，如图 9-32 所示：

1）作一平行线平行于地面，距离地面 h_r。

2）以 h_r 为半径，以接闪杆的尖端为圆心，做弧线交平行线于 A、B 两点。

3）分别以 A、B 为圆心，h_r 为半径做弧线，与针尖相交并与地面相切的两段弧线与地面包围的锥形范围，就是接闪杆的保护空间。

4）接闪杆在 h_x 高度的 xx' 平面上的保护半径 r_x 的计算公式为：

$$r_x = \sqrt{h(2h_r - h)} - \sqrt{h_x(2h_r - h_x)} \tag{9-4}$$

5）接闪杆在地面上的保护半径 r_0 按下式计算：

$$r_0 = \sqrt{h(2h_r - h)} \tag{9-5}$$

（2）当接闪杆高度 $h > h_r$ 时：

在接闪杆上取高度为 h_r 的点代替单支接闪杆的尖端作圆心，其余的作法与上述 $h \leqslant h_r$ 时相同。多支接闪杆的保护范围及计算，可参阅有关标准及设计手册。

2. 接闪线

（1）单根接闪线当高度 $h \geqslant 2h_r$ 时，无保护范围。

（2）当接闪线的高度 $h < 2h_r$ 时，如图 9-33（a）所示。保护范围按下列步骤确定：

1）距离地面 h_r 处做一平行于地面的平行线。

2）以接闪线为圆心，h_r 为半径，做弧线交平行线于 A、B 两点。

3）再以 A、B 点为圆心，h_r 为半径做弧线，该两弧线相交或相切，并与地面相切。两段弧线与地面包围的部分就是接闪线的保护范围。

（3）当 $h_r < h < 2h_r$ 时，保护范围最高点的高度 h_0 计算公式为：

$$h_0 = 2h_r - h \tag{9-6}$$

（4）接闪线在 h_r 高度的 xx'平面上的保护宽度 b_x 为：

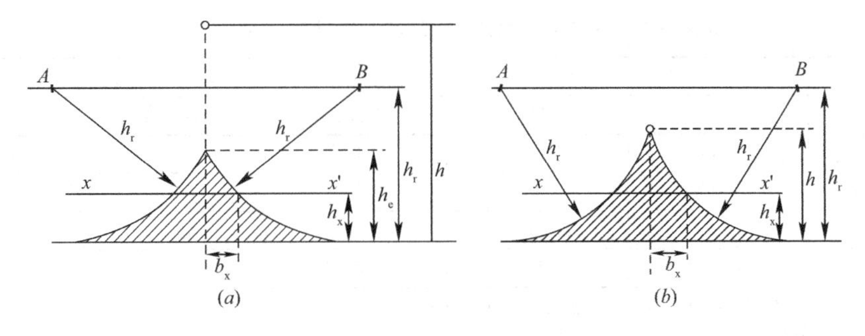

图 9-33　单根接闪线的保护范围

(a) $h_r<h<2h_r$ 时的保护范围；(b) $h\leqslant h_r$ 时的保护范围

$$b_x=\sqrt{h(2h_r-h)}-\sqrt{h_x(2h_r-h_x)} \tag{9-7}$$

式中　b_x——接闪线在 h_r 高度的 xx' 平面上的保护宽度；m；

h——接闪线高度，m；

h_r——滚球半径，m；

h_x——被保护物高度，m。

(5) 接闪线两端的保护范围，可按单支接闪杆的方法确定。

多根接闪线的保护范围，可参阅有关标准及设计手册。

计算接闪杆保护范围时要注意，确定架空接闪线的高度 h 时应计及弧垂的影响。在无法确定弧垂的情况下，对于等高支柱间的档距小于 120m 时，其接闪线中点的弧垂宜采用 2m；档距为 120～150m 时，弧垂宜采用 3m。

3. 低压配电系统电源 SPD 的选择

现代防雷是一项系统工程，需要考虑雷电的各种物理特性和作用。传统的防雷技术仅考虑了直击雷可能引起的破坏，而且对于防护直击雷的破坏我们已有比较成熟的方法。随着社会经济和科学技术的发展，电子及微电子设备得到广泛的应用，我们在注意预防直接雷引起破坏的同时，还必须注意预防感应雷及雷电波侵入产生电涌引起的破坏。

电涌保护器的防雷电是把因雷电感应而窜入电力线、信号传输线的高电压限制在一定的范围内，保证用电设备不被击穿。加装电涌保护器可把电器设备两端实际承受的电压限制在允许范围内，以起到保护设备的作用。

电源防雷器主要是针对电源系统所选用的浪涌保护，采用电源防雷能在最短时间内将电路上因异常过电压而产生的大量脉冲能量短路泄放到大地，降低设备各接口间的电位差，从而保护电路上的设备。

选择电源 SPD 时，主要考虑的因素有：

(1) 确定 SPD 最大持续电压 U_c

U_c 是指能持续加于 SPD 两端的最大方均根电压或直流电压，其值等于 SPD 本身的额定电压。

在低压交流系统中，该值与系统接地形式有关。选择时，SPD 最大持续电压 U_c 应大于等于表 9-7 中的数据。

最大持续工作电压 U_c 与系统接地形式关系　　表 9-7

SPD连接导体形式	系统接地形式				
	TT	TN-C	TN-S	IT有中性线	IT无中性线
相线与中性线	$1.1U_N$	不适用	$1.1U_N$	$1.1U_N$	不适用
相线与PE线	$1.1U_N$	不适用	$1.1U_N$	$\sqrt{3}U_N^*$	相间电压1.1U
N线与PE线	U_N^*	不适用	U_N^*	U_N^*	不适用
相线与PEN线	不适用	$1.1U_N$	不适用	不适用	不适用

注：1. U_N 低压系统相线与中性线间的电压；U线电压；
2. 表基于IEC 61643—1 Amendment1提出；
3. U_N^* 值为故障下最坏情况，所以无需计及10%的允许误差；
4. 产品若做了耐暂态过电压TOV试验，其 U_C 应按≥$1.15U_N$（即对于我国220/380V系统表中的 $1.1U_N$ 应改为 $1.5U_N$）。

（2）保护模式

电源SPD可连接在L（相线）、N（中性线）、PE（保护线）间，如：L-L、L-N、L-PE、N-PE等，这些连接方式与供电系统的接地形式有关。

（3）通流容量选择

应根据《建筑物防雷设计规范》GB 50057中规定的建筑物防雷等级要求选用。

（4）保护水平（残压 U_{res}）的确定

在低压供配电系统装置中的设备均应具有一定的耐受浪涌能力（耐冲击过电压能力）。残压 U_{res} 是真正加在被保护设备端口的电压，该值越低越好，应小于被保护设备耐冲击过电压额定值。当无法获得230/400V三相系统各种设备的耐冲击过电压值时，可按IEC 60664—1的给定指标选用，见表9-8。

单/三相系统各种设备耐冲击过电压额定值　　表 9-8

设备位置		耐冲击电压额定值（kV）			
三相系统	带中性点的单相系统	电源处的设备	配电线路和最后分支线路的设备	用电设备	特殊需要保护的设备
耐冲击过电压类别		Ⅳ类	Ⅲ类	Ⅱ类	Ⅰ类
—	120～240	4	2.5	1.5	0.8
220/380		6	4	2.5	1.5

注：1. Ⅰ类指需要将瞬态过电压限制到特定水平的设备；
2. Ⅱ类指家用电器、手提工具和类似负荷等；
3. Ⅲ类指配电盘、断路器、布线系统（包括电缆、母线、分线盒、开关、插座）、应用于工业的设备和一些其他设备（例如永久接至固定装置的固定安装的电动机）等；
4. Ⅳ类指使用在电源端的设备，如主配电盘中的电气计量仪表及前级过流保护设备，波纹控制设备等。

（5）分级防护

配电系统中SPD的安装顺序，如图9-34所示。

图9-34所示为交流低压TN-S系统，根据被保护设备对雷电防护要求的不同，采用的多级SPD保护。图中：

1）一级

应选用一级分类实验的产品（10/350μs），标称放电电流40kA～80kA，耐冲击过电压额定值6kV，用于总配电房。

2）二级

应选用二级分类实验的产品（8/20μs），标称放电电流一般为20kA～40kA，耐冲击

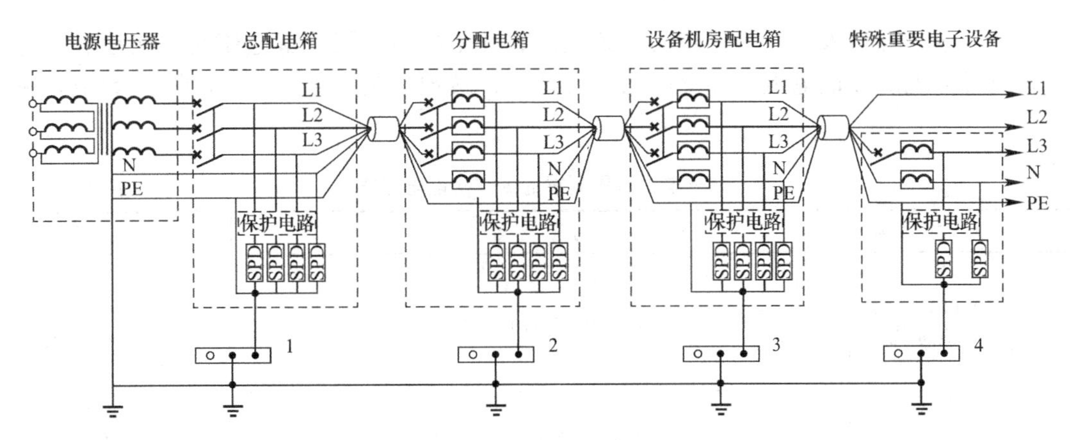

图 9-34　TN-S 系统 SPD 位置示意图

过电压额定值 4kV，用于分配电柜。

3）三级

应选用三级分类实验的产品（8/20μs 或 8/20μs 与 1.2/50μs 混合），标称放电电流 10kA～20kA，耐冲击过电压额定值 2.5kV，用于房间分配电箱。

4）四级

装于设备前端一般用防雷插座箱和信号防雷器，标称放电电流 5kA～10kA，耐冲击过电压额定值 0.5kV/1.5kV。

是否需要第四级，视具体情况而定。

对于微波通信设备、移动机站通信设备及雷达设备等使用的整流电源，宜视其工作电压的保护需要分别选用工作电压适配的直流电源防雷器作为末级保护。

电源电涌防雷器冲击电流和标称放电电流参数推荐值见表 9-9。

电源电涌防雷器冲击电流和标称放电电流参数推荐值　　　　表 9-9

雷电防护等级	总配电箱		分配电箱	设备机房配电箱和需要保护的电子信息设备端口处	
	LPZ0 与 LPZ1 边界		LPZ1 与 LPZ2 边界	LPZ2 与 LPZ3 及后续防护区的边界	
	10/350μs Ⅰ类试验	8/20μs Ⅱ类试验	8/20μs Ⅱ类试验	8/20μs Ⅱ类试验	1.2/50μs 和 8/20μs 复合波Ⅲ类试验
	I_{imp}(kA)	I_n(kA)	I_n(kA)	I_n(kA)	U_c(kV)/I_c(kA)
A	≥20	≥80	≥40	≥5	≥10/≥5
B	≥15	≥60	≥30	≥5	≥10/≥5
C	≥12.5	≥50	≥20	≥3	≥6/≥3
D	≥12.5	≥50	≥10	≥3	≥6/≥3

注：SPD 分级应根据保护距离、SPD 连接导线长度、被保护设备耐冲击电压额定值等因素确定。

9.6　接地装置计算及敷设要求

1. 接地电阻概念

接地电阻是接地体、接地线的金属电阻与流散电阻的总和。因接地线、接地体的金属电阻相对很小，所以可近似认为流散电阻就是接地电阻。

接地电阻分为工频接地电阻 R_d 和冲击接地电阻 R_{sh}。工频接地电阻是工频接地电流通过接地装置导入大地所呈现的接地电阻；冲击接地电阻是雷电流通过接地装置导入大地所呈现的接地电阻。部分电力装置的工作接地电阻（包括 R_d 和 R_{sh}）数值，见表 9-10。

部分电力装置要求的工作接地电阻值　　表 9-10

序号	电力装置名称	接地的电力装置特点		接地电阻值
1	1kV 以上大电流接地系统	仅用于该系统的接地装置		$R_d \leqslant \frac{2000V}{I_k^{(1)}}$ 当 $I_k^{(1)} > 4000A$ 时 $R_d \leqslant 0.5\Omega$
2	1kV 以上小电流接地系统	仅用于该系统的接地装置		$R_d \leqslant \frac{250V}{I_{co}}$ 且 $R_d \leqslant 10\Omega$
3		与 1kV 以下系统共用的接地装置		$R_d \leqslant \frac{120V}{I_{co}}$ 且 $R_d \leqslant 10\Omega$
4	1kV 以下系统	与总容量在 100kV·A 以上的发电机或变压器相连的接地装置		$R_d \leqslant 10\Omega$
5		上述（序号 4）装置的重复接地		$R_d \leqslant 10\Omega$
6		与总容量在 100kV·A 及以下的发电机或变压器相连的接地装置		$R_d \leqslant 10\Omega$
7		上述（序号 6）装置的重复接地		$R_d \leqslant 30\Omega$
8	避雷装置	变配电所装设的避雷器	与序号 4 装置共用	$R_d \leqslant 4\Omega$
9			与序号 6 装置共用	$R_d \leqslant 10\Omega$
10		线路上装设的避雷器或保护间隙	与电机无电气联系	$R_d \leqslant 10\Omega$
11			与电机有电气联系	$R_d \leqslant 5\Omega$
12		独立避雷针和避雷线		$R_d \leqslant 10\Omega$
13	防雷建筑物	第一类防雷建筑物		$R_{sh} \leqslant 10\Omega$
14		第二类防雷建筑物		$R_{sh} \leqslant 10\Omega$
15		第三类防雷建筑物		$R_{sh} \leqslant 30\Omega$

注：R_d 为工频接地电阻；R_{sh} 为冲击接地电阻；$I_k^{(1)}$ 为流经接地装置的单相短路电流有效值；I_{co} 为单相接地电容电流有效值。

2. 接地装置计算

(1) 人工接地体电阻 R_d 的计算

人工接地体电阻 R_d 因数量、结构形式、敷设类型等不同，计算方法也不同：

1) 单根垂直接地体

人工垂直接地体可采用角钢、圆钢或钢管。热镀锌角钢厚度不应小于 3mm，圆钢直径不应小于 14mm，钢管壁厚不应小于 2mm。人工垂直接地体的长一般为 2.5m。

工程设计中，常采用简化计算公式：

$$R_{d(1)} \approx \frac{\rho}{l} \tag{9-8}$$

式中 $R_{d(1)}$——单根人工接地体电阻，Ω；

ρ——埋设地点的土壤电阻率，Ω·m，不同性质土壤电阻率参考值见表 9-11；

l——接地体有效长度，m。

不同性质土壤电阻率参考值　　　表 9-11

土壤名称	电阻率（Ω·m）	土壤名称	电阻率（Ω·m）
砂、砂砾	1000	黏土	60
多石土壤	400	黑土、田园土、陶土	50
含砂黏土、砂土	300	捣碎的木炭	40
黄土	200	泥炭、泥灰岩、沼泽地	20
砂质黏土、可耕地	100	陶黏土	10

2）多根垂直接地体

多根垂直接地体并联时，按照阻抗并联法则计算。不过，由于垂直接地体之间离得较近，流散电流之间相互排挤，将影响电流的流散，这被称为屏蔽效应，从而使得接地体的利用率有所下降，结果 n 根垂直接地体并联的总接地电阻 $R_{d\Sigma}$ 为：

$$R_{d\Sigma} = \frac{R_{d(1)}}{n\eta_d} \tag{9-9}$$

式中　$R_{d\Sigma}$——n 根垂直接地体并联的接地电阻总和，Ω；

n——人工接地体数量，只（个、根）；

η_d——接地体的利用系数，垂直接地体的利用系数见表 9-12。

垂直管形接地体的利用系数值　　　表 9-12

1. 敷设成一排时（不计入连接扁钢的影响）					
管间距离与管子长度之比 a/l	管子根数 n	利用系数 η_d	管间距离与管子长度之比 a/l	管子根数 n	利用系数 η_d
1	2	0.84～0.87	1	5	0.67～0.72
2		0.90～0.92	2		0.79～0.83
3		0.93～0.95	3		0.85～0.88
1	3	0.76～0.80	1	10	0.56～0.62
2		0.85～0.88	2		0.72～0.77
3		0.90～0.92	3		0.79～0.83
2. 敷设成环形时（不计入连接扁钢的影响）					
管间距离与管子长度之比 a/l	管子根数 n	利用系数 η_d	管间距离与管子长度之比 a/l	管子根数 n	利用系数 η_d
1	4	0.66～0.72	1	20	0.44～0.50
2		0.76～0.80	2		0.61～0.66
3		0.84～0.86	3		0.68～0.73
1	6	0.58～0.65	1	30	0.41～0.47
2		0.71～0.75	2		0.58～0.63
3		0.78～0.82	3		0.66～0.71
1	10	0.52～0.58	1	30	0.38～0.44
2		0.66～0.71	2		0.56～0.61
3		0.74～0.78	3		0.64～0.69

3）单根水平带形接地体

埋于土壤中的人工水平接地体可采用扁钢或圆钢。扁钢截面不应小于 $100mm^2$。工程设计中，计算单根水平带形接地体电阻的公式为：

$$R'_d \approx \frac{2\rho}{l} \tag{9-10}$$

式中 R'_d——单根水平带形接地体电阻，Ω；

ρ——埋设地点的土壤电阻率，Ω·m，不同性质土壤电阻率参考值见表 9-11；

l——单根水平带形接地体有效长度，m。

4）环形水平接地网

工程设计中环形接地网电阻的计算公式为：

$$R''_d \approx \frac{0.6\rho}{\sqrt{A}} \tag{9-11}$$

式中 R''_d——环形水平接地网电阻，Ω；

ρ——埋设地点的土壤电阻率，Ω·m，不同性质土壤电阻率参考值见表 9-11；

A——环形接地网包围的面积，m^2。

（2）自然接地体电阻 R_d 计算

1）电缆金属外皮和水管等水平自然物

$$R_d = \frac{\rho}{l} \tag{9-12}$$

2）钢筋混凝土基础

$$R_d = \frac{0.2\rho}{\sqrt[3]{V}} \tag{9-13}$$

式中 V——钢筋混凝土基础的体积，m^3。

（3）接地装置电阻 R_{sh} 计算

接地装置冲击接地电阻由工频接地电阻换算而来，公式如下：

$$R_{sh} = \frac{R_d}{K_{sh}} \tag{9-14}$$

式中 R_{sh}——接地装置冲击接地电阻，Ω；

R_d——工频接地电阻，Ω；

K_{sh}——换算系数，如图 9-35 所示，图中的 l_e 为接地体的有效长度（m）。

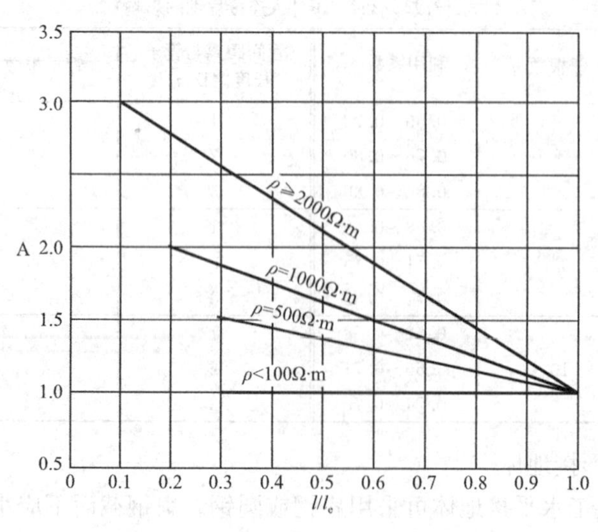

图 9-35 确定换算系数 K_{sh} 的曲线

按《建筑物防雷设计规范》GB 50057 中公式计算：

$$l_e = 2\sqrt{\rho} \tag{9-15}$$

图 9-35 中的 l 为接地体最长支线的实际长度。如果 $l>l_e$，则取 $l=l_e$。对环形接地体，l 为其周长的一半。

（4）接地装置设计计算步骤

1）根据设计规范确定本工程的接地电阻 R_d 值。

2）实测或估算可利用的自然接地体的接地电阻 $R_{d(nat)}$。

3）计算需要补充的人工接地体的接地电阻 $R_{d(man)}$。

$$R_{d(man)} = \frac{R_{d(nat)}R_d}{R_{d(nat)} - R_d} \tag{9-16}$$

4）按一般经验确定接地体和接地线的规格尺寸，初步布置接地体。

5）计算单根人工接地体的接地电阻 $R_{d(1)}$。

6）逐步逼近人工接地体的数量。

$$\eta = \frac{R_{d(1)}}{\eta_d R_{d(man)}} \tag{9-17}$$

7）短路热稳定校验。

按满足热稳定最小允许截面，计算校验接地装置的金属材料截面大小是否满足要求。

3. 接地装置敷设要求

（1）引下线与接地装置应采用可拆卸螺栓连接点，以方便接地电阻测量。

（2）为减少相邻接地体的屏蔽作用，两相邻接地体之间的垂直间距不小于长度的 2 倍，水平间距不小于 5m。

（3）接地体与建筑物间距不小于 1.5m。

（4）围绕室内外配电装置、建筑物设置环形接地网时，引下线至少应在两点与接地网焊接。

（5）接地线室内明敷时，距地面高度 250～300mm，距墙面 10～15mm，扁钢厚度不小于 3mm，横截面积不小于 24mm^2；圆钢直径不小于 5mm。

（6）接地线应防止发生机械性损伤或化学锈蚀。对有可能造成接地线机械损伤的地方，均应采取相应保护措施。在接地线引入室内的入口处，应设明显标志。

（7）接地线焊接应采用搭接焊。扁钢之间焊接，搭接长度为其宽度的 2 倍，不少于三面焊接；圆钢之间焊接，搭接长度为其直径的 6 倍，双面焊接；圆钢与扁钢焊接时，搭接长度为圆钢直径 6 倍，双面焊接；扁钢与钢管、扁钢与角钢焊接，扁钢应紧贴 3/4 钢管表面或角钢外侧面，不少于三面焊接。

（8）所有电气设备及正常情况下不导电的金属外壳，均应单独与接地装置连接，不得串联。

9.7　综合楼防直击雷计算举例

已知：综合楼主建筑高度 H=84.9m，长 L=53.3m，宽 W=19.2m。主楼采用接闪短杆＋屋面接闪网＋接闪带防雷方式，四短针水平间距 D_1=53.1m，D_2=19.5m，对角线

间距 D_3=57m；裙楼采用“屋面接闪网＋接闪带”防雷方式，裙楼一长 L=41.4m，宽 W=25.5m，高 H_1=12m，屋面檐口高度 0.4m；裙楼二为 L 形，长 L=15.65m，宽 W=67.6m＋L=34.9m×宽 W=15.65m，高 H_2=15.9m，屋面檐口高度 0.4m。

1. 建筑物年预计雷击次数

（1）建筑物等效面积

因建筑物高度小于 100m，因而其等效面积，如图 9-36 虚线所示。则：

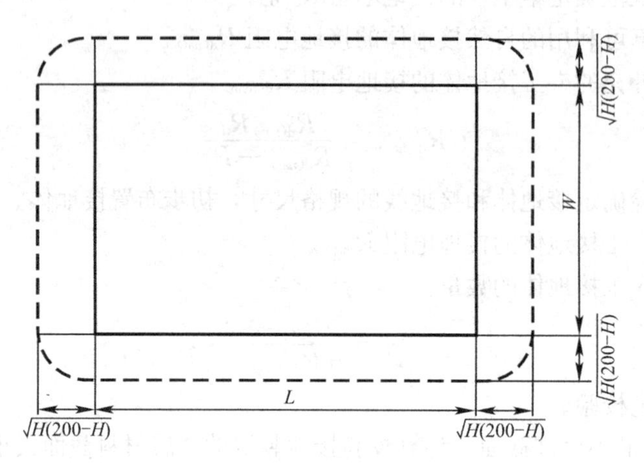

图 9-36　综合楼等效面积示意图

$$
\begin{aligned}
A_e &= [LW + 2(L+W)\sqrt{H(200-H)} + \pi H(200-H)]\times 10^{-6} \\
&= [145.65\times 67.6 + 2(145.65+67.6)\sqrt{84.9\times(200-84.9)} + \\
&\quad + \pi\times 84.9\times(200-84.9)]\times 10^{-6} \\
&= 0.083\text{km}^2
\end{aligned}
$$

（2）年平均雷暴日查数据：T_d=30.1d/a

（3）年预计雷击次数 $N=0.1\times K\times T_d\times A_e$

图 9-37　裙楼接闪带示意图

$$
\begin{aligned}
N &= 0.1\times K\times T_d\times A_e \\
&= 0.1\times 1\times 30.1\times 0.083 = 0.25
\end{aligned}
$$

根据计算，该建筑为二类防雷建筑。

2. 建筑物防雷计算

（1）裙楼接闪带保护

1）裙楼屋面组成不大于 10m×10m 或 12m×8m 的网格。

2）是二类防雷建筑，采用滚球法，滚球半径 h_r=45，h_x=0.4m，接闪带安装高度 h=0.4＋0.15=0.55m，如图 9-37 所示。在裙楼屋面外侧高度上的单支接闪带保护半径：

$$
\begin{aligned}
r_x &= \sqrt{h(2h_r-h)} - \sqrt{h_x(2h_r-h_x)} \\
&= \sqrt{0.55(2\times 45-0.55)} - \sqrt{0.4(2\times 45-0.4)} \\
&= 7.014 - 5.987 = 1.03\text{m}
\end{aligned}
$$

（2）主楼防雷保护

1）在整个屋面组成不大于10m×10m或12m×8m的网格。

2）主楼接闪带采用滚球法，屋面外侧高度上的单支接闪带保护半径：

已知滚球半径$h_r=45$，$h_x=0.3$m，安装高度$h=0.3+0.15=0.45$m

$$\begin{aligned} r_x &= \sqrt{h(2h_r-h)}-\sqrt{h_x(2h_r-h_x)} \\ &= \sqrt{0.45(2\times45-0.45)}-\sqrt{0.3(2\times45-0.3)} \\ &= 6.348-5.187=1.16\text{m} \end{aligned}$$

3）四支接闪短杆

根据规范，对于在多雷区的高层建筑，宜在屋面拐角处安装接闪短杆，如图9-38所示。综合楼建筑总高度为84.6m，屋面已设计有接闪网，故取屋面做参考零点，其接闪短针保护半径可按单支接闪杆计算方式进行。即：

$$r_x=\sqrt{h(2h_r-h)}-\sqrt{h_x(2h_r-h_x)}$$

其中接闪短杆高度：$0.15\text{m}\leqslant h\leqslant0.5\text{m}$，取$h=0.5$m

$$\begin{aligned} r_x &= \sqrt{0.5(2h_r-0.5)}-\sqrt{0.15(2h_r-0.15)} \\ &= \sqrt{0.5(90-0.5)}-\sqrt{0.15(90-0.15)} \\ &= 6.67-3.671\approx3\text{m} \end{aligned}$$

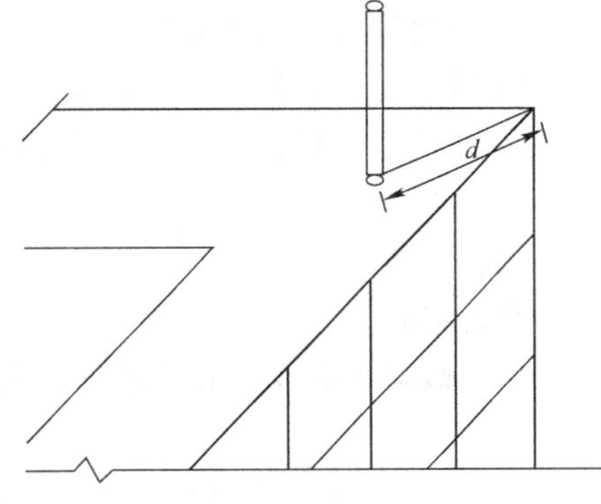

图9-38 接闪短针示意图

（3）接地装置计算

略。

思考与练习题

1. 单项选择题

（1）某地区平均年雷暴日为28天，该地区为下列哪一项（　　）。

A. 少雷区　　B. 中雷区

C. 多雷区　　D. 雷电活动特殊强烈地区

（2）某地区平均年雷暴日为50天，该地区为下列哪一项（　　）。

A. 少雷区　　B. 中雷区

C. 多雷区　　D. 雷电活动特殊强烈地区

（3）一建筑物高90m，宽25m，长180m，建筑物为金属屋面的砖木结构，该地区年平均雷暴日为80d/a，该建筑物年预计雷击次数为下列哪项数值（　　）。

A. 1.039次/a　　B. 0.928次/a　　C. 0.671次/a　　D. 0.546次/a

（4）某座35层的高层住宅，长$L=65$m，宽$W=20$m，高$H=110$m，所在地年平均雷暴日为60.5d/a，与该建筑相同雷击次数的等效面积为下列哪项数值（　　）。

A. 0.038km^2　　B. 0.049km^2　　C. 0.058km^2　　D. 0.096km^2

2. 多项选择题

（1）雷电的危害表现为（　　）。

A. 雷电的机械效应　　　　　　　　　　B. 雷电的电磁效应
C. 雷电的热效应　　　　　　　　　　　D. 雷电的闪络放电

（2）雷电过电压一般分为（　　）几种类型。

A. 直击雷　　　　B. 感应雷　　　　C. 雷电侵入波　　　D. 短路

（3）雷电的特点包括（　　）。

A. 幅值大　　　　B. 持续时间短　　C. 连续放电　　　　D. 危害性严重

（4）某座6层的医院病房楼，所在地年平均雷暴日为46d/a，若已知计算建筑物年预计雷击次数的校正系数$K=1$，与建筑物截收相同雷击次数的等效面积为0.028km^2，下列关于该病房楼防雷设计的表述哪些是正确的（　　）。

A. 该建筑物年预计雷击次数为0.15次/a
B. 该建筑物年预计雷击次数为0.10次/a
C. 该病房楼划为第二类防雷建筑物
D. 该病房楼划为第三类防雷建筑物

3. 判断题

（1）带有不同电荷雷云之间，或在雷云及其感应而生的不同电荷之间的击穿放电现象，称为雷电。（　　）

（2）感应雷相对直击雷来讲，雷电电流峰值较小，一般的电流峰值等级在20kA以内。（　　）

（3）雷电流的波头时间是指雷电流由幅值的10%上升到90%时所需要的时间。（　　）

（4）年预计雷击次数，在$0.05 \leqslant N \leqslant 0.25$之间的住宅、办公楼等一般民用建筑物属于第三类防雷建筑物。（　　）

4. 分析与计算

（1）某厂的原油储油罐，直径为10m，高出地面10m，需在储油罐旁用一独立避雷针进行保护，要求避雷针支架距罐壁最少5m，原油储油罐按二类防雷建筑考虑。试计算该原油储油罐避雷针的高度。

（2）一个圆形水塔高度为30m，其顶端直径为10m，属第三类防雷建筑，滚球半径为60m，在顶端中心位置安装避雷针，进行防雷保护，问避雷针至少需要多长？

第 10 章　绿色建筑与节能设计

人类在利用自然、征服自然中取得巨大成就的同时，对自然的破坏也达到了触目惊心的程度。随着工业化的浪潮，传统城市及建筑发展模式造成的严重环境污染并导致生活质量下降，很早就使得一批思想敏锐的建筑师开始思考并且探索建筑发展的“绿色”之路。

10.1　绿色建筑概念

1. 绿色建筑背景

20 世纪 90 年代，联合国在环境与发展大会上提出了“可持续发展”的人类发展新战略。伴随着其广泛的宣传和应用，在建筑领域也掀起了一股“绿色建筑”的热潮。1990 年世界上首个绿色建筑标准在英国发布，1993 年美国创建了绿色建筑协会。中国在 2004 年以建设部启动的“全国绿色建筑创新奖”为标志，象征着国内的绿色建筑进入了全面发展阶段；2006 年住房和城乡建设部正式颁布了《绿色建筑评价标准》等。

“绿色建筑”就是一种象征着环保、节能、健康、高效的人居环境，以生态学的科学原理指导建筑实践，创造出人工与自然相互协调、良性循环、有机统一的建筑空间环境来满足人类生存和发展要求，如图 10-1 所示。目前，“绿色建筑”已经成为 21 世纪建筑发展的主流，越来越受到人们的关注。

(a)

(b)

图 10-1　绿色建筑实例

(a) 英国的 BRE 绿色环境楼；(b) 荷兰 Delfut 大学图书馆

2. 绿色建筑设计标准

绿色建筑是资源和能源高效利用、亲和自然、舒适、健康、安全的建筑。在绿色建筑设计中我们应该遵循以下几项原则：

（1）绿色建筑应尊重自然、保护生态环境、与自然协调发展，尽可能减少对自然生态平衡的负面影响。

（2）绿色建筑要节约资源和能源，最大限度地提高建筑资源和能源的利用率。

（3）绿色建筑要保障人的健康，避免或最大限度地减少环境污染，采用耐久、可重复使用的环保型绿色建材，充分利用太阳能、风能等自然清洁能源。

（4）绿色建筑应适应社会发展的变化，要求建筑空间具有包容性，功能具有综合性，使用具有适应性、灵活性和可扩展性。

（5）绿色建筑应具有独特的建筑技术和艺术形式表达现代生态文化的内涵和审美意识，创造出具有传统地方文化意韵和现代气息的建筑环境艺术。

3. 绿色建筑设计理念

绿色建筑是高效率而又可持续发展的建筑，能适应生态而又不破坏生态的建筑，它是一种可持续发展的建筑模式。其设计理念如下：

（1）绿色建筑的能源观—节能与环保。

（2）绿色建筑的设计观—建筑与气候。

（3）绿色建筑的技术观—技术与形式。

绿色建筑可以从 Reduce、Reuse、Reunite、Recycle（简称 4R）来理解。

Reduce 有三个层次的含义，即节能、节省以及减少对环境的影响。

Reuse 即建筑的再利用。

Reunite 即建筑材料的再结合。

Recycle 即建筑材料的循环利用。

总之，21 世纪绿色建筑将成为人类运用科技手段寻求与自然和谐共存、可持续发展的理想建筑模式。

10.2 绿色建筑电能节约与利用

近年来，节能、低碳、保护环境等“绿色”之风劲吹，在节能也已成为我国基本国策之一的大背景下，建筑节能正成为社会各界普遍关注的焦点。据相关资料显示，目前我国建筑能耗占国民经济总能耗的 30%左右，单位建筑面积采暖能耗为发达国家的 3 倍。且每年新建的建筑中大部分是高能耗建筑。因此，建筑行业节能减排水平的提高，对提高整个国民经济的低碳水平意义重大。建筑节能及能源利用包括新型清洁能源的使用、废弃能源的再利用、能源使用中的能耗降低手段及管理措施等。下面就近年来建筑中电能的节约与使用的新动向做一介绍。

10.2.1 清洁能源使用

1. 背景

以煤炭、石油为代表的化石能源的日益短缺已经成为制约社会经济发展的瓶颈。为了摆脱能源短缺的困境，开发清洁可再生能源，已经成为各国可持续发展的重要战略。

地球上的可再生能源包括太阳能、风能、水能、生物质能、地热能、海洋能、潮汐能等，这其中的大部分又是由太阳能直接或间接转化而来的。太阳能所具有的资源充足、分布广泛、安全、清洁以及转换技术的日渐成熟的优势，使得太阳能被认为是人类在 21 世纪替代传统化石能源的最佳选择之一。经过多年的技术研发积累，太阳能发电技术得到了长足的发展。目前太阳能发电可分为光发电和热发电两大类，其中光发电是不通过热转换直接将太阳光转换成电的方式，即光伏发电。如图 10-2 所示。

图 10-2　光伏发电组

2. 光伏发电概述

历经多次石油危机的影响，使得光伏发电在世界范围内发展非常迅速。光伏发电以分布式电源的形式进入电力市场，部分取代或者补充常规能源，在解决如通信、信号电源等特殊应用领域，和偏远无电地区民用生活用电需求方面，以及环境保护等能源战略上都具有重大的意义。光伏发电的优点充分体现在以下几个方面：充分的清洁性；绝对的安全性；资源的充足性及潜在的经济性；长寿命和免维护性等。

3. 光伏发电的发展现状

按照日本新能源计划、欧盟可再生能源白皮书、美国光伏发电计划等推算，到 2030 年全球光伏发电装机容量将达到 300GW，至 2040 年光伏发电将达到全球发电总量的 15%～20%。

我国光伏发电技术起步于 20 世纪 70 年代，光伏产品的广泛应用将是一个漫长而曲折的过程。光伏发电技术先用于太空领域，而后逐渐扩大到地面形成了目前的光伏产业。近年来，我国的太阳能屋顶计划和光伏并网发电，在全国多地已经进入了示范阶段，但大规模应用尚待起步。过去光伏电池多数是用于离网型光伏发电系统，从 2011 年到 2020 年，我国光伏发电市场将会由离网型发电系统转向并网型发电系统，包括沙漠电站和城市屋顶发电系统等。

10.2.2　照明光照节能

1. 照明节能评价指标

照明节能是建筑节能及环境节能的重要组成部分。节能意味着以较少的电能消耗获得足够的满足视觉需求的照明，从而减少发电厂大气污染物的排放，达到环保的目的。照明节能采用的是一般照明的照明功率密度限值（简称 *LPD*）作为其评价指标，单位为 W/m^2。例如教育建筑照明功率密度限值不应大于表 10-1 的规定。

教育建筑照明功率密度限值　　表 10-1

房间或场所	照明功率密度（W/m^2）		对应照度值（lx）	对应室形指数
	现行值	目标值		
教室*、阅览室	9.0	8.0	300	1.5
实验室	9.0	8.0	300	
美术教室	15.0	13.5	500	
多媒体教室	9.0	8.0	300	
计算机教室、电子阅览室	15.0	13.5	500	
学生宿舍	6.5	5.5	150	

注：* 不包括教室黑板专用灯功率。

要注意的是：由于各种场所的室形指数、反射比等参数各不相同。因此，照明功率密度限值不应作为设计中计算照度的依据来使用。

当房间或场所的室形指数与表中给出的对应值不一致时，其照明功率密度限值要按表 10-2进行折算修正。

照明功率密度限值修正系数　　表 10-2

室形指数设计值 \ 标准中对应室形指数	0.8	1	1.5	2
$RI<0.8$	1.21	1.40	1.71	1.86
$0.8\leqslant RI<1$	1.00	1.16	1.41	1.53
$1\leqslant RI<1.5$	0.87	1.00	1.22	1.33
$1.5\leqslant RI<2$	0.71	0.82	1.00	1.09
$RI>2$	0.65	0.75	0.92	1.00

当房间或场所的照度标准值由于需要被提高或降低一级时，其对应的照明功率密度限值也应按比例提高或折减。

对于装有艺术类吊灯、壁灯、架子灯等装饰性灯具的场所，考虑到此类灯具的利用系数较低，一般假定它有 50%左右的光通量对作业面照度起到了作用。因此，在这类场所的实际照明功率计算中，装饰性灯具按其安装总功率的一半计入。

【例 10-1】 某大厅的面积为 200m²，其中装饰性灯具的安装功率为 1000W，其他灯具安装功率 2000W，试计算大厅实际照明功率密度值。

解：装饰性灯具的安装功率按一半计入 *LPD* 值，则该大厅的实际 *LPD* 值应为：

$$LPD_{实际}=\frac{2000+1000\times50\%}{200}=12.5\text{W/m}^2$$

2. 照明节能措施

(1) 充分利用自然光

为节约能源、保护环境，我国制定的《建筑采光设计标准》GB 50033，规定了各类建筑不同场所的采光标准值。表 10-3 和表 10-4 分别为办公建筑和交通建筑的采光标准值。

办公建筑的采光标准值　　表 10-3

采光等级	场所名称	侧面采光	
		采光系数标准值（%）	室内自然光照度标准值（lx）
Ⅱ	设计室、绘图室	4.0	600
Ⅲ	办公室、会议室	3.0	450
Ⅳ	复印室、档案室	2.0	300
Ⅴ	走道、楼梯间、卫生间	1.0	150

交通建筑的采光标准值　　表 10-4

采光等级	场所名称	侧面采光		顶部采光	
		采光系数标准值(%)	室内自然光照度标准值(lx)	采光系数标准值(%)	室内自然光照度标准值(lx)
Ⅲ	进站厅、候机（车）厅	3.0	450	2.0	300
Ⅳ	出站厅、连接通道、自动扶梯	2.0	300	1.0	150
Ⅴ	站台、楼梯间、卫生间	1.0	150	0.5	75

为充分利用自然光，房间的采光系数或采光窗地面积比应符合标准的要求。白天当室外光线强时，以天然采光为主，室内的人工照明装置根据室外自然光的变化而自动或手动进行调节。有条件的场所包括地下建筑，可以采用不用电的照明系统：导光管照明系统和太阳能光纤照明系统，如图 10-3 所示，最大限度地节约电能。

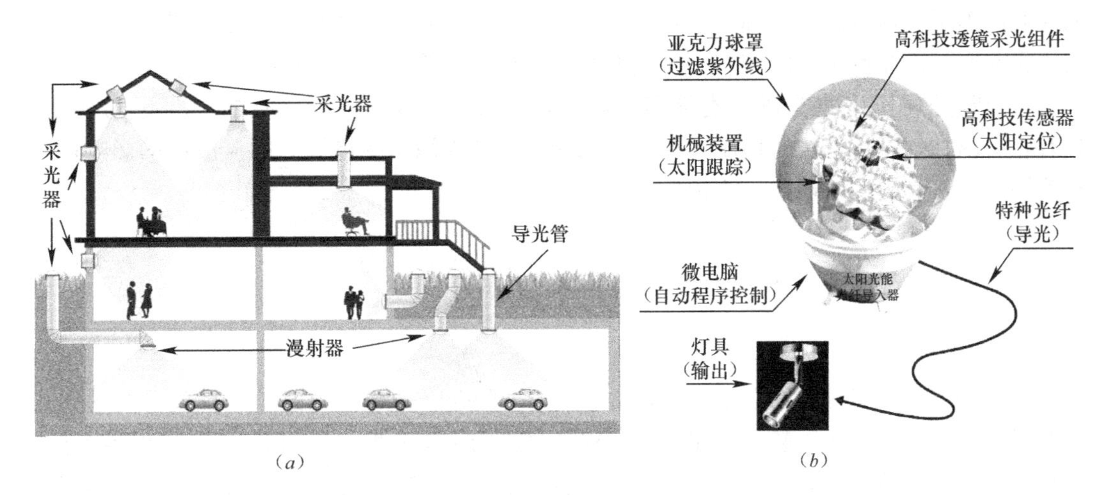

（a）　　（b）

图 10-3　不用电的照明系统
（a）导光管照明系统；（b）太阳能光纤照明系统

采光系数定义为：在室内参考平面上，由天空漫射光直接或间接产生的照度与同一时刻室外无遮挡水平面上产生的天空漫射光照度之比。

（2）减少损耗、提高电光转换效率

1）钨丝灯是传统的热光源，包括白炽灯和卤钨灯。其发光效率较现在的节能荧光灯、金属卤化物灯、LED 灯等高效光源小很多。随着节能减排的不断深入，我国于 2011 年 11 月发布了《中国逐步淘汰白炽灯路线图》，规定第三阶段自 2014 年 10 月 1 日起，禁止进口和销售 60W 及以上普通照明白炽灯。第五阶段 2016 年 10 月 1 日起，禁止进口和销售 15W 及以上普通照明白炽灯，或根据中期评估结果进行调整。新颁布的 2013 版照明规范中亦规定：除对显色性、光谱特性等要求较高的重点照明外，其他场所不应选用。

2）《中华人民共和国节约能源法》中规定禁止生产、进口、销售国家明令淘汰或者不符合强制性能源效率标准的用能产品、设备，并且推行节能产品的评价与认证制度。到目前为止，我国已正式发布了的荧光灯及其镇流器、高压钠灯及其镇流器、金属卤化物灯及其镇流器等多项能效限定值及能效等级标准。选用相关的照明光源和镇流器时，其能效应当符合相应标准中的节能评价值，并且优先采用经过节能认证的产品。

所谓能效即能源利用效率，定义为：光源的能效（光效）是输出光通量与输入功率比值的百分数，单位流明每瓦（lm/W）。镇流器用能效因数（BEF）作为能效指标，用镇流器流明系数与线路功率的比值。

3）定时清扫灯具、定期更换灯泡，加强维护管理，以保证照明设施的光效。保证照明配电线路的功率因数不应低于 0.9，并宜采用灯内电容补偿的方式，利于降低线路的电能和电压损耗。为避免电能浪费，对一些场所可以设置单独计量的电度表，加强用电管理。

4）LED灯具有发光效率高、寿命超长、容易调光、无闪频、不含紫外线和红外线、无辐射等特点，是很有前途的照明光源，宜大力推广。

（3）运用合理先进的照明控制方式

1）根据视觉的要求，在工业场所、公共场所按作业面、作业面邻近区域、非作业区和交通区等不同地点确定合理的照度。灵活采取“一般照明”、“分区一般照明”方式，根据采光和实际需要使用时间控制、光敏控制、微机控制等智能照明调控措施。

2）智能照明调控装置除了有能多时段、多区域、感应等控制功能之外，还可进一步具有软启动、软停止、实时稳压、控压的功能，保证光源不受电压、电流波动的影响，延长使用寿命，减少照明运行、维护成本。

10.3 基于BIM的绿色设计

1. BIM的简介

BIM即建筑信息模型（Building Information Modeling），是以建筑工程项目的各项相关数据信息作为基础建立起的，在建设工程及设施的全生命期内，对其物理和功能特性进行数字化表达的模型，如图10-4所示。它通过数字信息技术去仿真模拟建筑物所具有的各种真实信息，并以此贯穿设计、施工、运营的整个过程，具有可视化、协调性、模拟性、优化性和可出图性等多种特点。

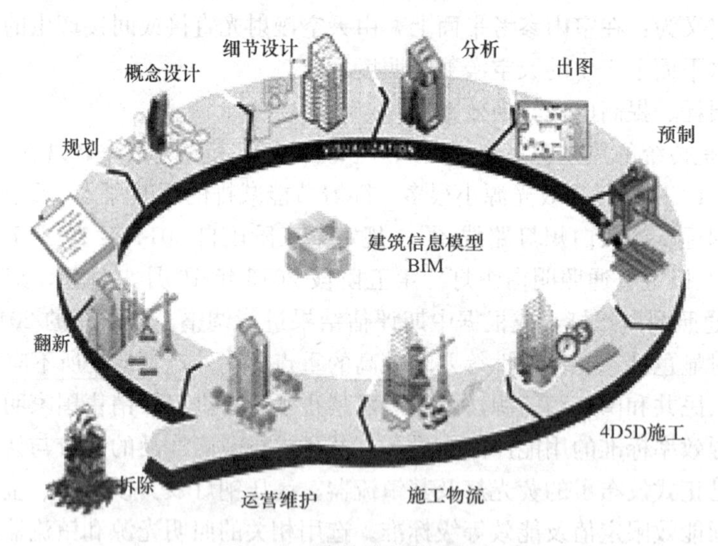

图10-4 建筑信息模型概念

建筑信息模型是用数字化的建筑组件表示真实世界中用来建造建筑物的构件。相对于传统计算机辅助设计，采用矢量构形图来表示物体的设计方法来说是个根本的改变。因为BIM是一个相互关联数据的集合，是建筑物的虚拟“真身”。CAD时代，设计师们分别画出不同的视图来展示对象，而BIM时代，则是不同的视图从同一个模型中得到。

BIM的概念，最早由“BIM之父”佐治亚理工大学的Chuck Eastman教授于1975年提出。2001年，ISO开始编制关于建筑信息的12006标准。到了2002年，Autodesk收购了Revit，此举对BIM的软件市场产生了巨大影响。2003年，美国联邦总务署（GSA）发起了3D-4D-BIM计划，要求到2007年其采办的建筑项目全部BIM化。2008年的《建筑咨询建模手册BIM handbook》的出版，标志着全球BIM理念已经完全成型。在此期间，AEC行业纷纷设立BIM相关岗位，原先的CAD经理普遍转型为BIM经理等。

我国也顺应了的BIM发展大潮，2007年国内就发布了《建筑对象数字化标准》。2011年，华中科技大学出现了第一个BIM研究中心。随着政府扶持力度的不断增大，融合了中国特色的BIM正逐渐形成。从2017年7月1日起，我国将正式实施《建筑信息模型应用统一标准》GB/T 51212。

2. BIM的应用价值

建立以BIM应用为载体的项目管理信息化，可以提高建筑质量、缩短工期、提升项目生产效率、降低建造成本。具体体现在：

(1) 三维渲染，动画展示

已经建好的BIM模型可以二次渲染成三维动画，大大提高了三维渲染效果的精度与效率。给人以真实直观的视觉冲击，提升宣传效果。

(2) 快速算量，精度提升

BIM的5D关联数据库，可以快速准确地计算出工程量，提升施工预算的效率与精度。

(3) 精确计划，减少浪费

通过BIM可以准确地获取工程基础数据，为施工企业制定精确的工作计划提供支撑，节约资源、仓储和物流环节的成本，为实现限额领料、消耗控制提供技术支持。

(4) 多算对比，有效管控

可快速获取BIM数据库中的工程基础信息，通过合同、计划与实际施工的消耗量、分项单价、分项合价等数据的多方位计算对比，了解项目运营的盈亏状态，消耗量有无超标问题等，实现对项目成本风险的有效管控。

(5) 虚拟施工，有效协同

BIM三维可视化的功能再加上时间先后序列，即可以进行虚拟施工。对比工程实际进展情况与经过虚拟验证的施工方案，进行各专业有效的协同，减少返工和整改，杜绝建筑安全问题、质量问题。

(6) 碰撞检查，减少返工

利用BIM的三维技术在施工前进行碰撞检查，优化净空、管线排布方案，减少在建筑施工阶段由于设计失误造成的损失和返工的可能性，提高施工质量。

(7) 冲突调用，决策支持

BIM数据库中的数据具有可计量的特点，BIM中的项目基础数据可以在各管理部门间进行协同和共享，工程量信息可以根据时空维度、构件类型等进行汇总、拆分、对比分析等，为决策者制订工程造价项目群管理、进度款管理等方面的决策方案提供可靠依据。

3. BIM软件

(1) BIM软件在绿色设计中的应用

BIM软件在绿色建筑设计中大有可为，首先绿色设计目标的关注点是整个建筑生命周期中，在建造和使用流程上保护环境和提高资源使用效率；其次是结合地理环境气象条件，BIM信息模型可以高效地与各类仿真模拟软件实现数据链接，对建筑的声、光、风、热环境以及各项建筑能耗进行模拟仿真，从而验证建筑物理性能的合理性，快速校验设计方案是否符合《绿色建筑评价标准》GB/T 50378 的相关要求，是否达到绿色设计的目标。

《绿色建筑评价标准》GB/T 50378 基于客观的评价指标，对于绿色建筑的量化要求，最终可以由 BIM 模型的统计、计算及分析模拟等能力实现从自然语言的判定条文转化为数字判定语言，实现绿色建筑的数字化评估等。

（2）主流 BIM 软件介绍

机电系列的 BIM 软件，以 Autodesk 公司的 Revit 为常见。Revit 是 Autodesk 公司一套系列软件的名称。Revit 系列软件是专为建筑信息模型（BIM）构建的，可帮助建筑设计师设计、建造和维护质量更好、能效更高的建筑。

1）主要模块

① 建筑设计

AutodeskRevit 软件可以按照建筑师和设计师的思考方式来提供更加高质量、更加精确的建筑设计。强大的专为支持建筑信息模型工作流而构建的工具可帮助使用者捕捉和分析概念，以及保持从设计到建筑的各个阶段的一致性。

② MEP 工程设计

AutodeskRevit 为电气、暖通和给排水（MEP）工程师提供工具，可以设计复杂的建筑系统。Revit 可帮助导出更高效的建筑系统从概念到建筑的精确设计、分析的文档。使用信息丰富的模型在整个建筑生命周期中支持建筑系统。

③ 结构工程设计

AutodeskRevit 软件为结构工程师和设计师提供了工具，可以更加精确地设计出高效的建筑结构。

2）功能特性举例

① 给排水系统建模

借助 Revit MEP 智能的布局工具，可以轻松、快捷地为管道系统布局创建全面的三维参数化模型。

② 电力照明和电路

定义导线类型、电压范围、配电系统及需求系数，有助于确保设计中电路连接的正确性，防止过载及错配电压问题。通过使用电路追踪负载、连接设备的数量及电路长度，最大限度地减少电气设计错误。此外，利用电路分析工具，可以快速计算总负载并生成报告，获得精确的文档。

③ 暖通风道及管道系统建模

暖通功能提供了针对管网及布管的三维建模功能，用于创建供暖通风系统。使用户能借助直观的布局设计工具轻松、高效地创建三维模型。

④ Revit 参数化构件

参数化构件是 Revit MEP 中所有元素的基础。它们为设计思考和创意构建提供了一个开放的图形式系统，同时让使用者能以逐步细化的方式来表达设计意图。

⑤ 双向关联性

所有 Revit MEP 模型信息都存储在一个位置。任一信息变更都可以同时更新到整个模型。参数化技术能够自动管理所有变更。

⑥ 建筑性能分析

借助建筑性能分析工具，可以充分发挥建筑信息模型的功能，为决策制定提供更好的支持。通过 Revit MEP 和 IES Virtual Environment 集成，还可执行 LEED 日光分析、冷热负载分析和热能分析等多种分析。

⑦ 导入/导出数据（gbXML）到第三方分析软件

Revit MEP 支持将建筑模型导入到 gbXML（绿色建筑扩展性标志语言），用于进行能源与负载分析。如果要进行其他分析和计算，可将相同信息导出到电子表格，方便与不使用 Revit MEP 软件的团队成员进行共享。

今天，面对迫在眉睫的能源与环境问题，强调能源和资源利用效率、健康环保的绿色建筑理念逐渐被各界了解与接受。随着建筑工程技术的飞速发展、越来越全球化的行业协作，建筑行业正经历巨变，建筑企业会以更快速、更节能、成本更加低廉、风险更小的方式设计建造建筑物。

BIM 建筑信息模型的建立是建筑领域的一次革命，“绿色 BIM”可以高效地实现绿色设计的各种量化分析，其作为一种支持绿色建筑设计的辅助手段，在项目的早期就将绿色理念植入建筑设计中，并贯穿于设计、施工、运行管理的整个过程，其正成为建筑绿色节能设计的不可缺少的工具。

多媒体资源知识点目录

第1章　建筑电气综述

第2章　电气安全技术与措施

第 3 章　建筑电气设计基础

第 4 章　建筑照明设计

续表

序号	资源名称	类型	页码
33	线缆分类		73
34	刀开关		85
35	铁壳开关	3D	86
36	低压断路器		87
37	万能式断路器	3D	90
38	装置式断路器	3D	91
39	微型断路器	3D	91
40	漏电式断路器	3D	93
41	智能式断路器	3D	94
42	螺旋式熔断器	3D	95
43	封闭管式熔断器	3D	96
44	无填料封闭管式熔断器	3D	96
45	快速熔断器	3D	96
46	云题	T	112
47	案例		112

第 5 章　建筑低压配电设计

序号	资源名称	类型	页码
48	MOOC 教学视频		115
49	需要系数法		118

续表

第 6 章　建筑高压供电设计

续表

第 7 章　继电保护与测量

续表

第 8 章　自备应急电源

续表

序号	资源名称	类型	页码
105	云题	T	221
106	案例		221

第9章　建筑防雷设计

序号	资源名称	类型	页码
107	MOOC教学视频		223
108	雷电		223
109	雷电的危害		223
110	建筑防雷标准与规范		225
111	短时雷击波形		225
112	第二类防雷建筑物		226
113	第三类防雷建筑物		227
114	外部防雷装置		227
115	接地与接地装置		230
116	避雷器		230
117		3D	230
118	电涌保护器		233
119		3D	238
120	防雷建筑物防雷措施		239
121	建筑物防雷保护区示意图		243
122	防雷屏蔽措施		244
123	等电位联结		244

续表

参 考 文 献

[1] 中国建筑东北设计研究院. 民用建筑电气设计规范 JGJ/T16. 北京：中国建筑工业出版社，2008.
[2] 中南建筑设计院. 建筑工程设计文件编制深度规定（2008 版）. 北京：中国计划出版社，2008.
[3] 中华人民共和国住房和城乡建设部. 建筑照明设计标准 GB 50034. 北京：中国建筑工业出版社，2014.
[4] 北京照明学会照明设计专业委员会. 照明设计手册（第二版）. 北京：中国电力出版社，2006.
[5] 中国航空规划设计研究院. 工业与民用配电设计手册（第三版）. 北京：中国电力出版社，2005.
[6] 湖南省建筑电气设计情报网. 民用建筑电气设计手册（第二版）. 北京：中国建筑工业出版社，2007.
[7] 住房和城乡建设部工程质量安全监管司等. 全国民用建筑工程设计技术措施-电气. 北京：中国计划出版社，2009.
[8] 中国建筑标准设计研究院. 全国民用建筑工程设计技术措施节能专篇-电气 JSCS-D. 北京：中国计划出版社，2007.
[9] 中国机械工业联合会. 供配电系统设计规范 GB 50052. 北京：中国计划出版社，2010.
[10] 中国机械工业联合会. 20kV 及以下变电所设计规范 GB 50053. 北京：中国计划出版社，2013.
[11] 中华人民共和国工业和信息化部. 电子信息系统机房设计规范 GB 50174. 北京：人民出版社，2009.
[12] 工程建设标准设计专家委员会. 09DX001 建筑电气工程设计常用图形和文字. 北京：中国计划出版社，2010.
[13] 天津电力设计院. 10kV 以下架空配电线路设计技术规程 DLT5220. 北京：中国电力出版社，2005.
[14] 中国电力企业联合会. 城市配电网规划设计规范 GB 50613. 北京：中国计划出版社，2011.
[15] 中国机械工业联合会. 建筑物防雷设计规范 GB 50057. 北京：中国计划出版社，2011.
[16] 四川省住房和城市建设厅. 建筑物电子信息系统防雷技术规范 GB 50343. 北京：中国建筑工业出版社，2012.
[17] 西安高压电器研究院有限责任公司等. 低压配电系统的电涌保护器（SPD）第 12 部分选择和使用导则 GBT 18802. 12. 北京：中国标准出版社，2015.
[18] 中华人民共和国国家质量监督检验检疫总局等. 建筑物电气装置 第 5-53 部分：电气设备的选择和安装-隔离、开关和控制设备 第 534 节：过电压保护电器 GB 16895. 22. 北京：中国标准出版社，2005.
[19] 杨光臣，杨波. 怎样阅读建筑电气与智能建筑工程施工图. 北京：中国电力出版社，2007.
[20] 胡国文，胡乃定. 民用建筑电气技术与设计. 北京：清华大学出版社，2001.
[21] 张玉萍. 实用建筑电气安装技术手册. 北京：中国建材工业出版社，2008.
[22] 孟祥忠. 现代供电技术. 北京：清华大学出版社，2006.
[23] 黄民德，范文，王瀛. 建筑电气技术基础. 天津：天津大学出版社，2006.
[24] 刘介才. 工厂供电（第四版）. 北京：机械工业出版社，2009.
[25] 刘学军. 继电保护原理（第一版）. 北京：中国电力出版社，2004.
[26] 洪元颐、李宏毅. 建筑工程电气设计（第一版）. 北京：中国电力出版社，2003.